Manual Brasileiro de Geossintéticos

Blucher

Manual Brasileiro de Geossintéticos

Coordenador:
José Carlos Vertematti

ABINT
ASSOCIAÇÃO BRASILEIRA DAS INDÚSTRIAS DE NÃOTECIDOS E TECIDOS TÉCNICOS

Manual Brasileiro de Geossintéticos

1ª edição - 2004
1ª reimpressão - 2012
Editora Edgard Blücher Ltda.

Capa: Foto do Eng. Michele Carraro

Blucher

Rua Pedroso Alvarenga, 1245, 4º andar
04531-012 - São Paulo - SP - Brasil
Tel 55 11 3078-5366
editora@blucher.com.br
www.blucher.com.br

FICHA CATALOGRÁFICA

Manual Brasileiro de Geossintéticos / coordenador José Carlos Vertematti. - São Paulo: Blucher, 2004.

Patrocínio: ABINT - Associação Brasileira das Indústrias de Nãotecidos e Tecidos Técnicos

ISBN 978-85-212-0344-5

1. Geossintéticos I. Vertematti, José Carlos.

04-3635 CDD-677.4

Índices para catálogo sistemático:
1. Geossintéticos: Tecnologia 677.4

Apresentação

A Associação Brasileira das Indústrias de Nãotecidos e Tecidos Técnicos (ABINT), fundada em 1991, é uma entidade que tem entre seus objetivos principais organizar, promover e incentivar o ensino, a formação e a especialização de profissionais dos mais variados setores do desenvolvimento e aplicação de nãotecidos e tecidos técnicos.

De acordo a essa filosofia, seus comitês técnicos participam constantemente de missões técnicas, da elaboração de normas, da edição de publicações, etc. Na área de publicações, coube ao CTG - Comitê Técnico Geossintéticos a responsabilidade de editar o Manual Brasileiro de Geossintéticos, que é o primeiro livro brasileiro dedicado exclusivamente ao tema.

A ambiciosa idéia nasceu da constatação da necessidade de uma publicação de referência para o setor, uma vez que o nosso país precisa investir maciçamente em obras de infra-estrutura, setor em que os geossintéticos representam modernidade tecnológica, sensível economia de recursos e maior durabilidade para as construções.

Paralelamente, essa necessidade também foi detectada junto aos profissionais da Engenharia Civil, já que o Brasil apresenta dados paradoxais. De um lado, está entre os países com maior número de profissionais de excelência em pesquisas de desenvolvimento e aplicação de geossintéticos; e, de outro, a utilização desses produtos ainda é incipiente quando comparada à de outros países, inclusive da América do Sul.

O MBG - *Manual Brasileiro de Geossintéticos* foi concebido para suprir tais necessidades. Ele contém informações que interessam a toda a cadeia da engenharia civil, desde o estudante de graduação até o engenheiro de obra passando, portanto, pelos pós-graduandos, professores, engenheiros projetistas, consultores e contratantes de obras.

A redação do *Manual* esteve a cargo de 26 renomados profissionais com larga experiência teórica e prática no assunto, a maioria com mestrado e doutorado em importantes instituições acadêmicas do Brasil e do exterior. Isso confere à obra uma característica de ecletismo e não somente uma linha de pensamento sobre o tema.

Esperamos que você, caro leitor, aprecie o *Manual*. Desejamos que ele possa auxiliá-lo em sua vida acadêmica ou profissional e apreciaríamos sugestões e colaborações que possibilitem futuros e constantes aprimoramentos desta obra.

Engenheiro Lavoisier Machado
Coordenador do CTG
Comitê Técnico Geossintéticos da ABINT

Agradecimentos

Aos associados-membros do CTG

Quando, há cerca de quatro anos, discutíamos com empresas fabricantes e distribuídoras de geossintéticos sobre a necessidade da formação do CTG - Comitê Técnico de Geossintéticos, de nossa ABINT - Associação Brasileira das Indústrias de Nãotecidos e Tecidos Técnicos, um dos objetivos implícitos era o de unir as forças das empresas e potencializar a energia despendida, em favor do desenvolvimento mercadológico desse importante segmento — os geossintéticos.

A consciência de todos sempre foi de que, para os geossintéticos, não haveria crescimento mercadológico sem um forte embasamento técnico-científico. E essa obra foi a tônica do grupo de empresas que formou e que participa ativamente do nosso CTG.

Nos primórdios das discussões do CTG, vários temas e projetos foram discutidos, mas sempre se destacou a necessidade de estender o conhecimento dessa tecnologia ao público especificador e usuário, de forma massiva, porém o mais corretamente possível. Nasceu daí a idéia de elaborar e editar o *Manual Brasileiro de Geossintéticos*, uma tarefa por si só nada fácil; especialmente quando resolvemos escrevê-lo com os inúmeros e bem-preparados especialistas da nossa comunidade técnico-científica de geossintéticos.

Foi um desafio enorme, que o CTG aceitou e conduziu de uma forma provavelmente jamais vista em um grupo formado por empresas muitas vezes concorrentes, mas com um fortíssimo espírito de equipe e ética. A visão sempre foi o mercado e seus usuários.

Nesses momentos, fica difícil nomear tantos colaboradores para prestar homenagens e agradecimentos, como aos próprios diretores e funcionários da ABINT, autores e muitos outros, mas peço licença a todos para nomear em especial dois profissionais que foram de uma importância ímpar na condução dos trabalhos: o engenheiro José Carlos Vertematti, coordenador do MBG, e o engenheiro Lavoisier Machado, coordenador do CTG.

Em nome da ABINT, gostaria de deixar aqui nossos especiais agradecimentos às empresas associadas que compõem o CTG: Braskem

S/A, Cipatex Sintéticos Vinílicos Ltda., Engepol S/A, Huesker Ltda., Indústria de Feltros Santa Fé S/A, Maccaferri do Brasil Ltda., Ober S/A Indústria e Comércio, Propex do Brasil Ltda. e Sansuy S/A Indústria de Plásticos, pela excelência da obra que ora colocamos à disposição do mercado e pelo apoio incondicional ao projeto, sem o qual jamais teríamos alcançado o objetivo final; a edição do *Manual Brasileiro de Geossintéticos*.

Laerte Guião Maroni
Vice-presidente da ABINT (2003 a 2005)
Presidente da ABINT (1999 a 2001 e 2001 a 2003)

Aos companheiros que colaboraram com esta obra

Como coordenador do CTG - Comitê Técnicos Geossintéticos da ABINT, sinto-me muito envaidecido pela publicação desta obra e orgulhoso pelo comportamento de equipe de todos que, junto comigo, participaram, durante quase três anos, de sua elaboração.

Mesmo sabendo que corro o risco de ser indelicado e injusto para com alguém, prefiro aceitá-lo e externar publicamente meu agradecimento às seguinte pessoas e instituições:

- A todos os autores, pela competência, dedicação e, principalmente, pela flexibilidade de opinião, atributos imprescindíveis na elaboração de uma obra coletiva.
- Ao coordenador da obra, engenheiro José Carlos Vertematti, por seu conhecimento, experiência e infindável paciência.
- Ao engenheiro Laerte Guião Maroni, ex-presidente e atual vice-presidente da ABINT, que foi o mentor da idéia e um dos maiores entusiastas pela obra.
- A diretoria da ABINT, por sua cooperação e pela total autonomia de trabalho permitida.
- Aos profissionais Adolpho Meldau, Alexandre Marcos Texeira, Carlos Eduardo Fonseca, Flávio Teixeira Montez, Indiara Giugni Vidal, Jorge Luiz Mônaco, Roberto de Azevedo Amado Júnior, Rogério Ferrarezi Busch e Sílvio Luís Palma, representantes técnicos das empresas patrocinadoras do CTG, pela colaboração e participação nas decisões que tornaram possível a realização desta obra.
- A IGS-Brasil e à ABMS, pelo incentivo e cooperação na elaboração da obra.
- Ao administrador Jorge Saito e à engenheira Cristiane Gimenes Lima, respectivamente secretário executivo e assistente técnica da ABINT, pela organização administrativo-financeira do Comitê Técnico de Geossintéticos.

- Ao doutor Plínio Cabral, que viabilizou juridicamente a existência desta obra coletiva.
- Ao engenheiro Edgard Blücher, por sua experiência e profissionalismo editoral, como também por seu companheirismo na busca de soluções aos inúmeros problemas de adequação inerentes a uma obra coletiva.
- Finalmente, à senhora Kátia Samanta Fonseca de Oliveira, minha assistente na Maccaferri, por sua dedicação e competência na árdua e ingrata tarefa de organizar, conciliar e cobrar minhas obrigações junto à ABINT e ao CTG.

Engenheiro Lavoisier Machado
Coordenador do CTG
Comitê Técnico Geossintéticos da ABINT

Co-editores

cipatex
Cobrindo o mundo com tecnologia

HUESKER
Engenharia com geossintéticos

MACCAFERRI
AMÉRICA LATINA

OBER
SOLUÇÕES PARA ENGENHARIA
Geossintéticos

sansuy

santa fé
GEOTÊXTIL

Prefácio

Nós, engenheiros civis, temos uma postura que pode ser interpretada como conservadora. Existem motivos para isso: lidamos em geral com materiais e fenômenos naturais, sujeitos portanto a grandes incertezas; ruínas podem ter, na Engenharia Civil, conseqüências de magnitudes muito mais significativas do que em outras áreas da atuação humana. O suposto conservadorismo nada mais é, portanto, do que reflexo da consciência dos riscos envolvidos na nossa atividade.

É na área de técnicas, produtos e processos que a nossa profissão revela seu caráter mais inovador. Os geossintéticos desempenham aí um papel muito relevante, exatamente por auxiliarem a reduzir aquelas incertezas dos materiais naturais com que lidamos todos os dias.

Considerando tudo o que há por fazer em termos de infra-estrutura no nosso País, a qualificação do nosso meio técnico e a disponibilidade de produtos de qualidade, parece evidente que a utilização dos geossintéticos experimentará pelo menos uma década de grande desenvolvimento.

Nesse contexto foi extremamente oportuna a iniciativa da ABINT de produzir este Manual. Trata-se de obra abrangente e profunda, preparada por um grupo de especialistas da maior competência no assunto, que apresenta conceitos, especificações, critérios de projeto, recomendações práticas de aplicação e, como se não bastasse, inúmeros exemplos de aplicação.

Os organizadores conseguiram algo que quem já empreendeu tarefa semelhante sabe que não é nada fácil: harmonizar a amplitude desse escopo com o rigor em cada tema, zelar pela homogeneidade do texto preservando a individualidade de estilo e de vivência profissional dos autores, enfim, produzir um texto de qualidade. Estou certo de que tudo isso contribuirá para tornar este Manual uma obra de referência obrigatória nos próximos anos, tanto para profissionais quanto para acadêmicos de Engenharia Civil.

Finalmente, como atual presidente da Associação Brasileira de Mecânica dos Solos e Engenharia Geotécnica (ABMS), a entidade que congrega talvez o maior contingente de profissionais interessados nos geossintéticos, não poderia deixar de dizer, que é motivo de orgulho para a nossa Associação ver entre os autores diversos membros de sua Comissão Técnica de Geossintéticos e da IGS-Brasil.

Parabéns à ABINT pela iniciativa. Aos organizadores pelo brilhante resultado alcançado. Aos autores pela qualidade das contribuições. Aos leitores por estarem consultanto o que há de melhor nesse assunto no Brasil e no Mundo.

São Paulo, 5 de Agosto de 2004

Waldemar Hachich
Presidente da AMBS
Professor Titular da Escola Politécnica da USP

Conteúdo

Capítulo 1

Introdução

Paulo Roberto Aguiar
José Carlos Vertematti

1.1 PALAVRAS INICIAIS

Desde 1971, quando foi produzido o primeiro geossintético brasileiro, nosso desenvolvimento no campo da pesquisa acadêmica, nas aplicações e mercados, na formação de profissionais, na organização de grupos e associações, na produção e desenvolvimento de novos produtos e na organização de eventos técnicos, tem superado as expectativas mais otimistas. Isso tudo apesar do contexto sócio-econômico pouco estável.

Contatos diários com profissionais que atuam na área acadêmica, em empresas de projetos, em consultorias, em órgãos públicos e em construtoras, revelaram a necessidade de uma melhor disseminação dos conhecimentos básicos acumulados nas últimas décadas de geossintéticos no Brasil, apresentados de uma forma prática, simples e objetiva. Foi com base nessa percepção que a Associação Brasileira das Indústrias de Nãotecidos e Tecidos Técnicos (Abint), através de seu Comitê Técnico Geossintético (CTG), decidiu enfrentar o desafio e viabilizar a elaboração e edição do Manual Brasileiro de Geossintéticos (MBG), tornando acessíveis informações básicas sobre tipos, especificações, campos de aplicações, métodos de dimensionamento e processos de instalação dos Geossintéticos disponíveis no mercado brasileiro.

Essa tarefa, nada fácil, só se tornou possível através do engajamento de vários profissionais entusiastas dos produtos geossintéticos e que os pesquisam, especificam em projetos, empregam em obras e desenvolvem novas aplicações para eles.

1.2 OS AUTORES DO MBG

Para elaborar os capítulos que compõem o MBG, foram selecionados 26 profissionais que atuam na área. Cada um deles se dedica e detém conhecimentos em uma ou mais aplicações de geossintéticos e vem prestando grande colaboração em seus campos de atuação, como se pode conferir nas apresentações pessoais, encontradas no final do livro.

Como se trata de uma obra cooperada, a uniformização, homogeneização e revisão do MBG foi realizada por todos os autores em conjunto, através de um seminário, onde a troca de experiências teóricas e práticas colaborou para garantir da qualidade do conteúdo do MBG.

1.3 HISTÓRICO

A utilização de materiais naturais para melhorar a qualidade dos solos é prática comum desde 3000 a.C. Estivas de junco, solo misturado com palha, bambus, etc., em geral materiais vegetais constituídos de fibras resistentes, foram empregados nos zigurates da Mesopotâmia, na Grande Muralha da China e em várias obras do Império Romano.

Entretanto o emprego de materiais sintéticos produzidos pela indústria têxtil somente ocorreu com o desenvolvimento dos seguintes polímeros:

- PVC, em 1913, produzido comercialmente em 1934;
- poliamida, em 1930, produzido comercialmente em 1940;
- poliéster, em 1930, produzido comercialmente em 1949;
- polietileno, em 1949 (baixa resistência), 1954 (alta resistência);
- polipropileno, em 1954, produzido comercialmente no final dos anos 1950.

Um grande passo no desenvolvimento dos materiais geossintéticos foi a fabricação de geotêxteis nãotecidos de filamentos contínuos, na metade dos anos 1960, na França, na Inglaterra e nos Estados Unidos. Também data dessa época o desenvolvimento, pelas indústrias de embalagens inglesas, a tecnologia de fabricação de malhas sintéticas, ou georredes. Nos dias de hoje, já existem outros polímeros que estão sendo desenvolvidos e incorporados à fabricação de geossintéticos, com propriedades diferenciadas dos demais, procurando atender a necessidades específicas da moderna engenharia.

1.4 DESENVOLVIMENTO

Os principais desenvolvimentos e aplicações ocorridos no mundo — e particularmente no Brasil — estão relacionados a seguir.

Década de 1950

Surgem as primeiras aplicações de geotêxteis tecidos como elementos de filtro para proteção antierosiva, em obras hidráulicas. Na Holanda, foram inicialmente utilizados sacos de areia, produzidos com tecidos de náilon em obras hidráulicas. Logo a seguir, em 31 de janeiro de 1953, ocorreu um desastre natural, ocasionado por fortes ventos e pela ação das ondas, com rompimento de inúmeros diques, inundando diversas áreas e matando 1850 pessoas. Foi então desenvolvido o Projeto Delta, que, para recuperação daquelas defensas, empregou 10 milhões de metros quadrados de tecidos.

Nos Estados Unidos, foram utilizados tecidos para o controle de erosões marítimas na Flórida. Aplicações semelhantes foram realizadas na antiga Alemanha Ocidental e no Japão.

Década de 1960

Nos Estados Unidos ocorreu, em 1966, a primeira aplicação de geotêxtil nãotecido de fibras em recapeamento asfáltico. Em 1967, no Japão, georredes foram utilizadas em obras de reforço de aterros sobre solos moles, o que provocou o desenvolvimento das geogrelhas. Em 1968, ocorreram as primeiras aplicações de geotêxteis nãotecidos como elemento separador e de reforço entre materiais com características mecânicas e físicas diferentes, principalmente em obras viárias e controle de erosão, na Europa.

Década de 1970

Ocorrem inúmeras aplicações de geotêxteis, tais como aterros rodoviários sobre solos de baixa capacidade de suporte, muros em solo reforçado, filtros de drenos e barragens, associações entre geotêxteis e geomembranas, geotêxteis espessos como elementos drenantes de túneis. Nessa década foram iniciadas as construções de grandes barragens (aproximadamente 80 m de altura) tendo geotêxtil no sistema drenante/filtrante, como é o caso da Frauenau Dam, na Alemanha ocidental, e da Hans Stridjon Dam, na África do Sul.

Vários grupos técnicos de trabalho foram criados na França, Alemanha e Estados Unidos para desenvolver normas específicas. Em 1977 realizou-se na França a International Conference on the Use of Fabrics in Geotechnics, ocasião em que o professor Jean Pierre Giroud propôs a emprego dos termos "geotêxtil" e "geomembrana".

No Brasil, as primeiras aplicações de geotêxteis aconteceram em 1971, principalmente em obras rodoviárias (reforço de aterros sobre solos de baixa capacidade portante), como é o caso da BR-101, em Angra dos Reis (RJ), e na rodovia Transamazônica. O primeiro geossintético fabricado no Brasil foi um geotêxtil nãotecido de filamentos contínuos, cuja produção comercial começou em 1973. Naquela década, uma das suas principais aplicações foi na drenagem da Rodovia dos Bandeirantes, no Estado de São Paulo, ligando a capital a Campinas, e que consumiu mais de 500.000 m^2.

Década de 1980

Surgem vários métodos de dimensionamento, é criada a International Geosynthetics Society (IGS) e acontecem os seguintes eventos internacionais: II International Conference on Geotextiles (Las Vegas, 1982), III International Conference on Geotextiles (Viena, 1986); e são formados os seguintes comitês de geossintéticos: American Society for Testing and Materials (ASTM) D35, Comitê Europeu de Normalização (CEN), Geosynthetic Research Institute (GRI), International Society for Soil Mechanics and Foundation Engineering (ISSMFE) TC9 e International Standardization Organization (ISO).

Tem início no Brasil a fabricação dos geotêxteis tecidos, sendo uma das primeiras obras significativas o reforço de aterros sobre solos de baixa capacidade de suporte no Conjunto Residencial Tancredo Neves, do Departamento Nacional de Obras e Saneamento (DNOS), no Rio de Janeiro, em 1981. Ainda nessa década começa em nosso país a comercialização dos geotêxteis nãotecidos cardados, assim como a produção das georredes e, em 1982, ocorre a primeira aplicação de geomembrana nacional de PVC, na Alcoa Alumínio S/A, no Maranhão, com a instalação de mais de 500.000 m^2 em lagoas de rejeito de bauxita. Também é criada a Comissão de Estudos de Geossintéticos, pelo Comitê Brasileiro de Construção Civil — CB-02 da Associação Brasileira de Normas Técnicas (ABNT), além da formação da Abint.

Década de 1990

No decorrer dessa década, o impulso gerado pelos estudos teóricos apresentados, de casos históricos e novas aplicações, desencadeou o surgimento de uma grande multiplicidade de produtos e usos que, ao se combinar, resultaram na geração de inúmeras novas utilizações importantes. São relacionados mundialmente mais de quatrocentos produtos comercializados e utilizados em mais de cem aplicações diferentes.

Eventos internacionais significativos: IV International Conference on Geotextiles, Geomembranes and Related Products (Holanda,1990); V International Conference on Geotextiles, Geomembranes and Related Products (Cingapura, 1994), VI International Conference on Geosynthetics (Atlanta, 1998), onde se cunhou o termo "geossintético". No Brasil, em 1992, em Brasília, realiza-se o Seminário Sobre Aplicações de Geossintéticos em Geotecnia — Geossintéticos 92; em 1995, em São Paulo, ocorre o II Simpósio Brasileiro sobre Aplicações de Geossintéticos"; em 1999, tem lugar no Rio de Janeiro, o III Simpósio Brasileiro sobre Geossintéticos/I Simpósio Sul-americano de Geossintéticos; e, em 1994, é formada a Associação Brasileira de Geossintéticos — IGS-Brasil. Inúmeros produtos tiveram sua comercialização iniciada no Brasil, destacando-se as geogrelhas, as geomembranas e as geocélulas.

O bom desenvolvimento dos geossintéticos no Brasil nos anos 1990 e neste início de século tem se refletido na atividade acadêmica, que vem evoluindo sensivelmente. Hoje há disciplinas específicas destinadas aos geossintéticos em diversas escolas de engenharia. Com relação ao número de trabalhos técnicos apresentados em congressos, simpósios e seminários, há uma participação crescente de brasileiros, tanto em eventos do exterior como naqueles realizados em nosso país, como se pode ver nas Tabs. 1-1 e 1-2.

Algumas das mais relevantes obras realizadas entre 1971 e 2002 no Brasil com o emprego de geossintéticos, seja pelo pioneirismo, pela importância ou pela quantidade utilizada, encontram-se relacionadas na Tab. 1-3.

TABELA 1-1
Participação do Brasil em congressos internacionais de geossintéticos

Congresso	Data	Local	Trabalhos brasileiros	Trabalhos apresentados	Participação brasileira (%)
Intern. Conf. on the Use of Fabrics in Geotechnics	1977	Paris	01	67	1,5
II International Conf. on Geotextiles	1982	Las Vegas	02	138	1,5
III Intern. Conf. on Geotextiles	1986	Viena	01	232	0,5
IV Intern. Conf. on Geotextiles, Geomembranes and Related Products	1990	The Hague	04	234	1,7
V Intern. Conf. on Geotextiles, Geomembranes and Related Products	1994	Cingapura	06	280	2,0
VI Intern. Conf. on Geosynthetics	1998	Atlanta	07	185	3,7
VII Intern. Conf. on Geosynthetics	2002	Nice	23	316	7,3

TABELA 1-2
Eventos sobre geossintéticos organizados e realizados no Brasil

Seminários/Simpósios	Data	Local	Trabalhos brasileiros	Total de trabalhos
Seminário sobre Aplicações de Geossintéticos em Geotecnia	1992	Brasília (DF)	19	19
II Simpósio Brasileiro sobre Aplicações de Geossintéticos	1995	São Paulo (SP)	41	47
III Simpósio Brasileiro sobre Aplicações de Geossintéticos/I Simpósio Sul-americano de Geossintéticos	1999	Rio de Janeiro (RJ)	43	61
Geossiga – Seminário Nacional sobre Geossintéticos na Geotecnia Ambiental	2001	São José dos Campos (SP)	19	19
IV Simpósio Brasileiro sobre Aplicações de Geossintéticos/II Simpósio Sul-americano de Geossintéticos	2003	Porto Alegre (RS)	143	154

TABELA 1-3
Obras relevantes realizadas com geossintéticos no Brasil de 1971 a 2002

Aplicação	Data	Local	Detalhamento/Nome da obra/Contratante
Aterro sobre solo mole	1971	Angra dos Reis (RJ)	Camada de separação e reforço na BR-101; Rodovia Rio-Santos; DNER
Drenagem profunda	1975	Araraquara (SP)	Drenos longitudinais profundos em silo horizontal enterrado; Ceagesp
Enrocamentos marítimos	1977	Angra dos Reis (RJ)	Contenção de aterro mecânico; terminal de Ilha Grande; Petrobrás
Barragem de terra	1978	Bagé (RS)	Tapete drenante da Barragem de Terra de Sanga Rasa
Diques contínuos de geotêxtil	1980	São Luís (MA)	Aterros hidráulicos para construção de conjuntos habitacionais; DNOS
Revestimento impermeabilizante	1980	Salvador (BA)	Canal do sistema de adução de Pedra do Cavalo
Lastro ferroviário	1981	São Paulo (SP)	Camada separadora entre o lastro e o subleito; Fepasa
Recapeamento asfáltico	1982	Campinas (SP)	Camada inibidora da reflexão de trincas SP-65; Rodovia D. Pedro I; Dersa
Revestimento Impermeabilizante	1983	São Luiz (MA)	Tanque de resíduos industriais; Alcoa
Revestimento impermeabilizante	1997	Sorocaba (SP)	Tanque de água de incêndio; Copenor
Revestimento impermeabilizante	2002	Itiquira (MT)	Canais de adução da UHE, de Itiquira
Revestimento impermeabilizante	2002	Barcarena (PA)	Bacias de deposição de rejeitos da Alunorte

1.5 PRINCIPAIS FUNÇÕES DOS GEOSSINTÉTICOS

Numa obra de engenharia, os geossintéticos podem exercer, concomitantemente, uma ou mais funções. A seguir, são definidas as principais funções, de acordo com a norma brasileira NBR 12.553 — Geossintéticos — Terminologia.

Controle de erosão superficial, E Prevenção de erosão superficial de partículas de solo devido a escoamento superficial de um fluido.

Drenagem, D Coleta e condução de um fluido pelo corpo de um geossintético.

Filtração, F Retenção de um solo ou de outras partículas, permitindo a passagem livre do fluido em movimento.

Impermeabilização, B Bloqueio ou desvio de fluidos.

Proteção, P Limitação ou prevenção de danos a elementos de obras geotécnicas.

Reforço, R Utilização das propriedades mecânicas de um geossintético para a melhoria do comportamento mecânico de uma estrutura geotécnica.

Separação, S Ação de impedir a mistura ou interação de materiais adjacentes.

1.6 TIPOS E CLASSIFICAÇÃO

A cada dia, novos geossintéticos são desenvolvidos. Desse modo, muitos deles ainda não foram devidamente definidos e classificados, como, por exemplo, os geocompostos para recapeamento asfáltico e para filtração. Da mesma forma, as classificações, definições e designações por siglas diferem entre países e organizações.

Apresentamos a seguir a classificação, definições e siglas dos geossintéticos, de acordo com a NBR 12.553 – Geossintéticos - Terminologia. São também apresentadas, entre colchetes, as siglas adotadas pela International Geosynthetic Society (IGS), quando estas existem e diferem das brasileiras.

Geossintético, G Produto polimérico (sintético ou natural) industrializado, desenvolvido para aplicação em obras geotécnicas, desempenhando uma ou mais funções, entre as quais destacam-se: reforço, filtração, drenagem, separação, impermeabilização e controle de erosão superficial.

Geobarra, GBA Produto em forma de barra com função predominante de reforço.

Geocélula, GL [GCE] Produto com estrutura tridimensional aberta, constituída de células interligadas, que confinam mecanicamente os materiais nela inseridos, com função predominante de reforço e controle de erosão.

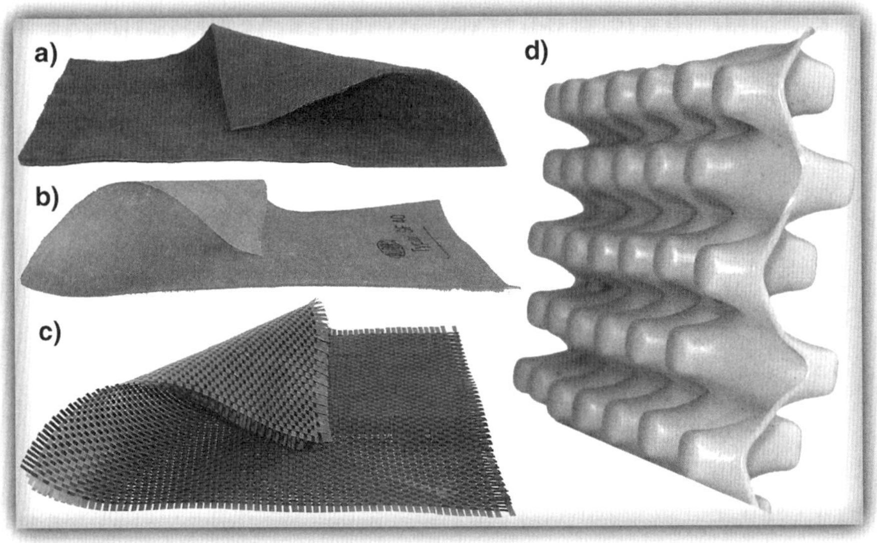

FIGURA 1-1
a) Geotêxtil nãotecido agulhado;
b) Geotêxtil nãotecido termoligado;
c) Geotêxtil tecido de laminetes;
d) Geoespaçador de patas duplas.

Geocomposto, GC Produto industrializado formado pela superposição ou associação de um ou mais geossintéticos entre si ou com outros produtos, geralmente concebido para desempenhar uma função específica.

Geocomposto argiloso para barreira impermeabilizante, GCL Estrutura formada pela associação de geossintéticos a um material argiloso de baixa condutividade, desenvolvida para a função de barreira impermeabilizante.

Geocomposto para drenagem, GCD Produto desenvolvido para drenagem, composto geralmente de um geotêxtil que atua como elemento de filtro e de uma georrede ou um geoespaçador que atua como elemento drenante.

Geocomposto para reforço, GCR Estrutura formada pela associação de geossintéticos não-similares, desenvolvida para reforço.

Geoespaçador [GSP] Produto com estrutura tridimensional constituída de forma a apresentar grande volume de vazios, utilizado predominantemente como meio drenante. Exemplo: geoespaçador em cúspides nas duas faces (ou de pata dupla) na cor preta, e de cúspides em uma face (ou de pata simples) na cor amarela, utilizados como meio drenante.

Geoexpandido Produto fabricado a partir de um polímero expandido formando uma estrutura tridimensional leve, com finalidade principal de aliviar o peso de uma estrutura geotécnica. Exemplo: blocos de geoexpandido fabricados com EPS (poliestireno expandido) aplicados em substituição a aterros convencionais.

Geofôrma Estrutura realizada a partir de geossintéticos com a finalidade de conter materiais de modo permanente ou provisório. Exemplo: geofôrmas tipo colchão, preenchidas com argamassa, para revestimento de canais.

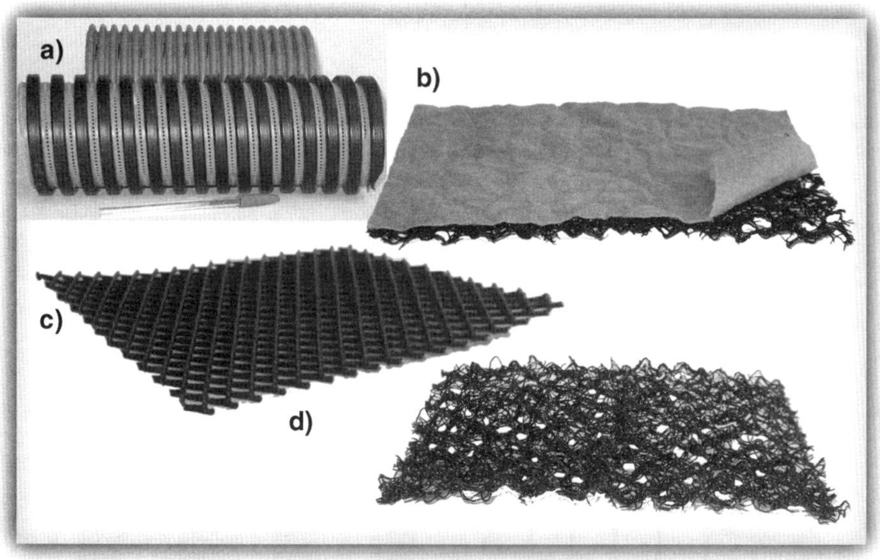

FIGURA 1-2
a) Geotubos ranhurado e perfurado;
b) Geocomposto drenante;
c) Georrede;
d) Geomanta.

Geogrelha, GG [GGR] Produto com estrutura em forma de grelha com função predominante de reforço, cujas aberturas permitem a interação do meio em que estão confinadas, e constituído por elementos resistentes à tração. É considerado unidirecional quando apresenta elevada resistência à tração apenas em uma direção, e bidirecional quando apresenta elevada resistência à tração nas duas direções principais (ortogonais). Em função do processo de fabricação, as geogrelhas podem ser extrudadas, soldadas ou tecidas. Exemplo: geogrelha flexível, utilizada para reforço de aterros/muros de contenção.

Geomanta, GA [GMA] Produto com estrutura tridimensional permeável, usado para controle de erosão superficial do solo, também conhecido como "biomanta" quando biodegradável. Exemplo: geomanta utilizada no controle de erosão superficial de taludes.

Geomembrana, GM [GMB] Produto bidimensional de baixíssima permeabilidade, composto predominantemente por materiais termoplásticos, elastoméricos e asfálticos, utilizado para controle de fluxo e separação, nas condições de solicitação. Exemplo: geomembrana polimérica flexível, utilizada em obras de impermeabilização.

Geomembrana reforçada Geomembrana com armadura de reforço incorporada ao produto, formando um conjunto monolítico.

Geomembrana texturizada Geomembrana com acabamento superficial com função de aumentar as características de atrito de interface.

Georrede, GN [GNT] Produto com estrutura em forma de grelha, com função predominante de drenagem. Exemplo: georrede de pequena espessura, utilizada como núcleo constituinte de geocomposto drenante.

FIGURA 1-3
a) Geofôrma plana, tipo colchão;
b) Geogrelha extrudada;
c) Geogrelha soldada.

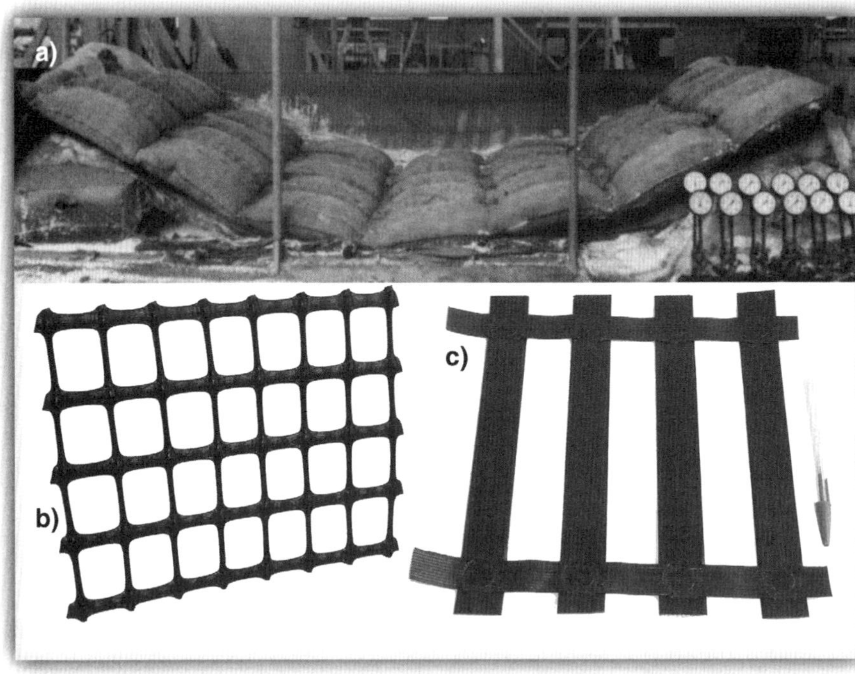

Geotêxtil, GT [GTX] Produto têxtil bidimensional permeável, composto de fibras cortadas, filamentos contínuos, monofilamentos, laminetes ou fios, formando estruturas tecidas, não-tecidas ou tricotadas, cujas propriedades mecânicas e hidráulicas permitem que desempenhe várias funções numa obra geotécnica.

Geotêxtil nãotecido, GTnw Produto composto por fibras cortadas ou filamentos contínuos, distribuídos aleatoriamente, os quais são interligados por processos mecânicos, térmicos ou químicos.

Geotêxtil nãotecido agulhado Fibras interligadas mecanicamente, por processo de agulhagem. Exemplo: geotêxtil nãotecido, agulhado, preto, utilizado com diversas funções em vários tipos de obra de engenharia

Geotêxtil nãotecido termoligado Fibras interligadas por fusão parcial obtida por aquecimento. Exemplo: geotêxtil nãotecido, termoligado, cinza, utilizado com diversas funções em vários tipos de obra de engenharia.

Geotêxtil nãotecido resinado Fibras interligadas por meio de produtos químicos.

Geotêxtil tecido, GTw Produto obtido do entrelaçamento de fios, monofilamentos ou laminetes (fitas), segundo direções preferenciais denominadas “trama” (sentido transversal) e “urdume” (sentido longitudinal). Exemplo: geotêxtil tecido, preto, constituído de filamentos tipo laminetes, utilizado com diversas funções em vários tipos de obra de engenharia.

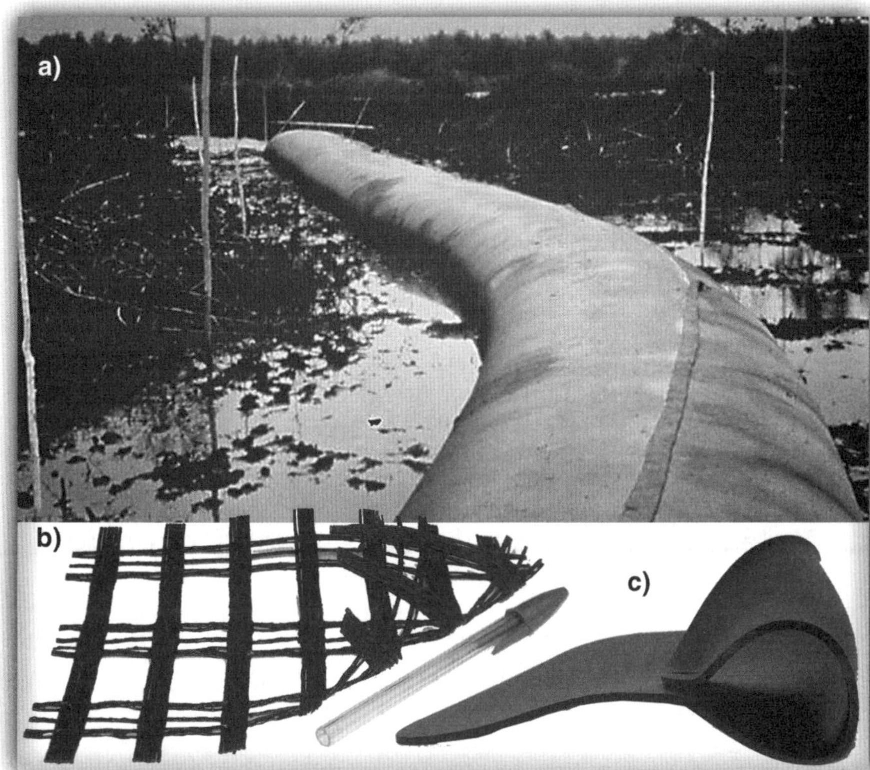

FIGURA 1-4
a) Geofôrma linear, tipo salsichão;
b) Geogrelha tecida;
c) Geomembrana termoplástica.

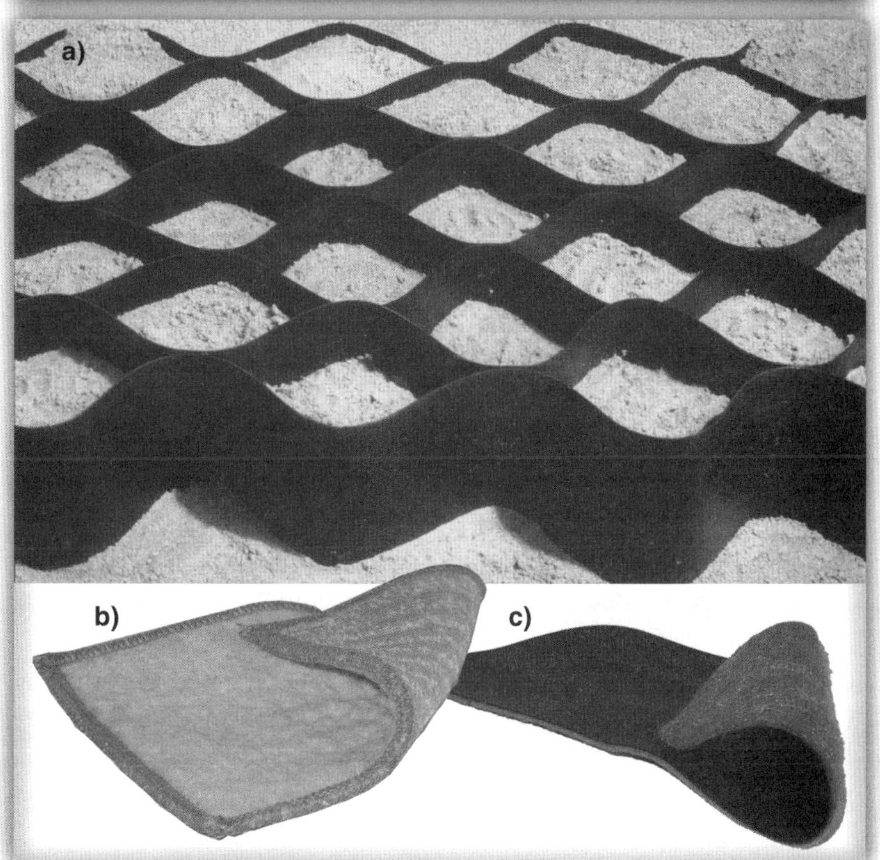

FIGURA 1-5
a) Geocélulas;
b) Geocomposto argiloso;
c) Geocomposto para impermeabilização, união de uma geomembrana e um geotêxtil.

Geotêxtil tricotado Produto obtido do entrelaçamento de fios por tricotamento. Exemplo: esquema de geotêxtil tricotado, utilizado com diversas funções em vários tipos de obra de engenharia.

Geotira Produto em forma de tira com função predominante de reforço.

Geotubo Produto de forma tubular com função drenante. Exemplo: geotubo corrugado, flexível, utilizado com elemento drenante, condutor, em vários tipos de dreno subterrâneo.

A Tab. 1-4 relaciona as matérias-primas mais utilizadas atualmente na fabricação dos geossintéticos aos respectivos produtos.

TABELA 1-4
Matérias-primas mais utilizadas na fabricação de geossintéticos

Matéria-prima	Sigla	Geossintéticos
Poliamida (náilon)	PA	GG, GT, GN, GCD, GCL, geotira, geobarra
Policloreto de vinila	PVC	GM, GG, geotubo
Poliéster	PET	GT, GG, GCL, GCD, GB, GN, geotira
Poliestireno expandido	EPS	GCD, GSP, geoexpandido
Polietileno	PE	GM, GG, GC, GSP, GL, GA
Polietileno de alta densidade	PEAD	GM, GC, GSP, geotira, geotubo
Poliproprileno	PP	GM, GT, GG, GCL, GCD, GN

REFERÊNCIAS BIBLIOGRÁFICAS

AGUIAR, P. R., "Geosynthetics Market in Brazil", IFAI Report P-028/94, [São Paulo, Brasil, 1994].

GIROUD, J. P., "Geotextiles to Geosynthetics: a Revolution in Geotechnical Engineering", III International Conference on Geotextiles [Viena, Áustria, 1986].

IGS - International Geosynthetic Society, Recommended Descriptons of Geosynthetics Functions, Geosynthetics Terminology, Mathematical and Graphical Symbols [EUA, 2000].

VERTEMATTI, J. C., Curso Básico de Geotêxteis, ABINT [São Paulo, Brasil, 2001].

Capítulo 2

Matérias-Primas

Benedito de Souza Bueno

2.1 INTRODUÇÃO

Vive-se a era dos polímeros, em que plásticos, fibras, elastômeros, adesivos, coberturas, borrachas, geossintéticos, etc., tornaram-se termos comuns no nosso quotidiano. Os materiais poliméricos juntaram-se ao aço, ao concreto e à madeira para formar o leque dos materiais de construção civil utilizados hoje em dia.

O termo polímero foi criado em 1933 pelo sueco Jöns Jakob Berzelius (1779-1848) para designar os compostos químicos com pesos moleculares múltiplos [Stevens, 1990]. Essa palavra, derivada do grego, sintetiza muito bem o processo de polimerização, visto que o prefixo poli significa "muitos" e meros quer dizer "partes"; ou seja, trata-se um composto formado de muitas partes [Mano, 1980].

O primeiro relato de polimerização teve lugar em 1839, quando se obteve o estireno. O nitrato e o acetato de celulose, comercializados a partir de 1870 e 1905, respectivamente, foram os primeiros produtos poliméricos manufaturados em escala industrial. Tinham, no entanto, base natural.

O primeiro polímero sintético com apelo comercial foi a resina fenol-formaldeído, desenvolvida nos primeiros anos do século XX e conhecida comercialmente como baquelita. Até aquela época se acreditava que os polímeros resultavam da agregação de pequenas moléculas, muito semelhantes aos colóides, aglutinadas por forças atrativas de natureza desconhecida.

TABELA 2-1
Primeiros polímeros utilizados na fabricação dos geossintéticos

Data	Produto/Sigla	Primeira aplicação	Referências
1933	PVC	Revestimento de piscinas	STAFF (1984)
1939	PEBD	Barreiras impermeabilizantes em estradas	BELL e YODER (1957)
1955	PEAD	Revestimento de margens de canais	HAWKINS (1984)
1956	PA, PP e PET	Colchões de geotêxtil tecido para proteção de fundos de rios	VAN ZATEN (1983)

O conceito de que os polímeros são compostos químicos formados por grandes moléculas, com alto peso molecular, interligadas por forças atrativas intermoleculares simples, foi introduzido em 1920 pelo químico alemão Hermann Staudinger (1881-1965). Seu trabalho deu um impulso à química dos polímeros e constituiu a base para o desenvolvimento de produtos importantes como a borracha de neoprene e as fibras de náilon.

Na segunda metade do século XX, a indústria dos polímeros experimentou um extraordinário avanço. Acredita-se que existam atualmente dezenas de milhares de patentes de polímeros registradas em todo o mundo, embora apenas uma insignificante fração desse total seja utilizada comercialmente.

O uso de materiais poliméricos para fabricar geossintéticos floresceu a partir de 1960, mas há registros de utilização em menor escala em décadas anteriores. A Tab. 2-1 sintetiza alguns registros históricos de emprego de geossintéticos e a data de surgimento dos mais importantes polímeros utilizados.

2.2 CONCEITOS

Os geossintéticos são constituídos essencialmente por polímeros e, em menor escala, por aditivos. Os aditivos têm função de introduzir melhorias nos processos de fabricação ou modificar aspectos do comportamento de engenharia do polímero básico. No geral, os geossintéticos são fabricados a partir de polímeros sintéticos, derivados de petróleo, embora algumas fibras naturais, como as de juta, sisal e coco, também sejam empregadas na fabricação de alguns geotêxteis (chamados, então, de biotêxteis) e geomantas (chamadas, então, de biomantas).

Os polímeros resultam do encadeamento de átomos de carbono, formando uma cadeia carbônica associada ou não a grupos funcionais, estruturados a partir de pequenas unidades de repetição denominadas monômeros, e de grupos de ponta, que são pequenas unidades que terminam a cadeia polimérica. O processo de polimerização pode ser resumido pela equação:

$$nM \rightarrow [\text{—M—}]_n, \qquad [2\text{-}1]$$

em que n é o grau de polimerização, M é o monômero ou unidade de repetição e $[\text{—M—}]_n$ designa o polímero resultante.

Quando se especificam, também, os grupos de ponta, eles são colocados fora dos colchetes na expressão [2-1], como mostra o exemplo a seguir:

$$CH_3CH_2\text{—}[CH_2CH_2]_n\text{—}[CH]{=}CH_2. \qquad [2\text{-}2]$$

Os processos de polimerização são comumente separados em duas classes, a adição e a condensação. No primeiro caso, os monômeros são adicionados uns aos outros por ligações covalentes de extremidades. No segundo caso, no processo de ligação, há formação também de moléculas de água.

Os polímeros podem ser formados linearmente a partir de um único monômero (homopolímeros) ou por mais de um monômero (copolímeros). Nesse caso, a combinação pode ser alternada, ou aleatória. Pode ocorrer também a alternância linear de blocos ordenados de monômeros (copolímeros em bloco) e, ainda, arranjo não-linear entre blocos (polímeros enxertados).

Os polímeros podem ainda ser classificados, segundo a estrutura da cadeia polimérica, em lineares, ramificados e em rede, como se vê na Fig. 2-1. A estrutura em rede pode apresentar formas de estrela, pente, escada e semi-escada.

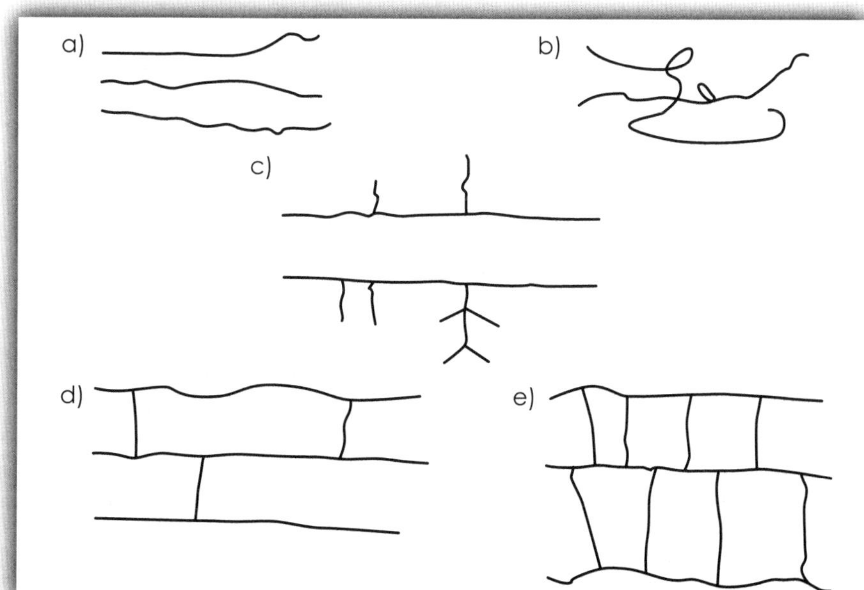

FIGURA 2-1
Estruturas de polímeros:
(a) (b) lineares;
(c) ramificada;
(d) (e) em rede.

A estrutura em rede ocorre quando as cadeias poliméricos lineares se unem por ligações cruzadas, do tipo covalente, que são ligações fortes, ou quando se empregam polímeros multifuncionais. Um exemplo clássico de união por ligações cruzadas é o da borracha vulcanizada, em que a estrutura em cadeias lineares da borracha natural é ligada por átomos de enxofre, transformando o material natural, extremamente elástico, em outro muito mais rígido.

Por causa das ligações cruzadas, os polímeros perdem a capacidade de fluir irreversivelmente e o material exibe elevado grau de estabilidade dimensional. O polímero não se funde, e não pode, portanto, ser moldado. Esse tipo de polímero é denominado termofixo ou termorrígido [Mano, 1991].

Para fabricar produtos a partir de materiais termofixos, devem-se induzir no processo de fabricação as reações químicas que geram as ligações cruzadas ou inibir temporariamente esses tipos de ligação, inerentes ao material termofixo, para permitir a fusão do material. Ao resfriar, depois de moldado, o produto torna-se rígido e, a partir daí, não pode mais ser fundido sob pena de perder suas propriedades iniciais.

Os materiais termorrígidos são insolúveis porque as ligações cruzadas geram produtos com alto peso molecular e se expandem apenas em contato com alguns solventes que podem penetrar na estrutura molecular.

Polímeros sem ligações cruzadas, de estrutura linear ou ramificadas, fundem-se e enrijecem irreversivelmente. O aquecimento não produz modificações das ligações químicas entre as cadeias poliméricas, apenas alterações físicas. Além disso, podem ser dissolvidos em algum tipo de solvente. Esses materiais são denominados termoplásticos.

Além dessa classificação, os polímeros também podem ser divididos, de acordo com o comportamento mecânico do produto final, em borrachas (ou elastômeros), plásticos, fibras, coberturas e adesivos. No entanto os termos borracha e elastômero são utilizados para designar, respectivamente, o látex natural e o polímero sintético, exibindo leves ligações cruzadas e memória elástica. Geralmente essas ligações cruzadas são obtidas por aquecimento e adição de enxofre ao polímero básico. O processo químico obtido é também irreversível.

Os polímeros apresentam duas morfologias típicas, amorfa e cristalina. O estado amorfo caracteriza-se por uma completa ausência de ordem entre as moléculas. Uma imagem simples, utilizada na engenharia de polímeros para representar esse estado, é a de um prato de espaguete. Cada macromolécula seria um fio de macarrão, que se entrelaça aleatoriamente com os vizinhos. No estado cristalino, ao contrário, as moléculas são orientadas ou alinhadas, à semelhança da estrutura de um cristal. Como esses dois estados coexistem e a

TABELA 2-2
Principais polímeros utilizados na fabricação dos geossintéticos

Polímero	Sigla	Aplicações
Polietileno	PE	Geotêxteis, geomembranas, geogrelhas, geotubos, georredes e geocompostos
Poliestireno expandido	EPS	Geoexpandidos
Polipropileno	PP	Geotêxteis, geomembranas, geogrellhas e geocompostos
Polivinil clorado	PVC	Geomembranas, geotubos e geocompostos
Poliéster	PET	Geotêxteis e geogrelhas
Poliestireno	PS	Geocompostos e geoexpandidos
Poliamida	PA	Geotêxteis, geogrelhas e geocompostos

cristalinidade nunca atinge 100%, os polímeros são em geral tidos como amorfos e semicristalinos. Quanto maior a cristalinidade, maior a rigidez, estabilidade dimensional, resistência química, resistência à abrasão, temperaturas de fusão e de transição vítrea. A densidade das zonas cristalinas é também maior do que a das zonas amorfas.

A temperatura de transição vítrea indica a mudança de comportamento do polímero de um estado sólido para outro denominado de mobilidade, quando o material se torna essencialmente mais deformável. Acima desse estado, as zonas amorfas acham-se excitadas e em movimento constante. A imagem simples e clássica dessa condição é a de um recipiente cheio de minhocas: cada uma delas se move de forma caótica sem se desprender do conjunto.

Os principais polímeros utilizados na fabricação dos geossintéticos estão relacionados na Tab. 2-2. Além da resina básica, os geossintéticos contêm também aditivos, como plastificantes, antioxidantes, inibidores da ação ultravioleta (antiUV), etc. Os plastificantes aumentam a flexibilidade do produto e lhe conferem um aspecto de borracha. Apenas o PVC consome cerca de 80% de todos os plastificantes utilizados mundialmente. No geral, os plastificantes são misturados à resina básica, formando um todo homogêneo que só pode ser separado por volatização, extração e ataque biológico. Medidas são tomadas para garantir a máxima permanência possível dos plastificantes, uma vez que estes podem ser removidos, por exemplo, por aquecimento.

A fotoxidação, causada pela radiação ultravioleta, tem efeito deletério sobre os geossintéticos, uma vez que causa a ruptura de ligações da estrutura principal do polímero. O abrigo da luz solar é, portanto, vital para a longevidade dos geossintéticos — talvez a razão principal do sucesso desses materiais na área de geotecnia, pois podem ser enterrados no solo.

Para garantir a permanência das propriedades durante o transporte, estocagem e instalação — e eventualmente durante a vida útil das obras, se expostos ao sol —, os geossintéticos devem incorporar aditivos anti UV. O mais comum deles é o negro-de-fumo.

Os polímeros também oxidam, principalmente em ambiente ricos em ozônio, por isso devem incorporar antioxidantes na sua formulação.

A seguir descrevem-se as características dos mais importantes polímeros utilizados como matéria-prima na fabricação dos geossintéticos.

Polipropileno (PP): é um polímero termoplástico semicristalino, o mais leve utilizado na fabricação de geossintéticos. Para facilitar os processos industriais de fabricação são adicionados à matéria prima básica, lubrificantes e plastificantes. Além disto, para torná-lo mais durável adicionam-se-lhes estabilizantes térmicos e negro-de-fumo, para reduzir a degradação causada pela radiação ultravioleta. Finalmente, o PP é muito susceptível à degradação por oxidação, razão pela qual se lhe adicionam antioxidantes para minimizar este efeito.

Polietileno (PE): produto resultante da polimerização de monômeros de etileno. Suas propriedades mecânicas estão fortemente relacionadas com o comprimento das cadeias moleculares, que podem atingir centenas de milhares de pesos moleculares. O PP e o PE possuem muitas similaridades químicas e compõem o grupo das poliolefinas.

Tabela 2-3
Tipos de polietileno, de acordo com a densidade

Tipo de polietileno	Siglas	Densidade (g/cm^3)
Alta densidade	PEAD (HDPE)	0,941 a 0,959
Baixa densidade	PEBD (LDPE)	0,910 a 0,925
Linear de baixa densidade	PELBD (LLDPE)	0,926 a 0,940

Observação:
a sigla entre parênteses provém da designação em inglês.

O PE é um termoplástico bastante cristalino, tendo-se em vista o elevado empacotamento das cadeias poliméricas. Isso dá a ele alta resistência química, pela dificuldade de ser permeado por gases, líquidos e vapores. De acordo com a densidade, o polietileno pode ser classificado como se vê na Tab. 2-3, e tem suas características físico-mecânicas sensivelmente alteradas de acordo com o tipo empregado (Tabs. 2-5 e 2-6).

A densidade de um geossintético fabricado a partir de PE pode ser maior do que a do polímero-base, em função da presença de aditivos, especialmente de negro-de-fumo (2 a 3%), que tem densidade de 1,80 g/cm^3.

Poliéster (PET): produto resultante da polimerização de etilenoglicol e dimetiltereftalato ou ácido tereftálico. Difere da maioria dos polímeros utilizados na fabricação de geossintéticos porque sua estrutura molecular contém oxigênio. Quando são necessários geossintéticos com alta resistência à tração, utilizam-se cadeias moleculares mais pesadas. Sob condições de acidez ou de elevada alcalinidade, os trechos da cadeia em éster podem sofrer hidrólise. Contém aditivos para minimizar degradações térmicas e UV.

Poliamida (PA): as poliamidas são conhecidas como náilon 6 ou náilon 66. A umidade pode reduzir sua rigidez e estabilidade. Compostos metálicos e negro-de-fumo são adicionados para garantir melhores propriedades de engenharia e reduzir a degradação UV.

Polivinil clorado (PVC): forma-se pela polimerização de vinil clorado e aditivos. Óleos e plastificantes somam cerca de 30 a 40% em peso do produto final; outros estabilizantes e negro-de-fumo, de 1 a 5%. O PVC apresenta elevada resistência a químicos inorgânicos, mas é susceptível ao ataque de solventes e óleos orgânicos.

Finalmente, existe um outro grupo de polímeros utilizados no exterior, na fabricação de geomembranas. Destes, destacam-se o polietileno clorossulfonado (PECS), o copolímero isobutileno-isopreno ou borracha butílica (IIR), o polietileno clorado (PEC), o copolímero-etileno-propileno (EDPM) e o neoprene.

Os polímeros podem ser identificados a partir de ensaios químicos, como a análise termogravimétrica (TGA), a calorimetria diferencial de varredura (DSC) e a espectrometria de infravermelho, cujo detalhamento foge ao escopo deste trabalho. De uma forma prática, podem-se identificar os polímeros pela queima, de acordo com as características enumeradas na Tab. 2-4.

TABELA 2-4
Identificação de alguns polímeros a partir da queima

Polímero	Teste ao fogo
PA	Incendeia-se com dificuldade e se auto-extingue. Chama azul com base amarela. Odor de cabelo queimado.
PE	Antes de tocar a chama, o material encolhe, derrete e se contorce. Incendeia-se rapidamente e pinga. Chama amarela com base azul. Odor de cera queimada. As cinzas são macias e da cor do material.
PET	Incendeia-se devagar. A chama dança e se contorce. Chama amarela. Odor adocicado. O material derretido pinga.
PP	Antes de tocar a chama, o material encolhe, derrete e se contorce. Incendeia-se rapidamente. Chama amarela com base azul. Odor de asfalto queimado. Cinzas duras.
PS	Incendeia-se rapidamente. Chama amarela com base azul. Em menor escala, a chama dança e se contorce. Odor de benzeno.
PVC	Incendeia-se com dificuldade e se auto-extingue. Chama amarela com base verde. Odor acre.

2.3 COMPORTAMENTO E CARACTERÍSTICAS

Para atender às várias necessidades da engenharia, um polímero deve apresentar propriedades como resistência mecânica, rigidez, durabilidade, elasticidade, resistência química, etc. Essas propriedades são afetadas por várias características, incluindo o peso molecular, a morfologia — estrutura, arranjo e forma das moléculas —, cristalinidade e a temperatura de transição vítrea.

O peso molecular é uma das características que mais afeta o comportamento mecânico. Para que um certo tipo de polímero ofereça vantagens técnicas e comerciais, seu peso molecular deve atingir um determinado valor mínimo. Em geral, quanto maior o peso molecular médio, maior a resistência têxtil do produto. No entanto, quando o peso molecular torna-se muito elevado, surgem dificuldades de fabricação.

Tão importante quanto o peso molecular é a estrutura química do polímero. As propriedades mecânicas se elevam à medida que há uma maior atração eletroquímica entre suas macromoléculas formadoras. Em moléculas polarizadas, surgem forças de atração entre dipolos adjacentes, incluindo pontes de hidrogênio; em moléculas não-polarizadas, forças de Van der Wals, que, embora fracas, acabam sendo significativas quando o peso molecular cresce. As forças de ligação são tipo iônico ou de íons-dipolos em polímeros que contêm grupos iônicos.

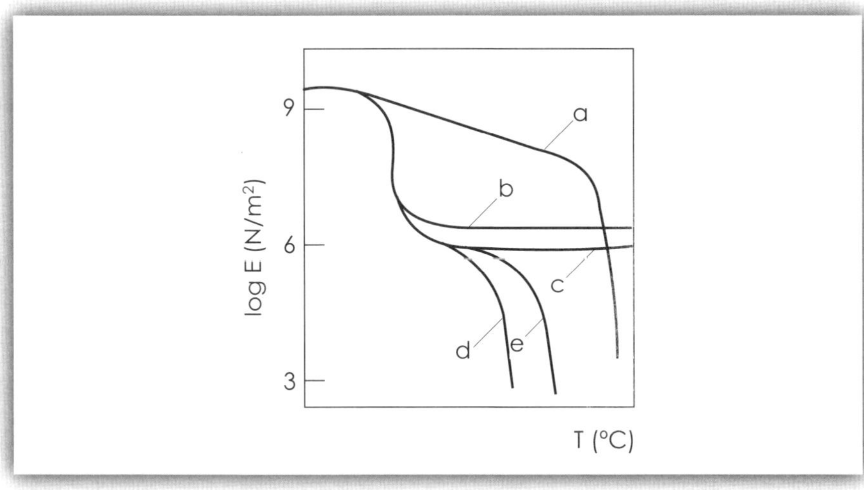

FIGURA 2-2
Efeito da temperatura na deformabilidade dos polímeros:
(a) cristalino;
(b) com alta densidade de ligações cruzadas;
(c) com baixa densidade de ligações cruzadas;
(d) com baixo peso molecular;
(e) com elevado peso molecular.

A Fig. 2-2 mostra o efeito da temperatura sobre o módulo de deformabilidade obtido no ensaio de tração para polímeros. Nota-se uma elevada rigidez inicial que caracteriza a região denominada vítrea, cujo limite superior é a temperatura de transição vítrea. Em seguida, o material escoa e depois adquire um comportamento de borracha, com módulos bem menores, para, finalmente, em elevadas temperaturas, fluir. Quanto maior o peso molecular de uma dada estrutura polimérica, maior a temperatura necessária para ocorrer o fluxo plástico do material.

Polímeros com alto grau de cristalinidade não apresentam o trecho intermediário de comportamento de borracha. Permanecem no estado vítreo até os níveis de temperatura em que fluem. Por outro lado, polímeros com elevado grau de ligações cruzadas não fluem. Quanto maior esse grau, maior o módulo no trecho com comportamento de borracha.

A Tab. 2-5 resume algumas das propriedades físicas mais importantes dos principais polímeros utilizados na fabricação dos geossintéticos. Nota-se, por exemplo, que as poliolefinas são mais leves que a água, possuem baixas temperaturas de transição vítrea e alta cristalinidade, em comparação aos outros polímeros.

TABELA 2-5
Características físicas mais importantes dos principais polímeros utilizados na fabricação dos geossintéticos

Polímero	Peso molecular	Densidade	T_g	T_f	Cristalinidade	Características
PEAD	200.000	0,94 a 0,96	–100 a –125	130 a 135	< 95	Branco, opaco
PEBD	50.000	0,91 a 0,94	–20 a –30	109 a 125	< 60	Branco, translúcido a opaco
PP	80.000 a 500.000	0,90	4 a 12	165 a 175	60 a 70	Branco, opaco
PS	300.000	1,05 a 1,06	100	235	Muito baixa	Incolor, transparente
PVC	50.000 a 100.000	1,53 a 1,56	81	273	5 a 15	Incolor, transparente
PET	15.000 a 42.000	1,33 a 1,45	70 a 74	250 a 270	< 40	Branco, transparente a opaco
PA/6	10.000 a 30.000	1,12 a 1,14	50	215 a 220	<60	Amarelado, translúcido
PA/66	10.000 a 20.000	1,13 a 1,15	50	250 a 260	<60	Amarelado, translúcido

T_g = temperatura de transição vítrea; T_f = temperatura de fusão.

A Tab. 2-6, por sua vez, sintetiza as principais características mecânicas dos polímeros utilizados na fabricação dos geossintéticos. Nota-se que esses materiais apresentam uma resistência à tração de razoável magnitude e alta elongação, com exceção do poliestireno, que se rompe para deformações muito baixas.

A resistência química dos polímeros é uma característica necessária quando o material é colocado em ambientes agressivos. No geral, quanto mais cristalino o polímero, mais quimicamente resistente ele é, devido ao maior empacotamento das cadeias poliméricas. Além disso, quando maior o grau de ligações cruzadas, menos susceptível à ação de solventes ele será.

Sob elevadas temperaturas ocorre a excitação atômica, que pode provocar ruptura das cadeias poliméricas. Polímeros com cadeias fechadas — em anel ou em escada — são mais resistentes à degradação térmica do que aqueles com cadeias lineares.

TABELA 2-6
Características mecânicas mais importantes dos principais polímeros utilizados na fabricação dos geossintéticos (Stevens, 1990)

Polímero	Resistência à tração (MPa)	Elongação na ruptura (%)	Módulo de elasticidade em tração (GPa)
PEAD	8,3 a 31	100 a 650	0,2 a 0,3
PEBD	22 a 31	10 a 1.200	1,07 a 1,09
PP	31 a 41	100 a 600	1,17 a 1,72
PS	36 a 52	1,2 a 2,5	2,28 a 3,28
PVC	41 a 52	40 a 80	2,41 a 4,14
PET	48 a 72	50 a 300	2,76 a 4,14
PA 66	76 a 83	60 a 300	—

TABELA 2-7
Resistência química dos principais polímeros utilizados na fabricação dos geossintéticos (van Zanten, 1986)

Polímero	PA (6 e 6,6)		PET		PP		PE		PVC (3)	
Duração do carregamento	C(1)	L(2)	C(1)	L(2)	C(1)	L(2)	C(1)	L(2)	C(1)	L(2)
Ácidos diluídos	+	o	++	+	++	++	++	++	+	o
Ácidos concentrados	o	–	o	–	++	+	++	+	o	–
Álcalis diluídos	++	+	++	o	++	++	++	++	++	+
Álcalis concentrados	o	–	o	–	++	++	++	++	+	o
Sais (Prine)	++	++	++	++	++	++	++	++	++	++
Óleo (mineral)	++	++	++	++	+	o	+	o	+	o
Glicol	+	o	++	o	++	++	++	++	++	++
Microorganismos	++	+	++	++	++	++	++	++	+	o
Luz UV	+	o	+	o	o	–	o	–	+	–
Luz UV (estabilizada)	++	+	++	+	++	+	++	+	++	+
Calor a seco (acima de 100°C)	++	+	++	++	++	+	++	o	+	o
Vapor d'água (acima de 100°C)	++	+	o	–	o	–	o	–	o	–
Absorção de umidade	++	++	++	++	++	++	++	++	+	+
Detergentes	++	++	++	++	++	++	++	++	++	++
Susceptibilidade à fluência	++	+	++	++	+	o	+	o	+	o

Grau de resistência: (–) não-resistente; (o) moderada; (+) aceitável; (++) boa.
Essa avaliação da resistência é válida sob condições normais de temperaturas: (1), durante a execução; (2), durante o uso; (3), dependente do tipo de plastificante e umidade relativa elevada.

A Tab. 2-7 apresenta aspectos da resistência química dos polímeros mais utilizados na fabricação dos geossintéticos. Nota-se que o conjunto dos geossintéticos atende muito bem às várias situações de agressividade química. Basta que essas condições sejam identificadas e se proceda à escolha adequada do polímero mais conveniente para cada tipo de aplicação.

2.4 CONCLUSÕES

Os geossintéticos passaram, definitivamente, a integrar o elenco de materiais de construção utilizados em todas as modalidades de obras de engenharia civil.

A possibilidade de utilizar produtos manufaturados como parte das solução de um problema de engenharia traz inúmeras vantagens, como velocidade de execução, controle da qualidade e redução de custo. Na maioria dos casos conseguem-se também outras vantagens se houver necessidade, por exemplo, de manutenção periódica da obra. Hoje em dia, os materiais poliméricos competem tecnicamente com os materiais naturais, apresentando propriedades de engenharia e durabilidade equivalentes.

A diversidade dos problemas de engenharia e dos condicionantes de projeto pode requerer que, em situações específicas, haja à disposição produtos manufaturados diversos que possam atender às necessidades particulares das obras. Nesse sentido, o fato de se poder contar com produtos fabricados a partir de matérias-primas diferentes, com propriedades físicas, mecânicas e químicas distintas, constitui uma grande vantagem técnica, pois em cada situação específica um tipo de polímero pode fornecer as características exigidas pelo projeto.

Em vista disso não se pode afirmar casuisticamente que uma matéria-prima seja melhor ou pior que a outra; o que geralmente ocorre é que um produto pode ser mais adequado a uma situação específica do que outro.

Nesse contexto a diversidade de polímeros disponíveis para a fabricação dos geossintéticos é um aspecto extremamente positivo sob o ponto de vista de aplicação. Além disso, é importante não desenvolver preconceitos ou exacerbar as qualidades dos vários produtos disponíveis no mercado. Cada um tem suas próprias características e isso é fundamental para se atender a diversidade de situações encontradas na prática da engenharia.

Como observação final, é de suma importância ressaltar que as características químicas, físicas, mecânicas, hidráulicas e de durabilidade de um geossintético não dependem apenas do tipo de matéria-prima utilizada em sua fabricação, mas também de uma combinação de vários fatores de ordem técnica, tais como: processo de fabricação, aditivação, catalisadores, controle de qualidade, condições de estocagem, forma de apresentação do produto, entre outros.

REFERÊNCIAS BIBLIOGRÁFICAS

AGNELLI, J. A. M., Introdução a Materiais Poliméricos, UFSCar, Curso de graduação, 189 p. [São Paulo, Brasil, 2001].

BELL, J. R. & YODER, E. J., "Plastic Moisture Barrier for Highway Subgrade Protection", Proceedings of the Highway Research Board, vol 36, pp. 713-735. [Washington, D. C., 1957].

HAWKINS, G., "Development and Use of Membrane Linnings for Canal Construction Worldwide", Proceedings of the I International Conference on Geomembranes, vol. 1, pp. 15-20. [Denver, Colorado, 1984].

MANO, E. B., Polímeros como Materiais de Engenharia, Editora Edgard Blücher Ltda., 1.ª edição, 197 p. [São Paulo, Brasil, 1991].

MANO, E. B.; Introdução aos Polímeros, Editora Edgard Blücher Ltda., 1.ª edição, 191 p. [São Paulo, Brasil, 1999].

STAFF, C. E.; "The Foundation and Growth of the Geomembrane Industry in the United States", Proceedings of the I International Conference on Geomembranes, vol. 1., pp 5-7 [Denver, Colorado, 1984].

STEVENS, M. P., Polimer Chemistry - An Indroduction, Oxford University Press, 2.ª ed., 633 p. [New York, 1990].

VAN ZATEN, R. V., Geotextiles and Geomembranes in Civil Engineering, 642 p. [Balkema, Roterdam, 1986].

Capítulo 3

Propriedades, Ensaios e Normas

Benedito de Souza Bueno
Orencio Monje Vilar

3.1 INTRODUÇÃO

Os geossintéticos podem desempenhar diferentes funções no corpo de um projeto de engenharia, como separação entre dois materiais distintos, drenagem de líquidos e gases, reforço e impermeabilização, entre outras.

A seleção dos geossintéticos para atender às exigências da obra deve se basear em propriedades de engenharia que traduzam as condições técnicas a que serão submetidos quando em serviço. Essas propriedades são determinadas a partir de ensaios de campo ou, mais comumente, de laboratório, os quais, para serem realistas, precisam reproduzir os aspectos importantes da interação do geossintético com o meio em que será inserido. Além disso, esses materiais devem apresentar vida útil compatível com as das obras onde são empregados (Bueno, 2003).

Também, como todo material manufaturado, os geossintéticos devem obedecer a um rigoroso controle de qualidade de fabricação, de tal sorte que o produto entregue na obra possua as características técnicas estabelecidas no projeto. Além disso, em certos casos é necessário verificar a eficiência das soldas e uniões. Essas confirmações são feitas por ensaios de recebimento, que devem ser executados com freqüência preestabelecida.

Este capítulo descreve os ensaios utilizados para identificar as matérias-primas empregadas na confecção dos geossintéticos e os ensaios de caracterização e de desempenho.

A Tab. 3-1 mostra o emprego dos vários geossintéticos para atender as suas funções nos projetos. Como se pode ver, os geotêxteis são os membros mais versáteis dessa família. Os demais geossintéticos atendem a funções específicas e, em particular, as geomembranas — e

TABELA 3-1 Funções dos vários geossintéticos nos projetos de engenharia							
Geossintético	**Separa-ção**	**Proteção**	**Filtração**	**Drena-gem**	**Erosão**	**Reforço**	**Imper-meabili-zação**
Geotêxtil	X	X	X	X	X	X	X(*)
Geogrelha	X	-	-	-	-	X	-
Geomembrana	X	-	-	-	-	-	X
Georrede	-	X	-	X	-	-	-
Geocomposto Bentonítico argiloso	-	-	-	-	-	-	X
Geocélula	-	X	-	-	X	X	-
Geotubo	-	-	-	X	-	-	-
Geofibras	-	-	-	-	-	X	-

*Quando impregnado com material asfáltico.

mais recentemente os geocompostos bentoníticos — são os geossintéticos mais empregados na área ambiental. Em vista disso e para maior clareza do texto, os ensaios serão descritos em quatro categorias: executados sobre a matéria-prima, em geotêxteis e produtos correlatos (geogrelhas, georredes, geocompostos, etc.), em geomembranas e em geocompostos bentoníticos.

3.2 ENSAIOS SOBRE AS MATÉRIAS-PRIMAS

O comportamento de um geossintético depende das matérias-primas que o compõem, dos polímeros básicos e aditivos, e do processo de fabricação. Em muitas situações — particularmente quando se empregam geossintéticos em obras ambientais —, o conhecimento das propriedades da matéria básica pode permitir inferir sobre possível degradação e envelhecimento precoce do material em contato com os vários produtos e agentes do meio. Detalhes sobre as formas de identificação da composição química dos geossintéticos são apresentados no Cap. 2.

3.3 ENSAIOS EM GEOTÊXTEIS E PRODUTOS CORRELATOS

Os ensaios executados sobre geotêxteis podem ser aplicados também a outros tipos de geossintético. Em razão disso, em geral, são denominados "ensaios em geotêxteis e produtos correlatos". Esses ensaios podem ser divididos em quatro categorias:

- ensaios para determinação das propriedades físicas;
- ensaios para determinação das propriedades mecânicas;
- ensaios para determinação das propriedades hidráulicas;
- ensaios de desempenho.

A Tab. 3-2 sintetiza as principais propriedades e tipos de ensaio executados com os geotêxteis e produtos correlatos, bem como as respectivas normas técnicas que orientam as rotinas de laboratório.

3.3.1 Ensaios para determinação das propriedades físicas

As propriedades físicas dos geossintéticos de maior interesse são massa por unidade de área, espessura nominal, porosidade e porcentagem de área aberta. São consideradas propriedades-índices, que servem para identificar os produtos.

Massa por unidade de área, ou gramatura

A gramatura (μ_A) é a relação entre a massa e a área de um corpo de prova de geometria regular. O valor médio de dez determinações, expresso em g/m^2, representa a gramatura média do geotêxtil.

A gramatura está associada ao custo do produto e à sua resistência mecânica. No entanto a gramatura deve ser entendida como um índice de caracterização e ser utilizada apenas como elemento de comparação entre membros de uma mesma família, com mesmos processos de fabricação e que utilizam as mesmas matérias-primas (polímeros e aditivos).

A gramatura de um geotêxtil nãotecido, por exemplo, não fornece indicações de como o produto é fabricado (a partir de fibras curtas ou de filamentos contínuos), como o entrelaçamento dos fios é feito, que intensidade de entrelaçamento foi dada ao produto e se ele sofreu ou não termoligação, entre outros aspectos. Informações dessa natureza, úteis ao projeto, só podem ser obtidas do fabricante, e o desempenho do produto, apenas através de ensaios específicos.

A gramatura não deve, portanto, ser utilizada isoladamente como propriedade de especificação, pois, dependendo dos processos de fabricação, produtos com a mesma gramatura podem apresentar propriedades mecânicas e hidráulicas totalmente diferentes.

Valores típicos de gramatura de geotêxteis variam entre 100 e 900 g/m^2.

Espessura nominal

A espessura nominal (t_{GT}) de um geotêxtil, expressa em milímetros, é determinada registrando-se a distância interna entre duas placas rígidas, que comprimem corpos de prova sob uma tensão vertical de 2 kPa. A área de contato entre as placas, segundo a NBR 12569, deve ser 2.500 mm^2, conforme ilustra a Fig. 3-1.

Com exceção dos geotêxteis nãotecidos e dos geocompostos, que se comprimem sob tensão, os demais geossintéticos apresentam espessuras quase constantes, independentes das tensões a que são submetidos.

Porosidade

A porosidade (n_{GT}) de um geotêxtil expressa a relação entre o volume dos poros e o volume total de uma amostra. Esse parâmetro é obtido pela expressão

$$n_{GT} = \left(1 - \frac{\mu_A}{t_{GT} \cdot \rho_f \cdot \rho_w}\right) x\ 100\%, \qquad [3\text{-}1]$$

sendo:

- μ_A a gramatura;
- ρ_f a massa específica da fibra ou do filamento que constitui o geotêxtil; e
- ρ_w a massa específica da água.

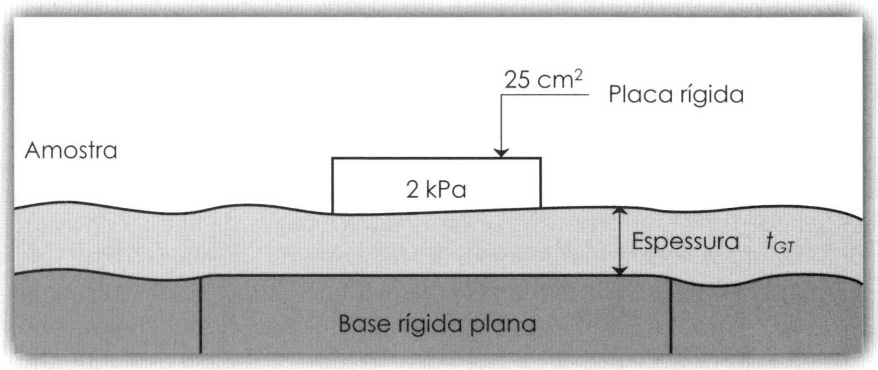

FIGURA 3-1
Esquema do ensaio para a determinação da espessura nominal.

Porcentagem de área aberta (PAA)

Nos geotêxteis tecidos, a PAA é a área dos espaços vazios resultantes do processo de tecelagem, entre os elementos longitudinais (urdume) e os transversais (trama).

TABELA 3-2
Ensaios realizados em geotêxteis e produtos correlatos

Propriedades	Norma	Observações
Físicas		
Massa por unidade de área	NBR 12568, ISO 9864, ASTM D 3776;	Procedimentos similares são utilizados em todas as normas
Espessura nominal	NBR 12569, ISO 9863, ASTM D5199	Procedimentos similares são utilizados em todas as normas
Porosidade	—	Determinação analítica
Mecânicas		
Compressibilidade	—	Tensões usuais, de 10 a 200 kPa
Resistência a tração: - Faixa larga - Faixa restrita ou grab - Elementos de geogrelha - Multidirecional	 NBR 12824 ASTM D 4595 ISO 10319 ASTM D 4632 GG1* e GG4* ASTM D 5716	 Dimensões dos CPs (CxL), mm: 100 x 200 ou 100 x 500 100 x 200 100 x 200, área de tração 25 x 25 Ensaio em um elemento da geogrelha. Diâmetro recomendável 500 mm
Resistência a puncionamento - Estático (CBR) - Dinâmico (queda do cone)	 NBR 13359 ISO 12236 NBR 14971 ISO 13433, EN 918	 Pistão com diâmetro de 50 mm Cone de 500 g, altura de queda de 500 mm
Resistência a propagação de rasgo	ASTM D 4533	—
Resistência a estouro	ASTM D 3786	—
Fluência sob tração	**PNBR 02.153.19-015 ISO 13431 ASTM D 5262	1.000 horas de duração 10.000 horas de duração
Hidráulicas		
Permissividade	ISO 11058	—
Transmissividade	ISO 12958	—
Filtração: - Abertura de filtração - Abertura aparente	 **PNBR 02.153.19-021; ISO 12956; AFNOR G 38 087; ASTM D 4751	 Peneiramento úmido de solo bem graduado. Peneiramento a seco com esferas de vidro
Desempenho		
Resistência a tração confinada	—	Não há norma específica ainda Interesse maior para geotêxteis Não-tecidos.
Fluência confinada	—	Não há norma específica ainda
Resistências de interface: - arrancamento - cisalhamento direto - plano inclinado	ISO 13427 e ASTM D 5321	Não há norma específica ainda Procedimentos de mecânica dos solos
Resistência a abrasão	ISO 13427	—
Filtração de longa duração	ASTM D 5101	—
Danos de instalação	ISO 10722, ASTM D 5818	—

* Normas internas do Geosynthetic Research Institute (GRI), Philadelphia, EUA.
** Projetos de normas brasileiras.

FIGURA 3-2
Resultados de ensaios de compressibilidade de geossintéticos.

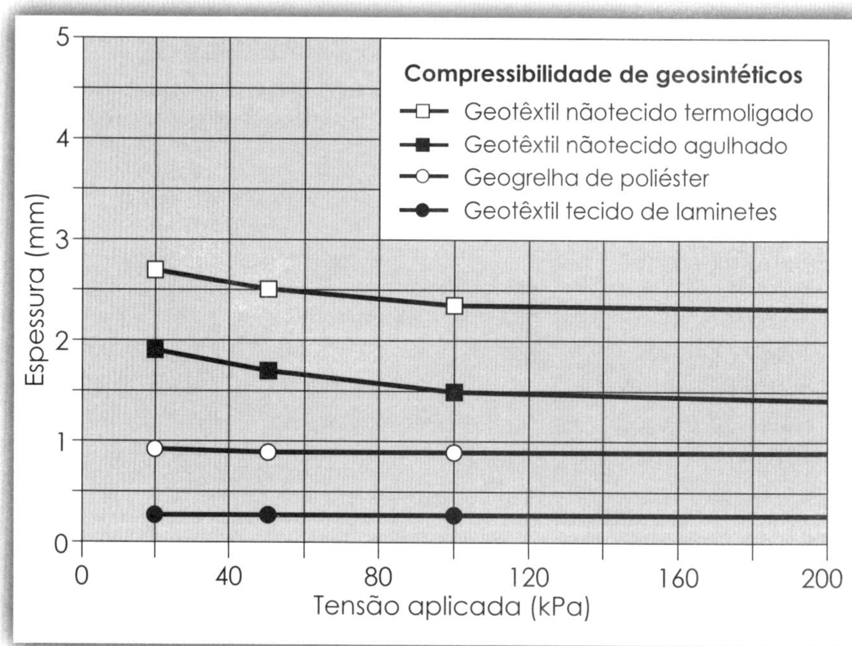

3.3.2 Ensaios para determinação das propriedades mecânicas

As propriedades mecânicas, em princípio, são utilizadas em métodos de dimensionamento e expressam relações entre carregamento e deformações. A seguir discute-se cada uma em particular.

Compressibilidade

A compressibilidade de um geotêxtil é obtida registrando-se a sua espessura sob diferentes níveis de carregamento. O resultado da determinação é um um gráfico como o mostrado na Fig. 3-2. Normalmente são empregadas tensões de 10, 20, 50, 100 e 200 kPa. Entretanto pode-se ampliar a gama de tensões para cobrir os níveis de confinamento encontrados no campo.

Nota-se que os geotêxteis tecidos e as geogrelhas são praticamente incompressíveis e, entre os geotêxteis nãotecidos, os agulhados são os mais compressíveis.

Resistência a tração unidirecional

A resistência dos geotêxteis a tração pode ser determinada de várias formas, cada qual buscando reproduzir uma condição de campo.

De um modo geral, esse tipo de ensaio consiste em prender as extremidades de corpos de prova com um par de garras metálicas e sujeitar o conjunto a uma máquina universal de ensaio. Aplicam-se ao conjunto cargas de tração crescentes, registrando-se as deformações correspondentes até a ruptura.

Em tiras

A condição mais geral de solicitação dos geossintéticos no campo é a de tração, que pode ser representada em laboratório pelos ensaios de tração em faixa estreita e em faixa larga. Os primeiros utilizam corpos de prova de 50 mm de largura por 100 mm de comprimento. Ao serem solicitados, os geotêxteis nãotecidos sofrem extremo estrangulamento na parte central, reduzindo em conseqüência a largura efetiva da amostra. Esse fenômeno, denominado "estricção", promove um alinhamento dos filamentos nesse trecho central e, no geral, é responsável por uma diminuição nos valores de resistência e um aumento nas deformações obtidas. Em vista disso, os ensaios de tração em faixa estreita caíram em desuso, mas ainda são empregados por fabricantes para controle de qualidade, essencialmente por serem mais simples de executar.

Em laboratório, rotineiramente se utilizam os ensaios em faixa larga para quantificar a resistência a tração dos geotêxteis (Fig. 3-3). A Tab. 3-2 resume as dimensões dos corpos-de-prova empregados nas principais normas. Com essas dimensões, reduz-se sobremaneira a estricção e se obtêm resultados mais próximos das condições de campo. A norma brasileira abre perspectiva para se utilizar também corpos de prova de 500 mm de largura.

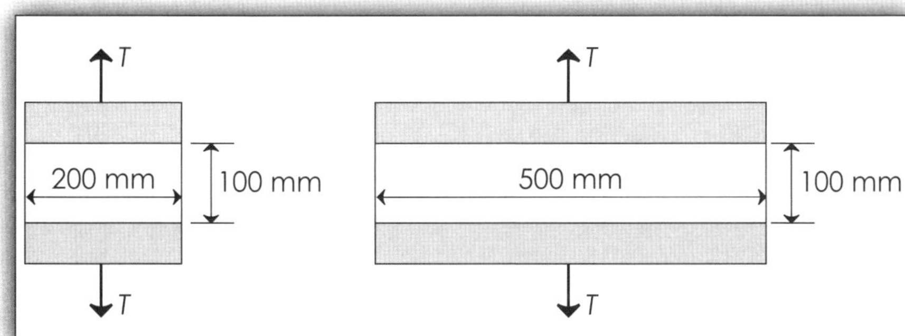

FIGURA 3-3
Ensaios de tração unidirecional em faixa larga.

Na Fig. 3-4, vêem-se curvas que relacionam a força de tração por unidade de largura versus a deformação axial, obtidas em ensaios de faixa larga para vários tipos de geossintético. Nota-se que as geogrelhas e os geotêxteis tecidos são bastante rígidos, enquanto os geotêxteis nãotecidos agulhados ocupam posição oposta.

A resistência a tração das geogrelhas é normalmente determinada em ensaios de faixa larga. Entretanto, como são materiais muito resistentes, que exigem equipamentos de maior capacidade de ensaio, além de garras de tração mais elaboradas, há recomendações universalmente aceitas — mas ainda não-normatizadas — para se ensaiarem isoladamente os elementos das geogrelhas. Isso facilita sobremaneira as técnicas de ensaio e fornece resultados iguais aos obtidos em ensaios de tração em faixa larga.

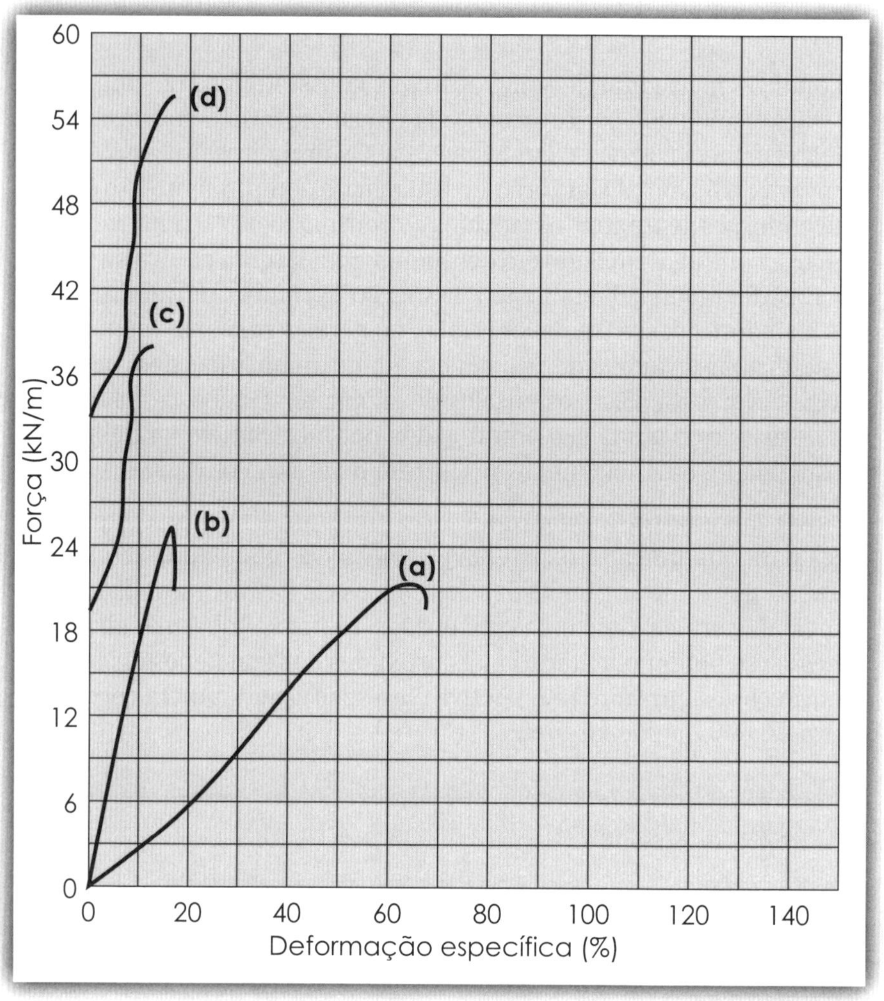

FIGURA 3-4
Resultados de ensaios de tração em faixa larga de geossintéticos:
(a) geotêxtil nãotecido;
(b) geotêxtil tecido;
(c) e (d) geogrelhas.

A força por unidade de largura, geralmente por metro (F_t), é determinada multiplicando-se o valor da força obtida em um elemento (F_i) pelo número (n) de elementos em 1 m de largura:

$$F_t = n \cdot F_i \quad [3\text{-}2]$$

Caso a geogrelha seja rígida, deve-se ensaiar também a junção, para levar em conta a contribuição do elemento transversal à direção ensaiada na resistência a tração.

Considera-se rígida a geogrelha que apresenta uma rigidez a flexão, definida pela ASTM D 1388, superior a 1.000 gf · m.

Em faixa restrita ou grab test

Uma outra condição passível de ocorrer no campo é aquela em que apenas uma zona restrita do geotêxtil sofre solicitação por tracionamento. Isto pode ocorrer, por exemplo, quando o material envolvente é granular e alguns blocos maiores prendem localmente o geotêxtil, como

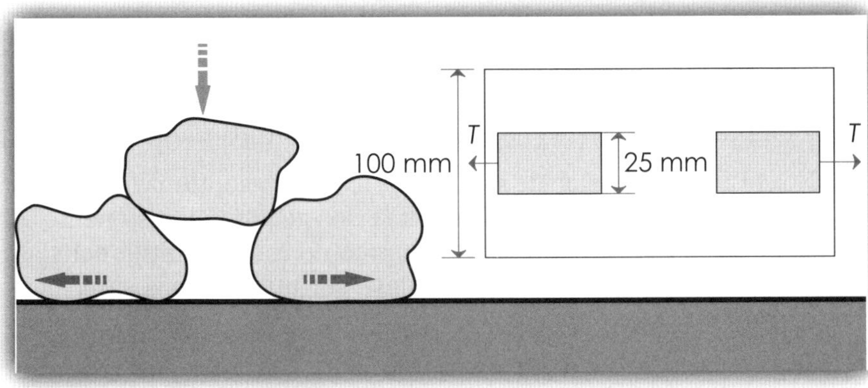

FIGURA 3-5
Esquema do ensaio em faixa restrita (tipo *grab*).

mostra esquematicamente a Fig. 3-5. Esse tipo de solicitação pode ser representado pelo ensaio de tração do tipo *grab* (ou de mordedura), como se pode ver na Fig. 3.5.

No ensaio de tração do tipo grab, um corpo de prova com 100 mm de largura por 100 mm de comprimento é seguro nas extremidades por garras, que só prendem uma área central de 25 mm de largura. O conjunto colocado em uma máquina universal de ensaio é estirado até a ruptura. Durante o ensaio, registram-se as forças aplicadas e as correspondentes deformações axiais.

Tração multidirecional e resistência a estouro

Em situações particulares como, por exemplo, no reforço de aterros sobre um vazio circular, o geotêxtil pode ser tracionado multidirecionalmente e, ao se deformar, adquire a conformação de uma calota esférica ou parabólica, conforme ilustra a Fig. 3-6.

Para ensaiar materiais permeáveis como geotêxteis, é necessário recobrir a amostra com uma membrana flexível e prender o conjunto a um molde metálico, circular, e aplicar uma pressão interna crescente, que leva o conjunto ao colapso. A pressão de colapso, reduzida da resistência a estouro da membrana, fornece a resistência multidirecional do material. Resultados de pesquisas mostram que a resistência multidirecional de um produto depende do diâmetro do corpo de prova e que uma constância de resultados só é obtida para corpos de prova com diâmetro superior a 500 mm.

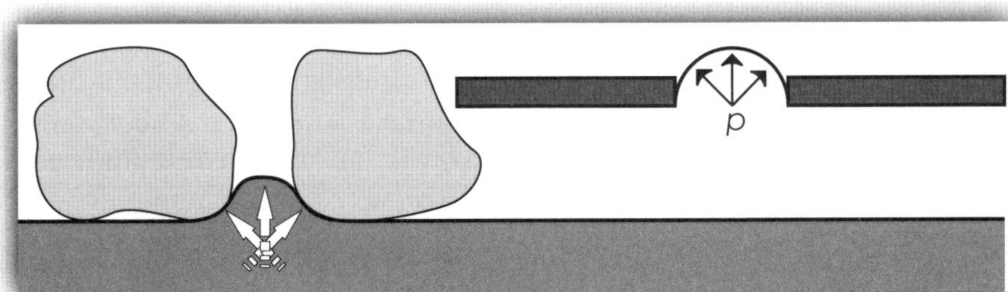

FIGURA 3-6
Esquema do ensaio de tração multidirecional.

O ensaio de resistência a estouro (ASTM D 3786/80) pode ser classificado como de resistência a tração multidirecional, com o inconveniente de que se registra apenas a pressão extrema, não se obtendo uma curva da pressão aplicada *versus* a deformação vertical da calota.

No cotidiano, o ensaio de resistência a estouro continua fornecendo um índice de classificação qualitativa dos geossintéticos quanto a esse tipo de solicitação, enquanto o ensaio de tração multidirecional de grande dimensão, mais refinado, deve ser utilizado nas situações que exigem maior rigor de análise.

Resistência à propagação de rasgos

Em certas situações, os geotêxteis podem ser solicitados à propagação de rasgamento, que ocorreria a partir de uma incisão inicial. Tal situação pode ocorrer durante a instalação — em manuseio descuidado, sob ação de vento, ou durante a vida útil, em zonas próximas de planos de ruptura.

O ensaio de rasgo, normalizado pela ASTM D4533, comumente utilizado em geotêxteis e materiais correlatos, é denominado "propagação do rasgo trapezoidal" (Fig. 3-7). Esse ensaio não mede a resistência para se provocar um rasgo, mas apenas para propagá-lo. Faz-se uma incisão de 12 mm em um corpo de prova trapezoidal, cujas laterais são presas em garras de tração. O conjunto é levado a uma máquina universal de ensaios e se aplica força crescente até o rasgo completo do corpo de prova. A resistência a rasgos é definida como o valor máximo da força aplicada.

Praticamente sem qualquer relevância em projetos, os resultados da resistência à propagação de rasgos têm sido utilizados em recomendações de órgãos rodoviários dos Estados Unidos como um índice de classificação do produto para selecionar geotêxteis.

Resistência a puncionamentos

Em muitas situações práticas, os geossintéticos podem ficar sujeitos a esforços de compressão localizados como, por exemplo, quando em contato com material granular graúdo [Fig. 3-8(a)]. Nesse caso, os esforços de compressão gerados por grãos isolados podem ser de tal monta que causam sua perfuração. Faz-se a quantificação da resistência a puncionamentos fixando-se um corpo de prova às bordas de um cilindro rígido e submetendo-o a uma força estática ou dinâmica.

O puncionamento estático é feito levando-se o conjunto a uma máquina universal de ensaio e aplicando-se à superfície do corpo de prova uma força vertical crescente através de uma haste cilíndrica, similar a um pistão [Fig. 3-8(a)]. Registra-se a força máxima necessária (em newtons) para perfurar o corpo de prova e o deslocamento correspondente (em milímetros).

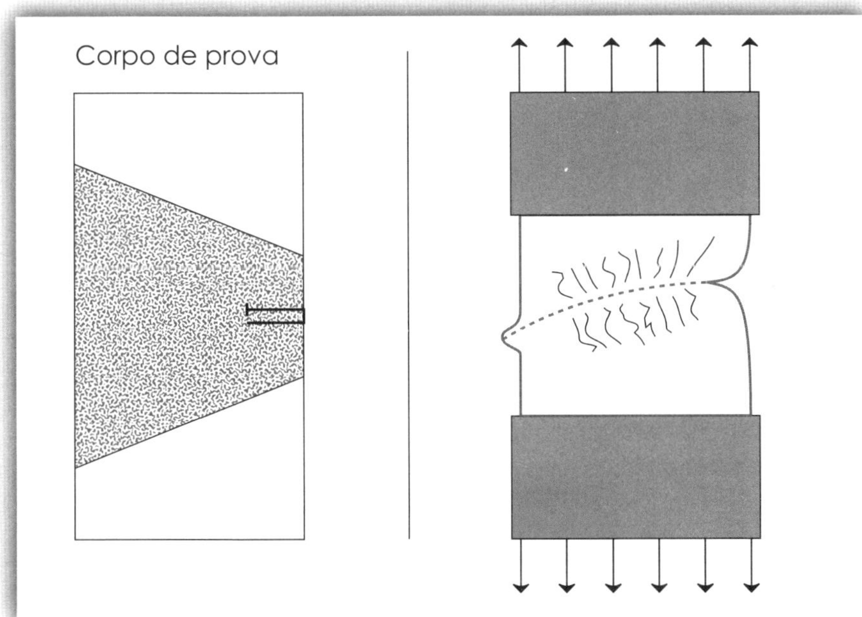

FIGURA 3-7
Esquema do ensaio de propagação de rasgos.

Como essa haste é similar à utilizada em ensaios de índice-suporte Califórnia (CBR), executado em materiais de pavimentação rodoviária e diferindo apenas pelo fato de as bordas inferiores do pistão serem chanfradas, o ensaio é denominado "de puncionamento com pistão CBR".

No puncionamento dinâmico, um cone padronizado de 500 g desce em queda livre de uma altura de 500 mm sobre o geossintético, provocando um furo cujo diâmetro é medido por um outro cone padronizado, com marcas de referência em seu corpo [Fig. 3-8(b)]. Nesse caso, o ensaio tenta representar o lançamento de material granular sobre o geotêxtil, situações freqüentes em obras de drenagem e separação.

Fluência

Os geossintéticos fluem ou escoam quando submetidos a esforços de longa duração. A fluência será tanto maior quanto maior for a magnitude do carregamento aplicado (Fig. 3-9) e também a temperatura do meio em que o geossintético é inserido (Fig. 3-10). Nas várias aplicações, os geossintéticos podem fluir sob ação de esforços cisalhantes (como em barreiras bentoníticas), sob esforços de compressão (como em geocompostos drenantes) ou quando tracionados (por exemplo, em estruturas de solo reforçado).

Os geossintéticos utilizados em reforços devem ser caracterizados quanto à fluência sob tração. A caracterização de cada produto deve ser acompanhada das curvas isócronas que, para um tempo pré determinado, relacionam carga × deformação e a curva de ruptura por fluência, que estabelece tempos de ruptura para os vários níveis de carregamento.

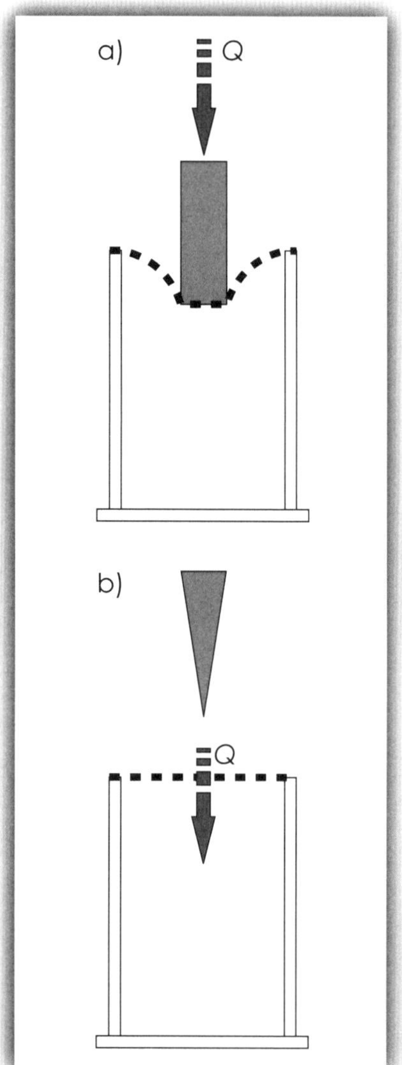

FIGURA 3-8
Ensaios de puncionamento:
a) estático do tipo pistão CBR;
b) dinâmico, através da queda de um cone padronizado.

A ABNT, em concordância com a ISO, estabelece que, para definição das isócronas, sejam ensaiados quatro corpos de prova com níveis de carregamento escolhidos entre 10 e 60% da carga que provoca a ruptura do material sob tracionamento em faixa larga. Carregados os corpos de prova, registram-se os seus deslocamentos ao longo de 1.000 h (ou 43 dias) de ensaio em ambiente climatizado (temperatura de 22 ± 2°C e umidade relativa de 65 ± 5%). Já a ASTM estabelece 10.000 h de ensaio, o que totaliza cerca de 1 ano e 3 meses de observação.

A partir das curvas de fluência para cada nível de carregamento, podem-se obter as curvas isócronas (Fig. 3-11), que relacionam força por unidade de largura e deformação para tempos de observação e temperatura específicos.

Para definir a curva de ruptura por fluência carregam-se corpos de prova com níveis de carga elevados (entre 60 e 90% da carga que rompe o material sob tração em faixa larga) e registram-se os tempos para a ruptura dos corpos de prova. As normas recomendam a utilização de três corpos de prova para cada nível de carregamento.

Construindo-se um gráfico com o tempo de ruptura (em escala logarítmica) *versus* o carregamento aplicado, os pontos se alinham e a reta resultante pode ser extrapolada em um ciclo logarítmico sem perda de precisão. Dessa forma, estabelecendo-se um tempo de vida

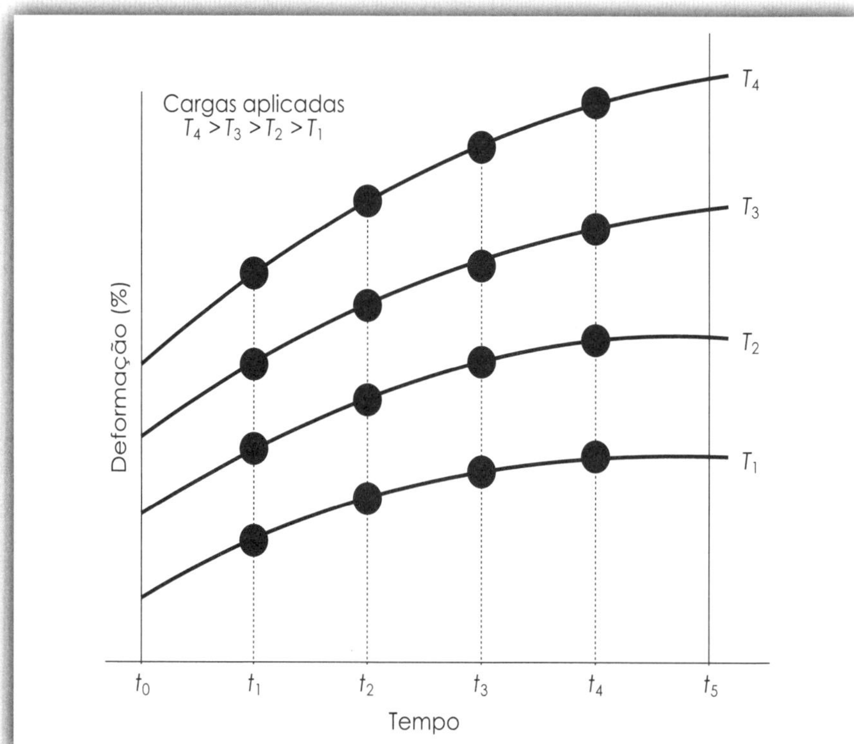

FIGURA 3-9
Resultados de ensaios de fluência — efeito da carga aplicada.

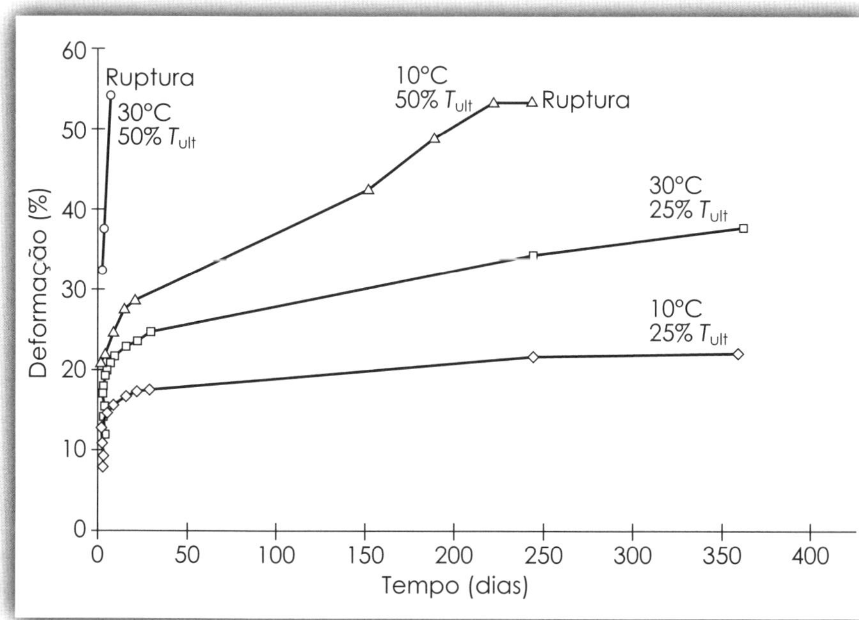

FIGURA 3-10
Resultados de ensaios de fluência — efeito da temperatura.

útil para a obra, é possível obter o nível de carga máxima que pode ser aplicado ao geossintético, conforme ilustra a Fig. 3-12.

Em vista da longa duração desses ensaios e da dinâmica da indústria dos polímeros, tem havido tentativas para se acelerar o fenômeno da fluência com o aumento da temperatura de ensaios (ver, por exemplo, Baras *et al.*, 2002).

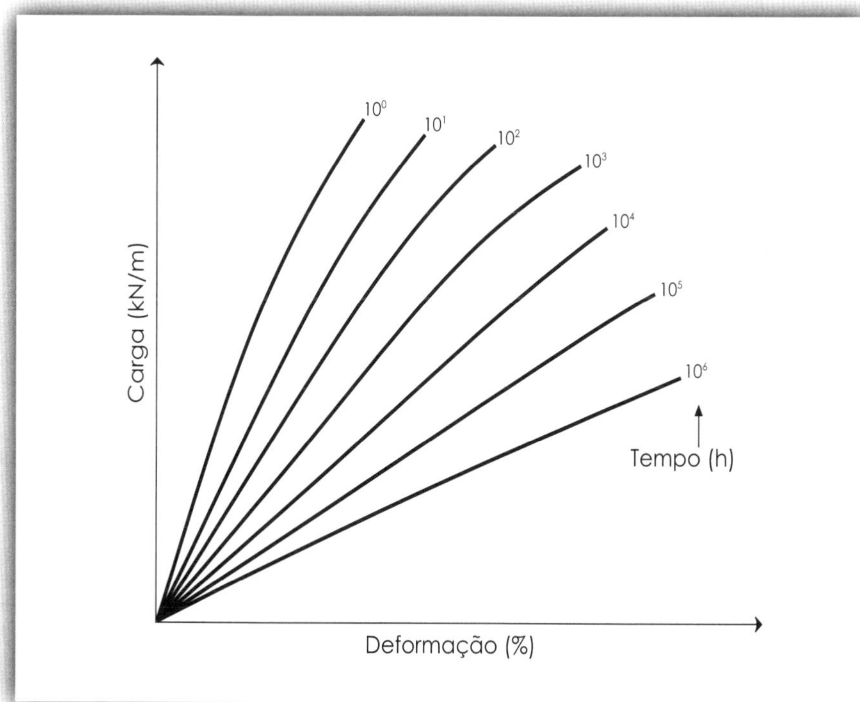

FIGURA 3-11
Ensaio de fluência — curvas isócronas.

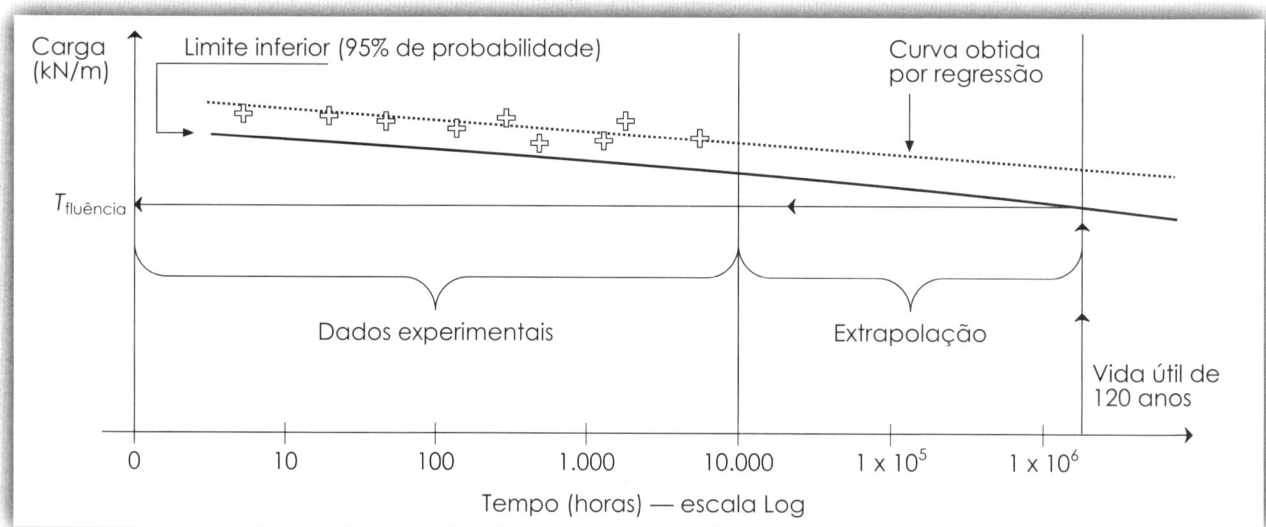

FIGURA 3-12
Curva de ruptura por fluência.

3.3.3 Ensaios para determinação das propriedades hidráulicas

Os geossintéticos são largamente empregados em obras de drenagem e filtração. No Brasil, essas utilizações são as de uso mais intenso entre todas as que os geossintéticos podem desempenhar.

Um material é considerado um filtro se permite a passagem da água ou de outro fluido qualquer, mas retém os sólidos. Um dreno, por sua vez, deve permitir a livre passagem de líquidos com a menor perda de carga hidráulica possível.

Permeabilidade normal e permissividade

A permeabilidade (k_n) na direção normal ao plano de geotêxteis e geocompostos drenantes é, em geral, muito elevada. Além disso, como os geotêxteis nãotecidos e geocompostos drenantes são materiais compressíveis, essa propriedade decresce com o aumento dos esforços normais aplicados ao material. Dessa forma, para cada espessura resultante, o material apresenta uma condutividade hidráulica diferente.

Em vista desse comportamento, define-se o parâmetro Ψ, denominado "permissividade", que correlaciona o coeficiente de permeabilidade normal k_n (em m/s) e a espessura do geossintético (t) sob determinada tensão como:

$$\psi = \frac{k_n}{t}\ (\mathrm{s}^{-1}). \qquad [3\text{-}3]$$

As formas de determinação do coeficiente de permeabilidade normal são similares às utilizadas em mecânica dos solos, com permeâmetros de carga constante e de carga variável. Diferem apenas no fato de

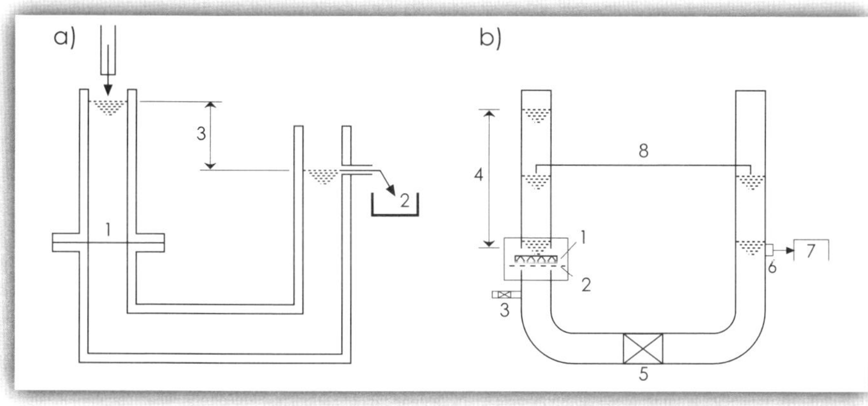

FIGURA 3-13
Esquema do ensaio de permeabilidade normal e permissividade.
(a) Carga constante: 1, geotêxtil; 2, coletor de água; 3, ΔH.
(b) Carga variável: 1, geotêxtil; 2, tela-suporte do corpo de prova; 3, registro; 4, altura inicial da coluna de água; 5, registro; 6, transdutor de pressão; 7, unidade de leitura digital; 8, equilíbrio hidráulico ao final do ensaio.

os geossintéticos utilizados em drenagem serem muito permeáveis e, portanto, os instrumentais requeridos para registrar cargas e vazões devem ser muito precisos.

A Fig. 3-13 mostra esquemas dos dois tipos de determinação: da permeabilidade normal e da permissividade, através das técnicas de carga constante e variável.

Permeabilidade planar e transmissividade

Geotêxteis nãotecidos e geocompostos drenantes permitem também a passagem de fluidos ao longo do seu corpo. A permeabilidade no plano (k_p) é função do esforço normal aplicado, pois, à medida que o geossintético se comprime, a vazão no plano decresce.

Tendo em vista que o volume percolado é função da espessura t do geossintético utilizado, define-se um parâmetro denominado "transmissividade" (θ), expresso como o produto da permeabilidade no plano do geossintético pela sua espessura, sob determinada tensão normal de confinamento:

$$\theta = k_p \cdot t \qquad (\text{m}^2/\text{s}) \tag{3-4}$$

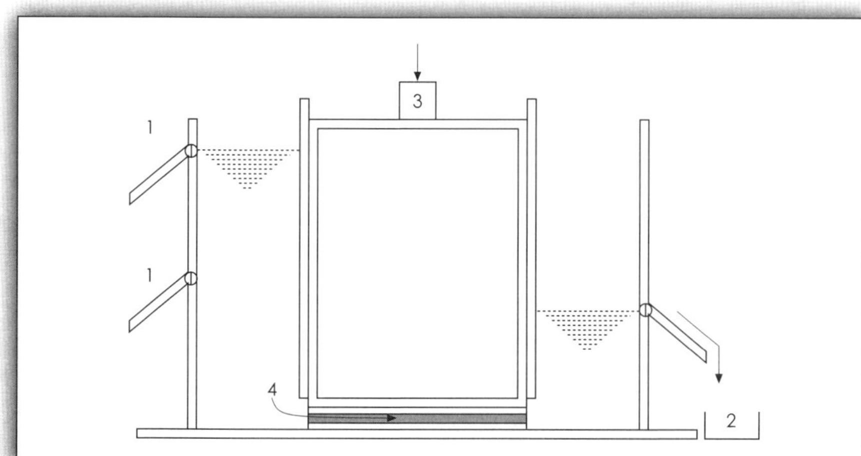

FIGURA 3-14
Esquema do ensaio de permeabilidade planar e transmissividade.
1, registros de controle de gradiente;
2, recipiente de coleta de água;
3, sistema para aplicação da tensão vertical;
4 amostra.

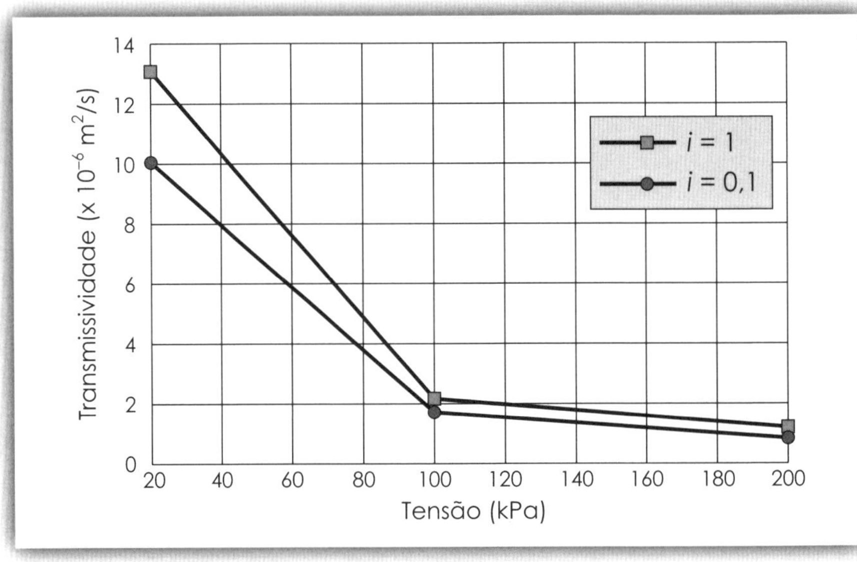

FIGURA 3-15
Resultados de transmissividade *versus* a tensão normal aplicada à amostra.

O ensaio para determinação da transmissividade é executado em instrumental como o esquematizado na Fig. 3-14. O corpo de prova preenche a calha do ensaio e adentra o reservatório superior. A critério, podem-se empregar interfaces flexíveis, lisas ou rugosas, rígidas ou o próprio solo a ser utilizado na obra. O ensaio, tal como prescrito pelas normas técnicas, é executado aplicando-se tensões normais ao corpo de prova entre 20 e 200 kPa, e gradientes hidráulicos de 0,1 e 1. No entanto, em condições particulares, podem-se ajustar essas grandezas a características particulares dos projetos.

Os resultados podem ser apresentados na forma de gráfico, como os da Fig. 3-15, que relacionam a transmissividade com o gradiente para tensões normais constantes, ou a variação da transmissividade com as tensões aplicadas para gradientes constantes.

Ensaios para definir as propriedades de filtração dos geotêxteis

A seleção de um geotêxtil como filtro de uma camada de solo deve ser feita com base na curva granulométrica e na abertura de filtração do geotêxtil. A seguir, apresentam-se formas de determinação da abertura de filtração de geotêxteis.

Abertura de filtração — O_{95}

A abertura de filtração refere-se ao diâmetro equivalente da maior partícula que pode atravessar o geotêxtil. Esse parâmetro é determinado por peneiramento úmido.

Há duas montagens típicas para esse ensaio, conforme ilustra a Fig. 3-16. Na primeira, proposta pela norma francesa, AFNOR G 38

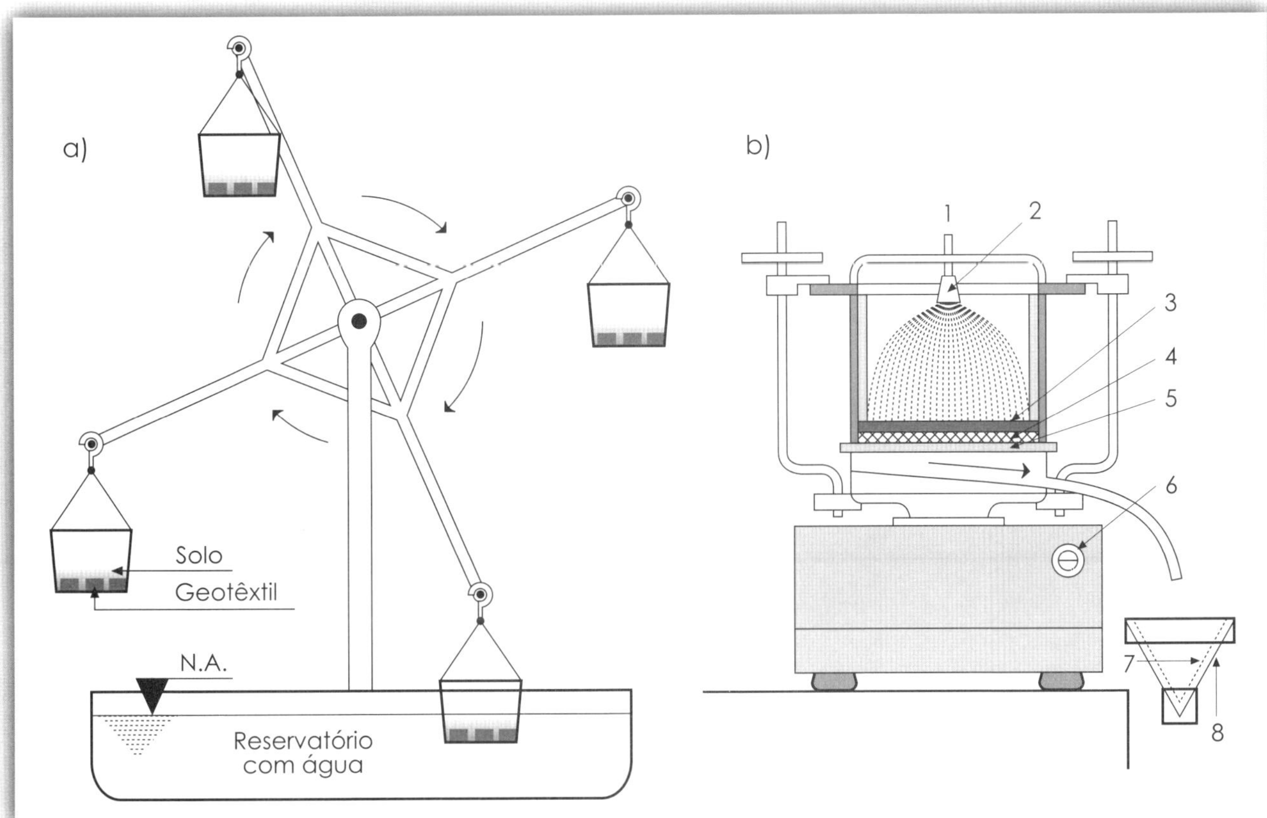

FIGURA 3-16
Esquemas dos ensaios de abertura de filtração:
(a) ensaio hidrodinâmico (AFNOR G 38 087);
(b) ensaio de peneiramento úmido (PNBR 02.153.19-021/01).
1, Entrada de água; 2, dispersor; 3, solo padrão; 4, amostra de geotêxtil; 5, tela para suporte do geotêxtil; 6, ajuste de freqüência de vibração; 7, papel-filtro; 8, funil.

087, corpos de prova de geotêxtil são presos à base de anéis metálicos para constituir o equivalente a uma peneira. Sobre o geotêxtil lança-se um solo bem graduado. O sistema, similar a uma roda-gigante, gira por 24 h ininterruptamente. Nesse processo, cada peneira é imersa em um tanque cheio de água limpa, onde se promove a inundação do reservatório que contém o solo, sem que haja transbordamento, efetuando-se o fluxo através do geotêxtil. Ao emergir do tanque, a água que adentrou a peneira é drenada através do geotêxtil, carreando as partículas finas do solo, que se sedimentam no tanque.

Ao final das 24 h de ciclagem, o material fino que passa através do geotêxtil é submetido a um ensaio de granulometria conjunta para se definir sua curva granulométrica, conforme ilustra a Fig. 3-17. O diâmetro correspondente a 95% da porcentagem que passa é denominado de "abertura de filtração", ou O_{95}. Fisicamente, essa abertura representa o menor diâmetro de partícula que o geossintético pode reter; ou, inversamente, o maior diâmetro de partícula que pode passar pelo geotêxtil.

Na montagem especificada pelo projeto de norma brasileira PNBR 02.153.19-021/01, um fluxo contínuo de água, sob pressão, é lançado sobre uma amostra de solo colocado sobre o corpo de prova do geotêxtil ensaiado. O geotêxtil apóia-se sobre uma peneira presa a um agitador

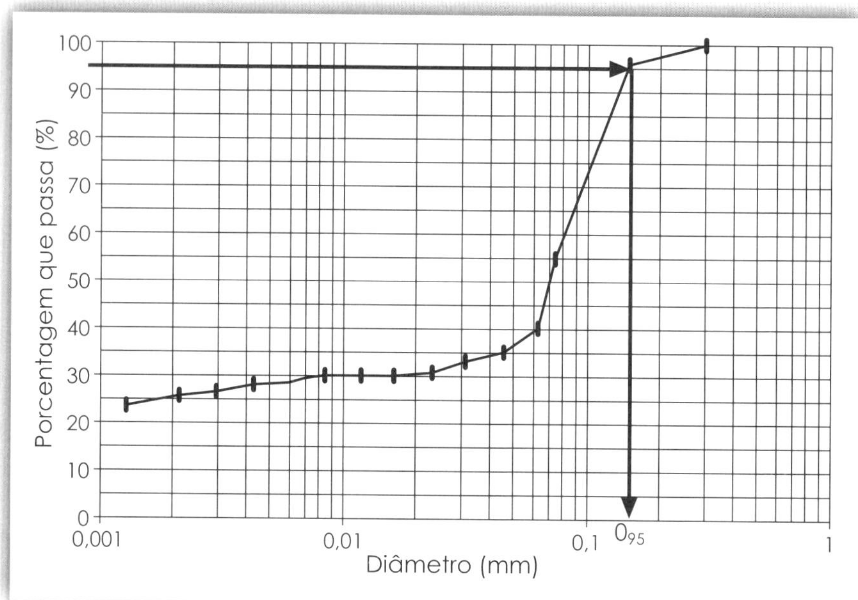

FIGURA 3-17
Curva granulométrica típica de material passante no ensaio de peneiramento hidrodinâmico.

que impõe movimentos verticais e horizontais ao conjunto. Por ação da água e da vibração, o solo é forçado a atravessar o geotêxtil. O material que passa é então peneirado e, da mesma forma, determina-se a sua curva granulométrica e a abertura de filtração.

Abertura aparente — $O_{95,d}$

A abertura aparente é um ensaio equivalente ao da abertura de filtração, porém conduzido com peneiramento seco de esferas de vidro, com faixas de diâmetro selecionadas, no geral entre 0,075 e 2,00 mm.

Na montagem do ensaio, fixa-se o geotêxtil no fundo de uma peneira do tipo utilizado para determinar a granulometria de solos (séries Tyler ou USBS). As esferas se depositam sobre o geotêxtil — uma faixa de diâmetro de cada vez — e o conjunto, acoplado a um fundo, é levado a um peneirador por 15 minutos. Anotam-se o diâmetro médio das esferas utilizadas e a porcentagem do peso inicial que atravessou o geotêxtil. Repetindo-se o processo para esferas com diâmetros cada vez menores, pode-se determinar uma curva granulométrica de esferas que atravessam o geotêxtil (diâmetro médio das esferas *versus* porcentagem de esferas que atravessam o geotêxtil). A abertura aparente $O_{95,d}$, é definida como o diâmetro de esfera tal que 5%, ou menos, atravessam o geotêxtil.

O resultados dos ensaios de peneiramento a seco não é comparável ao dos ensaios hidrodinâmicos (peneiramento por via úmida). Sobre o peneiramento a seco recaem muitos questionamentos, como o efeito da eletricidade estática das esferas de vidro em contato com o geotêxtil e a paulatina deposição de esferas no seio do geotêxtil, impossíveis de remover quando se muda de um diâmetro de esfera para outro. Cuidados como o umedecimento das esferas com *spray* antiestático e uma criteriosa limpeza do geotêxtil entre peneiramentos sucessivos, ajudam a minimizar essas interferências e melhorar a qualidade dos resultados.

3.3.4 Ensaios de desempenho

Os ensaios de desempenho são executados tomando-se em consideração o meio em que se insere o geossintético. Os resultados obtidos são típicos da combinação geossintético/meio (solo, geossintético, líquido) envolvente.

Resistência a deslizamentos da interface

A resistência a deslizamentos da interface do geossintético em contato com solo, com outro material qualquer, ou mesmo com outro geossintético, pode ser determinada experimentalmente através de ensaios de plano inclinado ou de cisalhamento direto.

No ensaio de plano inclinado, aplica-se um esforço cisalhante na interface entre pares de materiais, aumentando-se o ângulo de inclinação do plano de contato até que ocorra o deslizamento na interface.

Os equipamentos convencionais de plano inclinado são constituídos por uma rampa plana, na qual se fixam os geossintéticos, e uma caixa rígida, que confina o solo ou outro material que terá contato com o geossintético e sobre o qual pode deslizar. A magnitude do esforço normal ao plano de deslizamento é muito baixa visto que resulta do peso do material colocado na caixa deslizante. Montagens mais sofisticadas, em que se podem aplicar cargas externas, via sistema de reação e rótulas, permitem o uso de tensões normais substancialmente mais elevadas.

Rotineiramente, para se determinar a resistência de interface, utilizam-se montagens no equipamento de cisalhamento direto, seja na sua forma convencional, seja substituindo a meia caixa inferior por um bloco rígido, em geral de dimensões maiores do que a meia caixa superior [Fig. 3-18(a)].

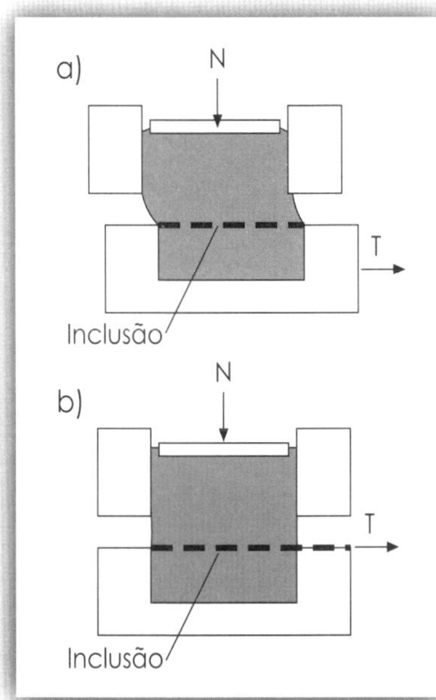

FIGURA 3-18
Esquema do ensaio para determinação da resistência de interface: (a) cisalhamento direto; (b) arrancamento.

Variando a tensão normal (σ) aplicada em ambos os tipos de ensaio, pode-se obter uma equação da envoltória de resistência ao deslizamento, que pode ser escrita como:

$$\tau = c_a + \sigma \operatorname{tg} \delta, \qquad [3\text{-}5]$$

em que:

τ é a resistência ao cisalhamento de interface;

c_a a adesão de interface;

δ o ângulo de atrito de interface.

FIGURA 3-19
Resultados típicos de ensaios de arrancamento em geogrelhas; TD_i são as posições dos transdutores situados ao longo do cp, medidas a partir do ponto de aplicação da força de arrancamento.

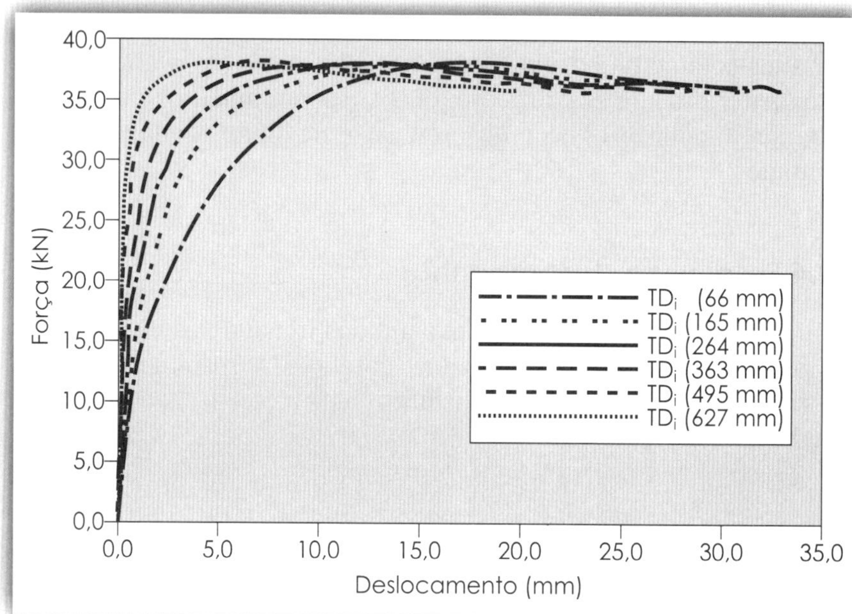

Resistência a arrancamento

Ensaios de arrancamento são geralmente utilizados para avaliar a resistência de interface de materiais rígidos, como as geogrelhas [Fig. 3-18(b)]. Extrai-se uma amostra de geossintético da massa de solo pela aplicação de um esforço de tração em uma extremidade. Além do esforço de arrancamento, medem-se os deslocamentos do geossintético em vários pontos ao longo do comprimento da amostra e a tensão normal na superfície ou próxima da interface no interior do solo.

Esse ensaio permite obter curvas de deslocamento *versus* força de arrancamento aplicada (Fig. 3-19) e um fator de interface (f), definido pela expressão

$$f = \frac{\tau}{\sigma_n}, \qquad [3\text{-}6]$$

em que τ é o esforço cisalhante e σ_n é a tensão normal.

Tração confinada

Materiais compressíveis — como os geotêxteis nãotecidos agulhados — sofrem ação do confinamento no solo quando enterrados e apresentam rigidez superior à do material ensaiado sem confinamento. Para se avaliar mais fielmente o desempenho do geotêxtil, executam-se ensaios de tração confinada.

Idealmente, o material deveria ser confinado entre duas camadas de solo de pequena espessura e submetido a um esforço normal de confinamento antes da solicitação por tração. Além disso, o instrumental de ensaio deveria inibir ao máximo o atrito nas bordas e o deslocamento relativo entre o solo e o geotêxtil, de tal forma que a carga aplicada em tração pudesse ser transmitida ao geotêxtil de maneira uniforme ao longo de seu comprimento. Um instrumental ideal ainda não existe, embora algumas montagens forneçam resultados de boa qualidade.

Entende-se que, quando o geotêxtil é confinado no solo, não apenas as partículas penetram a matriz têxtil da manta e promovem uma restrição ao movimento, como o confinamento aproxima suas fibras, aumentando a força de atrito entre elas e, portanto, dando maior rigidez ao produto. Tem-se constatado, porém, que a aproximação das fibras é o fator mais importante no processo, já que o imbricamento da matriz têxtil pelas partículas de solo é de menor importância na maioria dos casos, exceto quando se utilizam solos granulares limpos. Por essa razão, tem-se sugerido executar esse tipo de ensaio de tração sem a presença de solo, confinando-se o geotêxtil com membranas lisas, facilitando assim a montagem dos equipamentos.

Fluência confinada

De modo similar ao que ocorre com a tração confinada, sob carregamento constante, materiais compressíveis como os geotêxteis nãotecidos apresentam respostas que diferem daquelas obtidas com o material não-confinado.

Os equipamentos de fluência confinada são raros e em geral concebidos apenas para pesquisa. A Fig. 3-20 mostra um desses equipamentos e os resultados típicos obtidos do confinamento de geotêxteis fabricados a partir de vários polímeros com areia pura. Nota-se que o geotêxtil do ensaio (a) demonstra uma grande melhora de comportamento na fluência quando confinado. Já no geotêxtil do ensaio (b), os benefícios são menos significativos, em função das características das matérias-primas e processos de fabricação de cada produto.

Resistência a abrasão

O geotêxtil é forçado a deslizar sobre uma lixa de graduação específica fixada sobre uma base rígida. Após um elevado número de ciclos de desgaste, a amostra é recolhida e submetida a ensaios mecânicos ou hidráulicos, conforme o interesse do projeto.

Resistência a danos de instalação

Uma amostra de geossintético, colocada em uma caixa metálica, geralmente de 300 × 300 mm, é recoberta por solo ou agregado e comprimi-

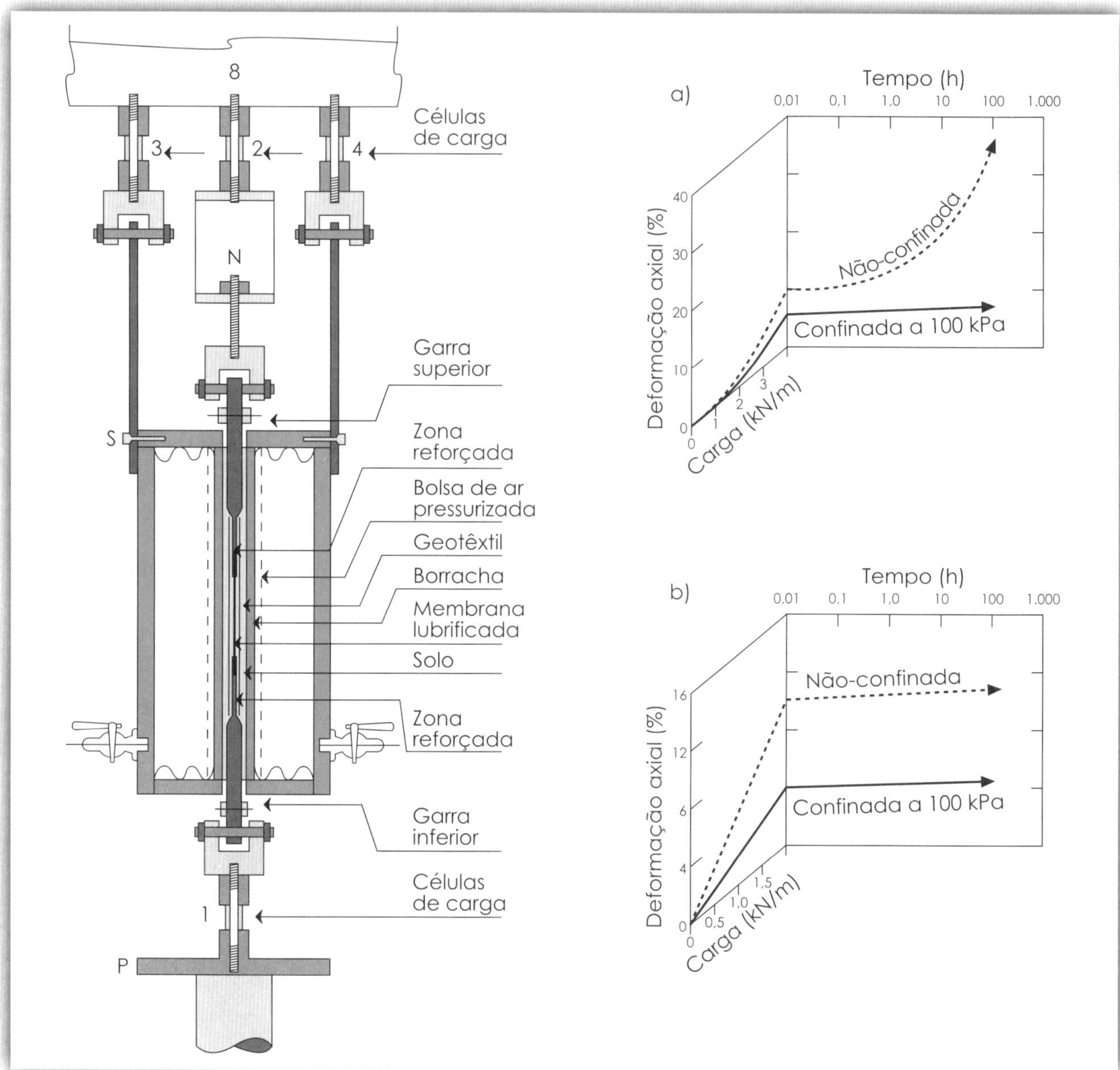

FIGURA 3-20
Equipamento de ensaio e resultados típicos de fluência confinada para dois geossintéticos distintos.

da ciclicamente com tensões que variam entre 5 e 900 kPa, conforme a conveniência, por uma placa algo menor que as dimensões internas da caixa, tipicamente de 100 × 200 mm. Após cerca de duzentos ciclos, a amostra é retirada e ensaiada para se verificar o seu comportamento mecânico ou hidráulico.

Ensaio de filtração de longa duração

O desempenho de um geotêxtil em contato com um determinado tipo de solo pode ser investigado através de ensaios de razão de gradiente. Nesse tipo de ensaio (Fig. 3-21), o geotêxtil recobre a base de um permeâmetro, preenchido com o solo em questão, e registram-se os gradientes hidráulicos entre os pontos 3 e 6, i_{36}, e entre os pontos 2 e 3, i_{23}. A razão de gradientes (GR) é então definida como:

$$GR = \frac{i_{36}}{i_{23}}. \quad [3\text{-}7]$$

- Se $GR = 1$, há uma perda de carga uniforme ao longo da amostra de solo, inclusive no trecho 36, em que o geotêxtil está inserido. Portanto não estaria havendo colmatação ou perda de finos no sistema.
- Se $GR < 1$, a perda de carga no trecho 23, no interior do solo, é menor do que aquela do trecho 36 que contém o geotêxtil. Isto seria um indicativo de ocorrência de *piping*.
- Se $GR > 1$, estaria ocorrendo colmatação do geotêxtil.

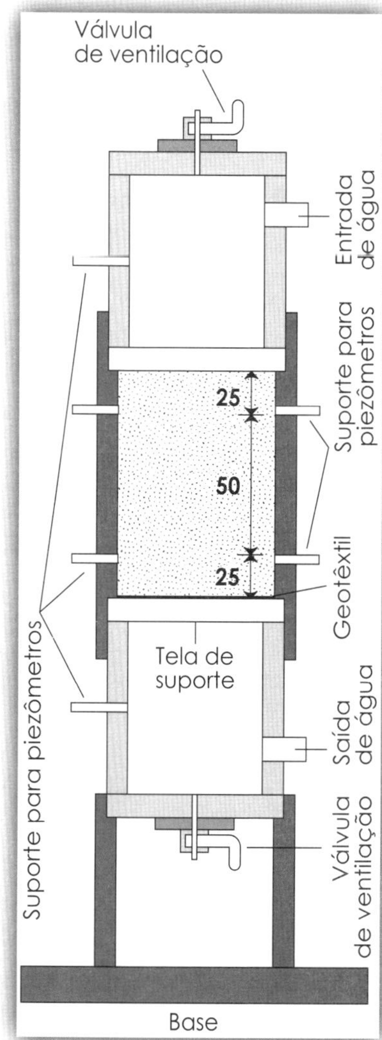

FIGURA 3-21
Esquema do ensaio de razão de gradientes (dimensões em mm).

3.4 ENSAIOS EM GEOMEMBRANAS

As geomembranas são fabricadas a partir de diferentes polímeros básicos, em várias espessuras, com superfícies lisas ou rugosas. Em função dessas características, algumas propriedades como a espessura e a resistência a tração, por exemplo, podem requerer diferentes formas de determinação, de acordo com diferentes normas técnicas.

A Tab. 3-3 lista os ensaios usuais realizados em geomembranas.

3.4.1 Ensaios para determinação das propriedades físicas

As propriedades físicas das geomembranas de interesse nos projetos de engenharia são espessura, gramatura, densidade, dureza e índice de fluidez. A seguir, discute-se a obtenção de cada uma dessas grandezas.

Espessura

A determinação da espessura de geomembranas lisas segue procedimentos similares aos das normas de geotêxteis e produtos correlatos. Para geomembranas texturadas, a ASTM 5994/96 recomenda medir a espessura do corpo principal sem levar em conta as saliências das texturas. Utilizam-se, para tanto, duas hastes de aproximação, opostas, com ponta cônica, com raio de curvatura de 0,8 ± 0,2 mm e ângulo de abertura com a horizontal de 60 ± 2° e se mede a espessura pontualmente.

As espessuras usuais de geomembranas lisas situam-se entre 0,5 e 2 mm.

TABELA 3-3
Ensaios realizados em geomembranas

Propriedade	Norma	Observações
FÍSICAS		
Espessura	ASTM D 751 e 5199 ASTM 5994	Pressão de 23,5 kPa aplicada por placa de 9,50 mm de diâmetro Determinação de espessura de geomembrana texturada.
Densidade	ASTM D 792; ASTM D 1505; ASTM D 297; ISO 1183	Método do deslocamento Método do gradiente de densidades Método do picnômetro —
Índice de fluidez	ASTM D 1238	Extrusão em 10 min, medida em gramas por carga e por temperatura
Dureza	ASTM D 2240 ISO 868	Durômetro do tipo A
Estabilidade dimensional	ASTM D 1204	—
MECÂNICAS		
Resistência a tração	NBR 12824 ASTM D 4885 ASTM D 638 ASTM D 882 ISO 37 ISO 527 ISO 1421	Ensaio em faixa larga: comprimento 100 mm e largura 200 mm Halteres de 6 ou 10 mm de largura na seção central, para membranas não-reforçadas e reforçadas, respectivamente; Tiras com largura de 5 a 25,4mm, amostras com espessura < 1mm Halteres de 4 a 6 mm de largura na seção central Corpo de prova em forma de haltere ou em tiras, conforme tipo de membrana Corpo de prova em tiras de 50 x 200 mm
Resistência a rasgos	ASTM D 1004; ISO 4674	Forma geométrica particular (Fig. 3-24) Formas variadas, conforme métodos A, B ou C da norma
Resistência contra puncionamento estático	NBR 13359 ASTM D 4833 ISO 12236	Pistão CBR Pistão: 8 mm de diâmetro; corpo de prova: 45 mm de diâmetro
Resistência contra puncionamento dinâmico	NBR 14971	Cone de 500g, altura de queda de 500mm.
HIDRÁULICAS		
Permeabilidade a vapor de água	ASTM E 96	—
DESEMPENHO		
Resistência a radiação ultravioleta	ASTM G 26 ISO 4892	Ciclos de luz ultravioleta e vapor
Resistência química	ENV ISO 12960 ENV 12225	Incubação de amostras em contato com meio agressivo em temperatura de 23 e 50°C
Resistência a degradação biológica	PR EN ISO 13430	Incubação de amostras em contato com solo contendo microorganismos agressivos
Resistência a degradação térmica	ASTM D 794	Incubação de amostras em estufa sob elevadas temperaturas e circulação de ar
Resistência das soldas	ASTM D 4545	Cisalhamento e descolamento
Resistência contra fissuração sob tensão (*stress cracking*)	ASTM D 1693 ISO 4599 ASTM 5397 ISO 6252	Realizada em tubos de ensaio Realizada sob carga de tração
Atrito de interface	ASTM D 5321	Cisalhamento direto ou plano inclinado

Densidade

A densidade expressa uma relação entre massa e volume de uma amostra e a densidade da água. Pode ser obtida por vários processos, entre eles os de imersão (em água ou outros líquidos), o do picnômetro e o do gradiente de densidade. A Tab. 3-4 lista densidades médias de geomembranas fabricadas no Brasil.

Índice de fluidez

O índice de fluidez (IF ou MI, *melt index*) expressa a velocidade de fluxo de um polímero fundido sob temperatura e pressão definidas. Esse índice tem importância maior em geomembranas de polietileno. Como pode estar relacionado com o peso molecular do polímero, acaba por se constituir em um teste de controle de qualidade. Um elevado IF expressa um baixo peso molecular e vice-versa.

TABELA 3-4
Densidades de geomembranas fabricadas no Brasil

Tipo de geomembrana	Densidade das matérias-primas (g/cm^3)
PVC	1,340
PEAD	0,940
PEBDL	0,935

Dureza

No ensaio de dureza, mede-se a capacidade da membrana em resistir a esforços de indentação de uma haste padronizada, que comprime localmente o material em condições também padronizadas. A dureza é inversamente proporcional à penetração obtida e função do módulo de deformabilidade e do comportamento viscoelástico do material.

3.4.2 Ensaios para determinação das propriedades mecânicas

Tração unidirecional

Em muitas situações de projeto, as geomembranas sofrem solicitação de tração por esforços atuantes no plano da manta. A avaliação da resistência a tração para esse caso pode ser feita em tiras estreitas, em corpos de prova no formato de haltere e em faixa larga. Para amostras com espessura inferior a 1,00 mm (membranas e filmes finos), recomenda-se o uso da ASTM D 882 ou da ISO 527, enquanto que, para membranas com espessuras de até 14 mm, recomenda-se a ASTM D 638 ou a ISO 527.

Na Fig. 3-22 podem ser vistos os corpos de prova na forma de haltere recomendados pela ASTM 638. E a Fig. 3-23 apresenta algumas curvas tensão × deformação de geomembranas brasileiras ensaiadas pelo Laboratório de Geossintéticos do Departamento de Geotecnia da Escola de Engenharia de São Carlos (USP).

Tração multidirecional

A determinação da resistência multidirecional de geomembranas é feita utilizando-se o mesmo instrumental descrito para geotêxteis e produtos correlatos.

Resistência a rasgos

A possibilidade de ocorrência de rasgos em geomembranas, especialmente nas mais finas e não-reforçadas, devido a solicitações de tração

FIGURA 3-22
Corpos de prova em forma de haltere da ASTM D 638:
(a) tipos M-I e M-III;
(b) tipo M-II.

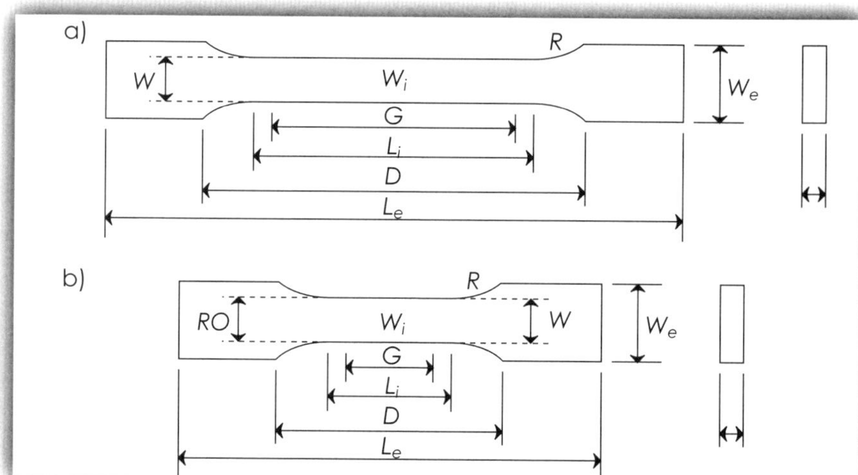

FIGURA 3-23
Curvas típicas de tração.
(a) Geomembranas de PVC;
(b) geomembranas de PEAD.

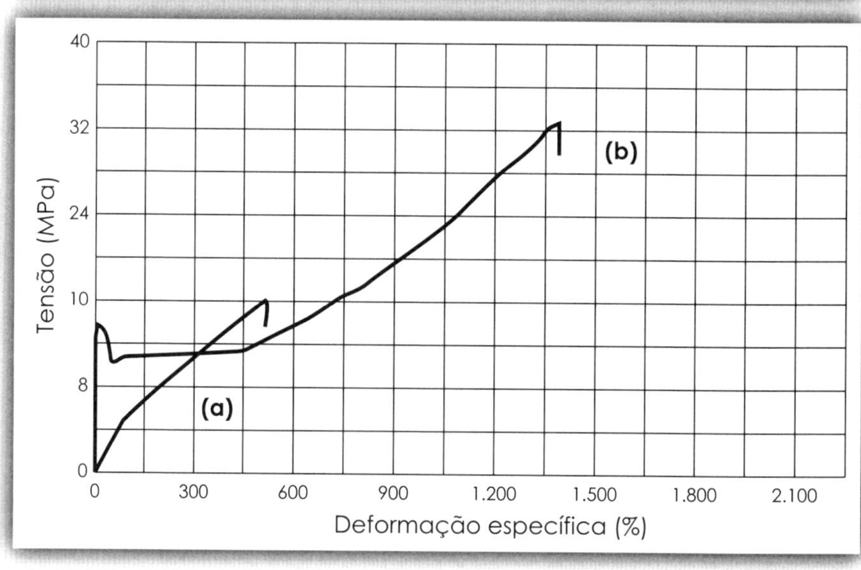

em direções opostas, tanto no plano da manta como em situação tridimensional, deve ser sempre investigada e levada em consideração nos projetos.

No caso de membranas, a partir de corpos de prova com geometria particular, induz-se o rasgo tracionando-se as extremidades da amostra. A Fig. 3-24 apresenta detalhes dos corpos de prova utilizados pela ASTM D 1004.

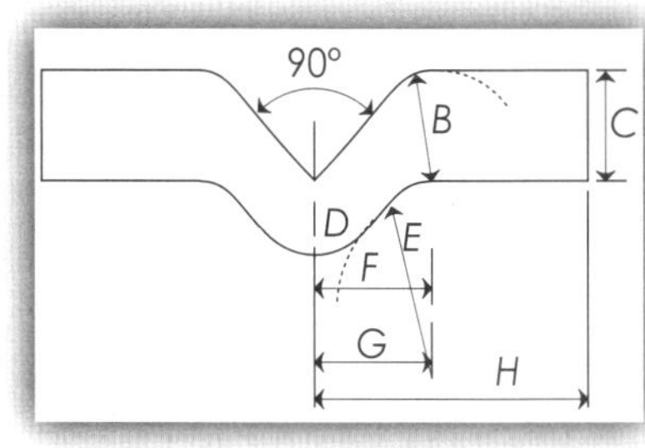

FIGURA 3-24
Formato dos corpos de prova para ensaios de rasgo em geomembranas.

Resistência a puncionamentos

A resistência das geomembranas a puncionamentos pode ocorrer por esforços estáticos ou dinâmicos. O puncionamento estático é geralmente executado utilizando-se o pistão CBR, conforme prescrito pela NBR 13359, embora a norma ASTM D 4833 especifique dimensões inferiores às desse ensaio, tanto para o corpo de prova como para o pistão de perfuração.

O puncionamento dinâmico, conforme prescrito pela NBR 14971, compreende a verificação do dano causado pela queda de um cone padrão sobre uma amostra, presa nas bordas de um molde cilíndrico, porém sem ser tracionada.

3.4.3 Ensaios de desempenho para geomembranas

Nas obras, as geomembranas podem ser implantadas em situações particulares de carregamento, entrar em contato com substâncias agressivas ou ficar sujeitas a condições climáticas e ambientais adversas. Tais situações são características de cada projeto e devem ser simuladas em laboratório para que se possa antever o comportamento da membrana ao longo de sua vida útil. De um modo geral, as propriedades físicas, mecânicas, hidráulicas ou de constituição das membranas submetidas a essas ações são comparadas com as de amostras virgens para se quantificar um percentual da modificação ocorrida.

Algumas dessas ações são reproduzidas em montagens normalizadas como, por exemplo, a ação da radiação ultravioleta, do aumento de temperatura, de exposição a produtos químicos agressivos, entre outras. São descritas a seguir algumas ações de solicitação freqüentes.

Resistência a intempéries

Essa avaliação é feita expondo-se os produtos ao ar livre para que recebam incidência de luz solar e de variações climáticas — chuvas, ventos, mudanças de temperatura. As amostras são dispostas em painéis inclinados 45 graus em relação à horizontal e orientados de forma que recebam a máxima incidência de luz solar ao longo do ano.

Ao longo do período de observação — tipicamente acima de um ano —, registram-se diariamente os dados climáticos do local. A ASTM D 1435/94 orienta a forma de montagem do sistema, de amostragem e de tratamento dos resultados. Depois de envelhecidas, as amostras são testadas em laboratório para quantificar perdas de propriedades mecânicas ou hidráulicas.

Alternativamente, pode-se reproduzir de modo artificial o ambiente de degradação por incidência solar em laboratório. Para tanto, submetem-se as amostras a ciclos de exposição a luz ultravioleta e condensação, sob elevadas temperaturas (Fig. 3-25). Nesse caso, avaliam-se em períodos pré-fixados as propriedades de interesse. Os tempos de observação, no geral, são superiores a 500 h, podendo, em casos especiais, atingir 10.000 h.

Resistência a degradação química

A avaliação da degradação química das geomembranas em laboratório é feita mergulhando-se amostras em tanques contendo a substância agressiva. Esses tanques devem ser executados com material inerte ao produto em análise, tipicamente aço inoxidável ou de vidro (Fig. 3-26).

No geral, empregam-se amostras em duplicatas, que são mantidas em tanques a temperaturas constantes de 23 e 50°C por períodos de até 120 dias. Periodicamente, as amostras de ambos os tanques são ensaiadas e suas propriedades comparadas com as da amostra virgem.

FIGURA 3-25
Ensaio de resistência à degradação por radiação ultravioleta.

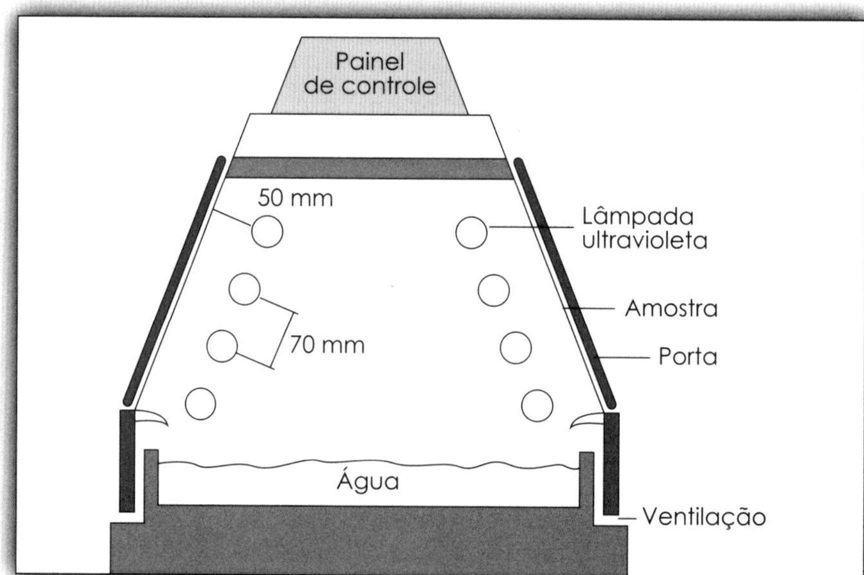

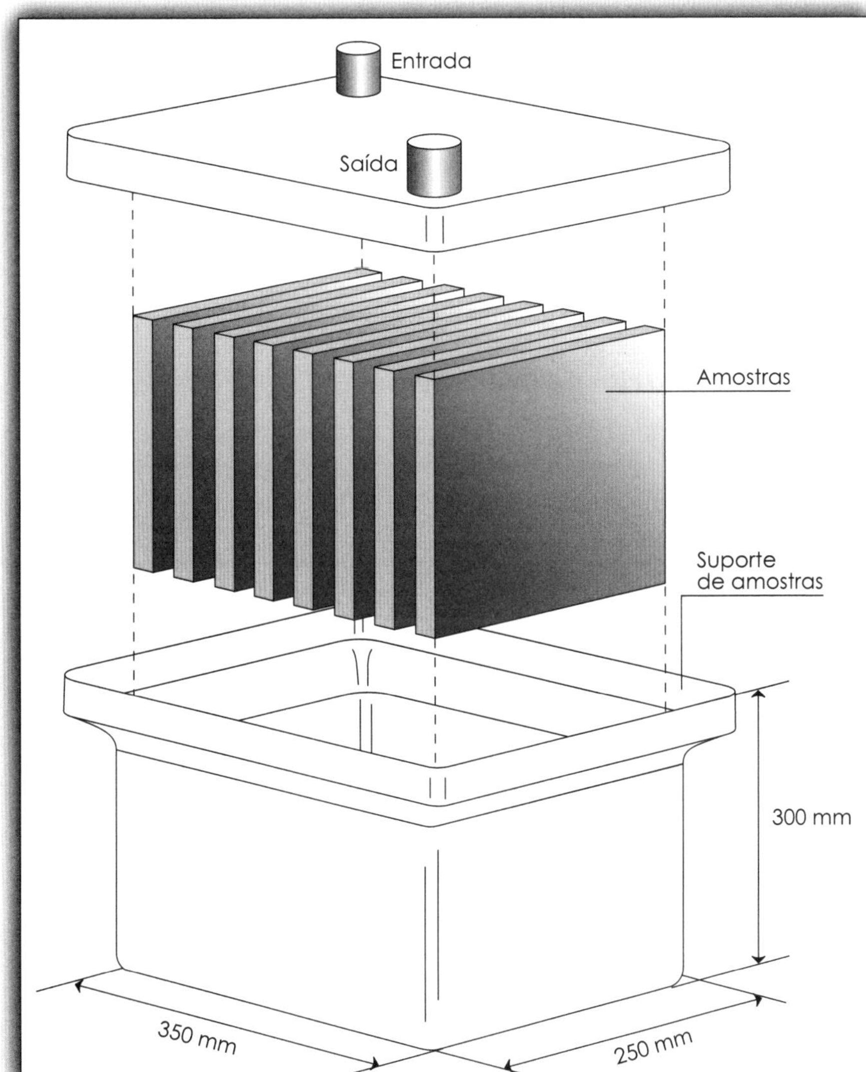

FIGURA 3-26
Esquema do ensaio de resistência a degradação química.

Resistência a degradação térmica

O termo "degradação" significa perdas de plastificantes e aditivos, causando geralmente um enrijecimento da membrana. Para avaliar esse efeito, amostras de geomembranas são colocadas em estufa, a elevadas temperaturas (geralmente 75°C), com contínua circulação de ar. Em tempos predeterminados, avaliam-se as propriedades de interesse, como resistência a tração, a rasgos, a puncionamento, entre outras.

Resistência a degradação biológica

A resistência dos geossintéticos ao ataque de fungos e bactérias que vivem no solo pode ser avaliada enterrando-se amostras em reservatórios preenchidos com solo contaminado.

Em geral, compara-se o desempenho de duas amostras enterradas no mesmo solo. No primeiro caso, a amostra é enterrada em uma condição absolutamente artificial, obtida pela desinfecção do solo em autoclave. Essa é a condição de referência. Na segundo, a mostra é enterrada em solo orgânico, rico em bactérias, que se alimentam prioritariamente de produtos à base de celulose, ou contendo fungos e cogumelos. Em períodos determinados, avaliam-se as propriedades de interesse de ambas as amostras e verifica-se, por comparação, a ação deletéria dos microrganismos na geomembrana.

Resistência a atrito de interfaces

O atrito de interface entre geomembranas em contato com outros materiais (solos, concreto, geossintéticos, etc.) pode ser quantificado por meio dos mesmos procedimentos descritos para geotêxteis e produtos correlatos.

Em muitos casos, porém, as geomembranas, especialmente as texturizadas, podem apresentar curvas de resistência *versus* deslocamento de interface com um pico muito agudo, que ocorre para baixos valores de deslocamento. Há, depois, uma brusca queda de tensão pós-pico, que vai se atenuando até um valor residual que ocorre para grandes deslocamentos relativos.

Como nessas situações pode ser importante caracterizar o valor de resistência residual, é necessário utilizar um instrumental que permita o registro de deslocamentos relativos elevados — em muitos casos, de várias vezes o comprimento da amostra ensaiada. É necessário, nessas situações, dispor de equipamento especial que permita esse registro.

Resistência das soldas

A resistência mecânica de soldas em geomembranas pode ser determinada em laboratório submetendo-se corpos de prova, obtidos da região soldada, a ensaios de tração que simulam as condições de cisalhamento ou de adesão, conforme mostra a Fig. 3-27.

Resistência a fissuramentos sob tensão

Geomembranas semicristalinas podem fissurar, interna ou externamente, quando sob a ação de cargas de longa duração inferiores à sua resistência a tração. A susceptibilidade da geomembrana a esse fenômeno — denominado *stress cracking* em inglês — pode ser verificada em laboratório pelo ensaio da tira dobrada, ASTM D 1693/97 ou pelo ensaio de carregamento de longa duração, ASTM D 5397/95.

Em ambos os testes, impõe-se uma incisão inicial ao corpo de prova, que atinge cerca de 20% de sua espessura, sob uma tensão de tração constante. O conjunto é imerso em uma solução detergente, normalmente em *igepal* com concentração de 10% em volume, em

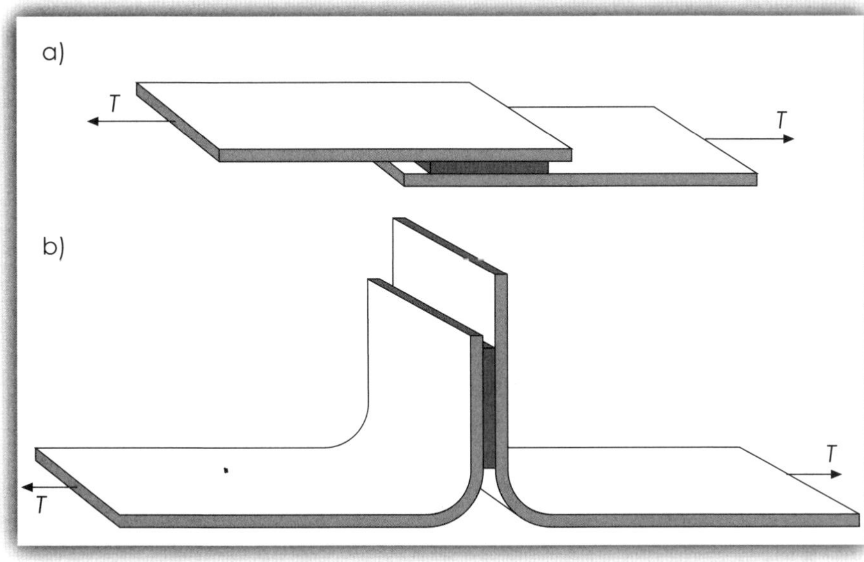

FIGURA 3-27
Tipos de solicitação nos ensaios de resistência de soldas.
(a) cisalhamento;
(b) adesão.

ambiente com temperatura elevada (50°C). Essas condições agressivas podem provocar o fissuramento da amostra, o que pode levá-la localmente a um dano físico. O ensaio visa verificar a susceptibilidade da amostra a esse fenômeno.

No teste do tubo de ensaio, submete-se a amostra a uma tração por dobramento e observa-se o tempo de ocorrência de fissuramento a partir das bordas da incisão. É considerada sensível ao *stress cracking* a membrana que se fissura antes de atingir determinado tempo convencionado, tipicamente entre 500 e 2.000 h.

No ensaio da carga constante, uma amostra da membrana em forma de haltere, com uma incisão central, é submetida a carga constante inferior à sua tensão de ruptura. O ensaio assemelha-se a um teste de fluência não-confinada. O sistema é dotado de um dispositivo que permite registrar o instante em que a membrana entra em colapso sob efeito do fissuramento.

A Fig. 3-28 mostra esquematicamente os instrumentais utilizados para executar os dois ensaios.

3.5 ENSAIOS EM GEOCOMPOSTOS ARGILOSOS

As características técnicas exigidas para uma barreira manufaturada são:

- estanqueidade;
- possibilidade de autocicatrização;
- compatibilidade química com o rejeito a ser estocado.

Além disso, o geocomposto deve apresentar características físicas, mecânicas e de desempenho típicas de qualquer outro geossintético.

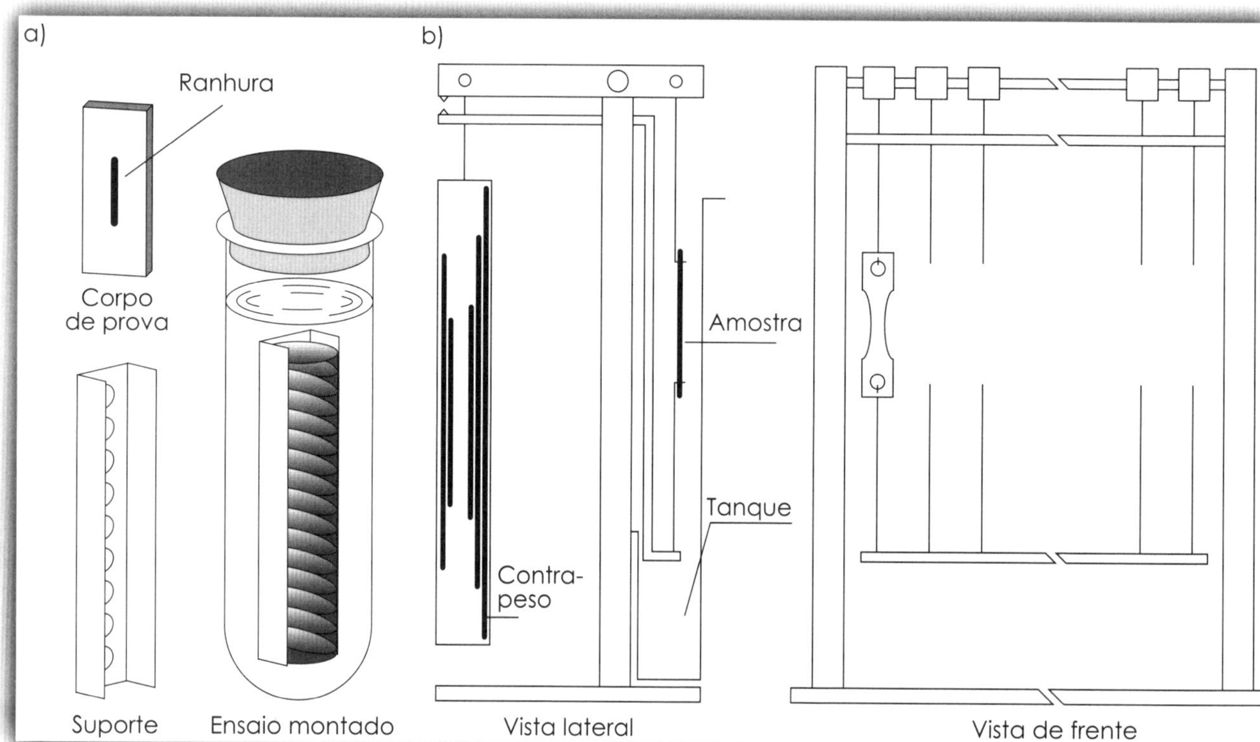

FIGURA 3-28
Ensaios de fissuramento sob tensão (*stress cracking*). (a) Em tubo de ensaio e (b) sob carga constante.

A Tab. 3-5 resume os ensaios mais freqüentes efetuados em geocompostos argilosos.

3.5.1 Ensaios físicos

A avaliação do potencial de expansibilidade e da permeabilidade da bentonita pode ser feita de forma simples, a partir dos resultados dos ensaios de índice de expansão e de perda de suspensão argilosa, apresentados a seguir.

Índice de expansão da bentonita

Prepara-se, por agitação, uma suspensão argilosa (2 g de argila seca depositada em 90 mL de água destilada), que é depositada em uma proveta e deixada em repouso por 16 h.

O índice de expansão é obtido registrando-se o aumento de volume da suspensão argilosa que ocorre entre o início e o fim do ensaio. Bentonitas sódicas de boa qualidade apresentam índices de expansão superiores a 24 mL.

Perda de suspensão argilosa

Uma suspensão argilosa a 6% em volume (22,5 g de argila seca preparada em 350 mL de água desonificada) é depositada sobre papel-filtro

TABELA 3-5
Ensaios realizados em geocompostos argilosos

Propriedades	Norma	Observações
FÍSICAS		
Índice de expansão da bentonita	ASTM D 5890	Expansão de material sedimentado em água
Perda de líquido de suspensão argilosa	ASTM D 5891	Perda de líquido de suspensão argilosa, sob 700 kPa de pressão, através de papel de filtro
Massa por unidade de área	ASTM D 5993	Amostras secas em estufa
Espessura nominal	ASTM D 5199	Tensão de 2 kPa
Teor de umidade	ASTM D 5993	Amostras virgens do produto
MECÂNICAS		
Resistência a tração	ASTM D 4595 NBR 12824 ISO 10319	Em faixa larga
Adesão	ASTM D 6496	Adesão entre geossintéticos
Resistência a puncionamento	NBR 13359 ISO 12236	Pistão CBR
Cisalhamento pelo corpo da bentonita	ISO 12957-1	Corpo de prova saturado sob tensão normal e ensaiado em condições drenado/não-drenado
HIDRÁULICAS		
Permeabilidade normal	ASTM D 5887	Amostra revestida com membrana de látex e sob tensão confinante de 35 kPa
DESEMPENHO		
Resistência química	ASTM D 5890	—

em uma câmara de filtração e submetida a uma pressão de 700 kPa. Registra-se o volume de líquido permeado entre os tempos de 7,5 e 22,5 min. Bentonitas sódicas utilizadas na fabricação de geocompostos apresentam perdas de fluido inferiores a 18 mL.

3.5.2 Ensaios mecânicos

As propriedades mecânicas dos geocompostos bentoníticos — resistência a tração e a puncionamento — são obtidas de forma similar às dos geotêxteis e produtos correlatos.

A resistência a cisalhamento da camada de bentonita deve ser investigada para verificação da eficiência do entrelaçamento (fios de agulhamento ou de costura) entre a bentonita e os geossintéticos. Os ensaios devem reproduzir as condições de solicitação de campo — drenada ou não-drenada, e a forma como a saturação do geocomposto ocorreu — com ou sem confinamento. Os procedimentos de ensaio são os tradicionais da mecânica dos solos.

3.5.3 Ensaios hidráulicos

A estanqueidade do geocomposto é avaliada tendo-se em consideração que o material bentonítico é altamente expansivo e apresenta coeficiente de permeabilidade muito baixo, no geral cerca de 5×10^{-11} m/s.

A medida da permeabilidade é feita através do ensaio normalizado pela ASTM D 5887/95, que utiliza uma amostra de 100 mm de diâmetro. Essa amostra é colocada entre duas pedras porosas, em um pedestal de ensaios de compressão. O conjunto é vedado lateralmente por membrana de látex e, em vista disso, recebe a denominação de "permeâmetro de paredes flexíveis". Normalmente se utiliza o instrumental do ensaio triaxial — câmara, painel e sistema de aplicação de pressões e aquisição de dados, pois a saturação da amostra é feita por contrapressão.

No processo de saturação aplicam-se ao corpo de prova, em estágios, pressão externa, de confinamento, e interna, contrapressão, garantindo entre elas uma diferença de 35 kPa, até que se atinja, respectivamente, 550 e 515 kPa. Essas pressões finais são mantidas por 48 h para garantir a saturação e a expansão da amostra.

Após esse período, eleva-se a pressão interna para 530 kPa e inicia-se o fluxo na amostra com água deionizada. Quando os volumes de entrada e saída se equivalem, faz-se a determinação do coeficiente de permeabilidade.

3.5.4 Ensaios de desempenho

De forma similar ao visto em geomembranas, os geocompostos argilosos devem ser avaliados quanto à resistência química, quando em contato com materiais agressivos, e à capacidade de autocicatrização.

Além disso, como a bentonita apresenta elevada capacidade de troca catiônica, dependendo do meio onde o geocomposto é inserido, é possível que parte dos íons de sódio presentes na dupla camada da argila seja trocada por íons de maior valência. Isso reduz a espessura da dupla camada e o potencial de floculação, aumentando o seu coeficiente de permeabilidade.

A característica de autocicatrização exige que a argila apresente um elevado potencial de expansão. Assim, se o geocomposto for perfurado por manuseio inadequado, trânsito de equipamentos e outros agentes durante o processo construtivo, a argila deverá ser capaz de, quando vier a ser hidratada e estiver confinada, expandir-se e selar esses furos produzidos durante a instalação.

As propriedades de catálogo dos geocompostos são obtidas quando o líquido de embebição e de percolação é a água pura. Portanto a compatibilidade química, a permeabilidade e o potencial autocicatrizante do material frente a outros líquidos percolantes de notória atividade devem ser investigados caso a caso.

3.6 CONCLUSÕES

Do exposto, pode-se ter uma idéia da grande variedade de aspectos do comportamento dos geossintéticos, em vista da versatilidade dessa família de materiais de construção civil e os vários tipos de solicitação a que acabam submetidos durante a vida útil de uma obra de engenharia. Grande parte das propriedades de interesse possui normas de ensaios específicas e procedimentos gerais que norteiam a forma de condução dos estudos.

É importante ressaltar que a grande experiência acumulada com o uso de geossintéticos provém dos países do hemisfério norte, de clima temperado. Aspectos particulares do comportamento que possam ser afetados por questões climáticas típicas dos trópicos e por condições ambientais próprias devem ser investigados com maior rigor para evitar imprevistos com o desempenho dos materiais ao longo do tempo.

TABELA 3-6
Normas e projetos de normas brasileiras de geossintéticos

Número	Nome	Tipo	Ano
NBR 12553	Geossintéticos	Terminologia	2003
NBR 12568	Geossintéticos — Determinação da Massa por Unidade de Área	Ensaio	2003
NBR 12569	Geotêxteis — Determinação da Espessura	Ensaio	1992
NBR 12592	Geossintéticos — Identificação para Fornecimento	Procedimento	2003
NBR 12593	Amostragem e Preparação de Corpos-de-prova de Geotêxteis	Procedimento	1992
NBR 12824	Geotêxteis: Determinação da Resistência à Tração Não-confinada – Ensaio de Tração de Faixa Larga	Ensaio	1993
NBR 13134	Geotêxteis: Determinação da Resistência à Tração Não-confinada de Emendas – Ensaio de Tração de Faixa Larga	Ensaio	1994
NBR 13359	Geotêxteis: Determinação da Resistência ao Puncionamento Estático – Ensaio com Pistão CBR	Ensaios	1995
NBR 14971	Geotêxteis e Produtos Correlatos — Ensaio de Perfuração Dinâmica (queda de come)	Ensaio	2003
PN 02.153.19-025	Geossintéticos — Determinação da Espessura Nominal de Geomembranas Termoplásticas	Ensaio	2002
PN 02.153.19-012	Geotêxteis — Instalação em Trincheiras Drenantes	Procedimento	2003
PN 02.153.19-015	Geossintéticos — Determinação do Comportamento em Deformação e na Ruptura, por Fluência sob Tração Não-confinada	Ensaio	1999
PN 02.153.19-019	Instalação de Geomembranas Termoplásticas	Procedimento	2000
PN 02.153.19-021	Geotêxteis e Produtos Correlatos: Determinação da Abertura de Filtração Característica	Ensaio	2001
PN 02.153.19-023	Verificação da Conformidade de Especificação de Geossintéticos	Procedimento	2003

No intuito de criar normas brasileiras adequadas às nossas condições climáticas, geológico-geotécnicas, tecnológicas e econômicas, foi criado o Comitê Brasileiro de Geossintéticos/ABNT, que vem atuando intensamente desde 1990. A Tab. 3-6 (atualizada até outubro de 2003), resume as normas e projetos de normas brasileiras até então abordados.

Sob o ponto de vista da garantia da qualidade dos geossintéticos utilizados nas obras, é de suma importância que os consumidores finais exijam que:

a) os projetistas especifiquem os geossintéticos através de suas propriedades e características, quantificadas e qualificadas através de normas de ensaios e procedimentos oficiais;
b) os construtores adquiram os geossintéticos que atendam às especificações dos projetistas;
c) os fornecedores entreguem os produtos adquiridos, em conformidade com as especificações dos projetistas.

REFERÊNCIAS BIBLIOGRÁFICAS

ABNT Associação Brasileira de Normas Técnicas, São Paulo, http;//www.abnt.org.br

ASTM Standards - American Society for Testing and Materials, Philadelphia, USA, http://www.astm.org

Baras, L. C. S., Bueno, B. S., & Costa, C. M. L, On the Evaluation of Stepped Isothermal Method for Characterizing Creep Properties of Geotextiles. VIII International Congress on Geosynthetics, vol.4, pp.1.515-1.518 [Nice, França, 2002].

Bueno, B. S., Propriedades, Especificações e Ensaios. IV Simpósio Brasileiro de Geossintéticos, vol 1, pp. 163-176 [Porto Alegre, Brasil, 2003].

ISO International Organization for Standardization, Geneva, Switzerland, http://www.iso.ch/iso/en/.

Koerner, R. M. Designing with Geosynthetics, 4ª edition, Prentice Hall, Upper Saddle River, [New Jerzey, EUA, 1998].

Rollin, A. & Rigo, J. M. Geomembranes - Indentification and Peformance Testing Report of Technical Commitee 103-MGH, Rilem, Chapman Hall, 355p., [Cambridge, UK, 1991].

Vidal, D. M. Propriedades Físicas, Mecânicas e Hidráulicas dos Geossintéticos, Capítulo 2 em Curso sobre Aplicações de Geossintéticos em Geotecnia e Meio Ambiente, IGS Brasil, 38p., [São Paulo, Brasil, 1998].

Capítulo 4

Aplicações em Reforço de Solos

4.1 INTRODUÇÃO

José Carlos Vertematti

Quando se fala em trabalhar com solos, imediatamente nos vêm à mente suas características exclusivas: descontinuidades, grandes variações granulométricas, baixa resistência à tração/cisalhamento, grande variação de permeabilidade, elevadas deformabilidades, altos graus de erodibilidade, etc. Exatamente por essas características, as obras de engenharia no último século procuraram sempre por sítios mais nobres, por solos homogêneos, mais resistentes, isentos da presença de água, pouco deformáveis e pouco erodíveis, mesmo que isso representasse maior custo.

Nos dias de hoje, o crescimento urbano das grandes cidades, associado ao porte das obras da engenharia moderna, impossibilita a livre escolha do melhor sítio, pois os melhores locais já abrigam construções e os poucos sítios nobres que restam passam a ser supervalorizados. São nessas situações que as novas soluções geotécnicas se aplicam, em que se tem de conviver com situações adversas, onde as sondagens indicam solos que necessitam tratamentos, reforços, inclusões, etc., para se adequar aos esforços solicitantes das grandes obras.

Nas últimas décadas, os geossintéticos vêm desempenhando um papel fundamental, substituindo ou aprimorando técnicas existentes, permitindo associações e combinações com solos e agregados, resultando em soluções mais rápidas, mais leves, mais esbeltas, mais confiáveis e mais econômicas.

Neste capítulo, são abordadas as principais utilizações dos geossintéticos como elemento de reforço, função que tem gerado o maior crescimento nas aplicações e na oferta de novos tipos de geossintéticos.

4.2 FUNÇÃO REFORÇO – DEFINIÇÃO

José Carlos Vertematti

Trata-se da utilização da resistência à tração de um geossintético para reforçar e/ou restringir deformações em estruturas geotécnicas ou granulares. Embora essa definição não seja a mais fiel e completa, representa o atual estágio de desenvolvimento das utilizações de geossintéticos como inclusões de reforço.

Mesmo nas obras em que a função principal do geossintético é o reforço, existem variações nos tipos de solicitações quanto à intensidade, ao tempo de duração, ao mecanismo de interação, aos níveis de deformação, etc., exigindo estudos diferenciados e específicos para cada aplicação. As propriedades do geossintético que podem intervir variam também em função de seu tipo, de sua matéria-prima e das condições de contorno. Assim, a correta especificação de um geossintético para reforço começa pelo estudo de suas propriedades relevantes.

4.3 PROPRIEDADES RELEVANTES

José Carlos Vertematti

O perfeito desempenho da função de reforço de um geossintético não depende apenas de um correto dimensionamento dos esforços solicitantes de projeto, mas também de sua correta especificação, através de valores adequados de suas propriedades relevantes.

Podemos resumir como relevantes, para o desempenho da função de reforço, as seguintes propriedades:

- resistência à tração, T (kN/m);
- elongação sob tração, ε (%);
- taxa de deformação, ε' (%/s);
- módulo de rigidez à tração, J (kN/m);
- comportamento em fluência;
- resistência a esforços de instalação;
- resistência à degradação ambiental;
- interação mecânica com o solo envolvente;
- fatores de redução.

4.3.1 Resistência/deformação/rigidez à tração

Dependendo do polímero usado, do processo e da qualidade da fabricação, assim como do tipo de geossintético, suas características podem sofrer significativas variações, proporcionando uma ampla gama de produtos disponíveis e adequados a cada tipo e porte de obra.

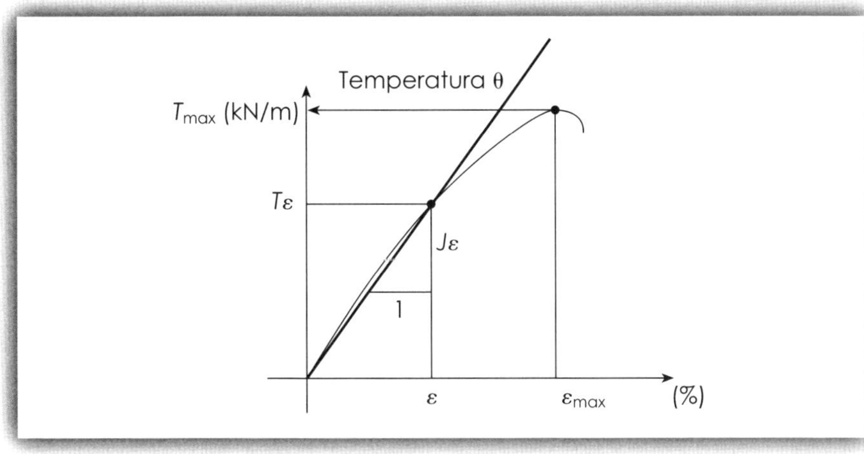

FIGURA 4-1
Ensaio de tração de faixa larga para geossintéticos.

A Fig. 4-1 ilustra o ensaio de tração em faixa larga (NBR 12.824), que possibilita a obtenção dos valores de resistência à tração (T_{max} ou T_r), da elongação na ruptura (ε_{max}) e do módulo de rigidez à tração (J). Como esses valores são obtidos em ensaio rápido de laboratório, evidentemente não representam as condições de obra, servindo apenas como caracterização dos produtos para controle de qualidade, recepção em obra e constatação de conformidade.

Os valores de resistência e rigidez à tração desempenhados pelo geossintético na obra são função da taxa de deformação ε' imposta aos corpos de prova (velocidade de tracionamento nos ensaios) e da temperatura ambiente, como se vê na Fig. 4-2.

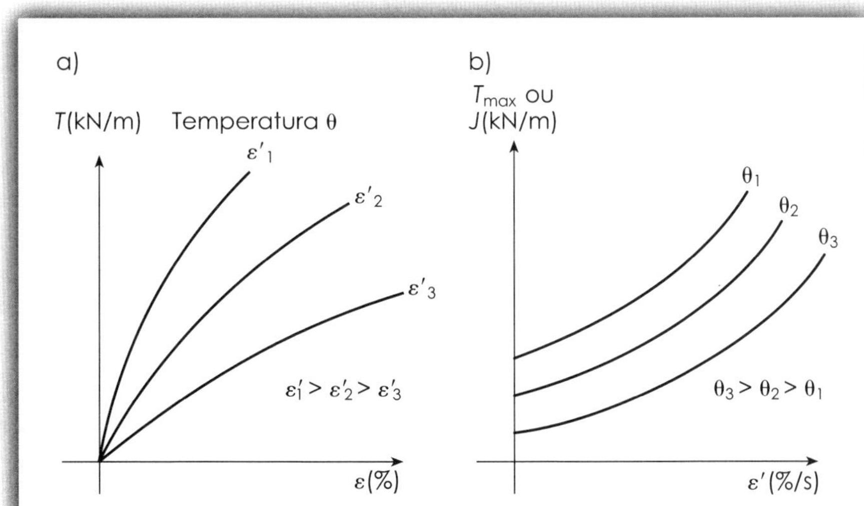

FIGURA 4-2
(a) Relação T x ε para vários ε'; quando maior a taxa de deformação aplicada, maior a resistência à tração apresentada, em um mesmo instante e temperatura.
(b) Relação T_{max} x ε' para várias temperaturas; quanto maior a temperatura ambiente, menor a resistência, para uma mesma taxa de deformação.

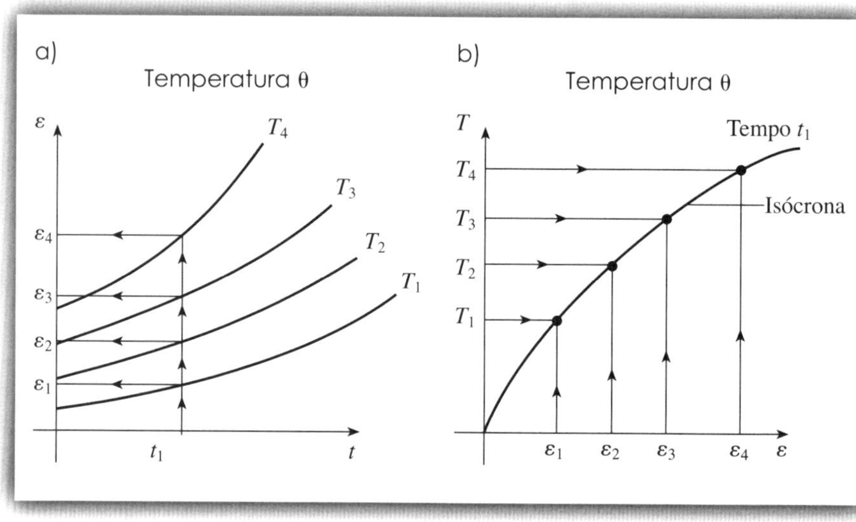

FIGURA 4-3
Ensaios de fluência.
(a) Curvas ε x t; ensaio de fluência para diferentes níveis de carregamento, definidos em porcentagem de T_{max}, realizado a temperaturas fixas.
(b) Cada vertical traçada em (a), como t_1, por exemplo, pode gerar uma curva isócrona que permite estabelecer a tensão atuante no geossintético, em função da elongação, em um determinado instante, a uma certa temperatura.

4.3.2 Comportamento em fluência sob tração

Fluência é a deformação lenta e constante que o geossintético sofre quando tracionado, devido ao rearranjo molecular de sua matéria-prima. Assim, o grau de fluência depende do polímero constituinte do geossintético, da temperatura ambiente e também do valor da carga de tração aplicada, conforme ilustra a Fig. 4-3. Devido à fluência, um geossintético poderá atingir a ruptura em determinado tempo, mesmo quando submetido a tensões de tração bem inferiores à T_{max}. Se o geossintético estiver submetido a uma tração próxima à máxima, sua ruptura por fluência será mais rápida.

Se plotarmos os tempos obtidos para ocorrer a ruptura, apresentados na Fig. 4-3(a), contra os respectivos percentuais de T_{max}, obteremos a curva de referência que permite prever a resistência à tração de referência (T_{ref}) do geossintético a cada momento, ao longo da vida útil da obra, conforme ilustra a Fig. 4-4.

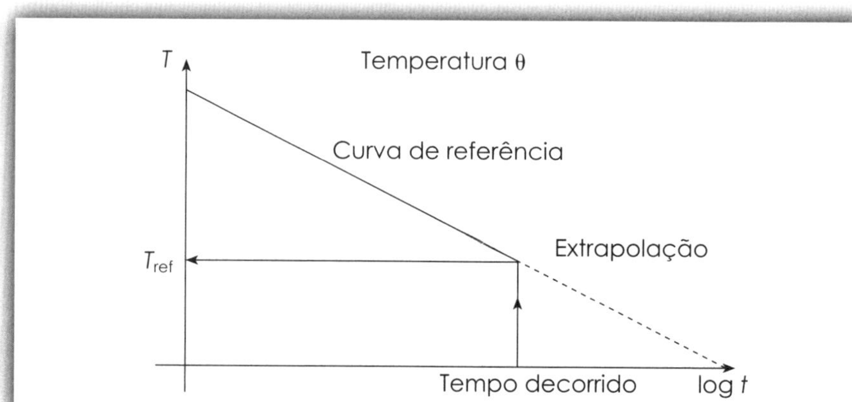

FIGURA 4-4
Curva de referência para ruptura sob tração por fluência – determinação de T_{ref}.

4.3.3 Resistência a esforços de instalação

Durante a instalação em obra, o geossintético é submetido a esforços de manuseio, deslocamento, compactação dos materiais envolventes, etc. Portanto sua sobrevivência e características remanescentes dependem de sua constituição (matéria-prima, processo de fabricação, gramatura, qualidade de fabricação e outros) e dos esforços solicitantes (tracionamento exercido, objetos contundentes, energia de compactação, deformações de base, etc.). Assim, quanto mais resistente o geossintético e menores forem os esforços de instalação, maiores serão suas caraterísticas remanescentes.

4.3.4 Resistência à degradação ambiental

De um modo geral, amostras exumadas de obras com mais de 20 anos de vida mostram que os geossintéticos apresentaram degradação ambiental desprezível, sendo a expectativa de vida, em alguns casos, de algumas centenas de anos.

Quando, no entanto, existem elementos agressivos ou combinações capazes de desencadear a perda gradual de suas características mecânicas, os geossintéticos podem ser fornecidos com características extremamente resistentes aos ataques químicos e microbiológicos. Essas características são obtidas através de aditivos, banhos com polímeros especiais ou fabricação por meio de técnicas diferenciadas.

4.3.5 Interação mecânica com o solo envolvente

Quanto maior a interação mecânica do geossintético com o solo, maior será sua eficiência como elemento de reforço, pois maior será a ancoragem e a mobilização da sua resistência à tração.

Basicamente, dois tipos característicos de comportamento se destacam nos geossintéticos para reforços de solos: os contínuos, como os geotêxteis tecidos ou nãotecidos, e os descontínuos, como as geogrelhas.

No caso de geossintéticos contínuos, a interação com o solo adjacente se dá através das parcelas de adesão e atrito, expressas por:

$$\tau_{sr} = a_{sr} + \sigma \tan \delta_{sr}, \qquad [4\text{-}1]$$

sendo:

τ_{sr} a tensão de aderência entre solo e reforço;
a_{sr} a adesão entre solo e reforço;
σ a tensão normal no plano do reforço;
δ_{sr} o ângulo de atrito entre o solo e o reforço.

Os valores de a_{sr} e δ_{sr} dependem da natureza do geossintético, do tipo de solo e das condições de saturação de projeto.

No caso de geossintéticos descontínuos, a aderência conta também com a resistência passiva dos membros transversais, uma vez que o solo traspassa as malhas do geossintético. Assim, a partir de ensaios de cisalhamento e arrancamento, pode-se calcular o coeficiente de deslizamento direto (C_d), que corresponde à relação entre a resistência ao cisalhamento da interface solo/geossintético com a resistência ao cisalhamento do solo, e também o coeficiente de interação (C_i), que corresponde à relação entre a tensão cisalhante de arrancamento de uma das faces do geossintético e a resistência ao cisalhamento do solo. Em solos não-coesivos, temos:

$$C_d = \frac{\tau_{sr}}{\tau_s} = \frac{\tan \delta_{sr}}{\tan \phi}, \qquad [4\text{-}2]$$

$$C_i = \frac{\tau_a}{\tau_s} = \frac{T_a}{2L\sigma \tan \phi}, \qquad [4\text{-}3]$$

em que:

τ_{sr} é a tensão de aderência entre solo e reforço;
τ_s a resistência ao cisalhamento do solo;
δ_{sr} o ângulo de atrito entre o solo e o reforço;
ϕ o ângulo de atrito do solo;
τ_a a tensão cisalhante de arrancamento em uma das faces do geossintético;
T_a a carga de arrancamento;
L o comprimento da ancoragem; e
σ a tensão normal no plano do reforço.

4.3.6 Fatores de redução

Os projetos básico e executivo têm por objetivo determinar os esforços solicitantes nos geossintéticos. Devido a incertezas com relação aos parâmetros adotados e/ou os métodos de cálculo adotados, costuma-se majorar os esforços solicitantes calculados através de um fator de segurança global FS, obtendo-se a solicitação mínima requerida do geossintético a ser utilizado. No caso de reforço de solos, o projeto irá conduzir a definição da resistência à tração requerida (T_{req}) do geossintético.

Focando o geossintético em si, vários fatores nos levam a fazer o inverso: reduzir o valor índice de sua resistência à tração ($T_{\max}$) indicada pelo fabricante. Tal redução pode ser feita levando-se em conta vários fatores parciais. Uma das formas de considerá-los simultaneamente é através da adoção do conceito de fator de redução total (FR), conforme indicado a seguir:

$$FR = f_{cr} \cdot f_{mr} \cdot f_a \cdot f_m, \quad [4\text{-}4]$$

onde:

FR é o fator de redução global;

f_{cr} o fator de redução parcial para fluência em tração ($=T_{max}/T_{ref}$);

f_{mr} o fator de redução parcial para danos mecânicos de instalação;

f_a o fator de redução parcial para degradação ambiental (química e biológica); e

f_m é o fator de redução parcial para incertezas estatísticas na determinação da resistência do geossintético.

Obtido FR, podemos determinar a resistência à tração disponível (T_a) do geossintético:

$$T_a = \frac{T_{max}}{FR}. \quad [4\text{-}5]$$

Portanto, para o geossintético adotado, devemos ter satisfeita a condição:

$$T_a \geq T_{req}. \quad [4\text{-}6]$$

Na prática, o que fazemos é determinar qual o menor T_{max} que atende às Eqs. (4-5) e (4-6):

$$T_{max} \geq FR \cdot T_{req}. \quad [4\text{-}7]$$

Os valores dos coeficientes parciais f podem ser obtidos de várias formas:

- em tabelas publicadas em bibliografia técnica, baseadas em experiências anteriores;
- através de ensaios realizados e fornecidos pelos fabricantes;
- através de ensaios próprios realizados/solicitados pelos interessados.

Na fase de projeto básico, quando ainda não se definiu o tipo exato de geossintético a ser utilizado, podem-se utilizar fatores parciais tabelados. A inconveniência é que as faixas de valores são relativamente grandes, levando a um FR alto, conservativo.

O ideal é que sejam utilizados, na fase de projeto executivo, valores fornecidos pelos fabricantes e/ou obtidos pelos interessados. Assim obtém-se um valor de FR mais realista, compatível com o geossintético a ser utilizado e, certamente, com resultados mais econômicos.

A tabela mostra uma faixa de variação dos fatores de redução parciais, apenas com o objetivo de ilustrar e exemplificar sua utilização.

Se já na fase de projeto básico forem definidos a matéria-prima, os critérios de instalação, as condições ambientais e a qualidade mínima do produto, podemos trazer o FR para perto do limite mínimo apresentado na Tab. 4-1.

TABELA 4-1
Faixa de valores indicativos para os fatores de redução utilizáveis na fase de projeto básico

Fator	Valor mínimo	Valor máximo
Fluência em tração (f_{cr})	2,00	5,00
Danos de instalação (f_{mr})	1,50	2,00
Degradação ambiental (f_a)	1,05	2,00
Incertezas estatísticas do material (f_m)	1,05	1,40
Fator de redução global (FR)	3,03	28,00

4.3.7 Considerações importantes

- Além dos fatores de redução citados, dependendo das condições e exigências do projeto, podem ser aplicados outros fatores de redução. Por exemplo, em obras permanentes cuja eventual ruptura possa causar danos econômicos ao entorno, à população local ou ao país, algumas normas exigem a utilização do fator de redução parcial (f_n), cujos valores podem atingir até 1,50.
- Existem condições de obras em que as deformações do geossintético devem ser limitadas a valores específicos para se compatibilizarem com as deformações do solo envolvente e/ou com a natureza da obra como, por exemplo, em reforço na base de um aterro lançado sobre um solo com uma subsidência existente. Nesses casos, além da resistência à tração (T) do geossintético, deve ser discriminado o módulo de rigidez (J) necessário, obtido por cálculos ou por ensaios.
- Nos textos dos itens desenvolvidos neste manual, em função do tipo de utilização do geossintético, da natureza da obra e da concepção do autor, os efeitos de redução de resistência são considerados através de procedimentos diferenciados, porém sempre dentro do mesmo conceito.

4.3.8 Exemplo de cálculo de projeto

Os cálculos de projeto indicaram T_{req} = 10 kN/m. Como as condições ambientais, relatadas por estudos preliminares existentes, exigiam uma matéria-prima específica para o geossintético, a pesquisa bibliográfica pôde definir os fatores de redução parciais, realizar o cálculo do fator global e obter a especificação inicial do geossintético, como ilustra a Tab. 4-2.

Norteou-se o projeto executivo por um estudo ambiental complementar, as condições de instalação do geossintético foram estabelecidas por rotinas detalhadas e definiu-se um tipo específico de geossintético, com base nas informações de ensaios realizados pelos fabricantes.

Nessas condições, após o refinamento dos fatores parciais, obteve-se o novo fator de redução global *FR*, e a especificação final do geossintético pôde ser realizada, como se vê na Tab. 4-3.

A análise desse exemplo demonstra a importância da inclusão dos geossintéticos como item de projeto, assim como a necessidade da disseminação dos conhecimentos disponíveis sobre os materiais geossintéticos para todo o meio técnico brasileiro, no sentido de permitir a correta especificação dos produtos em nossas obras.

TABELA 4-2
Especificação inicial do geossintético – valores adotados para os fatores de redução na fase de projeto básico (exemplo)

Fator	Valor
Fluência sob tração (f_{cr})	3,00
Danos de instalação (f_{mr})	2,00
Degradação ambiental (f_a)	1,25
Incertezas estatísticas do material (f_m)	1,05
Fator de redução global (*FR*)	7,87
Resistência à tração requerida pelo projeto (T_{req}) - kN/m	10,00
Valor-índice da resistência à tração (T_{max}) - kN/m	$\geq$ 78,70

TABELA 4-3
Especificação final do geossintético – valores reavaliados para os fatores de redução no projeto executivo (exemplo)

Fator	Valor
Fluência sob tração (f_{cr})	2,60
Danos de instalação (f_{mr})	1,20
Degradação ambiental (f_a)	1,10
Incertezas estatísticas do material (f_m)	1,03
Fator de redução global (*FR*)	3,53
Resistência à tração requerida pelo projeto (T_{req}) - kN/m	10,00
Valor índice da resistência à tração (T_{max}) - kN/m	$\geq$ 35,30

4.4 ATERROS SOBRE SOLOS MOLES

Ennio Marques Palmeira
Alberto Ortigão

4.4.1 Introdução

Construir um aterro alto sobre solo de fundação mole é um desafio que requer alguma solução para estabilização. Existe um elenco de soluções para esse tipo de problema, como, por exemplo: bermas de equilíbrio, aterro estaqueado, melhoramento do solo e reforço. Essa última alternativa pode empregar geossintéticos na base do aterro e constitui o objeto deste capítulo. O reforço geossintético nesse tipo de obra pode aumentar a sua estabilidade, permitindo a construção mais rápida e a utilização de taludes mais íngremes.

A Fig. 4-5 apresenta os mecanismos de instabilidade em aterros sobre solos moles. O primeiro [4-5(a)] se refere à possibilidade de ruptura no interior do aterro, ou neste mais a interface aterro/geossintético. O segundo [4-5(b)] diz respeito à expulsão do solo mole de fundação, onde o elemento de reforço tende a uniformizar o afundamento da base do aterro no solo mole. Finalmente, o terceiro [4-5(c)] apresenta o mecanismo de ruptura generalizada envolvendo aterro, reforço e solo de fundação.

O mecanismo 4-5(c) apresenta, também, a forma convencional de se levar em conta a contribuição do geossintético de reforço no aumento do fator de segurança da obra. No estado-limite, a resistência à tração do reforço é mobilizada na interseção do geossintético com a superfície de ruptura. Tal força provê uma ação estabilizadora contra a ruptura da obra.

Há na literatura uma grande variedade de métodos de análise de estabilidade de taludes que podem ser empregados ou adaptados para obras de solo reforçado [Palmeira, 1992]. A hipótese de ruptura mais comum em análises preliminares é a de superfície de deslizamento com forma circular e o emprego de métodos de equilíbrio-limite. Nesta seção serão abordadas soluções que visam o dimensionamento preliminar de aterros reforçados com geossintéticos por meio de métodos de equilíbrio-limite.

4.4.2 Produtos utilizados

Na aplicação com a função principal de reforço, são comumente utilizados os seguintes geossintéticos: geotêxteis (GT), geogrelhas (GR), geotiras e geocompostos resistentes (GCR). Dependendo das condições locais da obra e dos materiais disponíveis, pode-se utilizar uma ou mais camadas de geossintéticos dispostas na base do aterro e separadas por camada de solo compactado.

4.4.3 Dimensionamento e especificação

São analisados, a seguir, os mecanismos de instabilidade apresentados na Fig. 4-5. Não é abordado o mecanismo 4-5(a), ruptura no interior do aterro, visto que, com as propriedades mecânicas dos materiais de aterro usualmente utilizados, é remota sua possibilidade de ocorrência.

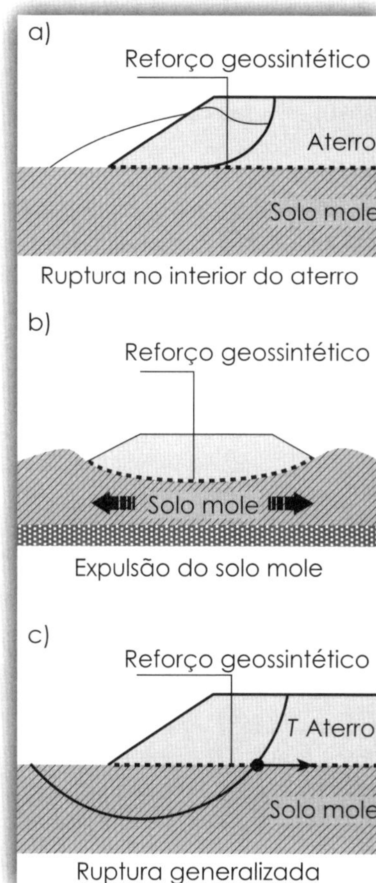

FIGURA 4-5
Mecanismos de instabilidade de aterros sobre solos moles [Palmeira, 2002].

Verificação da possibilidade de expulsão do solo mole

O esquema de cálculo para estimar o fator de segurança contra a expulsão do solo mole de fundação é visto na Fig. 4-6. O método de cálculo convencional estuda o equilíbrio do bloco de solo mole sob o talude do aterro. Assim, o fator de segurança contra a expulsão do solo mole pode ser estimado pela equação:

$$F_e = \frac{P_P + R_B + R_T}{P_A}, \quad [4\text{-}8]$$

sendo:

F_e o fator de segurança contra a expulsão do solo mole;
P_P a reação passiva contra o deslizamento do bloco de solo mole;
R_T a força de aderência no topo do bloco de solo mole;
R_B a força de aderência na base do bloco de solo mole; e
P_A o esforço ativo atuante sobre o bloco de solo mole.

Os valores de P_A e P_P podem ser estimados por teorias convencionais de empuxos de terras (Rankine, por exemplo).

Ruptura generalizada — método de Low *et al.* (1990)

Low *et al.* (1990) apresentaram um método para dimensionamento de aterros reforçados sobre solos moles por meio do emprego de gráficos e expressões matemáticas, com base no método do equilíbrio-limite, desenvolvidos a partir da utilização de programa computacional para as condições geométricas apresentadas na Fig. 4-7. O método de Low *et al.* não é aplicável a aterros dotados de bermas de equilíbrio.

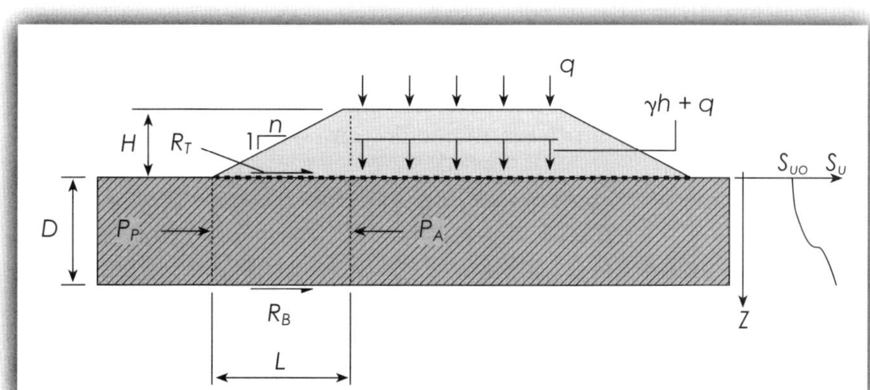

FIGURA 4-6
Análise da expulsão do solo mole de fundação (Palmeira, 1992).

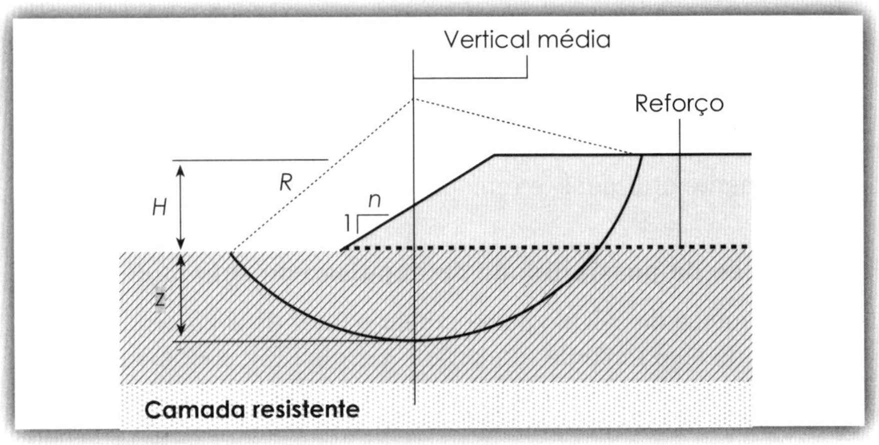

FIGURA 4-7
Análise de estabilidade do aterro reforçado por Low *et al.* (1990) e Palmeira (1992).

O método fornece o fator de segurança mínimo para as superfícies de ruptura com centros sobre a vertical passando pelo meio do talude (localização dos centros críticos para as condições da Fig. 4-7) e tangentes a uma linha horizontal numa profundidade arbitrada. Variando-se a profundidade de tangência, pode-se determinar o fator de segurança mínimo *minimorum* da obra. A expressão que fornece o fator de segurança mínimo do aterro reforçado para todas as superfícies tangentes à horizontal na profundidade z é:

$$F_r = \frac{F_0}{1 - \frac{TI_R}{H^2}}, \qquad [4\text{-}9]$$

sendo:

F_r o fator de segurança mínimo para todas as superfícies tangentes à horizontal, na profundidade z, no caso reforçado;
F_0 o fator de segurança mínimo para todas as superfícies tangentes à horizontal na profundidade z, no caso sem reforço;
T o esforço de tração mobilizado no reforço; I_R é um coeficiente obtido a partir de gráfico e que depende da geometria do aterro e da profundidade de tangência dos círculos;
γ o peso específico do material de aterro; e
H a altura do aterro.

Do ponto de vista prático, a Eq. [4-9] pode ser reescrita de forma a se determinar a força a ser mobilizada no reforço (T) para se garantir um fator de segurança pré-estabelecido para o aterro reforçado (F_r), o que resulta em:

$$T = \left(1 - \frac{F_0}{F_r}\right) \frac{\gamma H^2}{I_R}. \qquad [4\text{-}10]$$

Como se pode observar das Eqs. [4-9] e [4-10], para a utilização do método proposto por Low *et al.*, é necessário determinar-se inicialmente o fator de segurança da obra no caso sem reforço. Para tal, dispõe-se da seguinte expressão, apresentada em Low (1989) para o caso de aterros sobre solos moles (sem reforço):

$$F_0 = N_1 \frac{S_{ueq}}{\gamma H} + N_2 \left(\frac{c}{\gamma H} + \lambda \tan \phi \right), \quad [4\text{-}11]$$

sendo:

F_0 o fator de segurança mínimo para todos os círculos tangentes à linha horizontal na profundidade z para o caso sem reforço;
N_1, N_2 e λ números de estabilidade;
S_{ueq} a resistência não-drenada equivalente do solo mole;
γ o peso específico do material de aterro;
c e ϕ os parâmetros de resistência do material de aterro.

Os valores de N_1, N_2 e λ podem ser obtidos dos gráficos apresentados na Fig. 4-8, em função da inclinação do talude do aterro (n), da altura do aterro (H) e da profundidade de tangência considerada (z). O valor da resistência não-drenada equivalente do solo mole, para a profundidade z, depende da forma de variação da resistência não-drenada com a profundidade. Para o caso de resistência não-drenada (S_u) constante com a profundidade, S_{ueq} é igual a esse valor constante. Para o caso típico apresentado na Fig. 4-9, o valor de S_{ueq} para a profundidade z pode ser obtido por:

$$S_{ueq} = 0{,}35 S'_{uo} + 0{,}65 S_{uz} + 0{,}35 \left(\frac{z_c}{z} \right)^{1,1} \Delta S'_{uo}, \quad [4\text{-}12]$$

cujos valores estão definidos na Fig. 4-9.

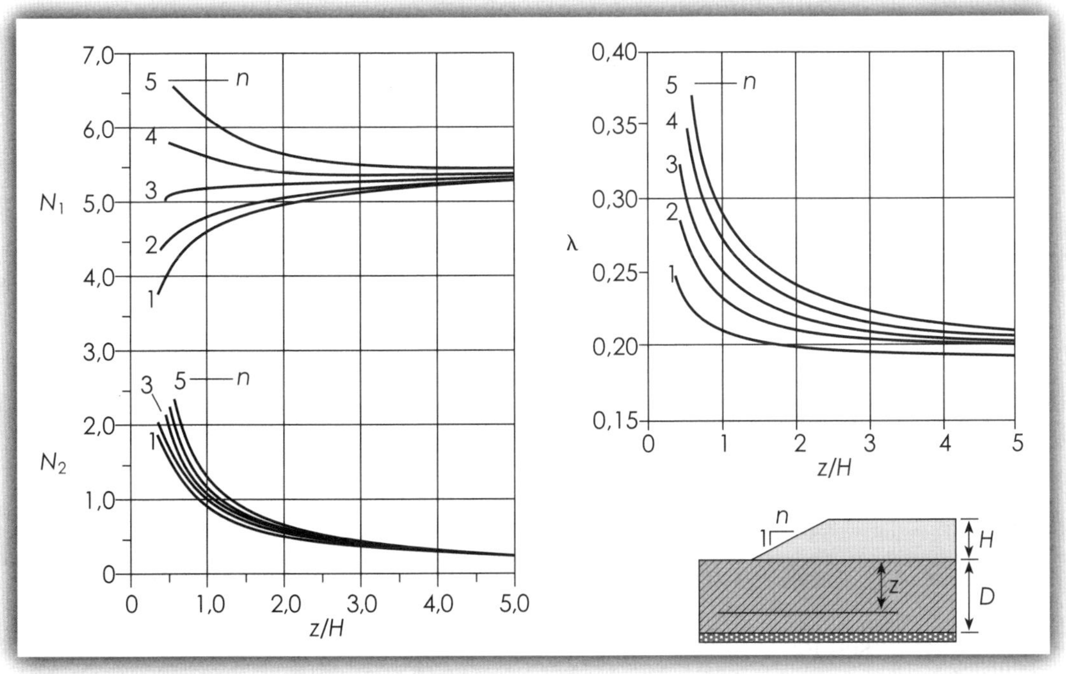

FIGURA 4-8
Números de estabilidade de Low (1989) para aterros sem reforço. [Palmeira, 2002].

FIGURA 4-9
Determinação de S_{ueq} para variação bi-linear de resistência não-drenada do solo mole com a profundidade (modificado de Low, 1989).

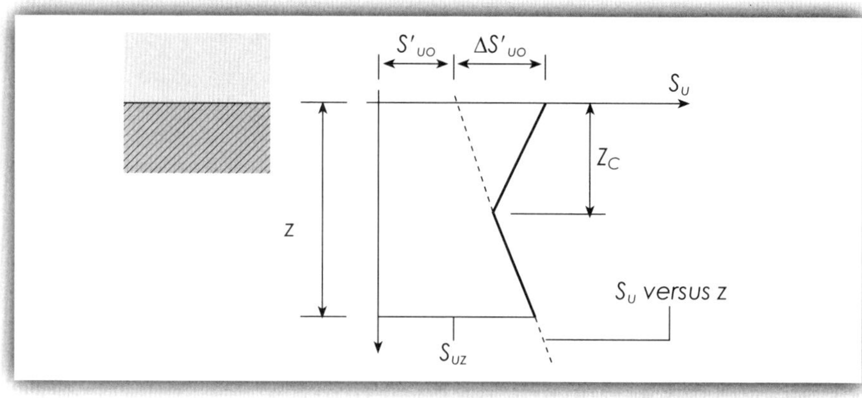

O raio do círculo crítico tangente à horizontal na profundidade z, para o caso sem reforço, pode ser calculado por:

$$R_0 = \left[0{,}1303\frac{n^2+1}{\left(\frac{z}{H}+0{,}5\right)} + 1{,}5638\left(\frac{z}{H}+0{,}5\right)\right]H \qquad (\text{com } R_0 \geq z + H), \qquad [4\text{-}13]$$

sendo:

R_0 o raio do círculo crítico tangente à horizontal na profundidade z;
n a inclinação do talude;
z a profundidade considerada; e
H a altura do aterro.

Para estimar o esforço de tração (T) necessário no reforço para elevar o fator de segurança mínimo, na profundidade z, do valor F_0, no caso sem reforço, para o valor F_r, no caso reforçado, utiliza-se a expressão [4-10], onde o valor do coeficiente I_R pode ser obtido no gráfico da Fig. 4-10, em função da inclinação do talude do aterro, da altura deste e do valor de z. Variando-se a profundidade z de tangência dentro da espessura de solo mole, pode-se determinar a profundidade crítica, para a qual o valor de T é máximo. O conhecimento do valor de T permite a escolha do tipo de reforço geossintético dentro de margens de segurança apropriadas.

O raio do círculo crítico, tangente à horizontal na profundidade z, para o caso reforçado, pode ser calculado por:

$$R_r = \frac{3{,}128\left(a - \frac{z}{H}\frac{T}{\gamma H^2}\right)}{\left(\frac{z}{H}+0{,}5-\frac{T}{\gamma H^2}\right)}H \qquad (\text{com } R_r \geq z + H), \qquad [4\text{-}14]$$

sendo:

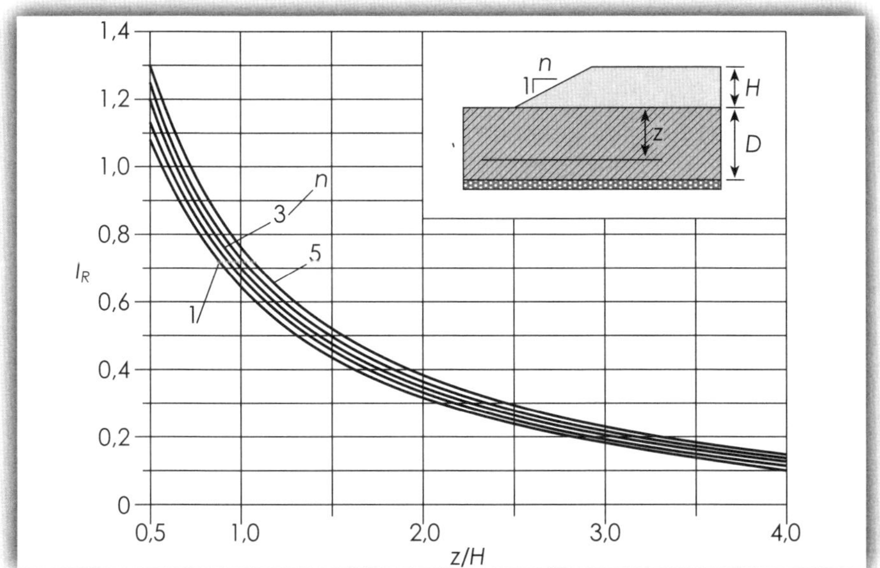

FIGURA 4-10
Valor de I_R para o caso de aterro reforçado (modificado de Low *et al.*, 1990).

$$a = \frac{1}{2}\left(\frac{z}{H} + 0{,}5\right)^2 + \frac{(n^2+1)}{24}. \qquad [4\text{-}15]$$

Note-se que, pela hipótese geométrica adotada pelo método (base do aterro com largura infinita, Fig. 4-7), no caso de um aterro com geometria de seção transversal tradicional (seção trapezoidal), as superfícies circulares de deslizamento devem interceptar a superfície do aterro dentro de sua plataforma, para atender às hipóteses do método.

Dependendo do porte do aterro e dos geossintéticos disponíveis para utilização, muitas vezes é interessante empregar mais de uma camada de reforço: uma camada na interface aterro/solo mole e outras camadas imediatamente acima, entremeadas por camadas de aterro compactado.

Não raro, também, a camada única de reforço é imersa no aterro, ligeiramente acima da interface aterro/fundação, sobre uma camada drenante, por exemplo. Quando isso acontece ou quando se tem mais de uma camada de reforço junto à base, faz-se necessário corrigir o valor de T obtido pela Eq. [4-10], devido ao deslocamento da força resultante, através da expressão:

$$T_{\text{cor}} = \frac{d_T}{d'_T}T, \qquad [4\text{-}16]$$

onde:

d_T é o valor do braço de alavanca do reforço em camada única na base do aterro, em relação ao centro do círculo ($= R_r - z$);

d'_T o braço de alavanca da força no reforço ou da resultante dos esforços de tração nas camadas de reforço, em relação ao centro do círculo; e

T_{cor} o valor de T corrigido, devido à diferença dos braços de alavanca.

A expressão [4-16] não deve ser utilizada em situações em que as camadas de reforço estejam distribuídas ao longo da altura do aterro, restringindo-se a situações onde poucas camadas de reforço (em geral, duas ou três) estejam concentradas junto à base do aterro. Kaniraj (1994) apresenta solução para situações mais genéricas de geometria do aterro e posicionamento das camadas de reforço.

O geossintético utilizado deve ser suficientemente rígido para evitar deformações excessivas do aterro. Dependendo das condições e características da obra e do reforço, as deformações admissíveis no elemento de reforço variam tipicamente de 3 a 10%. Assim, o módulo de rigidez secante à tração requerido, para um elemento de reforço, é dado por:

$$J_\varepsilon = \frac{T}{\varepsilon_{\text{adm}}} \qquad [4\text{-}17]$$

em que J_ε é o módulo de rigidez à tração requerido para o reforço e ε_{adm} é a deformação específica admissível no reforço.

Cálculo do comprimento mínimo de ancoragem do reforço — interação solo/geossintético

Para garantir a estabilidade da obra, devem-se também ter comprimentos de ancoragem do reforço apropriados em ambos os lados do ponto de interseção da superfície circular de deslizamento crítica com a direção da camada de reforço, conforme ilustrado na Fig. 4-11.

O valor do comprimento de ancoragem (l_{anc}), quando se utiliza reforço geotêxtil cuja superfície é contínua, pode ser obtido por (Palmeira, 1992):

$$l_{\text{anc}} = \frac{F_{\text{anc}} T}{\tau_{as} + \tau_{ai}}, \qquad [4\text{-}18]$$

sendo:

l_{anc} o comprimento mínimo de ancoragem;
F_{anc} o fator de segurança contra a ruptura por deficiência de ancoragem (geralmente $\geq 1{,}5$);
T o esforço de tração no reforço;
τ_{as} a tensão de aderência na face superior do reforço; e
τ_{ai} a tensão de aderência na face inferior do reforço.

Quando se utilizam geossintéticos de superfície descontínua, como as geogrelhas, a penetração do solo compactado em suas malhas permite uma maior interação com os seus elementos constituintes, e o cálculo do comprimento de ancoragem deve levar em conta o coeficiente de interação (C_i), explanado e definido na Sec. 4.3.

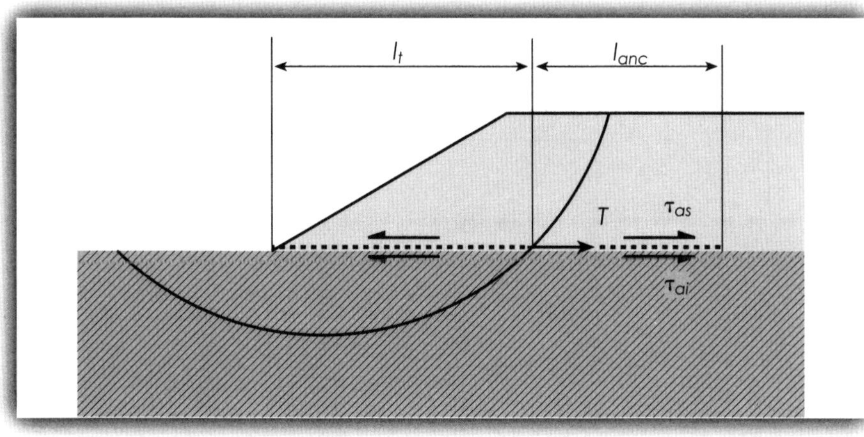

FIGURA 4-11
Cálculo do comprimento mínimo de ancoragem [PALMEIRA, 1992].

O comprimento l_t (Fig. 4-11), à esquerda da interseção do reforço com a superfície circular crítica, também deve atender às condições de ancoragem, sendo calculado segundo raciocínio semelhante ao utilizado na Eq. [4-18].

Caso o comprimento do reforço seja insuficiente para atender aos requisitos de ancoragem, pode-se aumentar a resistência por ancoragem da camada de reforço por meio de dobramento/envelopamento do reforço no corpo do aterro, analogamente à ferragem no concreto armado.

4.4.4 Recomendações de instalação

A estocagem, movimentação, manuseio e instalação do geossintético são operações importantes e devem ser incorporadas ao projeto através de um plano de instalação. Essas recomendações, de caráter genérico, são apresentadas no Cap. 14 e devem ser complementadas em projeto, na constituição do plano de instalação, em função do tipo de geossintético especificado e das condições locais de trabalho.

4.4.5 Exemplo de pré-dimensionamento

Deseja-se pré-dimensionar o aterro sobre solo mole esquematizado na Fig. 4-12, de forma a ter um fator de segurança igual a 1,4 para o caso reforçado. Admitamos como sendo de 32° o ângulo de atrito entre o material de aterro e o geossintético.

Verificação da possibilidade de expulsão do solo mole

Utilizando a teoria de Rankine para os cálculos dos empuxos ativo (P_A) e passivo (P_P), supondo situação de carregamento não-drenado e análise a tensões totais (ϕ_{total} do solo mole igual a zero), de acordo com a Fig. 4-13, tem-se:

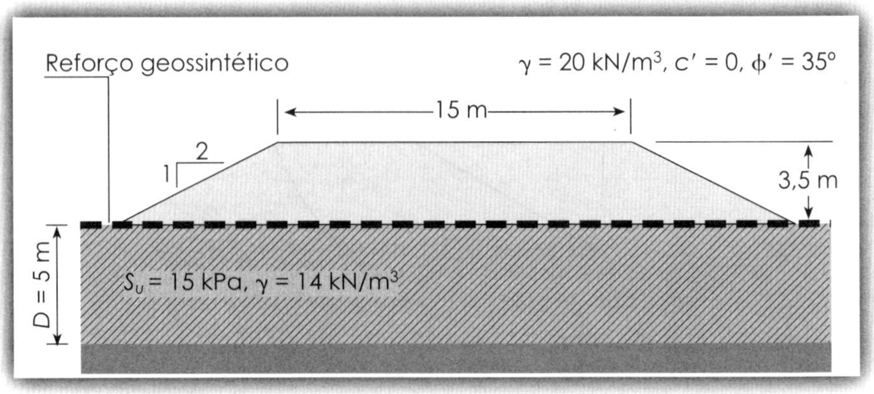

FIGURA 4-12
Características geométricas e dados do problema.

- Cálculo de P_A
  - Tensão horizontal ativa (condição $\phi_{\text{total}} = 0$): $\sigma_h = \sigma_v - 2S_u$;
  - No ponto A (Fig. 4-13):
    $\sigma_{hA} = \sigma_v - 2S_u = 3{,}5 \times 20 - 2 \times 15 = 40$ kPa;
  - No ponto B (Fig. 4-13):
    $\sigma_{hB} = \sigma_v - 2S_u = 3{,}5 \times 20 + 5 \times 14 - 2 \times 15 = 110$ kPa.

  Assim:

$$P_A = \frac{\sigma_{hA} + \sigma_{hB}}{2} \times D = \frac{40 + 110}{2} \times 5 = 375 \text{ kN/m},$$

sendo D a espessura do solo mole (= 5 m).

- Cálculo de P_P
  - Tensão horizontal passiva (condição $\phi_{\text{total}} = 0$): $\sigma_h = \sigma_v + 2S_u$;
  - No ponto C (Fig. 4-13): $\sigma_{hC} = 2S_u = 2 \times 15 = 30$ kPa;
  - No ponto D (Fig. 4-13):
    $\sigma_{hD} = \sigma_v + 2S_u = 5 \times 14 + 2 \times 15 = 100$ kPa.

  Assim:

$$P_P = \frac{\sigma_{hC} + \sigma_{hB}}{2} \times D = \frac{30 + 100}{2} \times 5 = 325 \text{ kN/m}$$

Supondo, no presente caso, a tensão cisalhante resistente ao movimento do bloco de solo mole, sob o talude do aterro, em seu topo e base, iguais à resistência não-drenada do solo mole, temos:

$$R_T = R_B = LS_u = 7 \times 15 = 105 \text{ kN/m}$$

Assim, o fator de segurança contra a expulsão do solo mole, de acordo com a Eq. [4-4] é:

$$F_e = \frac{P_P + R_B + R_T}{P_A} = \frac{325 + 105 + 105}{375} = 1{,}43 \Rightarrow \text{ok.}$$

Verificação da estabilidade contra ruptura circular por Low *et al.* (1990)

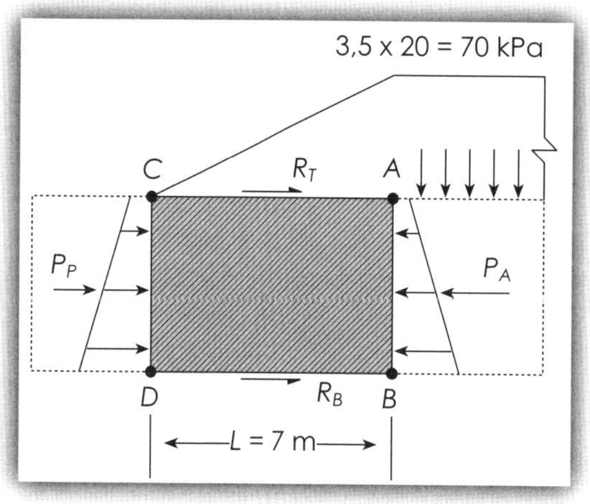

FIGURA 4-13
Verificação da expulsão do solo mole de fundação.

Para o caso sem reforço, o fator de segurança mínimo para círculos tangentes à linha horizontal na profundidade z é dado pela Eq. [4-11], e S_{ueq} é dado pela Eq. [4-12], que, para o caso de resistência constante com a profundidade, é igual à resistência do solo de fundação. Assim:

$$S_{ueq} = S_u = 15 \text{ kPa}$$

O valor do esforço requerido no reforço é calculado pela Eq. [4-10]. Os valores de N_1, N_2, λ e I_R são obtidos dos gráficos das Figs. 4-8 e 4-10 para diversos valores de z/H. Para diferentes valores de profundidade de tangência dos círculos (z), pode-se construir a Tab. 4-4, de onde tiramos os resultados:

$z_{\text{crítico}}$ (para os casos com e sem reforço) = 5 m;

$F_0 = 1{,}186$;

$T = 89{,}17$ kN/m.

O raio do círculo crítico do caso sem reforço é dado pela Eq. [4-13]. Substituindo os valores, tem-se:

$$R_0 = \left[0{,}1303\frac{2^2+1}{\left(\frac{5}{3{,}5}+0{,}5\right)} + 1{,}5638\left(\frac{5}{3{,}5}+0{,}5\right)\right]3{,}5$$

$$R_0 = 11{,}74 \text{ m}$$

Para o caso com reforço, aplica-se a Eq. [4-15], obtendo:

$$a = \frac{1}{2}\left(\frac{5}{3{,}5}+0{,}5\right)^2 + \frac{(2^2+1)}{24} = 2{,}068$$

Substituindo os valores na Eq. [4-14], obtém-se:

$$R_r = \frac{3{,}128\left(2{,}068 - \frac{5}{3{,}5}\frac{89{,}17}{20\times 3{,}5^2}\right)}{\left(\frac{5}{3{,}5}+0{,}5-\frac{89{,}17}{20\times 3{,}5^2}\right)}\times 3{,}5 = 10{,}83 \text{ m}$$

Para o raio do círculo crítico obtido, tem-se a situação apresentada na Fig. 4-14. Nessas condições, o círculo crítico intercepta a superfície do aterro dentro da sua plataforma, o que implica na validade da aplicação do método de Low *et al.* (1990) no presente caso.

TABELA 4-4
Cálculos pelo método de Low *et al* (1990)

z (m)	S_{ueq} (kPa)	$S_{ueq}/(\gamma H)$	N_1	N_2	λ	F_0	I_R	T
2	15	0,214	4,6	1,60	0,260	1,276	1,04	20,86
3	15	0,214	4,8	1,20	0,240	1,229	0,69	43,37
4	15	0,214	4,9	0,95	0,225	1,198	0,54	65,46
5	15	0,214	5,0	0,76	0,218	1,186	0,42	89,17

Em vista do valor de T requerido para se ter F_r = 1,4, o valor da resistência de referência mínima do reforço é dado por:

$$T_{ref} = T f_m f_{mr} f_a \qquad [4\text{-}19]$$

sendo:

T_{ref} a resistência de referência do material de reforço, para o tempo de vida útil esperado para a obra;
f_m o fator de redução para incertezas estatísticas na determinação da resistência do geossintético;
f_{mr} o fator de redução para danos mecânicos;
f_a o fator de redução para danos de natureza ambiental.

Maiores detalhes sobre fatores de redução são fornecidos na Sec. 4.3.

Se, para o presente caso, f_m = 1,3, adotando-se f_{mr} =1,3 e f_a = 1 obtém-se:

$$T_{ref} \geq 89{,}17 \times 1{,}3 \times 1{,}3 \times 1;$$

$$T_{ref} \geq 151 \text{ kN/m}.$$

Admitindo-se, para as condições do problema, uma deformação máxima de 8% no reforço, com relação carga × deformação linear, tem-se para o valor da rigidez à tração requerida:

$$J = \frac{T}{\varepsilon_{adm}} = \frac{151}{0{,}08} \cong 1.890 \text{ kN/m}.$$

Verificação das condições de ancoragem do reforço

É preciso conferir se os comprimentos enterrados do reforço, à esquerda e à direita do ponto de interseeção entre a superfície circular crítica e o reforço (ponto I na Fig. 4-14), são superiores ao valor mínimo

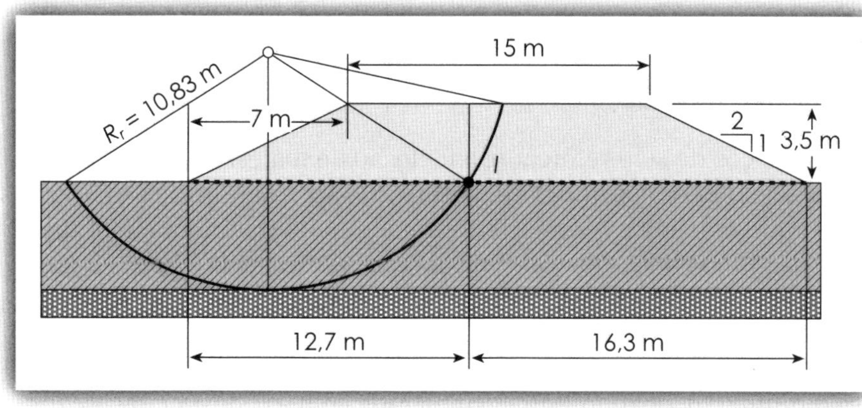

FIGURA 4-14
Posição do círculo crítico no caso reforçado.

do comprimento de ancoragem. Se o geossintético a ser utilizado for um geotêxtil, a ancoragem será dada por:

$$l_{anc} = \frac{F_{anc}T}{\tau_{as} + \tau_{ai}}$$

Admitindo uma adesão reforço/solo mole igual à resistência não-drenada do solo mole, fator de segurança contra a ruptura por ancoragem igual a 1,5 e ângulo de atrito entre solo e reforço igual a 32°, teremos:

- À esquerda do ponto I (Fig.4-14) – comprimento de ancoragem disponível = 12,7 m:

$$\tau_{as} = \frac{\frac{5,7+12,7}{2}\times 3,5\times 20}{12,7}\times \tan(32^{o}) = 31,69 \text{ kPa},$$

$$\tau_{ai} = S_u = 15 \text{ kPa},$$

$$l_{anc} = \frac{1,5\times 89,17}{31,69+15} = 2,86 \text{ m} < 12,7 \text{ m} \Rightarrow \text{ok.}$$

- À direita do ponto I (Fig. 4-14) – comprimento de ancoragem disponível = 16,3 m:

$$\tau_{as} = \frac{\frac{9,3+16,3}{2}\times 3,5\times 20}{16,3}\tan\ (32^{o}) = 34,35 \text{ kPa},$$

$$\tau_{ai} = S_u = 15 \text{ kPa},$$

$$l_{anc} = \frac{1,5\times 89,17}{34,35+15} = 2,71 \text{ m} < 16,3 \text{ m} \Rightarrow \text{ok.}$$

4.5 MUROS E TALUDES REFORÇADOS

Eduardo Azambuja
Alberto Sayão
Maurício Ehrlich
Romero César Gomes

4.5.1 Introdução

Em maciços de solo reforçado, a inclusão de materiais geossintéticos como elemento de reforço do material de aterro propicia uma redistribuição global das tensões e deformações, permitindo a adoção de estruturas com face vertical (muros) ou maciços mais íngremes (taludes), com menor volume de aterro compactado (Fig. 4.15). Este fato, associado à possibilidade de se utilizar solos disponíveis no local da obra, pode reduzir de forma significativa o custo da solução envolvendo solo reforçado, quando esta é comparada com às convencionais.

Do ponto de vista de execução, são inúmeras as vantagens da utilização de geossintéticos como elemento de reforço:

a) Possibilita a construção de taludes e aterros com inclinações acentuadas;

b) Minimiza o impacto ambiental decorrente das obras de contenção;

c) Permite a adoção de tipos variados de acabamento da face dos taludes;

d) Permite a execução de obras em locais de difícil acesso;

e) Permite o uso de mão de obra não qualificada e equipamentos simples;

f) Reduz consideravelmente o tempo de construção da obra.

A estrutura final obtida (Fig. 4.16) é essencialmente flexível, esteticamente adequada e economicamente viável.

A estabilidade de maciços reforçados deve ser garantida pelos mecanismos de interação solo-reforço. Neste sentido, são particularmente importantes os parâmetros de interação solo-reforço, a resistência à tração do geossintético e o confinamento do solo sobrejacente.

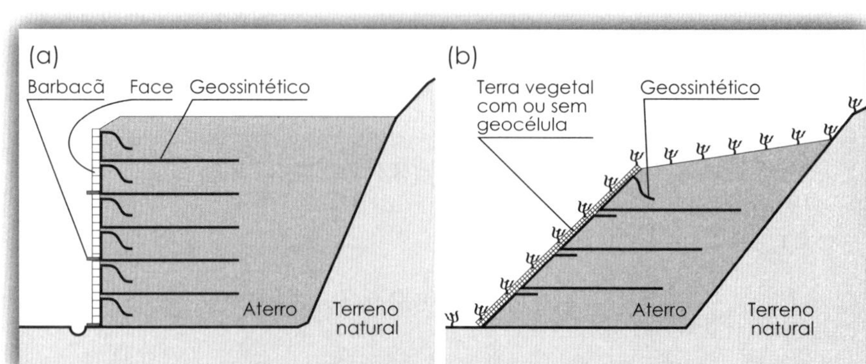

FIGURA 4-15
Solos reforçados:
a) muros e
b) taludes íngremes.

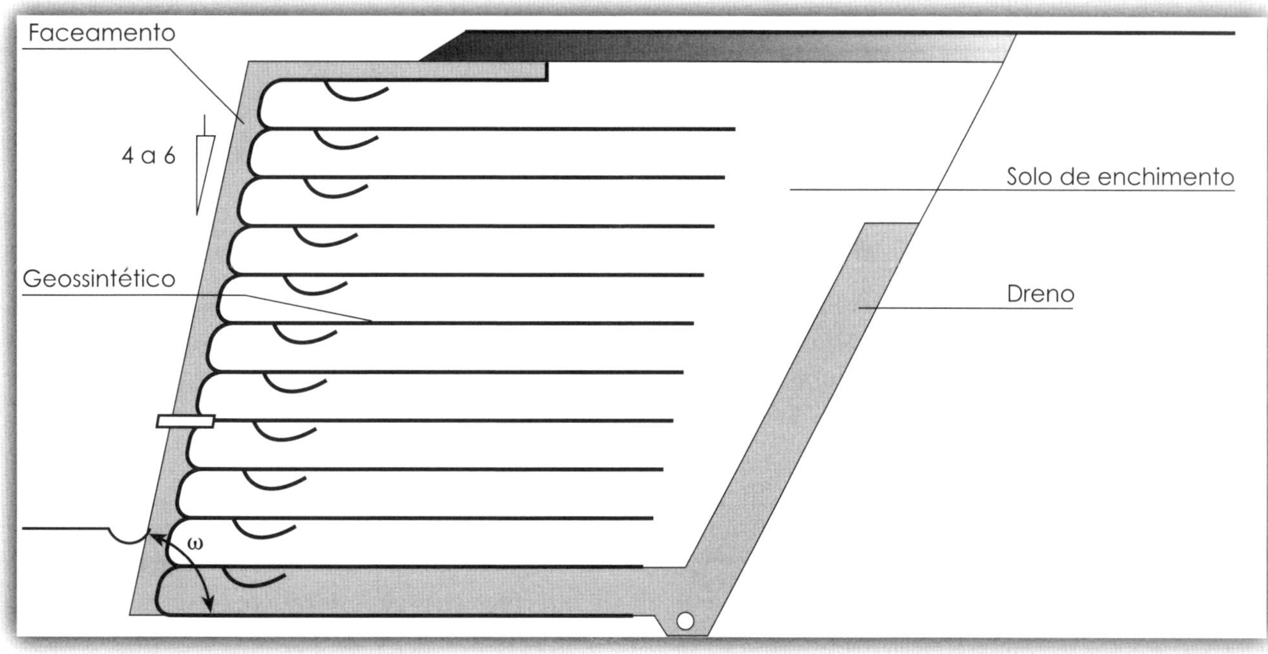

FIGURA 4-16
Seção transversal típica de um maciço de solo reforçado com geossintéticos.

4.5.2 Materiais utilizados

Os geossintéticos utilizados para reforço de solo devem restringir as deformações e aumentar resistência do maciço. Em particular, o reforço deve conferir ao solo a resistência à tração que este não possui. Os geossintéticos empregados com mais freqüência em maciços reforçados são os geotêxteis tecidos e nãotecidos, as geogrelhas, as geotiras e os geocompostos resistentes. Adicionalmente, podem ser adotadas inclusões sob a forma fibras dispersas na massa de solo.

4.5.3 Especificações dos geossintéticos em solos reforçados

Em um maciço de solo reforçado, a resistência de projeto para o material de reforço deve ser prevista considerando o tempo de referência (vida útil), a possibilidade de degradação ambiental e de danos de instalação, e a condição de carregamento. Os polímeros são materiais visco-elastoplásticos e, portanto, estão sujeitos aos efeitos de fluência, ou seja, a variações importantes da resistência de longo prazo sob carregamento constante.

Em projetos de solo reforçado, deve-se estabelecer critérios de redução da resistência nominal do geossintético, para incorporar as incertezas relativas ao produto em si e às influências relativas às solicitações, ao processo de instalação e ao meio ambiente. A sistemática usual recomenda a adoção de fatores parciais de redução, que contemplam os condicionantes de instalação e solicitação dos geossintéticos durante a vida útil da obra (Koerner, 1998; Palmeira, 1998; Vidal *et al.*, 1999).

Os critérios para a determinação da resistência à tração disponível T_a dos geossintéticos utilizados como elementos de reforço são descritos no capítulo 4.3 deste manual.

4.5.4 Critérios de projeto

4.5.4.1 Parâmetros de projeto

A Fig. 4.17 apresenta o arranjo típico de uma estrutura em solo reforçado com as características geométricas e os parâmetros geotécnicos a serem considerados no projeto deste tipo de estrutura. As variáveis utilizadas no dimensionamento são as seguintes:

- Altura do talude reforçado (H);
- Inclinação da estrutura de arrimo (ω);
- Ângulo de inclinação do terreno (α);
- Propriedades de resistência dos solos de aterro e de fundação;
- Resistência da interface solo/geossintético;
- Resistência, comprimento (L) e espaçamento S_v do geossintético;
- Condições de compactação do aterro;
- Carregamentos externos (q);
- Fatores de segurança de estabilidade.

O dimensionamento de estruturas de solo reforçado é geralmente dividido em 2 etapas: análise da estabilidade externa e interna da estrutura. A zona reforçada, como um todo, atua similarmente a um muro de peso convencional. O colapso de um sistema solo-reforço pode ocorrer interna ou externamente à zona reforçada.

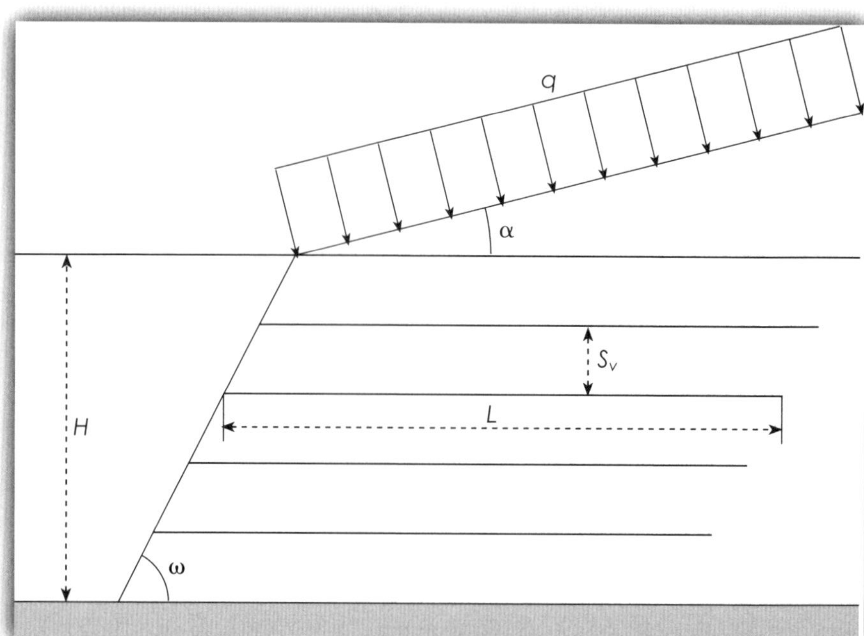

FIGURA 4-17
Geometria típica e parâmetros de projeto de estruturas em taludes reforçados.

4.5.4.2 Estabilidade externa

Na verificação da estabilidade externa, considera-se o comportamento do conjunto similar ao de um muro de peso. Neste caso, deve-se verificar a possibilidade de ocorrência de quatro mecanismos clássicos de instabilização de estruturas de contenção (Fig. 4.18): deslizamento da base, tombamento, capacidade de carga da fundação e ruptura global.

Para a determinação dos empuxos de solo E que a massa de solo não reforçada exerce na massa reforçada é possível adotar as teorias clássicas de equilíbrio limite. Muitos autores recomendam a utilização da formulação de Coulomb, admitindo-se o atrito entre o muro (zona reforçada) e o terreno (zona não reforçada) como equivalente ao ângulo de atrito interno do solo no estado crítico ($\delta = \phi_{cv}$). Outros autores, entretanto, consideram a mobilização de atrito improvável, uma vez que a zona reforçada não se comporta como bloco rígido. Com tal hipótese, a formulação de Rankine tornar-se-ia mais ajustada e os empuxos ativos seriam admitidos como sendo paralelos à superfície do terreno ($\delta = 0$).

Na Fig. 4.19, apresenta-se esquematicamente um maciço reforçado e os esforços nele atuantes (peso próprio, sobrecargas e empuxo de terra). Nesta situação, admite-se que o maciço reforçado possa ser construído com um solo diferente do restante do aterro. Na prática, no entanto, pode-se utilizar no maciço reforçado o mesmo solo do retroaterro. O empuxo de terra E pode ser calculado por uma das teorias de empuxo disponíveis (Rankine ou Coulomb). Por simplicidade, os cálculos serão conduzidos considerando a face do muro vertical.

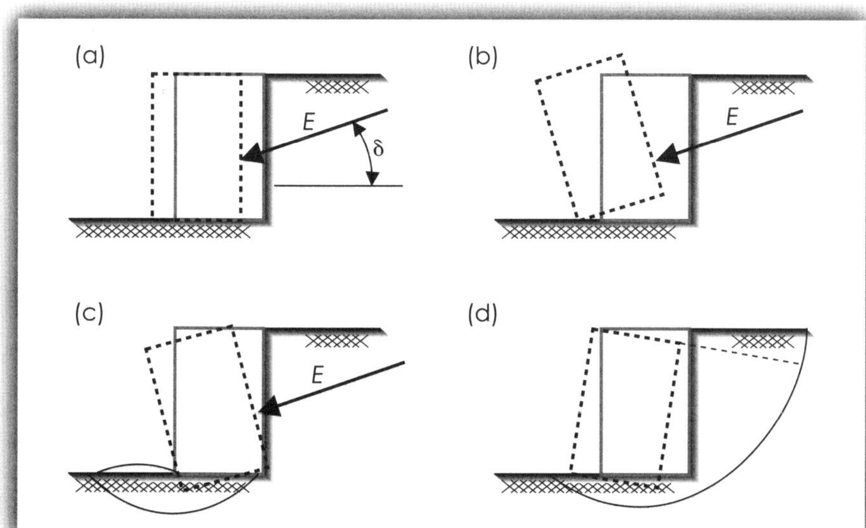

FIGURA 4-18
Mecanismos para análise de estabilidade externa de maciços reforçados:
a) deslizamento;
b) tombamento;
c) capacidade de carga;
d) estabilidade global.

Segurança contra o deslizamento da estrutura ao longo da base

O fator de segurança ao deslizamento FS_d é determinado pela razão entre a força resistente capaz de ser mobilizada na base do muro e a força de empuxo de terra:

$$FS_d = \frac{(\gamma_1 \cdot H) \cdot L_r \cdot \tan \phi'_1}{E} \geq 1{,}5 \qquad [4\text{-}20]$$

Na Fig. 4.19, o comprimento de reforço L_r pode ser calculado por:

$$C_d = \frac{\tau_{sr}}{\tau_s} = \frac{\tan \delta_{sr}}{\tan \phi}, \qquad [4\text{-}21]$$

onde:

q a sobrecarga uniformemente distribuída sobre o terrapleno;
FS_d o fator de segurança contra o deslizamento ao longo da base ($\geq 1{,}5$);
γ_1 o peso específico do solo;
H a altura do maciço reforçado;
ϕ'_1 o ângulo de atrito interno do solo, na base do maciço reforçado;
E o empuxo ativo.

No caso mais simples, de muros verticais com retroaterro em areia e sem a presença de sobrecarga, a equação de Rankine para o cálculo do empuxo ativo pode ser escrita como:

$$E = \frac{1}{2} \cdot k_a \cdot \gamma_2 \cdot H^2 \qquad [4\text{-}22]$$

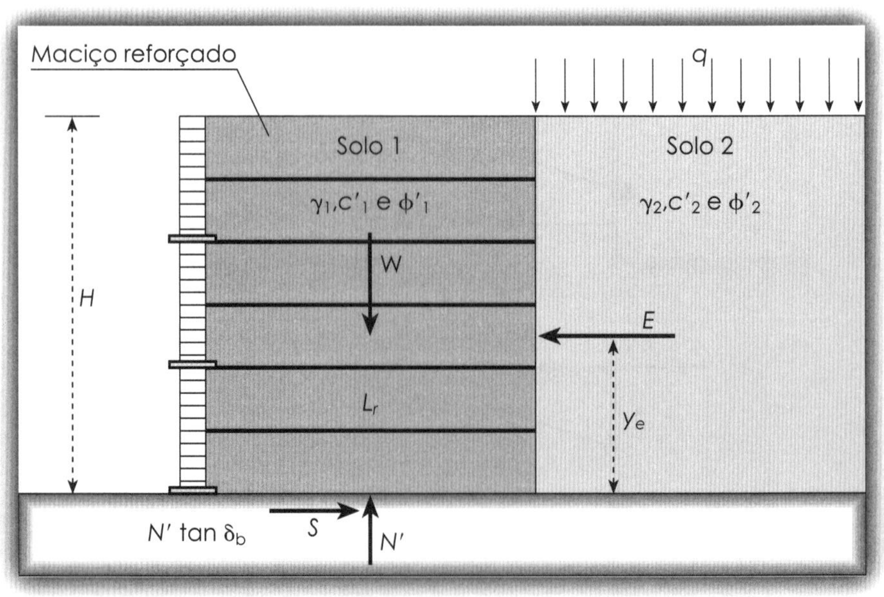

FIGURA 4-19
Forças atuantes para estudo de estabilidade.

Segurança contra o Tombamento

O fator de segurança ao tombamento FS_t é definido pela razão entre o momento estabilizante proporcionado pelo peso do muro e o momento instabilizante gerado pelo empuxo de solo E e pode ser determinado pela expressão:

$$FS_t = \frac{W \cdot \frac{L_r}{2}}{E \cdot y_E} = \frac{W \cdot L_r}{2 \cdot E \cdot y_E} \geq 2{,}0 \qquad [4\text{-}23]$$

Neste caso, pode-se determinar a largura da massa reforçada de modo a se garantir a estabilidade quanto ao tombamento:

$$L_r = \frac{2 \cdot FS_t \cdot E \cdot y_E}{W} \qquad [4\text{-}24]$$

onde:

L_r o comprimento do reforço ou largura da base da massa de solo reforçado;

FS_t o fator de segurança contra o tombamento;

y_E o braço de alavanca do empuxo ativo em relação ao pé da estrutura.

Segurança contra a ruptura do solo de fundação

A resultante das tensões normais atuantes na base do muro deve garantir toda base sujeita apenas à compressão (Fig. 4.20). Para tanto, a excentricidade (e) deve ser inferior à sexta parte de L_r, ou seja:

$$e = \frac{E \cdot y_E}{R} = \frac{E \cdot y_E}{\gamma \cdot H \cdot L_r} \leq \frac{L_r}{6} \qquad [4\text{-}25]$$

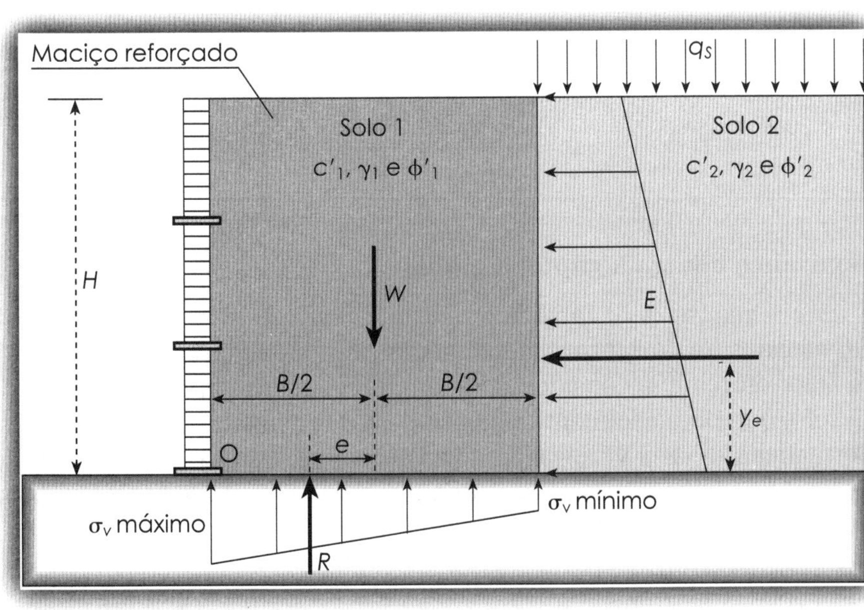

FIGURA 4-20
Distribuição de tensões verticais na base.

O comprimento do reforço deve ser determinado de modo a atender aos 3 critérios apresentados: deslizamento da base, tombamento e ruptura do solo de fundação. Para que os 3 critérios sejam atendidos, deve-se utilizar o maior valor de L_r (obtido a partir das equações [4-21], [4-24] e [4-25]) no dimensionamento de maciços reforçados.

A capacidade de carga do solo de fundação pode ser estimada pela expressão (Terzaghi e Peck, 1967):

$$q_{max} = c'N_c + q_s N_q + 0{,}5\gamma_f B'N\gamma \qquad [4\text{-}26]$$

onde:

q_{max} a capacidade de carga do solo de fundação;

c' a coesão do solo de fundação;

q_s a sobrecarga no nível da base da estrutura, caso esta esteja parcialmente enterrada;

γ_f o peso específico do solo de fundação;

N_c, N_q e N_γ os fatores de capacidade de carga obtidos a partir das expressões (Terzaghi e Peck, 1967):

$$N_q = e^{(\pi \cdot \tan\phi')} \cdot \tan^2(45° + \phi'/2) \qquad [4\text{-}27]$$

$$N_c = (N_q - 1) \cdot \text{cotan}\,\phi' \qquad [4\text{-}28]$$

$$N_\gamma = 1{,}80 \cdot (N_q - 1) \cdot \tan\phi' \qquad [4\text{-}29]$$

No caso de solo de fundação fino solicitado por carregamento não drenado, a expressão de capacidade de carga a utilizar é dada por:

$$q_{max} = S_u N_c + q_s \qquad [4\text{-}30]$$

Tanto no caso de carregamento drenado como no caso não drenado, deve-se ter:

$$FS_f = \frac{q_{max}}{\sigma} \geq 3 \qquad [4\text{-}31]$$

onde: FS_f é o fator de segurança contra a ruptura do solo de fundação.

Considerando a formulação de Meyerhof (1955) para a distribuição das tensões normais atuantes na base do muro, tem-se:

$$\sigma = \frac{R}{L_r - 2 \cdot e} \qquad [4\text{-}32]$$

Segurança contra a ruptura global

A última análise de estabilidade externa consiste na verificação de um mecanismo de ruptura global do maciço. Neste caso, a estrutura de solo reforçado é considerada como um elemento interno à massa de solo, que potencialmente pode se deslocar como um corpo rígido. Normalmente, essa verificação consiste em se garantir um fator de segurança contra a rotação de uma massa de solo ao longo de uma superfície cilíndrica. Para o cálculo do fator de segurança, pode ser utilizado qualquer método de cálculo de equilíbrio limite normalmente empregado para avaliação da estabilidade de taludes (Fellenius, 1936; Bishop, 1955; Janbu, 1954; Morgenstern e Price, 1965; Spencer, 1967 e Sarma, 1979).

O fator de segurança é definido como:

$$FS_g = \frac{\Sigma M_R}{\Sigma M_S} \qquad [4\text{-}33]$$

onde:

$\sum M_R$ o somatório dos momentos dos esforços resistentes em relação ao centro de rotação.
$\sum M_S$ o somatório dos momentos dos esforços solicitantes em relação ao centro de rotação.

Os valores aceitos para o fator de segurança acima definido são:

$FS_g \geq 1{,}3$ para obras provisórias;
$FS_g \geq 1{,}5$ para obras permanentes.

No caso de locais sujeitos a sismos, recomenda-se majorar os fatores de segurança acima mencionados (deslizamento da base, tombamento, capacidade de carga da fundação e ruptura global) em cerca de 75% (Ellias *et al*, 2001).

4.5.4.3 Estabilidade interna

O aspecto particular no dimensionamento de uma estrutura em solo reforçado é a análise de sua estabilidade interna. A ruptura interna pode ocorrer quando as solicitações impostas ao reforço são superiores àquelas que o mesmo pode suportar (Fig. 4.21a) ou quando há o escorregamento do reforço na massa de solo por insuficiência de ancoragem (Fig. 4.21b). Neste contexto, caracteriza-se um processo de ruptura progressiva, em que os esforços oriundos do reforço rompido são transferidos aos adjacentes, desencadeando um processo de colapsos sucessivos.

Para evitar a ruptura dos reforços, o valor da tensão máxima atuante $T_{\max}$ não deverá ser superior ao menor valor esperado para a resistência de projeto do geossintético T_d, resguardado por um adequado fator de segurança. Analogamente, o projeto deve estabelecer um embutimento mínimo do reforço na zona resistente, evitando-se a possibilidade de perda de sua ancoragem. Para tanto, o valor de $T_{\max}$ não deverá superar o valor da resistência ao arrancamento do reforço P_r, resguardado também por um correspondente fator de segurança. Esses mecanismos podem ser controlados mediante a especificação de espaçamentos e comprimentos apropriados para os elementos de reforço.

Em geral, o paramento não desempenha papel relevante neste tipo de estrutura. Entretanto, a conexão entre os reforços e a face deve ser eficiente o bastante para garantir mecanismos adequados de transferência das tensões locais. Embora as conexões tenham comumente resistências menores que os reforços, as tensões próximas à face T_0 tendem a ser menores do que os valores de T_{max}. Em um sistema adequado de contenção em solo reforçado, a resistência admissível da conexão $P_{r,0}$ deve ser superior à máxima solicitação no reforço junto à face T_0, evitando-se, desta forma, um mecanismo de instabilização dos reforços nesta região (Fig. 4.21c). Adicionalmente, como em qualquer sistema de contenção incremental, as análises devem incorporar a possibilidade de mecanismos de instabilização local (Fig. 4.21d).

No caso da adoção de critérios determinísticos, a estabilidade interna deverá atender aos seguintes fatores de segurança (Elias *et al*, 2001):

Ruptura do reforço

$$T_d \geq T_{max} \cdot FS \quad \Rightarrow \quad FS \geq 1{,}50$$
(para obras permanentes e críticas)

$$\Rightarrow \quad FS \geq 1{,}15$$
(para obras temporárias e não críticas)

Arrancamento

$$P_r \geq T_{max} \cdot FS \quad \Rightarrow \quad FS \geq 1{,}50$$

Estabilidade das conexões

$$P_{r,0} \geq T_0 \cdot FS \quad \Rightarrow \quad FS \geq 1{,}50$$

Os procedimentos usuais para determinação de T_{max} são baseados em métodos de equilíbrio limite (Leschinsky & Boedeker, 1989; Jewell, 1991; Elias *et al*, 2001). Este tipo de abordagem é limitado, pois não incorpora nas análises a influência da rigidez dos reforços e os efeitos resultantes da compactação, aspectos discutidos a seguir.

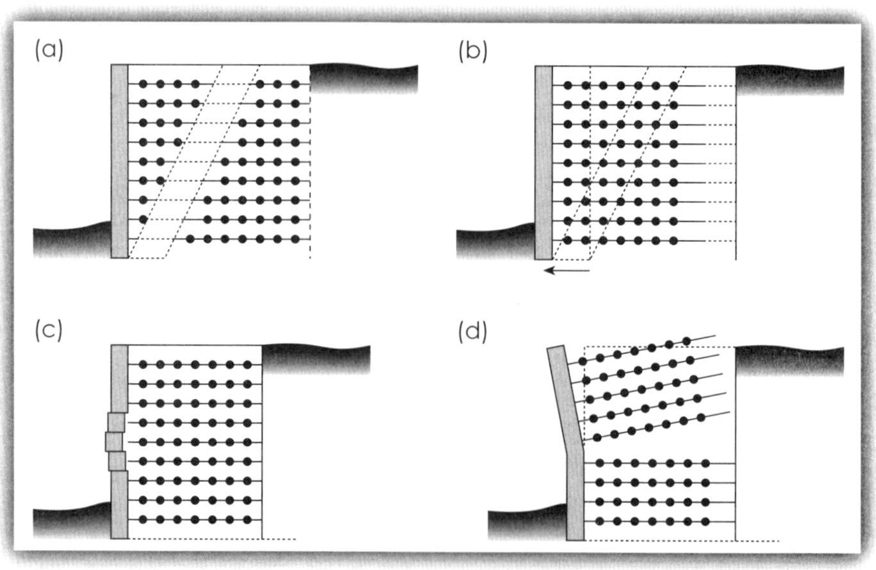

FIGURA 4-21
Mecanismos para análise de estabilidade interna:
a) ruptura dos reforços;
b) arrancamento dos reforços;
c) desprendimento da face;
d) instabilidade local.

Rigidez Relativa Solo-Reforço

A análise da estabilidade interna de uma massa de solo reforçado está diretamente associada ao processo de redistribuição global das tensões e deformações induzidas no maciço pela ação dos reforços. A Fig. 4.22 ilustra o processo de forma esquemática. Com o solo em um estado de tensões correspondente ao repouso (hipótese de deformações laterais nulas), a tensão nos elementos de reforço é nula. Com a ocorrência de deformações laterais, entretanto, as tensões horizontais no solo ($\sigma_{s,x}$) decrescem, tendendo à condição ativa de equilíbrio limite, enquanto as tensões nos reforços crescem.

A tensão ou deformação, nesta condição de equilíbrio solo-reforço, depende da razão entre os valores de rigidez do reforço e do solo, denominada Índice de Rigidez Relativa, S_i (Ehrlich & Mitchell, 1994):

$$S_i = \frac{E_r \cdot A_r}{k \cdot P_a \cdot Sv \cdot Sh} \qquad [4\text{-}34]$$

sendo:

E_r o módulo de elasticidade do reforço;
A_r a área da seção transversal do reforço;
k o parâmetro de módulo tangente inicial do solo (do modelo hiperbólico de Duncan *et al.*, 1980);
P_a a pressão atmosférica;
Sv o espaçamento vertical entre reforços;
Sh o espaçamento horizontal entre reforços.

A Tab. 4.5 apresenta os valores usuais de S_i, típicos de maciços de solo reforçado.

TABELA 4.5
Valores típicos para o índice de rigidez relativa

Tipo de reforço geossintético	S_i
Geogrelhas de poliaramida	0,500 a 3,200
Geogrelhas (PET ou PEAD)	0,030 a 0,120
Geotêxteis nãotecidos	0,003 a 0,012

No caso dos reforços rígidos, o equilíbrio é atingido sob menores deformações, sendo as tensões mobilizadas no solo e nos reforços mais elevadas. Sob condições idênticas, a tração mobilizada em um reforço com geogrelhas de poliaramida é, portanto, maior do que em reforços com geotêxteis. Em conseqüência, quanto mais rígido é o reforço, mais afastado pode ficar o solo do estado ativo de tensões.

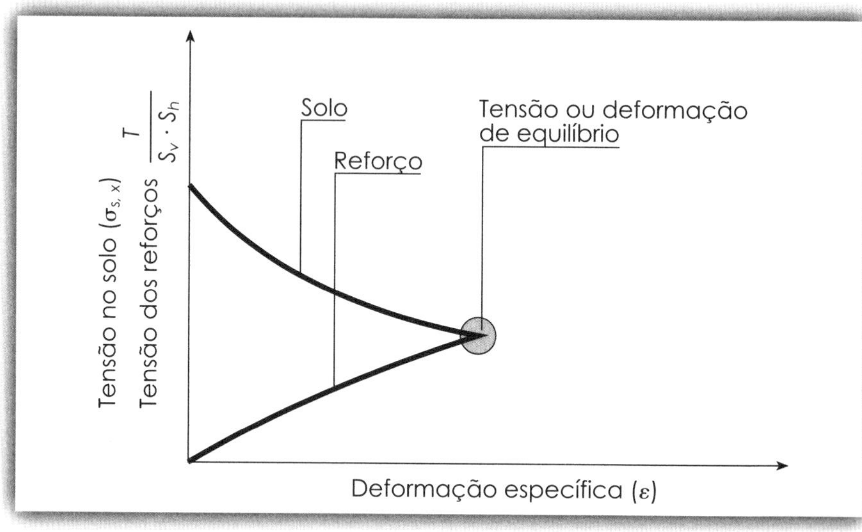

FIGURA 4-22
Mobilização de tensões em uma massa de solo reforçado.

Compactação do Solo

A compactação gera no solo reforçado um efeito similar ao sobreadensamento, sendo $\sigma'_{zc,i}$ a máxima tensão vertical efetiva induzida durante a operação do equipamento de compactação. Caso σ'_z ultrapasse $\sigma'_{zc,i}$, passa a prevalecer o peso próprio. A pressão de sobreadensamento (σ'_{zc}) é definida como a máxima tensão vertical que ocorreu no solo em sua história. Enquanto o valor de $\sigma'_{zc,i}$ for superior à tensão vertical (σ'_z) atuante na camada considerada, o efeito da compactação prevalece no solo.

$$\sigma'_z \leq \sigma'_{zc,i} \Longrightarrow \sigma'_{zc} = \sigma'_{zc,i} \quad [4\text{-}35]$$

$$\sigma'_z \leq \sigma'_{zc,i} \Longrightarrow \sigma'_{zc} = \sigma'_z \quad [4\text{-}36]$$

A Fig. 4-23 apresenta genericamente a evolução das tensões efetivas em um ponto da massa de solo compactado durante a construção das diversas camadas. O ponto (1) representa o estado de tensões após o lançamento da própria camada. A compactação induz um acréscimo na tensão vertical efetiva, elevando-a para $\sigma'_{zc,i}$, correspondendo a um aumento das tensões horizontais, representado no ponto (2). Ao final da operação de compactação, a tensão vertical retorna para um valor próximo ao inicial (σ'_z). A tensão horizontal, no entanto, permanece superior à tensão geostática inicial (linha Ko), conforme indicado pelo ponto (3). A construção das camadas seguintes induzirá acréscimos das tensões, representados em (4). O efeito da compactação desaparece somente quando a tensão vertical devido ao peso próprio das camadas superiores ultrapassar a tensão $\sigma'_{zc,i}$ induzida pela compactação.

Desconsiderando a compactação, os pontos 1, 2 e 3 estariam se superpondo, isto é, a ocorrência do "sobreadensamento" não seria considerada. Neste caso, as tensões no solo estariam situadas entre as condições de repouso e ativa.

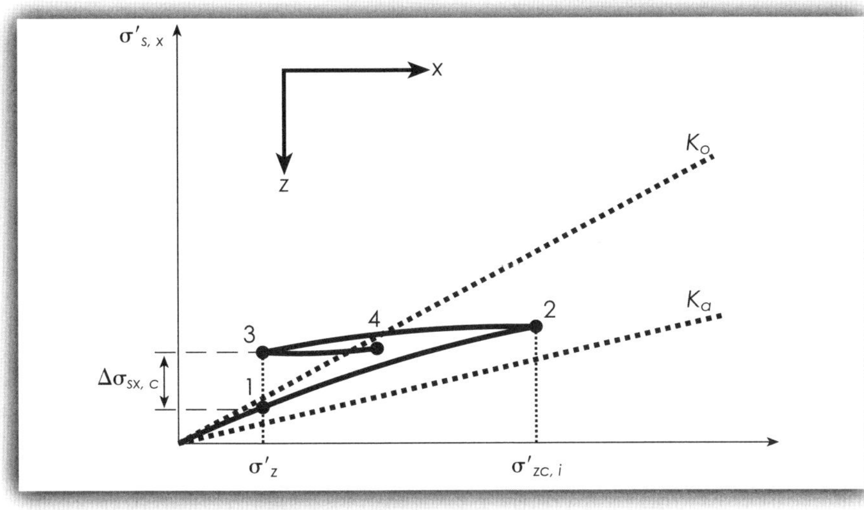

FIGURA 4-23
Tensões induzidas pela compactação.

No caso de compactação com placa vibratória, o valor de $\sigma'_{zc,i}$ pode ser estimado como a tensão média atuante no contato solo-placa:

$$\sigma'_{zc,i} = \frac{Q}{B \cdot L} \qquad [4\text{-}37]$$

onde

Q é a carga estática equivalente do compactador (massa vezes o fator de amplificação dinâmica);
B é a largura da placa; e
L é o comprimento da placa.

Para compactação com rolo vibratório, $\sigma'_{zc,i}$ pode ser estimada pela seguinte expressão (Ehrlich & Mitchell, 1994):

$$\sigma_{zc,i} = (1-\nu_0)\cdot(1+K_a)\cdot\sqrt{\frac{1}{2}\gamma'\cdot\frac{Q\cdot N\gamma}{L}} \qquad [4\text{-}38]$$

onde

K_a é o coeficiente de empuxo ativo (Rankine);
γ é o peso específico do solo compactado;
L é o comprimento do tambor do rolo,
N_γ é o coeficiente de capacidade de carga do solo e
ν_0 é o coeficiente de Poison no repouso.

Considerando o solo com comportamento elástico-linear, tem-se:

$$\nu_0 = \frac{K_0}{1+K_0} \qquad [4\text{-}39]$$

onde o coeficiente de empuxo no repouso (K_0) pode ser estimado através da correlação empírica de Jaky, com base no ângulo de atrito efetivo (ϕ') de solos normalmente adensados:

$$K_0 = 1 - \text{sen}\,\phi' \qquad [4\text{-}40]$$

A Fig. 4.24 apresenta curvas correspondentes a dois reforços com índices de rigidez relativa ($S_{i,1} > S_{i,2}$). As condições de equilíbrio são analisadas considerando ou não a compactação. Para o reforço com índice $S_{i,1}$, verifica-se que o equilíbrio se dá para ambas as condições (com e sem compactação). Já no caso do reforço $S_{i,2}$, não há equilíbrio possível para a condição que inclui o efeito da compactação, mesmo considerando grandes deformações, havendo possibilidade de ocorrer ruptura do reforço durante a construção do muro.

Observe-se que ambos os reforços apresentam resistência superior àquela correspondente ao estado ativo, condição usualmente adotada em projetos de solos reforçados com geossintéticos. Assim, não basta que os reforços tenham resistência suficiente para suportar os esforços da cunha ativa. É também necessário que as deformações para mobilização destes esforços no reforço geossintético sejam compatíveis com aquelas a serem desenvolvidas no solo.

A compactação apresenta-se como o principal fator de influência nas tensões internas para profundidades inferiores à profundidade de influência Z_c, que pode ser determinada pela relação:

$$Z_c = \frac{\sigma'_{zc,i}}{\gamma'} \qquad [4\text{-}41]$$

Para muros de solo reforçado com face vertical, Z_c pode atingir cerca de 6 m. Para taludes reforçados com inclinação inferior a 70°, o valor de Z_c pode chegar a 10 m (Dantas e Ehrlich, 2000).

4.5.5 Dimensionamento

Os critérios de dimensionamento expostos a seguir referem-se especificamente às condições de estabilidade interna de estruturas de

FIGURA 4-24
Tensões mobilizadas em maciços reforçados com diferentes valores de S_i.

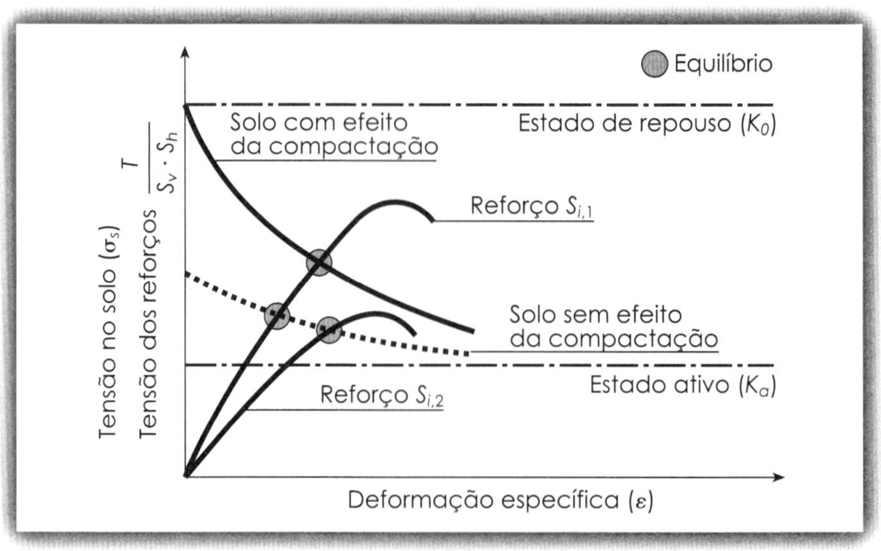

muros reforçados, uma vez que as análises de estabilidade externa, similares às aplicadas a estruturas de contenção convencionais, já foram apresentadas na seção 4.5.4. Inicialmente, será apresentado o método simplificado de Jewell (1991), que permite a determinação do comprimento dos reforços e dos espaçamentos verticais, a partir do conhecimento dos parâmetros geométricos do maciço, das características geotécnicas do solo e das características mecânicas dos reforços. Jewell (1991) propõe ábacos para o dimensionamento de taludes íngremes em solos não coesivos, através de superfícies de deslizamento em forma de espiral logarítmica.

Posteriormente, será apresentado o método de Ehrlich e Mitchell (1994), que permite a análise de estruturas de solo reforçado sob condições de trabalho, considerando os efeitos acoplados da rigidez dos reforços e da compactação. O cálculo pode ser efetuado utilizando expressões analíticas ou através de ábacos adimensionais, tendo sido generalizado, também, para utilização em taludes reforçados (Dantas & Ehrlich, 2000).

4.5.5.1 Método de Jewell (1991)

O caso típico analisado por Jewell está esquematizado na Fig. 4.25. Admite-se que o solo de fundação apresente uma resistência igual ou superior ao material de aterro. A método permite a consideração de eventuais poropressões no aterro, através do parâmetro de poropressão (r_u), definido por:

$$r_u = \frac{u}{\gamma \cdot z} \qquad [4\text{-}42]$$

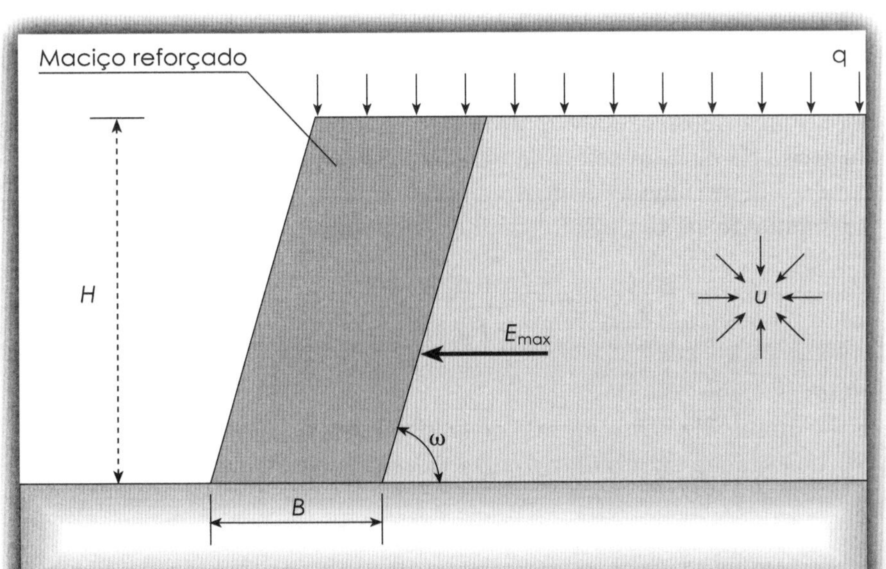

FIGURA -25
Características do problema analisado por Jewell (1991).

onde:

r_u é o parâmetro de poropressão;

γ é o peso específico do solo; e

z é a profundidade do elemento de solo considerado.

Em geral, utiliza-se um valor constante de r_u ao longo de toda a altura do maciço.

Uma sobrecarga uniformemente distribuída no terrapleno pode ser considerada no dimensionamento através da altura de terra equivalente, ou seja:

$$H_{\text{eq}} = H + h_0 \qquad [4\text{-}43]$$

onde:

H_{eq} a altura equivalente do terrapleno levando em conta a sobrecarga na superfície;

H a altura real do terrapleno; e

h_0 a espessura de solo equivalente à sobrecarga aplicada na superfície do terrapleno, calculada pela expressão:

$$h_0 = \frac{q}{\gamma} \qquad [4\text{-}44]$$

com:

q a sobrecarga uniformemente distribuída na superfície do terrapleno; e

γ o peso específico do material de aterro.

Para a determinação do coeficiente de empuxo horizontal k_{req} e do comprimento do reforço L_r, faz-se necessário o conhecimento dos parâmetros geométricos do muro (H e ω) e do ângulo de atrito interno ϕ' do solo. Tendo em vista a extensibilidade dos geossintéticos e a diferença de níveis de deformação necessários para romper o solo e o reforço, é recomendável que o ângulo de atrito do solo para dimensionamento seja inferior ao ângulo de atrito obtido para as condições de resistência de pico. Jewell (1996) recomenda que o valor do ângulo de atrito de pico do solo seja minorado por um fator de redução que resulte em um ângulo de atrito de dimensionamento próximo ao valor do ângulo de atrito do solo a volume constante (ϕ'_{cv}). Assim:

$$\phi' = \tan^{-1}\left(\frac{\tan \phi'_p}{f_\phi}\right) \cong \phi'_{cv} \qquad [4\text{-}45]$$

onde:

ϕ' o ângulo de atrito efetivo do solo para dimensionamento;

ϕ'_p o ângulo de atrito efetivo do solo obtido em condições de pico de resistência;

f_ϕ o fator de redução no valor do ângulo de atrito do solo; e

ϕ'_{cv} o ângulo de atrito do solo em condições de volume constante.

Os ábacos para a determinação do coeficiente de empuxo horizontal k_{req} estão apresentados na Fig. 4.26, para valores de r_u iguais a 0,0 e 0,5, respectivamente. Nesta Fig. estão apresentados também os gráficos para determinação dos comprimentos dos reforços L_r. O comprimento do reforço é determinado de modo a atender a estabilidade interna e a segurança contra o deslizamento ao longo da base, devendo-se adotar o maior valor entre eles.

Os ábacos de Jewell (1991) para a determinação de L_r foram construídos admitindo-se um coeficiente de interação solo/reforço f_b igual a 0,8. Para valores distintos de f_b, o valor de L_r obtido pelo ábaco deve ser multiplicado por $0{,}8/f_b$.

O espaçamento entre camadas horizontais de reforços é adotado como constante e é calculado por:

$$S_v = \frac{T_d}{k_d \cdot \gamma \cdot H_{eq}} \quad [4\text{-}46]$$

A resistência por ancoragem limita a carga que o reforço é capaz de desenvolver de forma a manter o equilíbrio da estrutura. Para compensar a perda de força capaz de ser mobilizada no reforço, utiliza-se o coeficiente de empuxo de dimensionamento k_d, dado por:

$$k_d = \frac{k_{\text{Re}q}}{1 - \dfrac{L_B}{L_R}} \quad [4\text{-}47]$$

com:

$$L_B = \left(\frac{T_d}{2 \cdot \gamma \cdot H}\right)\left(\frac{1}{1 - r_u}\right)\left(\frac{1}{f_b \cdot \tan\phi'}\right) \quad [4\text{-}48]$$

onde:

k_d o coeficiente de empuxo usado no dimensionamento;
L_B o comprimento de ancoragem requerido para o reforço na base da estrutura;
L_R o comprimento do reforço de modo a atender às condições de estabilidade interna e segurança contra o deslizamento;
T_d a resistência de projeto à tração do reforço; e
f_b o coeficiente de interação entre solo e reforço.

4.5.5.2 Método de Ehrlich e Mitchell (1994)

O método de dimensionamento exposto a seguir permite a análise de estruturas de solo reforçado sob condições de trabalho, considerando os efeitos da compactação e da rigidez dos reforços. Os cálculos podem ser efetuados de forma analítica ou através de ábacos adimensionais.

FIGURA 4-26
Ábacos para dimensionamento de taludes íngremes (JEWELL, 1996).

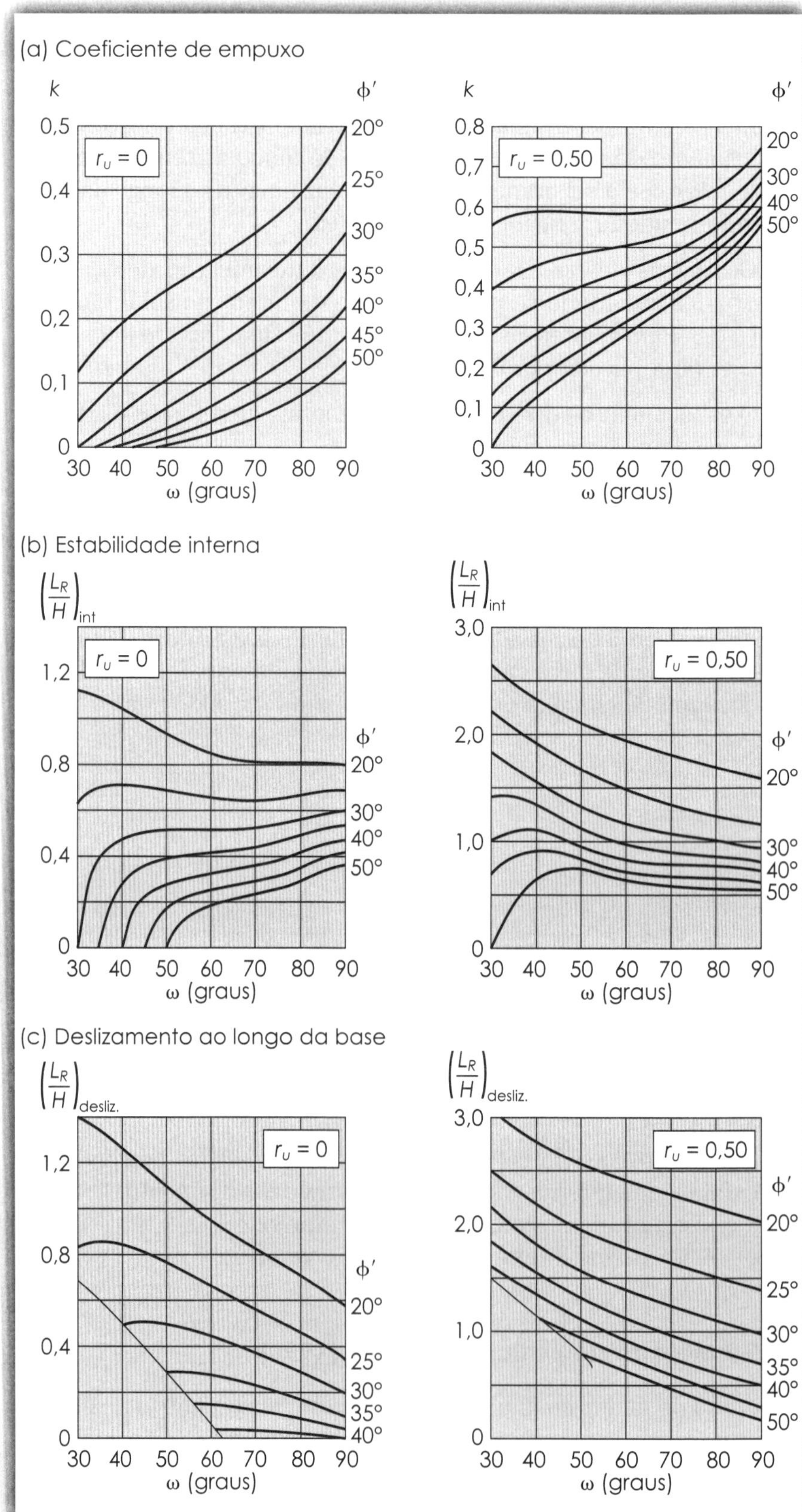

Determinação das tensões máximas nos reforços

As tensões máximas induzidas nos reforços são determinadas com base nos ábacos da Fig. 4.27, considerando para cada camada a tensão vertical atuante σ'_z, a tensão vertical máxima após a compactação (σ'_{zc}) e o valor do parâmetro β, que reflete a deformabilidade do reforço:

$$\beta = \frac{\left(\frac{\sigma'_{zc}}{P_a}\right)^n}{S_i} \qquad [4\text{-}49]$$

sendo

n O módulo expoente da curva tensão-deformação do solo (modelo hiperbólico, Duncan *et al.*, 1980) e

S_i o índice de rigidez relativa solo-reforço.

P_a a pressão atmosférica.

Como S_i é função da área da seção transversal dos reforços, a determinação de $T_{\max}$ no geossintético dá-se segundo um processo iterativo, sendo usualmente necessárias três iterações. No caso de geossintéticos, sob condições típicas de solos de aterro e espaçamento de reforços, tem-se $8 < \beta < 300$. Reforços mais rígidos correspondem aos menores valores de β.

Na condição de não compactação do aterro, ou para profundidades nas quais $\sigma'_{zc,i}$ é inferior à tensão geostática, tem-se que $\sigma'_z = \sigma'_{zc}$.

A tensão vertical ao final da construção σ'_z pode ser determinada considerando a excentricidade da resultante das tensões na base (Meyerhof, 1955). O cálculo é efetuado com base no equilíbrio da massa acima do reforço em questão, considerando o peso próprio e o empuxo ativo exercido pelo aterro no muro:

$$\sigma'_z = \frac{\gamma' \cdot z}{1 - \left(\frac{K_a}{3}\right) \cdot \left(\frac{z}{L_r}\right)^2} \qquad [4\text{-}50]$$

sendo:

L_r o comprimento dos reforços e

K_a o coeficiente de empuxo ativo de Rankine.

Com base nos ábacos da Fig. 4.27, obtém-se o valor de χ, definido por:

$$\chi = \frac{T}{Sv \cdot Sh \cdot \sigma'_{zc}} \qquad [4\text{-}51]$$

Com o valor de χ, pode-se então calcular o valor de T. A Tabela 4-6 apresenta valores conservativos para os principais parâmetros de solo, os quais podem ser utilizados como referência para dimensionamentos preliminares.

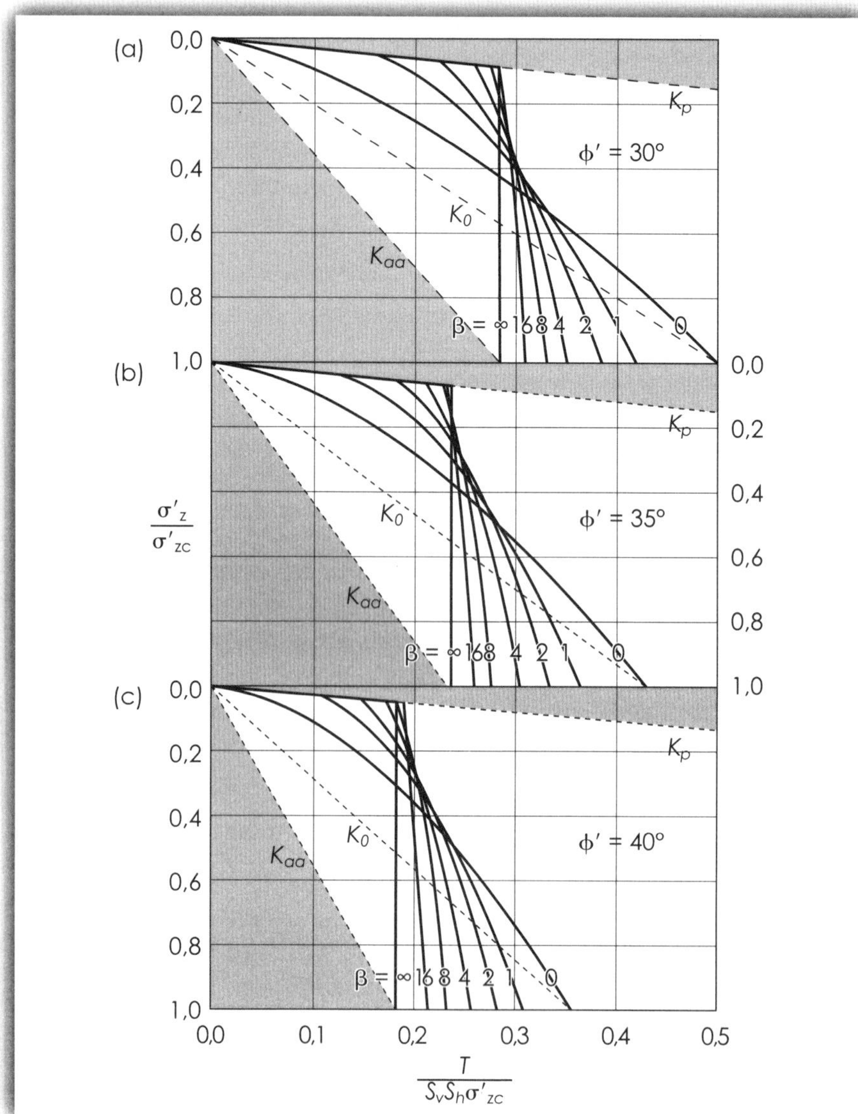

FIGURA 4-27
Ábacos para determinação de "χ" para o cálculo de T_{max} (Ehrlich & Mitchell, 1994).

No caso de solos coesivos, a Fig. 4-28 apresenta ábacos que permitem a consideração da coesão no cálculo de T_{max}. Pode-se verificar que a coesão reduz significativamente a tensão atuante nos reforços.

Posição da tensão máxima nos reforços

A tensão máxima nos elementos de reforço situa-se no ponto de interseção com a superfície potencial de ruptura (separação entre as zonas ativa e resistente). Na Fig. 4.29, apresentam-se as hipóteses usuais para definição desta superfície (Christopher *et al.*, 1990). Para reforços mais deformáveis (geotêxteis e geogrelhas de PET ou PEAD), faz-se a posição de T_{max} coincidir com a superfície crítica prevista por

TABELA 4-6
Parâmetros típicos de solos (Duncan *et al.*, 1980)

Classificação do solo	GC (AASHTO) (%)	γ (kN/m³)	ϕ (°)	c (kPa)	k*	n
Areias e cascalhos	105	24	42	0	600	0,40
	100	23	39	0	450	0,40
	95	22	36	0	300	0,40
	90	21	33	0	200	0,40
Areia siltosa	100	21	36	0	600	0,25
	95	20	34	0	450	0,25
	90	19	32	0	300	0,25
	85	18	30	0	150	0,25
Areia argilosa	100	21	33	24	400	0,60
	95	20	33	19	200	0,60
	90	19	33	14	150	0,60
	85	18	33	10	100	0,60
Argila arenosa	100	21	30	19	150	0,45
	95	20	30	14	120	0,45
	90	19	30	10	90	0,45
	85	18	30	5	60	0,45

(*) "k" é o parâmetro do módulo tangente inicial da curva tensão-deformação no modelo hiperbólico.

Rankine (Fig. 4.29a). No caso de reforços pouco extensíveis (grelhas de poliaramida ou geobarras, por exemplo), as restrições às deformações laterais do maciço reforçado fazem com que a superfície crítica apresente-se mais verticalizada. Nestes casos, a posição de T_{max} está indicada na Fig. 4.29b.

A Fig. 4.30 apresenta um procedimento alternativo para a definição do ponto de atuação da tensão máxima no reforço em taludes íngremes, com base em análises numéricas. Resultados similares foram obtidos em estudos com centrífuga por Zornberg *et al.* (1999).

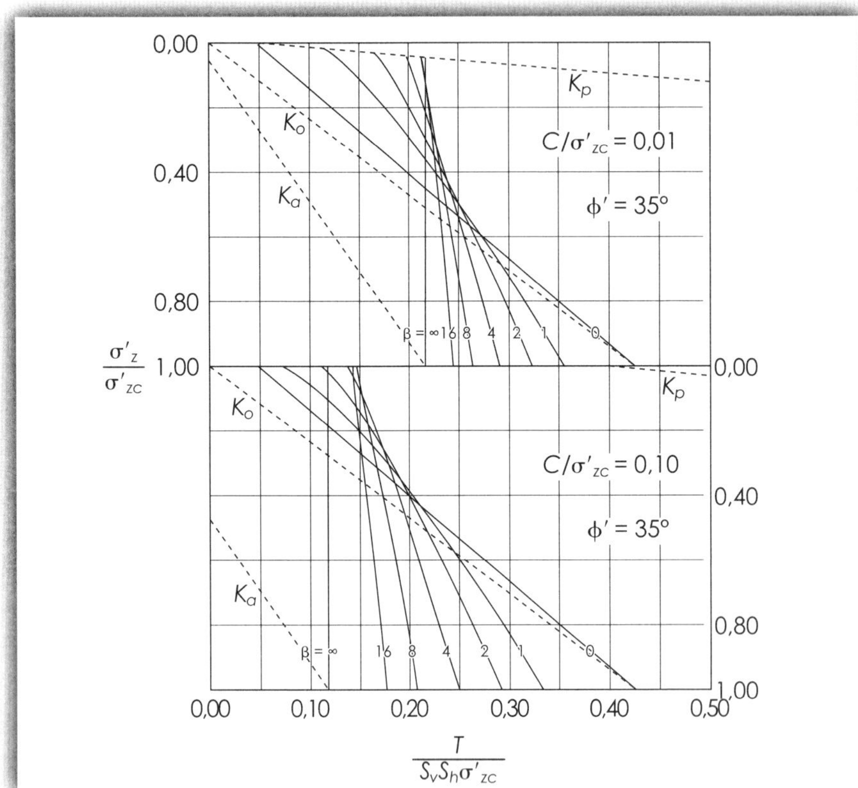

FIGURA 4-28
Ábacos para determinação de T_{max} em maciços reforçados com solos coesivos (Dantas & Ehrlich, 1999).

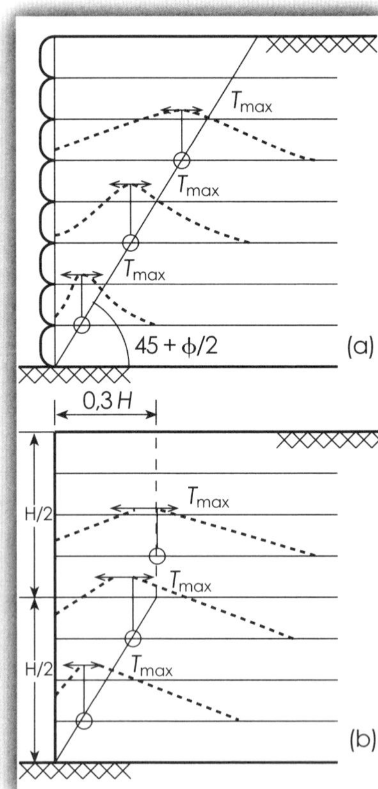

FIGURA 4-29
Ponto de atuação de T_{max} para muros de solo reforçado (Christopher *et al.*, 1990); a) reforço extensível; b) reforço rígido.

Na Fig. 4.30, tem-se que:

$$\text{para } 45° \leq \omega \leq 65° \quad \Rightarrow \quad x = \frac{\frac{3}{4}H}{\tan\omega} \quad \therefore \quad h = \frac{x}{3} \qquad [4\text{-}52]$$

$$\text{para } 65° \leq \omega \leq 90° \quad \Rightarrow \quad x = \frac{0,8 \cdot H}{\tan\omega} \quad \therefore \quad h = \frac{x}{2} \qquad [4\text{-}53]$$

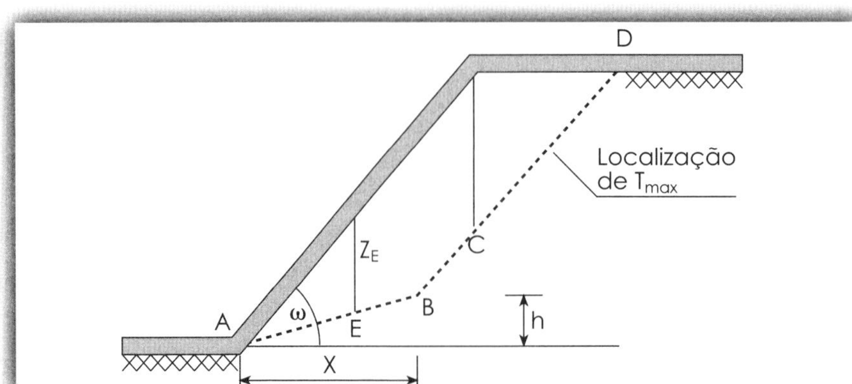

FIGURA 4-30
Ponto de atuação de T_{max} para reforço de taludes íngremes (Dantas & Ehrlich, 2000a).

4.5.5.3 Análise para verificação de arrancamento

A expressão geral para análise da resistência ao arrancamento por unidade de comprimento transversal do reforço (P_r) foi proposta por Christopher *et al.*, 1990:

$$P_r = 2F^* \cdot \alpha \cdot \sigma'_v \cdot L_e \geq FS \cdot T_{max} \quad [4\text{-}54]$$

onde:

L_e o comprimento de reforço na zona resistente além da superfície potencial de ruptura;
F^* o fator de resistência ao arrancamento;
α o fator de correção do efeito de escala; e
σ'_v o tensão efetiva vertical na interface solo/reforço.

O fator F^* pode ser determinado com maior precisão através de ensaios de arrancamento com o solo de aterro a ser utilizado. Alternativamente pode-se utilizar a expressão a seguir, considerando que o fator F^* é uma combinação de resistências mobilizadas pelo atrito e componentes passivas na interface entre o geossintético e o solo:

$$F^* = F_q \cdot \alpha_\beta + \mu^* \cdot \alpha_f \quad [4\text{-}55]$$

onde:

F_q o fator de capacidade de carga para o embutimento (ou carregamento);
α_β o fator geométrico estrutural para resistência passiva;
μ^* o coeficiente de atrito aparente da interface solo/reforço; e
α_f o fator geométrico estrutural para resistência friccional.

Devido à deformabilidade do reforço, a aplicação da força de arrancamento resulta em uma distribuição decrescente do deslocamento ao longo do comprimento. Com deformações variáveis, tem-se uma mobilização desigual das tensões tangenciais na interface e, portanto, mobilização desigual da resistência ao arrancamento ao longo do reforço.

O fator de escala α representa esta não uniformidade. Os parâmetros de dimensionamento da capacidade de ancoragem de maciços de solo reforçado estão sistematizados na Tab. 4.7.

O valor de F^* pode ser determinado, de forma simplificada pela relação:

$$F^* = f_a \cdot \tan\phi \quad [4\text{-}56]$$

onde:

ϕ o ângulo de atrito do solo e
f_a o coeficiente de aderência.

Recomenda-se adotar, de forma conservativa, valores de f_a entre 0,7 e 0,8 para geotêxteis e entre 0,8 e 1,0 para geogrelhas.

TABELA 4.7 Parâmetros para análise do arrancamento

Tipo de geossintético	Componente friccional		Componente passivo		Fator de escala (α)*
	μ*	α_f	F_q	α_β	
Geogrelhas	tan ρ	α_S	~20	$\frac{f_b \cdot t}{2 \cdot S_x}$	0,7 a 1,0
Geotêxteis	tan ρ	1	—	—	0,6 a 0,8

onde:

- ρ o ângulo de atrito mobilizado na interface solo/reforço;
- α_s a fração da superfície sólida da grelha;
- f_b a fração do elemento transversal no qual a resistência passiva é totalmente desenvolvida;
- t a espessura do elemento transversal; e
- S_x o espaçamento longitudinal entre os elementos transversais.

Nota: *adotar α = 0,6 no caso de ausência de ensaios;

4.5.5.4 Eficiência da conexão entre o reforço e o paramento

Devido à mobilização das tensões tangenciais no interior da zona ativa, a força transmitida pelo reforço ao paramento é menor do que T_{max}, possibilitando que o mesmo seja mais esbelto, uma das razões da competitividade econômica dos sistemas de solo reforçado. A redução da força transmitida ao paramento depende da rigidez relativa entre o reforço e o solo, das tensões induzidas pela compactação e da rigidez relativa entre a próprio paramento e o solo.

Em geral, reforços menos extensíveis transmitem maior parcela de T_{max} à face do que os deformáveis. Da mesma forma, paramentos mais rígidos tendem a atrair maiores tensões para a face do que os flexíveis. Entre todos esses fatores, a influência da compactação é o mais marcante, razão pela qual existe uma orientação geral para se evitar a passagem de equipamentos de compactação enérgicos nas proximidades do paramento.

A expressão geral para análise da resistência ao arrancamento por unidade de comprimento transversal do reforço ($P_{r,0}$) é determinada de acordo com o tipo de conexão. Nos aterros envelopados, a ancoragem de extremidade pode ser calculada admitindo que T_0 é igual a 50% de T_{max}:

$$P_{r,0} = 2F^* \cdot \alpha \cdot \sigma'_v \cdot L_0 \geq FS \cdot T_0 \qquad [4\text{-}57]$$

onde:

- L_0 o comprimento de ancoragem do envelope;
- F^* o fator de resistência ao arrancamento;
- α o fator de correção do efeito de escala;
- σ'_v a tensão efetiva vertical na interface solo/reforço junto à face; e
- T_0 a tensão de tração no reforço, junto à face do muro ou talude reforçado.

Nos sistemas com face rígida ou com blocos intertravados, a conexão entre a face e o reforço depende do tipo e da eficiência do acoplamento (CR), parâmetro que expressa a parcela da resistência admissível do reforço que pode ser suportada na ligação entre o mesmo e a face ($P_{r,0}$). O parâmetro CR só pode ser determinado através de ensaios em escala natural. Devido às dificuldades para realização destes ensaios, os valores de CR devem ser fornecidos pelo fabricante do bloco. Assim, para ligações com blocos ou com painéis, temos:

$$P_{r,0} = CR \cdot T_d \geq FS \cdot T_0 \qquad [4\text{-}58]$$

Em muros com paramentos de blocos intertravados, painéis ou paredes monolíticas, o valor de T_0 é de difícil determinação. Assim, para a garantia de menores deformações no paramento, recomenda-se a adoção de valores conservadores de T_0 (entre 80% e 100% de T_{max}).

4.5.6 Aspectos construtivos de taludes e muros de solo reforçado

4.5.6.1 Tipo de reforço

Conforme exposto previamente, existem vários tipos de geossintéticos disponíveis para a aplicação como reforços em sistemas de contenção, com particular ênfase na utilização de geogrelhas e dos geotêxteis. A escolha de um determinado tipo de reforço em um projeto de sistema de contenção em solo reforçado passa pela análise do desempenho econômico, uma vez que qualquer produto pode ser utilizado, desde que as propriedades mecânicas e reológicas sejam conhecidas. Entretanto, existem algumas condições estruturais ou características do meio que favorecem determinados tipos de geossintéticos e, por isso, devem ser observados na escolha do tipo de produto ou no tipo de polímero-base a ser adotado (sendo os mais utilizados o poliéster, o polipropileno e o polietileno de alta densidade).

Altura do muro

Quanto maior for a altura do muro, maiores serão as tensões exigidas nos reforços. De um modo geral, as geogrelhas são mais favoráveis para muros com altura superior a 4 metros, enquanto que os geotêxteis costumam apresentar vantagens econômicas para muros menores.

Restrição às deformações

Em muros onde as tolerâncias dimensionais são condicionantes importantes ou as deformações após a construção são indesejáveis, as geogrelhas são mais indicadas, seguidas dos geotêxteis reforçados. As deformações por fluência são mais difíceis de prever nos reforços constituídos de poliolefinas (polietileno de alta densidade e polipropileno) e são restrições severas a produtos com tais polímeros, quando as deformações pós-construção (de longo prazo) são condicionantes críticos. Nesses casos, o emprego de reforços com poliéster ou poliaramidas costumam apresentar vantagens econômicas.

Severidade do meio

A agressividade química dos solos ou do meio onde deverá ser implantado o sistema de contenção é outro fator importante na escolha do produto. Em ambientes quimicamente adversos, as geogrelhas são menos sensíveis do que os geotêxteis. Isto se deve à maior espessura dos seus elementos, o que reduz a superfície de exposição, ou ao revestimento de proteção que alguns produtos possuem. Certos ambientes fortemente alcalinos, por exemplo, são restrições severas à utilização de geossintéticos à base de poliéster, em decorrência da degradação por hidrólise desses polímeros.

Além da agressividade química, há que se considerar a severidade do meio aos danos mecânicos de instalação. Solos grosseiros, com grãos angulosos, danificam de forma mais intensa geotêxteis tecidos do que os não tecidos. Já as geogrelhas rígidas apresentam danos menores do que as flexíveis. Essas sensibilidades devem ser consideradas na determinação das resistências admissíveis dos reforços ou na prescrição do tipo de solo do sistema de contenção para cada situação específica de projeto.

Figura 4-31
Seção transversal típica de muro auto-envelopado com ancoragem superior.

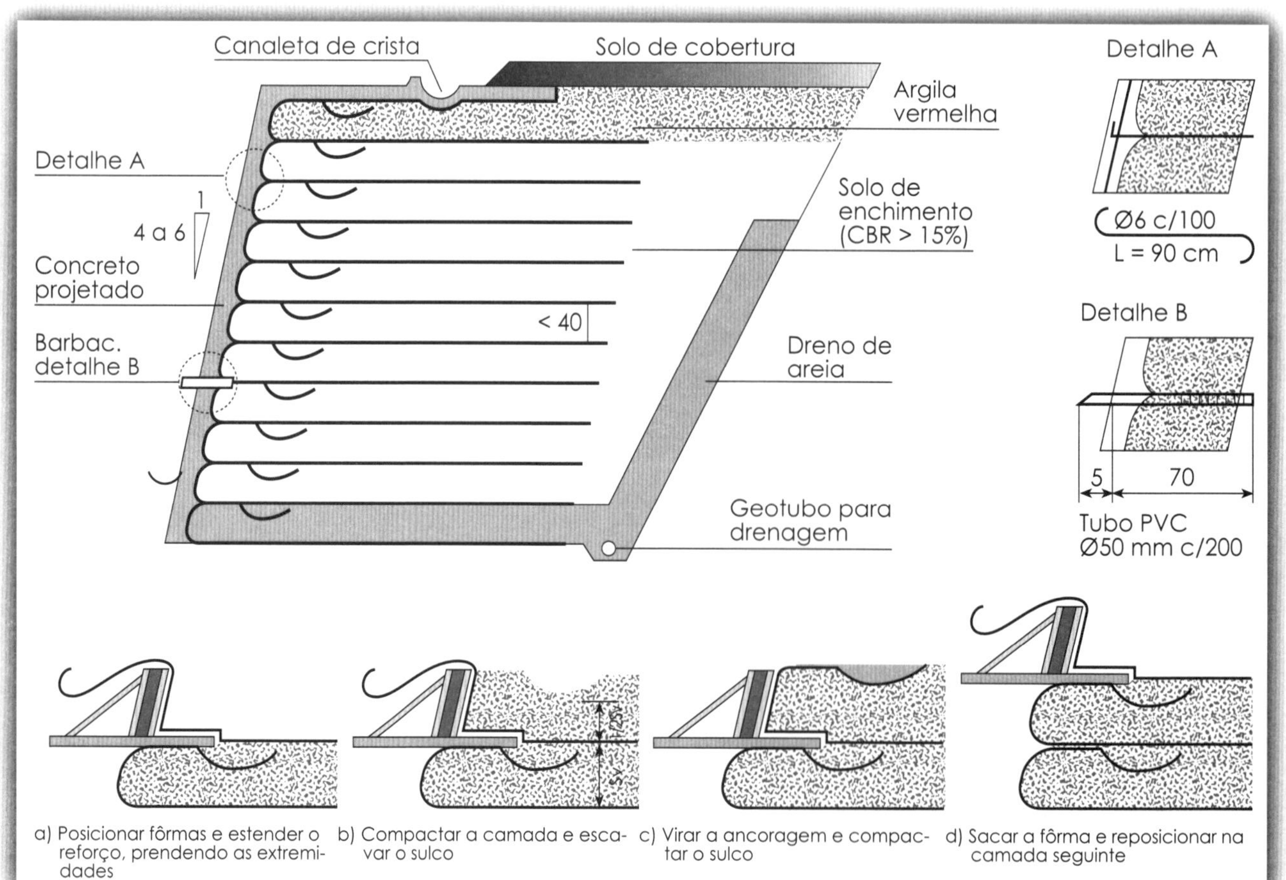

4.5.6.2 Natureza do paramento e forma construtiva

Sistemas auto-envelopados

A técnica consiste na conformação de sistemas onde o próprio geossintético confina lateralmente o solo entre duas camadas de reforço através da sua dobra e ancoragem no interior do muro. Na maioria dos casos, o muro ou o talude íngreme é erigido com o auxílio de fôrmas laterais leves e o paramento é construído posteriormente.

Os sistemas auto-envelopados podem ser construídos com a ancoragem superior (Fig. 4.31) ou inferior (Fig. 4.32). Tipicamente essas ancoragens possuem um comprimento mínimo de 1 metro, embora possam ser maiores se o dimensionamento assim o exigir. O paramento

Figura 4-32
Seção transversal típica de muro auto-envelopado com ancoragem inferior.

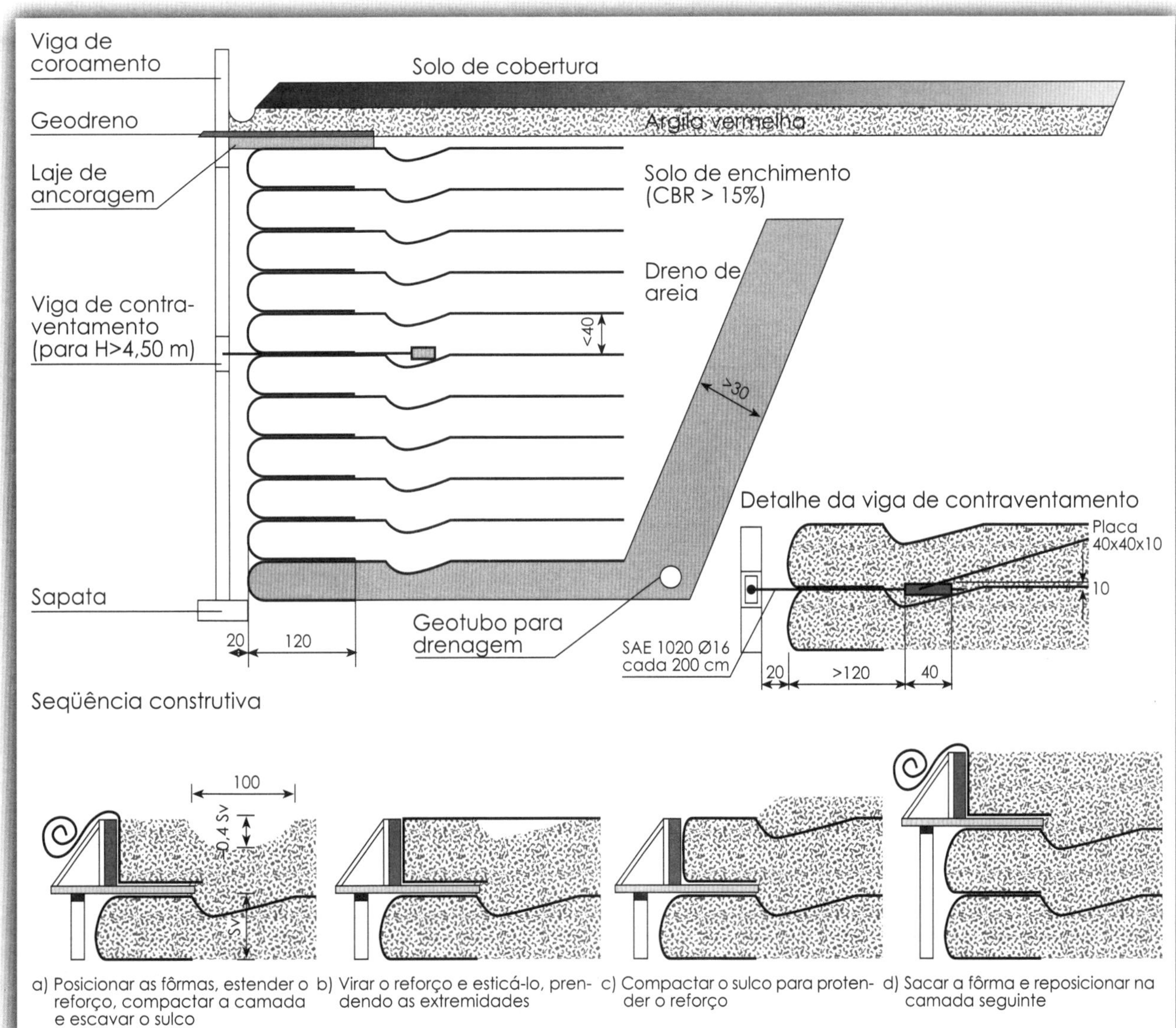

definitivo pode ser construído com diversas técnicas, desde paredes de alvenaria até concreto projetado. As técnicas de melhor sucesso são aquelas nas quais a parede é construída ligeiramente afastada da estrutura de solo reforçado, o que diminui os efeitos das deformações pós-construção sobre a estética do muro.

Outras técnicas de auto-envelopamento atraentes são as que utilizam uma fôrma perdida, constituída de uma tela eletrossoldada e tensores metálicos, indicados para o uso de geogrelhas. O faceamento definitivo pode ser com concreto projetado (Fig. 4.33), para muros, ou com revestimento vegetal, para taludes.

Sistemas com blocos segmentais

Os sistemas com blocos segmentais consistem na utilização de elementos pré-fabricados de concreto que são utilizados como fôrma lateral para a compactação das camadas e o próprio paramento definitivo. Em geral, são compostos por blocos leves que podem ser montados

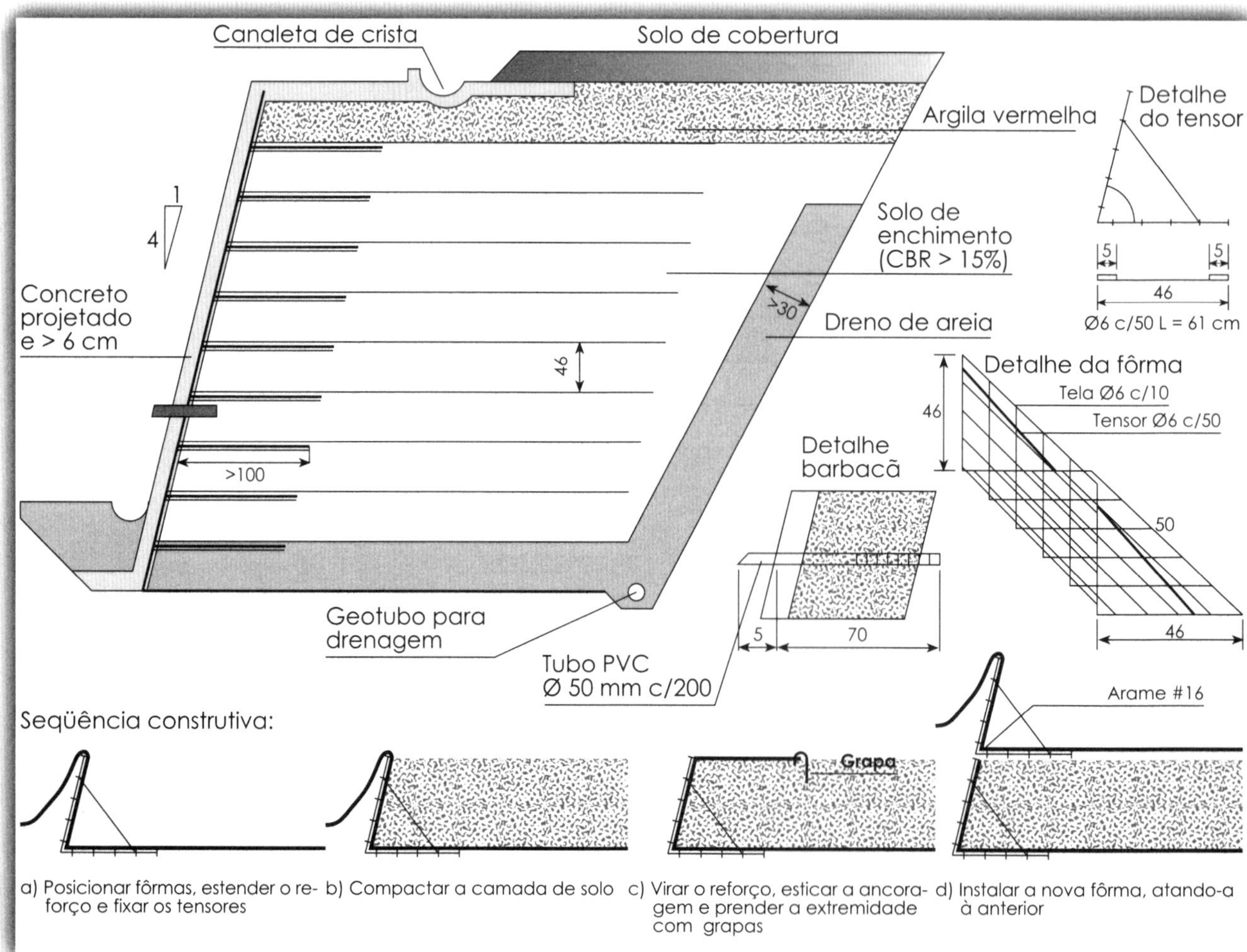

Figura 4-33
Seção transversal típica de muro com sistema auto-envelopado com fôrmas perdidas.

manualmente por um trabalhador. Os blocos possuem dispositivos de encaixe entre si, de tal forma que o alinhamento do muro ou talude é facilitado durante a construção, ao mesmo tempo em que proporcionam uma ancoragem eficiente dos reforços (também denominados de "blocos intertravados").

Existem muitos sistemas construtivos desse tipo patenteados, alguns deles adaptados para um determinado tipo de reforço, na maioria dos casos, geogrelhas. Um exemplo de sistema com blocos segmentais é apresentado na Fig. 4.34.

Sistemas híbridos

Alguns sistemas com blocos segmentais são associados às técnicas de auto-envelopamento, constituindo um método híbrido, o qual é mais empregado para reforços com geotêxteis. São técnicas em que o para-

Figura 4-34
Seção transversal típica de muro com sistema de blocos segmentais.

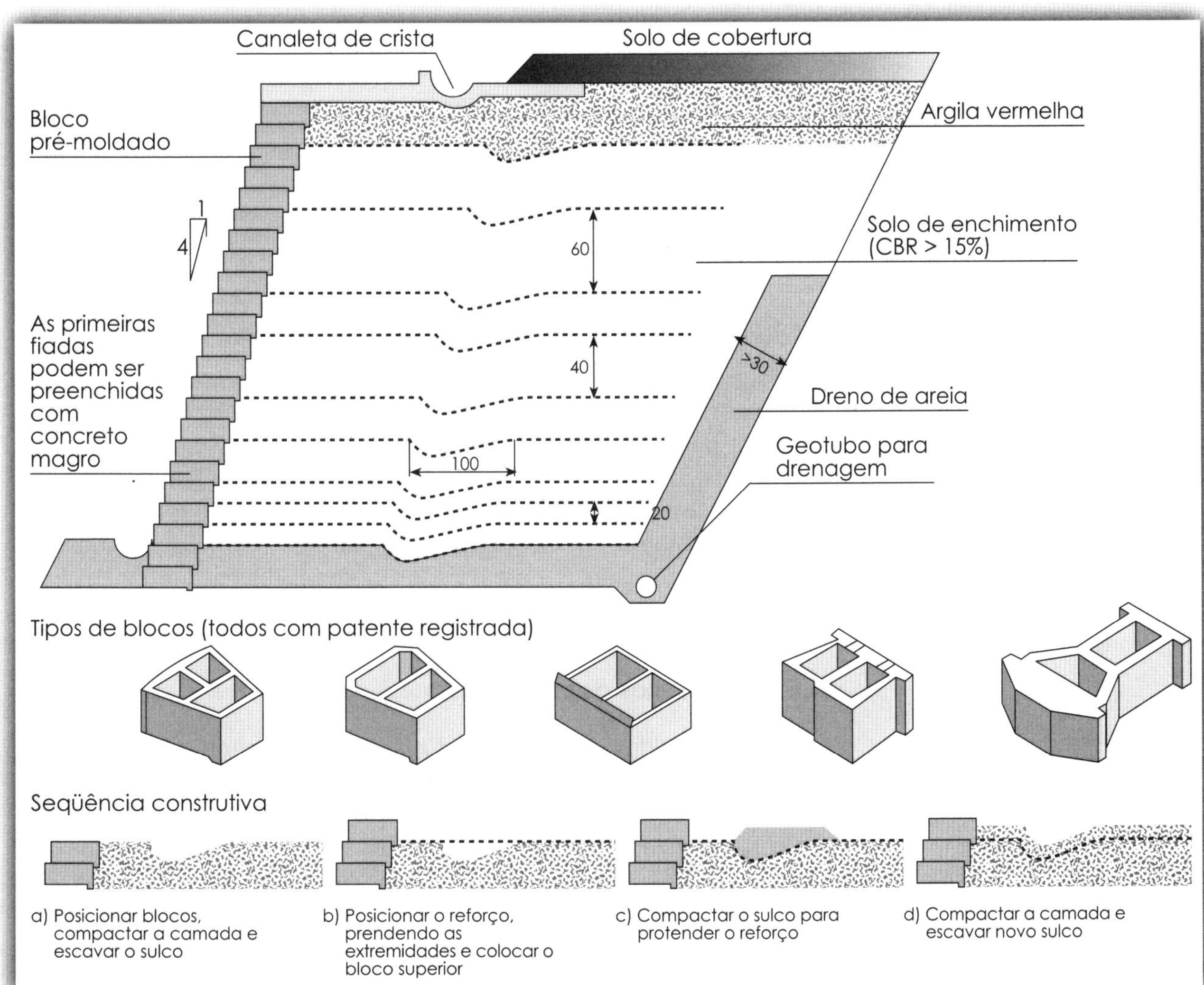

mento definitivo é também utilizado como fôrma, mas o reforço não é conectado ao mesmo. Isto implica em dificuldades na manutenção do alinhamento vertical e horizontal da face.

Geralmente, os blocos são ancorados no maciço através de reforços secundários. Entre esses sistemas, enquadram-se aqueles que utilizam peças de concreto pré-moldado em "L" como paramento, que podem apresentar dificuldades construtivas pelo peso excessivo dos elementos e pela menor flexibilidade.

Sistemas com painéis modulares e painéis integrais

O processo construtivo de solo reforçado com painéis modulares foi difundido com o emprego da Terra Armada. Neste caso, a face também atua como fôrma, porém possui uma conexão mais complexa dos painéis com os reforços e entre os próprios painéis. Embora relativamente esbeltos, os painéis modulares exigem mecanização para o seu manuseio. As paredes integrais, por outro lado, são estruturas altas em que cada elemento de face possui a altura total do muro. São sistemas dedicados a muros cuja estética da face deve ser especial, uma vez que o manejo das peças enseja grande dificuldade.

Tanto os painéis modulares como as paredes integrais são paramentos mais indicados a reforços pouco extensíveis, como geobarras ou fitas com polímeros de alta tenacidade, uma vez que não aceitam deformações construtivas significativas.

Comparação entre os sistemas construtivos

Em linhas gerais, uma comparação entre as características dos sistemas construtivos é sintetizada na Tab. 4.8. O projetista ou empreendedor poderá escolher a técnica que melhor se adequar às funções mecânica e arquitetônica da estrutura de contenção. Contudo, é aconselhável que construtores sem experiência em obras de solo reforçado, em suas primeiras obras, opte por sistemas de blocos segmentais. Da mesma forma, os muros com paredes integrais devem ser construídos por empresas com vivência no manejo de reforços.

4.5.6.3. Arranjos dos reforços

Os reforços podem ser organizados com espaçamentos verticais uniformes ou variáveis. Nos sistemas auto-envelopados, os espaçamentos uniformes são recomendáveis por questões executivas, especialmente no controle das deformações construtivas. Nos sistemas com blocos segmentais, o espaçamento variável entre camadas permite uma melhor racionalização do sistema, porém o máximo espaçamento entre reforços depende evidentemente da capacidade dos blocos em absorver as pressões geradas pela compactação.

TABELA 4.8 Comparação entre as técnicas construtivas de muros de solo reforçado com geossintéticos					
Sistema construtivo	**Reforço mais aplicável**	**Estética**	**Tolerância a deformações**	**Controle dimensional**	**Custos**
Auto-envelopado	Geotêxteis	Deficiente	Tolerante	Ruim	Naixo
Auto-env. com fôrmas perdidas	Geogrelhas	Deficiente	Tolerante	Regular	Naixo
Blocos segmentais	Geogrelhas	Boa	Regular	Bom	Regular
Híbridos	Geotêxteis	Regular	Regular	Regular	Regular
Painéis modulares	Geogrelhas ou geobarras	Boa	Pouco tolerante	Muito bom	Elevado
Paredes integrais	Geogrelhas ou geobarras	Boa	Pouco tolerante	Muito bom	Elevado

Os problemas com espaçamentos elevados podem ser dirimidos com a utilização de reforços secundários curtos, para qualquer sistema construtivo. De modo geral é recomendável limitar o espaçamento vertical Sv em 0,80 m. Para sistemas com blocos segmentais, é recomendável que o espaçamento não seja superior a duas vezes a profundidade dos blocos.

4.5.6.4 Sistemas de drenagem

A região reforçada deve, dentro do possível, estar livre da presença de águas freáticas. Por esta razão, os cuidados com a drenagem são vitais em sistemas de contenção de solo reforçado. A inserção de um colchão drenante na base e entre a região reforçada e o maciço a ser contido deve constituir um procedimento normal de projeto.

4.5.6.5 Solos empregados nos reaterros

Os solos mais empregados para estruturas de solo reforçado são os predominantemente granulares. A maioria das prescrições internacionais especifica o emprego de solos não plásticos ($IP < 4\%$). Entretanto, tratando-se de países com solos tropicais, o emprego de solos lateríticos é particularmente vantajoso porque possuem coesão significativa, sem que haja uma tendência à plastificação exagerada ou fluência do maciço. Assim, para a realidade brasileira, recomenda-se que o índice de plasticidade seja menor do que 15%. Para efeitos de controle da resistência e também da degradabilidade do material, recomenda-se que o índice de suporte *CBR* seja superior a 15% e a expansão por saturação na umidade ótima seja inferior a 2%. Materiais de natureza específica, como resíduos de mineração, têm sido empregados com sucesso em obras de grande porte, recentemente executadas no país (Gomes e Martins, 2003).

A compactação dos muros de solo reforçado deve ser gerenciada levando-se em conta o tipo de solo (severidade do meio), o tipo de reforço (capacidade de sobrevivência) e a resistência que se almeja na zona reforçada. É conveniente, dentro das possibilidades, mecanizar-se o trabalho de espalhamento e compactação. Devido à sensibilidade da face, recomenda-se enfaticamente uma compactação leve (placas vibratórias ou socadores leves) em uma faixa da ordem de 1 metro de largura junto ao paramento.

O controle de compactação deve ser realizado a cada camada ou a cada duas camadas, conforme a escala da obra. Como há dificuldade de se realizar correção de umidade em estruturas reforçadas, recomenda-se o controle de umidade nos materiais de jazida antes da compactação.

4.5.6.6 Controle de qualidade e tolerâncias construtivas

Os três aspectos mais importantes no controle de qualidade de muros de contenção em solo reforçado são a resistência nominal dos reforços, o controle de danos mecânicos e o controle de deformações durante a construção. É recomendável que os reforços sejam ensaiados por partida e a cada 1.000 m^2 de reforço. Os ensaios mínimos recomendados para o controle dos reforços são a tração de faixa larga (NBR12824/93) e a punção (NBR13359/95). Os ensaios deverão proporcionar resultados compatíveis com a resistência nominal dos produtos, dentro de um nível de confiabilidade de 95%.

As deformações construtivas do paramento devem ser controladas a cada camada. As distorções da face (razão deslocamentos na crista/altura do muro) devem ser inferiores a 1% para painéis e paredes integrais, inferiores a 2% para blocos segmentais e inferiores a 5% para auto-envelopados (antes da face definitiva).

4.5.6.7 Guarda-rodas e defensas

O projetista deverá tomar cuidado com os problemas de impactos de veículos no topo dos muros de solo reforçado, em estruturas de pavimentos. As defensas e guarda-rodas não devem ser diretamente acopladas ao faceamento, mas fixadas a uma estrutura independente da contenção.

4.5.7 Exemplo de dimensionamento

4.5.7.1 Características do solo e do muro

Considere-se o projeto de um muro de solo reforçado com face em blocos intertravados de concreto e geogrelhas, com as seguintes características:

Geometria do muro
- Altura do muro — $H = 8{,}0$ m
- Espaçamento dos reforços — $Sv = 0{,}80$ m (constante)
- Inclinação da face — $\omega = 84{,}3°$ (1H:10V)

Parâmetros do solo:
- Peso específico — $\gamma = 20$ kN/m^3
- Granulometria solo arenoso com pouco cascalho — Ø<10mm
- Atividade química do solo — pH = 5
- Ângulo de atrito — $\phi' = 35°$
- Módulo tangente inicial — $k = 460$
- Módulo expoente — $n = 0{,}5$
- Fator de redução de pico — $f_\phi = 1{,}25$
- Fator de segurança à ruptura mecânica individual das camadas de reforço — $FS = 1{,}5$

Parâmetros do geossintético e do bloco:
- Tipo de reforço — geogrelha flexível
- Coeficiente de interação solo/geogrelha — $f_b = 0{,}8$
- Fator de redução parcial para danos mecânicos de instalação — $f_{mr} = 1{,}15$
- Fator de redução parcial por degradação ambiental — $f_a = 1{,}20$
- Fator de redução parcial para fluência em tração — $f_{cr} = 2{,}00$
- Fator e redução parcial para incertezas estatísticas do geossintético — $f_m = 1{,}04$
- Eficiência do acoplamento — 85%
- Dimensões do bloco — 40cm × 40cm e altura de 20cm

Características do rolo compactador:
- Tipo de equipamento — rolo autopropelido
- Peso — $Q = 120$ kN;
- Comprimento do tambor — $L = 2{,}10$ m.

4.5.7.2 Análise da estabilidade externa

Determinação do comprimento do reforço.

O comprimento dos reforços, Lr, deve ser definido de forma a garantir a estabilidade externa. A Fig. 4.35 apresenta as forças e variáveis envolvidas nas análises. Para simplicidade dos cálculos, o muro será considerado com face vertical.

FIGURA 4-35
Forças e variáveis envolvidas nas análises de estabilidade externas.

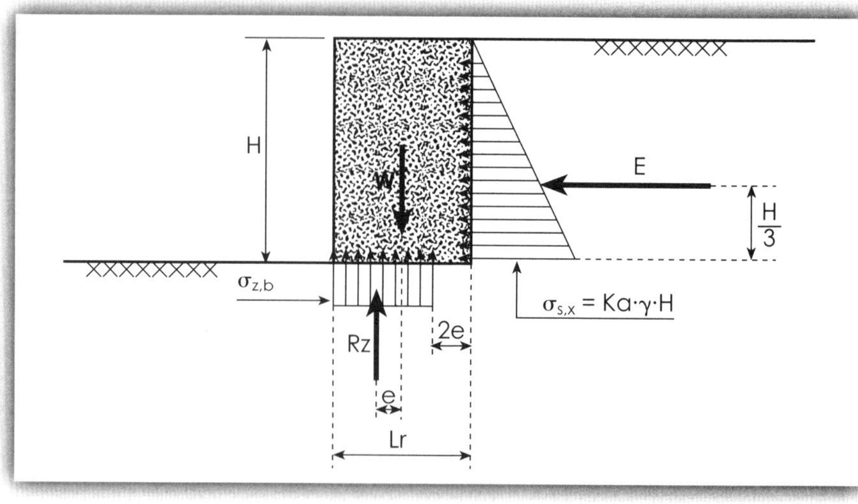

a) Cálculo do empuxo da zona não reforçada

O empuxo E, na ausência de sobrecargas, pode ser determinado por:

$$E = \frac{1}{2} \cdot \gamma \cdot H^2 \cdot Ka$$

O coeficiente de empuxo de terras no estado ativo (Ka), considerando o terrapleno horizontal e o atrito entre o solo e o muro, pode ser calculado pela formulação de Rankine:

$$Ka = \tan^2\left(45° - \frac{\phi}{2}\right) \Rightarrow Ka = \tan^2\left(45° - \frac{35°}{2}\right) = 0{,}27$$

b) Verificação do deslizamento

Considerando o fator de segurança mínimo de 1,5, o comprimento de reforço (Lr) para um muro sem a ação de sobrecarga pode ser calculado por:

$$Lr \geq \frac{3}{4} \cdot \frac{H \cdot Ka}{\tan \phi'} \Rightarrow Lr \geq \frac{3 \times 8 \times 0{,}27}{4 \tan 35°} = 2{,}31 \text{ m}$$

c) Verificação do tombamento

Considerando o fator de segurança mínimo de 2,0, o comprimento de reforço (Lr) para um muro sem a ação de sobrecarga pode ser calculado por:

$$Lr \geq \sqrt{\frac{2}{3} \cdot Ka \cdot H^2} \Rightarrow Lr \geq \sqrt{\frac{2 \times 0{,}27 \times 8^2}{3}} = 3{,}39 \text{ m}$$

c) Verificação das tensões na base

Para que a condição de base totalmente comprimida seja, atendida, temos:

$$e = \frac{Ka \cdot H^2}{6 \cdot Lr} \leq \frac{Lr}{6} \quad \Rightarrow \quad Lr \geq H\sqrt{Ka} \quad \Rightarrow$$

$$\Rightarrow \quad Lr \geq 8 \cdot \tan\left(45° - \frac{35°}{2}\right) = 4{,}16 \text{ m}$$

Desta forma, o comprimento mínimo necessário dos reforços (Lr) para evitar simultaneamente o deslizamento, tombamento e ainda manter a base do muro comprimida será de 4,16m.

d) Capacidade de carga do terreno de fundação

Considerando a formulação de Meyerhof (1955) para a distribuição das tensões atuantes na base do muro, temos:

$$\sigma_{z,b} = \frac{Rz}{Lr - 2e} = \frac{\gamma \cdot H \cdot Lr}{Lr - 2\dfrac{Ka \cdot H^2}{6 \cdot Lr}} = \frac{\gamma \cdot H}{1 - \dfrac{Ka}{3} \cdot \left(\dfrac{H}{Lr}\right)^2}$$

Tomou-se para os reforços o comprimento de 6,40 m (0,8H) de forma a se evitar o arrancamento dos reforços da zona resistente (valor definido com base nas análises de estabilidade interna, apresentadas mais adiante). Com esta largura de reforço, a tensão na base fica:

$$\sigma_{z,b} = \frac{20 \times 8}{1 - \dfrac{0{,}27}{3} \cdot \left(\dfrac{8}{6{,}4}\right)^2} = 186{,}18 \text{ kN/m}^2$$

Considerando o fator de segurança 2,5 para a capacidade de carga da fundação, o terreno deve apresentar uma tensão última superior a 465 kN/m^2. Admitindo o terreno da fundação semelhante ao solo de enchimento do muro, a formulação de Meyerhof fornece:

$$q_{\text{lim}} = c \cdot N_c \cdot s_c \cdot d_c + \gamma \cdot D \cdot N_q \cdot s_q \cdot d_q +$$

$$+ \frac{1}{2} Lr \cdot \gamma \cdot N_\gamma \cdot s_\gamma \cdot d_\gamma \quad \Rightarrow N_q = 10{,}66 \quad \therefore \quad N_\gamma = 6{,}76$$

Considerando ainda um muro longo e terreno horizontal, pode-se considerar $s_q = s_\gamma = d_q = d_\gamma = 1$. Então, para que as tensões na base sejam aceitáveis, devemos calcular qual o embutimento necessário para o muro, que é expresso por D.

$$q_{\text{lim}} = 20 \cdot D \cdot 10{,}66 + \frac{1}{2} 4{,}6 \cdot 20 \cdot 6{,}76 \geq 465 \; kN/m^2 \quad \Rightarrow \quad D \geq 0{,}7 \text{ m}$$

Considerando que os blocos intertravados possuem uma altura de 20 cm, então a fundação do muro deverá possuir 4 blocos.

4.5.7.3 Análise da estabilidade interna

Método de Jewell (1991)

a) Determinação de r_u:

Neste exemplo, considera-se

$$r_u = \frac{u}{\gamma \cdot z} = 0$$

b) Cálculo do ângulo de atrito de dimensionamento:

$$\phi' = \tan^{-1}\left(\frac{\tan \phi'_p}{f_\phi}\right) = \tan^{-1}\left(\frac{\tan 35}{1{,}25}\right) = 29{,}3^\circ$$

c) Cálculo do comprimento mínimo do reforço L_r:

Com os parâmetros geométricos do muro H e β e o ângulo ϕ'_d, obtém-se k_{req} e L_r a partir dos ábacos da Fig. 4-24:

$$k_{req} = 0{,}34$$

L_r = 0,60.H = 4,8m, para garantir a estabilidade interna do maciço.

L_r = 0,20.H = 1,6m, para garantir a estabilidade contra o deslizamento da base.

Adotando-se o maior valor, portanto, o comprimento mínimo de reforço deverá ser L_r = 4,8 m.

d) Cálculo do coeficiente de empuxo de dimensionamento:

Utilizando-se uma geogrelha com resistência à tração de projeto T_d = 50kN/m e coeficiente de interação f_b = 0,8:

$$L_B = \left(\frac{T_d}{2 \cdot \gamma \cdot H}\right)\left(\frac{1}{1 - r_u}\right)\left(\frac{1}{f_b \cdot \tan \phi'}\right) =$$

$$= \left(\frac{50}{2 \cdot 20 \cdot 8}\right)\left(\frac{1}{0{,}8 \cdot \tan 29{,}3}\right) = 0{,}34 \text{ m}$$

$$k_d = \frac{k_{\mathrm{Re}q}}{1 - \dfrac{L_B}{L_R}} = \frac{0{,}34}{1 - \dfrac{0{,}34}{4{,}8}} = 0{,}365$$

e) Cálculo do espaçamento máximo entre camadas horizontais de reforços:

$$S_v = \frac{T_d}{k_d \cdot \gamma \cdot H_{eq}} = \frac{50}{0{,}365 \cdot 20 \cdot 8} = 0{,}85 \text{ m}$$

Portanto, utilizando-se uma geogrelha com T_d = 50kN/m, podemos adotar o espaçamento de 0,80 m, entre camadas de reforço, atendendo à geometria solicitada para o muro.

Método de Ehrlich e Mitchell (1994)

Os reforços devem ser calculados para evitar a ruptura por tração ou o arrancamento da zona resistente. O comprimento, resistência e quantidade de reforços são determinados com base na tensão máxima nos reforços $T_{max.}$.

Para a determinação de A_r, é necessário conhecer T_{max}, que, por sua vez, é também função de A_r, pois as tensões são dependentes da rigidez relativa solo-reforço. Assim, é necessário um cálculo iterativo. A convergência é usualmente rápida; neste caso, três iterações foram suficientes.

Os cálculos consideram a condição de final de construção, com a profundidade correspondente a cada camada de reforço. Os fatores de segurança *FS* foram calculados usando o procedimento convencional (Christopher *et al.*, 1990).

a) Cálculo da tensão vertical induzida pela compactação

$$\nu_0 = \frac{K_0}{1+K_0} = \frac{1-\operatorname{sen}\phi'}{2-\operatorname{sen}\phi'} \Rightarrow \nu_0 = 0{,}30$$

$$N_\gamma = \tan\left(45° + \frac{\phi'}{2}\right)\cdot\left[\tan^4\left(45° + \frac{\phi}{2}\right) - 1\right] \Rightarrow N_\gamma = 24{,}23$$

Desta forma, o valor da tensão vertical induzida pela compactação será:

$$\sigma'_{zc,i} = (1-\nu_o)\cdot(1+K_a)\cdot\sqrt{\frac{1}{2}\gamma'\cdot\frac{Q\cdot N\gamma}{L}} \Rightarrow \sigma'_{zc,i} = 104{,}61 \text{ kN/m}^2$$

b) Cálculo da tensão vertical geostática no nível do reforço

Cada reforço está situado a uma profundidade genérica Z. Pela formulação de Meyerhof (1995), temos:

$$\sigma'_z = \frac{\gamma'\cdot z}{1-\left(\frac{K_a}{3}\right)\cdot\left(\frac{z}{L_r}\right)^2} = \frac{20\cdot z}{1-0{,}0022\cdot z^2}$$

c) Cálculo da tensão σ'_{zc}

Para profundidades nas quais $\sigma'_z < \sigma'_{zc,i}$, ou seja nas quais $\sigma'_z < 104{,}61$ kPa, tem-se σ'_{zc} = 104,61 kPa. Para maiores profundidades, nas quais $\sigma'_z > 104{,}61$ kPa, tem-se $\sigma'_{zc} = \sigma'_z$.

d) Cálculo de β

Para a primeira iteração, adota-se um valor adequado de S_i, de acordo com o tipo de reforço. Neste exemplo, para a geogrelha adotada, considera-se $S_i = 0{,}03$:

$$\beta = \frac{\left(\frac{\sigma'_{zc}}{P_a}\right)^n}{S_i}$$

Primeira iteração:

$$\beta = \frac{\left(\frac{\sigma'_{zc}}{100}\right)^{0,5}}{0{,}03} = 33 \cdot \left(\sigma'_{zc}\right)^{0,5}$$

Demais iterações:

$$\beta = \frac{\left(\frac{\sigma'_{zc}}{100}\right)^{0,5}}{S_i}$$

onde

$$S_i = \frac{E_r \cdot A_r}{k \cdot P_a \cdot Sv \cdot Sh} = \frac{E_r \cdot A_r}{460 \times 100 \times 0{,}8 \times 1{,}0} = \frac{E_r \cdot A_r}{36.800}$$

e) Cálculo da tração máxima $T_{\max}$

O valor de $T_{\max}$ é determinado para cada nível de reforço, considerando os valores de β, σ'_z e σ'_{zc} a partir dos ábacos da Fig. 4-28.

f) Cálculo das características dos reforços

Com as tensões máximas, deve-se estabelecer as características adequadas dos reforços considerando os fatores de segurança e as resistências de cálculo para a ruptura e para o arrancamento.

g) Refinamento do cálculo

A partir dos reforços escolhidos pela primeira iteração, é possível calcular o valor de S_i. Como possivelmente os valores de Si calculados serão diferentes do valor atribuído na primeira iteração, deve-se repetir as etapas de (b) a (e). O processo iterativo segue até que os valores calculados e assumidos para S_i sejam coerentes e conduzam a valores de $T_{\max}$ semelhantes.

No presente exemplo, três iterações foram necessárias, os cálculos correspondentes à terceira iteração são apresentadas na Tab. 4.9.

h) Resistência à tração admissível no reforço

Considerando $FS = 1{,}5$, com respeito à ruptura dos reforços, deve-se contar com uma geogrelha com resistência de cálculo $T_d = 20{,}09 \cdot 1{,}5 = 30{,}1$ kN/m para os níveis superiores e $T_d = 33{,}43 \cdot 1{,}5 = 50{,}1$ kN/m para os níveis inferiores.

i) Estabilidade ao arrancamento

Determina-se o comprimento de ancoragem disponível além da

cunha ativa (L_e), o qual é dependente da profundidade de cada reforço.

$$Le = Lr - (H - z) \cdot \left[\tan\left(45° - \frac{\phi}{2}\right) - \frac{1}{\tan \omega} \right] = 6{,}4 - 0{,}42(8 - z)$$

A resistência ao arrancamento (P_r) pode ser determinada a partir das características do contato solo-reforço e das tensões geostáticas verticais atuantes em cada reforço:

$$P_r = 2F^* \cdot \alpha \cdot \sigma'_v \cdot L_e \geq FS \cdot T_{max}$$

O fator de efeito de escala (α) será admitido como 1,00 e o fator de resistência ao arrancamento (F^*) pode ser determinado por:

$$F^* = f_a \cdot \tan\phi = 0{,}8 \cdot \tan 35° = 0{,}56$$

Assim, temos:

$$P_r = 2 \times 0{,}56 \times 20 \times z \times 1{,}00 \times [6{,}4 - 0{,}42(8 - z)]$$

$$FS = \frac{P_r}{T_{max}}$$

A Tabela 4.10 apresenta a síntese dos fatores de segurança com respeito ao arrancamento.

O valor de $FS_{mín}$ = 1,5 foi atendido em todos níveis de reforços, excetuando-se o primeiro reforço, no qual o fator de segurança ao arrancamento foi igual a 1,42. Para atender a segurança mínima, o valor mínimo do comprimento do reforço neste nível deve ser igual a 6,55 m.

TABELA 4.9
Planilha de cálculo para a terceira iteração; na tabela, a camada número 1 representa o reforço superior e a camada número 10, o reforço inferior

Camada de reforço	Prof. (m)	σ'_z (kPa)	$\sigma'_{zc,i}$ (kPa)	σ'_{zc} (kPa)	β	T_{max} (kN/m)
01	0,40	8,00	104,61	104,61	337,52	20,09
02	1,20	24,08	104,61	104,61	337,52	20,09
03	2,00	40,35	104,61	104,61	337,52	20,09
04	2,80	56,98	104,61	104,61	337,52	20,09
05	3,60	74,11	104,61	104,61	337,52	20,09
06	4,40	91,91	104,61	104,61	337,52	20,09
07	5,20	110,57	104,61	110,57	347,00	21,23
08	6,00	130,31	104,61	130,31	376,71	25.02
09	6,80	151,38	104,61	151,38	406,02	29,06
10	7,60	174,10	104,61	174,10	435,42	33,43

TABELA 4.10
Planilha de cálculo para a terceira iteração; na tabela, a camada número 1 representa o reforço superior e a camada número 10, o reforço inferior

Camada de reforço	Prof. (m)	L_e (m)	P_r (kN/m)	T_{max} (kN/m)	*FS*
1	0,40	3,20	28,70	20,09	1.42
2	1,20	3,50	95,15	20,09	4,74
3	2,00	3,88	173,82	20,09	8,65
4	2,80	4,21	264,24	20,09	13,15
5	3,60	4,55	366,91	20,09	18,26
6	4,40	4,89	481,56	20,09	23,97
7	5,20	5,22	608,31	21,23	28,65
8	6,00	5,56	747,26	25.02	29,87
9	6,80	5,90	897,98	29,06	30,90
10	7,60	6,23	1.060,60	33,43	31,73

4.5.7.4 Especificação dos geossintéticos

Levando-se em conta os fatores parciais de redução (vide mais informações sobre fatores parciais na seção 4.3), pode-se determinar as resistências nominais T_r dos geossintéticos projetados pelos dois métodos apresentados.

Assim, o fator de redução total tem o valor:

$$FR = f_{mr} \cdot f_a \cdot f_{cr} \cdot f_m = 1{,}15 \cdot 1{,}20 \cdot 2{,}00 \cdot 1{,}04 = 2{,}87$$

a) Especificação para a solução segundo a método de Jewell

$$T_d = T_r/FR \text{ ou } T_r = T_d \cdot FR = 2{,}87 \cdot 50{,}0 \text{ kN/m ou } T_r = 144{,}0 \text{ kN/m}$$

b) Especificação para a solução segundo a método de Ehrlich e Mitchell

Neste caso, são duas as geogrelhas a serem especificadas

$$T_d = T_r/FR \text{ ou } T_r = T_d \cdot FR$$

Geogrelha para as camadas inferiores:

$$T_r = 2{,}87 \cdot 50{,}1 \text{ kN/m ou } T_r = 144{,}0 \text{ kN/m}$$

Geogrelha para as camadas superiores:

$$T_r = 2{,}87 \cdot 30{,}1 \text{ kN/m ou } T_r = 86{,}50 \text{ kN/m}$$

4.5.7.5 Arranjo final da estrutura de contenção – Método Ehrlich e Mitchell

Para ilustrar a configuração final, considerando todos os detalhes executivos da obra, na Fig. 4-36 é apresentada a seção transversal do muro para a solução pela método Ehrlich e Mitchell, com a utilização de duas geogrelhas com resistências e comprimentos diferenciados. Em função do grande espaçamento adotado entre os reforços, é conveniente a utilização de reforços curtos secundários cujo comprimento seja ligeiramente maior que o espaçamento entre os reforços principais.

FIGURA 4-36
Arranjo dos reforços no exemplo de dimensionamento – método Ehrlich e Mitchell.

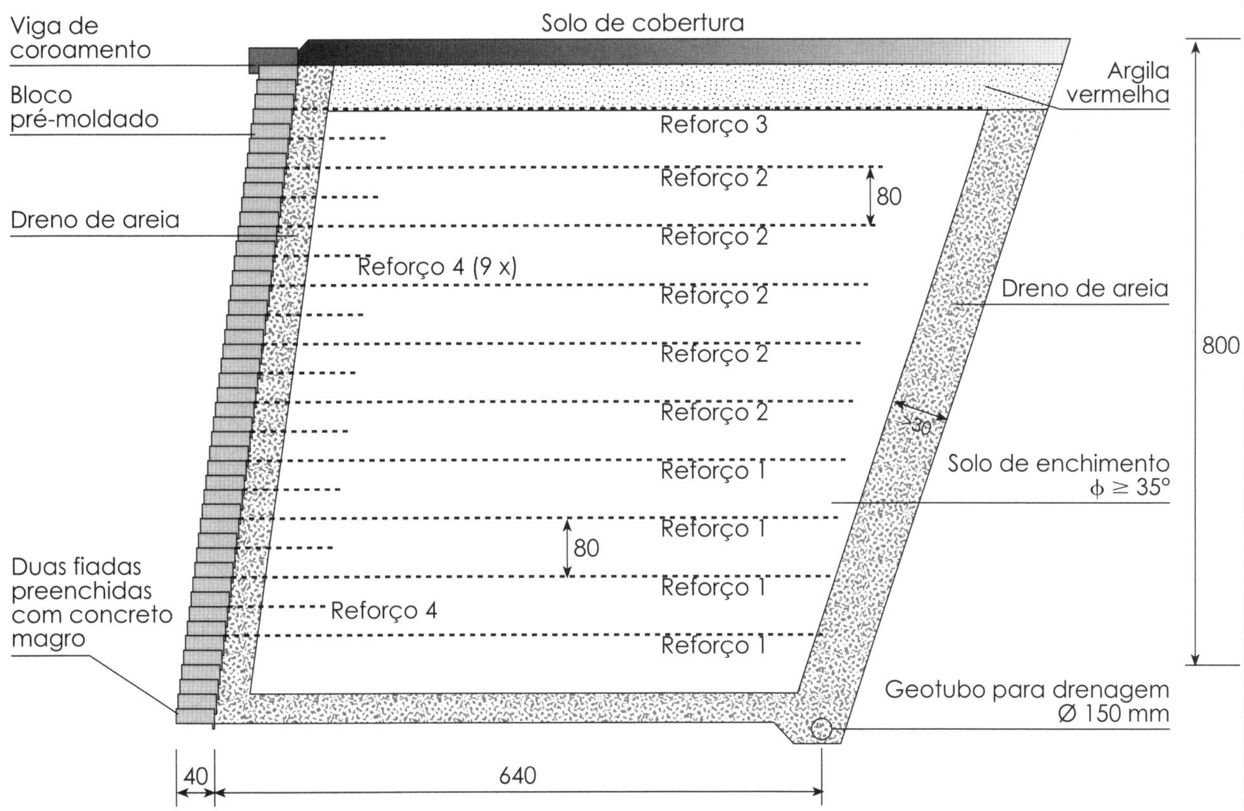

Características dos reforços				
	Tipo	Resistência faixa larga	Comprimento	Quantidade
Reforço 1	Geogrelha flexível	144 kN/m	6,40 m^2/m	4 x
Reforço 2	Geogrelha flexível	86,5 kN/m	6,40 m^2/m	5 x
Reforço 3	Geogrelha flexível	86,5 kN/m	6,55 m^2/m	1 x
Reforço 4	Geogrelha flexível	86,5 kN/m	1,00 m^2/m	9 x

4.6 REFORÇOS DE FUNDAÇÕES

Werner Bilfinger

Luiz Guilherme F.S. de Mello

4.6.1 Introdução

Obras em solos com baixa capacidade de suporte muitas vezes impõem a troca destes, a fim de aumentar a capacidade de carga para a solução em fundações diretas. Essa troca pode ser total ou parcial e, para incrementar a capacidade de carga do solo utilizado na substituição, é possível reforçá-lo com uma ou mais camadas de geossintético.

O uso de geossintéticos como reforço de fundações diretas não é prática comum no Brasil, nem no âmbito internacional. Diversos estudos em modelos numéricos, modelos reduzidos e modelos em centrífugas têm mostrado ganhos significativos de desempenho em relação a fundações diretas convencionais, mas a implementação em obras ainda encontra resistência no meio técnico, provavelmente pela falta de experiência prática e de casos históricos.

4.6.2 Histórico

Fundações diretas são as mais simples e comumente empregadas, pela facilidade construtiva, dispensa de equipamentos especiais e conseqüente custo reduzido. Entretanto, nas situações em que o solo de fundação apresenta baixa capacidade de suporte (alta deformabilidade e baixa resistência a cisalhamento), geralmente esse tipo de fundação deixa de ser vantajoso e passa-se a utilizar fundações profundas.

O uso de geossintéticos como reforço de fundações diretas tem como objetivo permitir sua utilização em situações nas quais fundações diretas convencionais não seriam aplicáveis. Assim, os geossintéticos como reforço de fundações têm um paralelo bastante próximo com reforços geossintéticos em rodovias, tal como proposto por Giroud e Noiray (1981). Neste estudo, é avaliada a redução da espessura dos lastros de vias não-pavimentadas decorrente da instalação de geossintéticos em sua base. Os estudos são baseados em ensaios e avaliações teóricas e mostram reduções que variam de 20 a 60%.

Omar *et al.* (1993) apresentam estudos em modelos reduzidos de sapatas apoiadas em areias puras, avaliando a influência de diversos parâmetros geométricos, tais como extensão lateral das camadas de reforço sob a fundação, relação entre os lados da sapata, quantidade de camadas de reforço, etc. Os resultados apresentados mostram que a carga de ruptura aumenta em até quatro vezes, em comparação à carga de ruptura sem reforço.

Khing *et al.* (1994) também apresentam estudos em modelos reduzidos, simulando sapatas apoiadas em camadas de areia, sobrepostas a solos argilosos moles. Os estudos mostraram ganhos de 20 a 25% na capacidade de carga, para uma camada única de reforço. Manjunath e

Dewaikar (1996) apresentam dados obtidos de modelos reduzidos, com arranjo similar ao dos modelos apresentados por Khing *et al.* (1994), mostrando ganhos de capacidade de carga crescentes em função da inclinação da carga aplicada. Para cargas verticais, o ganho é de 30%, passando para 52% sob cargas com inclinação de 15 graus.

Nataraj *et al.* (1996) apresentam resultados de simulações numéricas, com análises variando as dimensões das fundações, a quantidade e as dimensões dos reforços com geossintéticos. Os resultados obtidos mostram ganhos de capacidade de carga de 25 a 70% e, adicionalmente, indicam que os ganhos são maiores para fundações menores.

Fabrin e Queiroz (1999) apresentam resultados de comparações entre modelos numéricos e reduzidos, concluindo que ocorrem ganhos de capacidade de carga entre um modelo sem e com reforço e que o comportamento dos solos reforçados precisa ser mais bem estudado.

Haza *et al.* (2002) realizaram estudos em modelo centrifugado, concluindo que reforços de fundações apoiadas em camadas arenosas sobre solos argilosos moles levam a aumentos na capacidade de carga da ordem de 20%. Ou seja, embora o ganho na capacidade de carga não seja muito significativo, o comportamento tensão *versus* deformação resulta mais dúctil, sem aumentos expressivos de recalque quando a carga se aproxima do limite de ruptura.

Pospisil e Zednik (2002) apresentam resultados de ensaios em modelos reduzidos, indicando ganhos de capacidade de carga da ordem de 30 a 40% para solos reforçados com apenas uma camada de geossintético. Esses autores também concluem que a influência do reforço está relacionada à sua distância com a fundação: a partir de uma certa profundidade, a influência do reforço passa a ser desprezível.

Shin *et al.* (2002) apresentam estudo em modelo reduzido, avaliando o aumento do módulo cisalhante do solo (G), em função da quantidade de camadas de reforço. Eles concluem que existe uma clara relação de ganho de módulo (ou seja, redução de recalques) com a quantidade de camadas de reforço, e que estudos adicionais são necessários.

Analogamente, um grande número de estudos, simulações e análises é apresentado na bibliografia específica, com resultados por vezes contraditórios. De maneira geral, mostra-se que existem ganhos tanto do ponto de vista da deformabilidade, quanto da capacidade de carga, sem, no entanto, propor-se uma metodologia de dimensionamento propriamente dita. A norma inglesa BS 8006 (1995) não trata do assunto, pois, segundo o seu texto, não existe experiência suficiente para fins de normatização.

Como exceção, podem-se citar as *Recomendações para Reforço com Geossintéticos – EBGEO* (DGGT, 1997), que apresentam um roteiro de cálculo específico para reforços de fundações com geossintéticos, e cujo conteúdo se resume a seguir. A Fig. 4-37 resume, visualmente, os ganhos de capacidade de carga apresentados nos diversos estudos anteriormente citados.

4.6.3 Metodologia de cálculo

Os conceitos básicos de reforços de fundações são praticamente os mesmos aplicados aos reforços de pavimentos, conforme já apresentado por GIROUD e NOIRAY (1981).

Segundo a EBGEO (DGGT, 1997), os reforços de fundações com geossintéticos têm a configuração apresentada na Fig. 4-38. No roteiro proposto na EBGEO, os cálculos passam pelas verificações dos seguintes estados-limite:

Estabilidade externa — as verificações são realizadas de forma convencional, tomando-se como superfície de apoio a base da camada de solo reforçado.

Estabilidade interna — as verificações incluem a ruptura da camada de reforço.

A norma alemã DIN V 4017-100 apresenta um roteiro de cálculo para a capacidade de carga de um reforço de fundação através de uma camada de solo de reforço. As recomendações EBGEO apresentam uma forma de acrescentar a parcela resistente à capacidade de carga das fundações, devido às inclusões dos reforços geossintéticos, calculada conforme descrito a seguir.

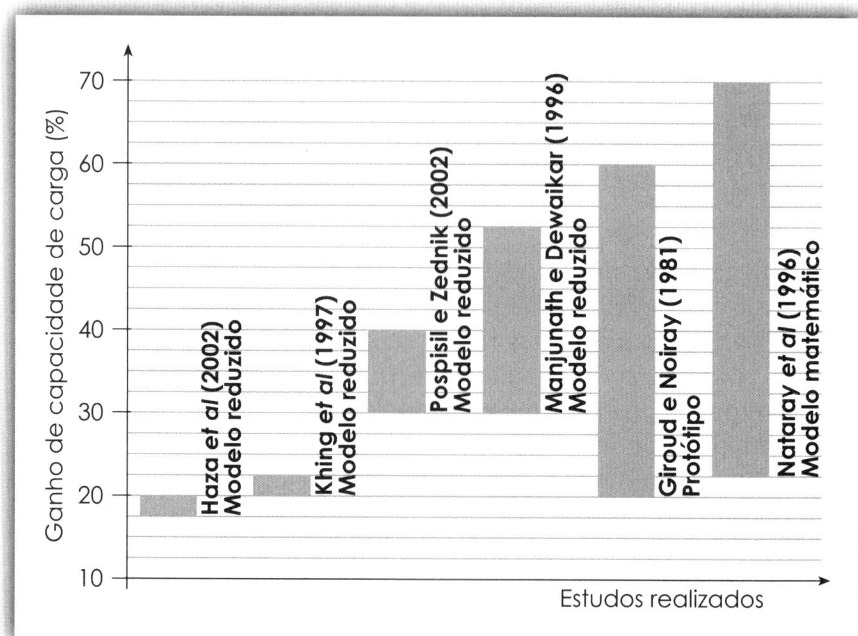

FIGURA 4-37
Faixas de ganho de capacidade de carga, em fundações reforçadas, apuradas em diversos estudos.

O princípio do método de cálculo é o do equilíbrio de cunhas, bastante simplificado, ilustrado na Fig. 4-38. O acréscimo de carga proporcionado pela inclusão das camadas de geossintético é dado por:

$$\Delta Q = \frac{\cos \varphi'_{F,k} \cdot \cos \delta}{\cos(\upsilon_{a,d} - \delta)} \cdot \sum_{i=1}^{n} F_{i,d} \qquad [4\text{-}59]$$

e

$$\upsilon_{a,d} = \operatorname{arccot}\left(\sqrt{(1+\tan^2 \phi_{F,k})\frac{\tan \phi_{F,k} - \tan \delta}{\tan \phi_{F,k} + \tan \delta}} - \tan \phi_{F,k}\right), \qquad [4\text{-}60]$$

sendo:

ΔQ o acréscimo da capacidade de carga devido ao reforço com geossintéticos;
δ a inclinação da carga Q atuante na sapata;
i a numeração das camadas de geossintético, de cima para baixo;
$\varphi'_{F,k}$ o ângulo de atrito efetivo do solo de reforço;
$\upsilon_{a,d}$ o ângulo que define a cunha de ruptura (Fig. 4-38); e
$F_{i,d}$ a força que fornece cada uma das camadas i de reforço, e cujo valor é limitado pela resistência a ruptura ou pela força de arrancamento do reforço.

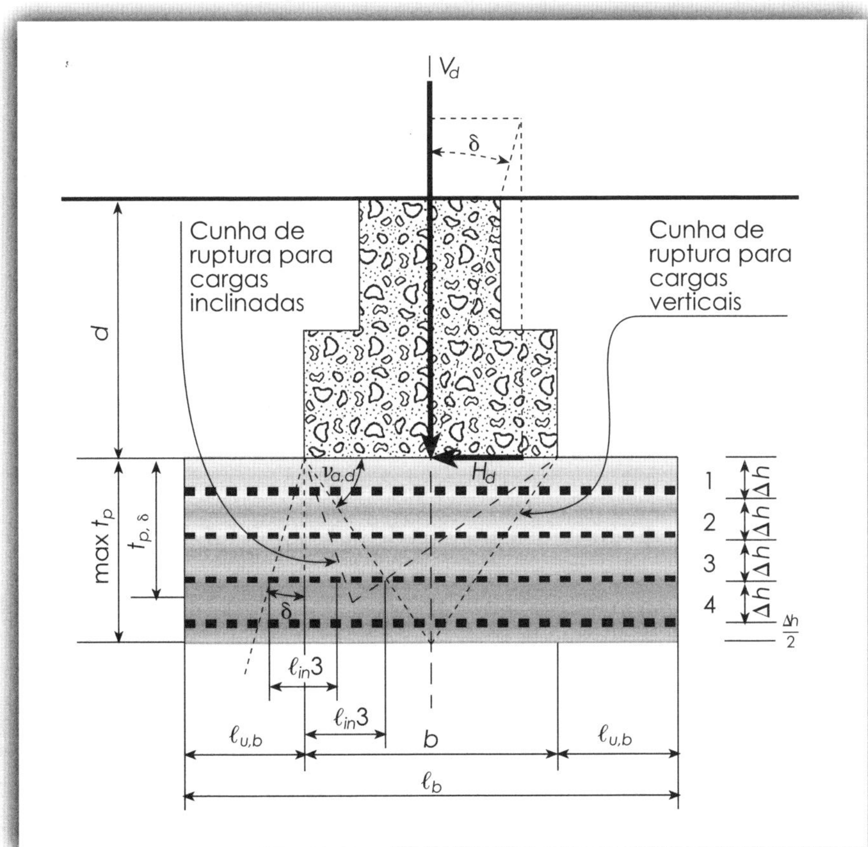

FIGURA 4-38
Seção esquemática ilustrando os esforços e a geometria do método, segundo a EBGEO [DGGT, 1997].

A capacidade de carga final da sapata é, então, calculada por:

$$Q'_{p,d} = Q_{p,d} + \Delta Q \qquad [4\text{-}61]$$

em que:

$Q_{p,d}$ é a capacidade de carga da sapata apoiada em camada de solo de reforço (sem geossintético); e

$Q'_{p,d}$ a capacidade de carga de sapata apoiada em camada de solo reforçada com geossintético.

A força de arrancamento atuante em cada uma das camadas de geossintético é calculada por:

$$F_{Ai,d} = 2f_{sg,d}\left(\frac{V_d}{bl_{in,i}} + \sigma_{v,i}l_{u,b}\right) \qquad [4\text{-}62]$$

onde:

$F_{Ai,d}$ é a resistência ao arrancamento da camada de geossintético i;
$f_{Sg,d}$ o coeficiente de atrito da interface geossintético/solo;
b a largura da sapata;
V_d o componente vertical da carga atuante na sapata;
H_d o componente horizontal da carga atuante na sapata;
$l_{in,i}$ o comprimento do geossintético sob a atuação da sapata [$=(\cot \nu_{a,\delta} + \tan \delta \cdot \Delta hi)$];
$\sigma_{v,i}$ a tensão vertical atuante no geossintético, fora da área de projeção da sapata ($= \gamma \cdot \Delta hi + \gamma_u \cdot d$);
$l_{u,b}$ o comprimento do geossintético fora da área de projeção da sapata [$=\frac{1}{2}(l_b - b)$];
γ a densidade do solo de reforço;
γ_u a densidade do solo de reaterro;
d a espessura da camada de reaterro;
Δh o espaçamento vertical entre camadas de geossintético;
t_p a espessura total da camada de solo reforçada;
n_B o número de camadas de geossintético; e
l_b a largura total do geossintético ($= b + 2l_{u,b}$).

O espaçamento entre as camadas de geossintético deve obedecer às relações:

$$0{,}15 \text{ m} \leq \Delta h \leq 0{,}40 \text{ m} \quad \text{e} \quad \Delta h \leq 0{,}50b \qquad [4\text{-}63]$$

A largura total dos reforços geossintéticos deve obedecer a:

$$(b + 5\Delta h) < l_b \leq 2b \qquad [4\text{-}64]$$

A profundidade total da camada reforçada t_p é calculada da seguinte forma:

$$t_p = (n_B + 0{,}5) \cdot \Delta h, \text{ e} \quad [4\text{-}65]$$

$$t_p \geq 2{,}5)\ \Delta h, \text{ e} \quad [4\text{-}66]$$

$$t_p \leq \left(\frac{b}{2}\right) \tan\left(\frac{45° + \varphi'_{F,k}}{2}\right) \quad [4\text{-}67]$$

Essa metodologia é válida quando utilizada em conjunto com a respectiva norma alemã DIN para cálculo de capacidade de carga de fundações apoiadas em camadas de solo reforçado, sobrepostas a camadas de solos de baixa capacidade de suporte. Por essa razão, sua aplicação não é recomendada em situações rotineiras devendo sua utilização se limitar a casos muito específicos e bem-definidos.

Para fins de dimensionamento de fundações com reforços geossintéticos, sugere-se o seguinte roteiro de cálculo:

Capacidade de carga — utilização do método do equilíbrio-limite considerando os reforços, de um lado, de sua resistência física e, de outro lado, de sua resistência ao arrancamento.

Recalques — cálculos por metodologias consagradas como, por exemplo, a Teoria da Elasticidade.

Tendo em vista que, a princípio, as camadas de solo de reforço são bastante compactas em relação ao solo mole sotoposto, as verificações de recalques podem se restringir à camada inferior, devendo-se avaliar somente a distribuição de tensıes no topo da camada de solo mole.

Esse roteiro de cálculo assemelha-se aos roteiros de cálculo de aterros reforçados sobre solos moles.

4.6.4 Conclusões

A utilização de fundações apoiadas em solos reforçados com geossintéticos, embora já estudada desde a década 1980, ainda é passível de pesquisa teórica e experimental, tendo-se em vista que as metodologias de cálculo disponíveis são conservadoras e pouco realistas.

Trata-se, portanto, de um assunto que deverá ser objeto de estudos aprofundados, colocando-se como um desafio ao meio técnico, inclusive para nós brasileiros.

4.7 ATERROS SOBRE ESTACAS

Luiz Guilherme F.S. de Mello
Werner Bilfinger

4.7.1 Introdução

Tradicionalmente, no Brasil, nas regiões em que os solos superficiais apresentam baixa capacidade de suporte, as soluções de engenharia típicas consistem na remoção desses solos ou na construção de aterros com extensas bermas de equilíbrio. Uma alternativa comum economicamente interessante e que traz também vantagens ambientais é a construção de aterros estaqueados, uma vez que os solos locais não são removidos nem têm sua composição natural alterada.

Aterros estaqueados são estruturas mistas que combinam uma solução de terraplanagem convencional — o aterro propriamente dito — com uma solução típica de fundação profunda, as estacas. Seu uso tem por objetivo:

- a eliminação de recalques significativos, que ocorreriam caso o aterro fosse apoiado diretamente sobre o solo mole, pois as estacas transferem o peso do aterro (ou pelo menos parte dele) para camadas mais competentes, em profundidade;
- a garantia da estabilidade, pois, em algumas situações, aterros apoiados sobre solos de baixa capacidade de suporte podem, no futuro, provocar rupturas;
- a combinação desses dois efeitos.

O uso de reforços geossintéticos na base dos aterros estaqueados melhora o seu desempenho, permitindo otimizar espessuras de aterro, espaçamentos entre estacas e redução ou até eliminação dos capitéis normalmente empregados. O uso específico dessa alternativa de solução em encontros de pontes ou viadutos permite minimizar os recalques diferenciais entre o aterro de aproximação e a obra de arte especial, trazendo maior segurança e conforto aos usuários.

O emprego de aterros estaqueados não é recente, havendo já vários relatos a respeito como, por exemplo, Holtz e Massarsch (1976), Broms (1977), Holmberg (1979), entre outros. Broms apresenta ábacos, baseados em modelos experimentais, relacionando o espaçamento entre estacas e capitéis com a altura de aterro, sem considerar tipos de solos de aterro ou a existência de um reforço na base do aterro, em solução utilizada pelas ferrovias dos países nórdicos há bastante tempo.

A partir da década de 1980, formulações teóricas baseadas em diversos enfoques foram desenvolvidas buscando um dimensionamento mais objetivo desse tipo de obra, conforme, por exemplo, Hewlett e Randolph (1988), Folque, (1990), Ehrlich (1993) e Low *et al.* (1994).

Formas de dimensionamento específicas para aterros estaqueados com uso de reforços geossintéticos em suas bases estão apresentados em John (1987), Jones *et al.*. (1990), na norma inglesa BS 8006 (1995), Kemfert *et al.*, (1997) e Zaske e Kempfert (2002), entre outros. Em praticamente todos os casos os reforços nas bases são executados com materiais geossintéticos embora, teoricamente, não exista impedimento de se utilizar outro tipo de material.

Um grande número de artigos apresentando casos de obras (Gartung *et al.*, 1996), (Brandl *et al.*, 1997), etc, permite visualizar o amplo espectro de aplicações e a grande difusão que tem ocorrido com este tipo de solução, além do amplo sucesso de sua aplicação.

4.7.2 Produtos utilizados

Como elementos de reforço, usualmente são utilizadas geogrelhas, geotêxteis de alta tenacidade e geocompostos resistentes, desde que atendidos os requisitos de resistência e deformabilidade de longo prazo resultantes do dimensionamento.

4.7.3 Dimensionamento e especificação

Conceitos básicos

O conceito básico do funcionamento de um aterro estaqueado é relacionado ao fenômeno do arqueamento do solo. O arqueamento permite que sejam utilizados elementos discretos, os capitéis / estacas, para receber o carregamento do aterro como um todo, sem necessidade de construir, por exemplo, uma laje contínua sobre as estacas.

Este fenômeno envolve aspectos relacionados à rigidez dos materiais (deformabilidade relativa), e aspectos relacionados à sua resistência ao cisalhamento.

Tomando-se o exemplo clássico apresentado por Terzaghi (1943), imagine-se um recipiente preenchido com solo, no qual parte do fundo é móvel e pode ser deslocado para baixo. As tensões aplicadas na base do recipiente, no instante inicial, são iguais. Quando se desloca o fundo móvel para baixo, gradativamente as tensões atuantes naquele trecho diminuem, aumentando as tensões atuantes na região imediatamente adjacente. Este comportamento depende, em parte, da rigidez dos materiais envolvidos, pois se o solo é muito mole, serão necessários deslocamentos significativos para provocar reduções, ainda que proporcionalmente módicas, nas tensões no trecho móvel do fundo do recipiente. Já no caso de um solo mais rígido, pequenos deslocamentos já irão provocar grandes reduções nas tensões na região sobre o fundo móvel.

Mas o arqueamento também depende da resistência ao cisalhamento dos materiais envolvidos, pois mesmo que um material seja rígido e, portanto, tenha potencial de redistribuirão das tensões a pequenas deformações, ele precisa ter resistência ao cisalhamento suficiente, para que estas redistribuições de tensões não levem à sua plastificação. Esta plastificação pode ser atingida e analisada segundo três modelos básicos de comportamento:

- punção — mecanismo que tem um paralelo com a resistência ao arrancamento de uma placa, conforme descrito, por exemplo, por Meyerhof e Adams (1968);
- capacidade de carga — mecanismo similar ao de uma sapata, mas em sentido contrário, conforme proposto por Folque (1990);
- capacidade de arqueamento — mecanismo descrito por Terzaghi (1943).

Uma vez desenvolvido um dimensionamento que garanta que as condições acima sejam atendidas para um determinado tamanho de capitel e espaçamento entre estes, persiste uma particularidade a ser enfocada em projetos: nas bordas dos aterros existem empuxos desequilibrados, para os quais, a priori, as estacas verticais não oferecerem condições de equilíbrio. Nestes trechos é necessário inclinar as estacas, para introduzir uma componente de resistência horizontal na base dos aterros.

A introdução de reforços geossintéticos nas bases dos aterros pode modificar os mecanismos atuantes significativamente. A resistência e rigidez do reforço introduzem esforços adicionais na estrutura. Este esforço é geralmente sub-horizontal e traz uma série de vantagens, entre outras:

- aumento do espaçamento entre capitéis e/ou diminuição do seu tamanho, ou até sua eliminação;
- eliminação da necessidade de estacas inclinadas nas bordas do aterro, pois os esforços horizontais são equilibrados através do(s) geossintético(s);

Existem diversas métodos de dimensionamento de aterros estaqueados com reforços em suas bases, como por exemplo aquela proposta por John (1987), Jones *et al.* (1990), a norma inglesa BS 8006 (1995), Kempfert *et al.* (1997) e Zaske e Kempfert (2002),

A metodologia de dimensionamento proposta por John (1987), por exemplo, pressupõe que o reforço na base funcione como uma membrana, deformando com formato aproximadamente circular ou de catenária. Nessa método não são consideradas as propriedades geomecânicas do aterro para determinação de suas características e contribuição por arqueamento. Fatores de correção determinados experimentalmente visam introduzir esses efeitos nos cálculos para torná-los mais realistas.

Já o método proposto por KEMPFERT *et al.* (1997) parte das deduções de HEWLETT e RANDOLPH (1988), introduzindo no cálculo a atuação de um reforço na base do aterro. ZAESKE e KEMPFERT (2002) apresentam uma evolução desses trabalhos, com uso de modelos experimentais e matemáticos.

Finalmente, o método proposto na norma BS 8006 (1995) aborda uma série de verificações de estados-limite últimos:

- capacidade de carga do grupo de estacas;
- extensão lateral do trecho estaqueado;
- arqueamento da carga vertical (*vertical load shedding*);
- escorregamento lateral;
- estabilidade global.

E de estados-limite de utilização:

- deformação específica no reforço;
- recalque da fundação estaqueada.

Método de dimensionamento adotado

A seguir é apresentada a metodologia de dimensionamento proposta pela norma inglesa BS 8006. Optamos por essa método por ser bastante difundida e consagrada, tendo sido, inclusive, vivenciada pelos autores, além de apresentar um roteiro de cálculo facilmente "automatizável". Rotinas de cálculo desenvolvidas pelos autores e seus consultores vêm ao encontro do uso desse método, com as discussões apresentadas no decorrer deste texto.

Generalidades

A hipótese básica do método de dimensionamento proposto pressupõe que todo o peso do aterro seja suportado pelas estacas, e as características geomecânicas do solo mole somente têm importância para o dimensionamento das estacas propriamente ditas. Essa hipótese é algo conservadora, mas válida quando se enfoca a rigidez relativa dos solos moles e das estacas cravadas.

A força de tração máxima (T_r) por metro, que atua no reforço, é definida da seguinte forma:

- na direção longitudinal do aterro, a força no reforço é aquela necessária para transferir a carga vertical do aterro para as estacas, (T_{rp});
- na direção transversal do aterro, a força no reforço é aquela necessária para transferir a carga vertical do aterro para as estacas (T_{rp}), e aquela necessária para evitar o escorregamento lateral (T_{ds}).

Para assegurar que o estado-limite último de ruptura do reforço não seja alcançado durante a vida útil da obra, a seguinte condição deve ser garantida:

$$\frac{T_d}{f_n} \geq T_r \qquad [4\text{-}68]$$

sendo:

T_d a força de dimensionamento no reforço; e

f_n o coeficiente de segurança parcial associado a fatores econômicos.

A metodologia proposta verifica cada um dos estados-limite. Além das verificações citadas, é necessário, para as forças atuantes no reforço e associadas a cada um dos estados-limite, que seja verificada a adesão entre o reforço e o solo adjacente.

Não faz parte das verificações aqui apresentadas aquela do estado-limite último de capacidade de carga do grupo de estacas, tendo-se em vista que esse tipo de verificação já se encontra amplamente discutido na bibliografia específica, como, por exemplo, em Poulos e Davis (1980) ou Décourt e tal (1998).

Extensão lateral das estacas

A área a ser estaqueada deve se estender lateralmente sob a "saia" do aterro até uma distância suficiente para que o desempenho do aterro não seja afetado por recalques diferenciais ou instabilidades. A distância L_p, entre a face externa do último capitel e o pé do aterro, pode ser estimada da seguinte forma:

$$L_p = H(n - \tan \theta_p) \qquad [4\text{-}69]$$

$$\theta_p = 45° - \frac{\varphi'_{cv}}{2} \qquad [4\text{-}70]$$

onde:

H é a altura do aterro;

n a inclinação do talude lateral do aterro (1V : nH);

θ_p o ângulo com a vertical entre a face externa do último capitel e a borda do aterro; e

φ'_{cv} é o ângulo de atrito efetivo do material do aterro a grandes deformações.

A Fig. 4-39 apresenta as principais grandezas geométricas utilizadas.

É importante observar neste ponto que a coesão do aterro não é considerada no cálculo e, portanto, especificamente para aterros compactados de solos residuais coesivos, típicos no Brasil, o método proposto é conservador.

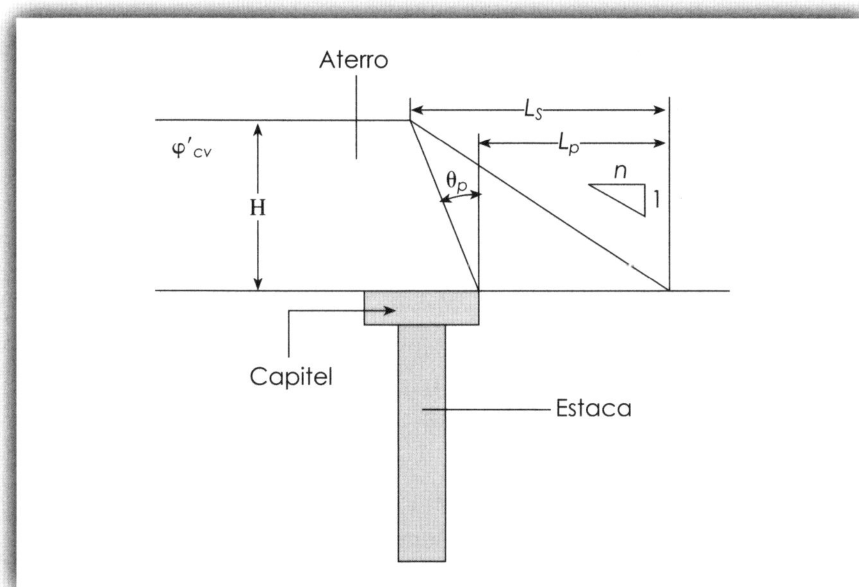

FIGURA 4-39
Limite externo dos capitéis.

Arqueamento da carga vertical

Para garantir a adequada transferência da carga vertical às estacas/capitéis, recomenda-se que a relação entre a altura do aterro e a distância entre capitéis seja estimada por:

$$H \geq 0{,}7\ (s - a) \qquad [4\text{-}71]$$

sendo:

a a dimensão do capitel; e
s o espaçamento entre estacas adjacentes.

Em vista da grande diferença de rigidez entre as estacas e o solo mole existente na base do aterro, a relação entre a tensão atuante nos capitéis (p'_c) e a tensão vertical média na base do aterro (σ'_v) pode ser estimada pela fórmula de Marston (John, 1987):

$$\frac{p'_c}{\sigma'_v} = \left[\frac{C_c a}{H}\right]^2 \qquad [4\text{-}72]$$

sendo:

C_c o coeficiente de arqueamento (Tab. 4-11);
H a altura do aterro;
$\sigma'_v = f_{fs}\ \gamma H + f_q\ \omega_s$;
γ o peso específico do aterro;
ω_s a sobrecarga atuante sobre o aterro; e
$f_{fs} = f_q$ = 1,3 para estados-limites últimos; no caso de estados-limite de utilização, esses fatores de segurança parciais assumem valor unitário.

TABELA 4-11 Coeficiente de arqueamento	
Tipo de estaca	**Coeficiente de arqueamento**
Estacas tipo ponta	$C_C = 1{,}95H/a - 0{,}18$
Estacas tipo atrito lateral	$C_C = 1{,}5H/a - 0{,}70$

É importante notar que o coeficiente de arqueamento não leva em consideração o tipo de solo, seus parâmetros de resistência ao cisalhamento e de deformabilidade. Essa simplificação facilita os cálculos, mas é conservadora.

A carga vertical distribuída (W_T) suportada pelo reforço entre os capitéis pode ser determinada da seguinte forma:

a) Para $H > 1{,}4(s - a)$:

$$W_T = \left[\frac{[1{,}4s \cdot f_{fs} \cdot \gamma(s-a)]}{(s^2 - a^2)}\right] \times \left[s^2 - a^2\left(\frac{p'_c}{\sigma'_v}\right)\right] \quad [4\text{-}73]$$

b) Para $0{,}7(s - a) \leq H \leq 1{,}4(s - a)$:

$$W_T = \left[s\frac{(f_{fs} \cdot \gamma \cdot H + f_q \cdot \omega_s)}{(s^2 - a^2)}\right] \times \left[s^2 - a^2\left(\frac{p'_c}{\sigma'_v}\right)\right] \quad [4\text{-}74]$$

Mas $W_T = 0$ quando

$$\frac{s^2}{a^2} \leq \frac{p'_c}{\sigma'_v} \quad [4\text{-}75]$$

A força T_{rp}, atuante no reforço resultante da ação de uma carga distribuída W_T é dada por:

$$T_{rp} = \left[\frac{W_t(s-a)}{2a}\right] \cdot \left[1 + \frac{1}{(6\varepsilon)}\right]^{1/2} \quad [4\text{-}76]$$

sendo ε a deformação específica no reforço.

A Eq. [4-76] apresenta duas incógnitas, e geralmente é resolvida supondo-se máxima a deformação admissível do reforço. Geralmente se impõem valores menores ou iguais a 6%.

Escorregamento lateral

O reforço precisa resistir aos esforços devidos ao escorregamento lateral, sob deformações admissíveis compatíveis com os deslocamentos laterais das estacas, eliminando também a necessidade de estacas inclinadas na região das bordas. Estima-se esse esforço lateral (T_{ds}) a partir de:

$$T_{ds} = 0{,}5K_a(f_{fs}\,\gamma\,H + 2f_q\,\omega_s)H \qquad [4\text{-}77]$$

sendo K_a o coeficiente de empuxo ativo [= $\tan^2(45^o - \varphi'_{cv}/2)$].

Tal qual no caso da estimativa da extensão lateral das estacas, também aqui a formulação não incorpora considerações com relação a coesão do aterro. Para o caso dos empuxos laterais, facilmente se poderia incluir na formulação a parcela redutora dos empuxos devido à coesão; isso seria feito da seguinte forma:

$$T_{ds} = 0{,}5K_a(f_{fs}\,\gamma\,H + 2f_q\,\omega_s)H - 2f_c\,c'\,K_a^{1/2}, \qquad [4\text{-}78]$$

sendo f_c o fator de segurança parcial para a coesão.

A fim de que a força T_{ds} seja gerada no reforço, é necessário que o aterro não deslize sobre este. Para evitar que ocorra esse escorregamento, o comprimento mínimo do reforço deverá ser:

$$L_e \geq \frac{[0{,}5K_a H(f_{fs}\gamma H + 2f_q \cdot \omega_s)f_s \cdot f_n]}{\left[\dfrac{\gamma \cdot h(\alpha' \tan\varphi'_{cv})}{f_{ms}}\right]} \qquad [4\text{-}79]$$

sendo:

- f_s o fator de segurança parcial para a resistência ao escorregamento sobre o reforço;
- h a altura média de aterro sobre o comprimento L_e do reforço;
- α' o coeficiente de interação relacionando o ângulo de atrito φ'_{cv} do solo com a resistência da interface solo-reforço;
- f_{ms} o fator de segurança parcial a ser aplicado em φ'_{cv} (nesse caso, igual à unidade).

Além dessa verificação, é necessário que o reforço geossintético se estenda, no mínimo, por uma distância L_b além da linha de capitéis mais externa do aterro:

$$L_b \geq \frac{f_{ms} \cdot f_n \cdot f_p(T_{rp} - T_{ds})}{\gamma \cdot h\left(\dfrac{\alpha'_1 \cdot \text{tg}\,\varphi'_{cv1}}{f_{ms}} + \alpha'_2 \cdot \text{tg}\,\varphi'_{cv2}\right)} \qquad [4\text{-}80]$$

em que:

- f_p o fator de segurança associado à resistência a arrancamento (para estados-limite últimos, deve-se utilizar um valor 1,3; já para estados-limite de utilização, deve-se empregar o valor unitário);
- α'_1 o coeficiente de interação relacionando o ângulo de atrito φ'_{cv1} do solo com a resistência da interface solo-reforço em um dos lados do reforço; e
- α'_2 o coeficiente de interação relacionando o ângulo de atrito φ'_{cv2} do solo com a resistência da interface solo-reforço do lado oposto.

Ao longo do comprimento do aterro, a distância L_b além da última linha de capitéis, é definida de forma análoga:

$$L_b \geq \frac{(f_{ms} \cdot f_n \cdot f_p \cdot T_{rp})}{\gamma \cdot h\left(\dfrac{\alpha_1' \cdot \text{tg } \varphi_{cv1}'}{f_{ms}} + \alpha_2' \cdot \text{tg } \varphi_{cv2}'\right)} \qquad [4\text{-}81]$$

Em muitos casos, na prática, é difícil garantir a distância L_b adequada. Uma solução potencial consiste em utilizar, por exemplo, um bloco de reação. A distância L_b é alcançada envolvendo-se o bloco de reação e retornando o reforço geossintético para o interior do aterro.

A Fig. 4-40 apresenta esquematicamente os principais esforços atuantes.

Estabilidade global

A estabilidade global deve sempre ser verificada através de métodos convencionais do tipo equilíbrio-limite, com modificações que considerem a presença das estacas e do reforço. Foge aos objetivos deste trabalho a discussão de tal análise, amplamente conhecida.

Deformação do reforço

A deformação máxima do reforço (ε_{max}) deve ser limitada, a fim de garantir que não ocorram recalques diferenciais na superfície do aterro. Como limite prático dessa deformação específica máxima, tem-se adotado 6%. No caso de aterros de pequena espessura, esse valor deverá ser ainda menor.

A deformação específica lenta, de longo prazo, de acordo com a BS 8006, deve se limitar a um valor de 2%. A partir da curva força x

FIGURA 4-40
Principais esforços atuantes.

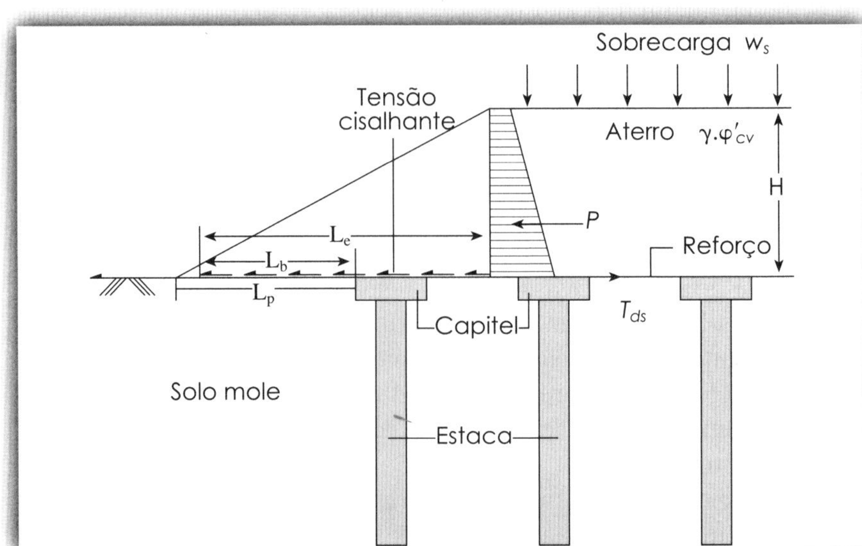

deformação, das forças atuantes calculadas e da deformação máxima definida acima, é possível especificar qual o geossintético mais adequado para cada situação.

Recalque excessivo da fundação

Esse assunto, a priori, independe do uso ou não de reforços geossintéticos na base do aterro e, portanto, foge aos objetivos deste trabalho.

Ao se utilizar esta solução no encontro de pontes, viadutos ou outras obras de arte especiais, o comprimento das estacas pode ser determinado de modo a permitir, longitudinalmente, a ocorrência de uma transição gradual entre a estrutura inamovível e os recalques de longo prazo dos aterros convencionais, tratados com pré-carregamentos.

4.7.4 Recomendações de instalação e detalhamento

Soluções de aterros estaqueados precisam levar em consideração uma série de detalhes importantes, como os citados a seguir.

- Especificação adequada do material de aterro e de seu método executivo, para garantir a necessária resistência a cisalhamento.
- Detalhamento geométrico dos capitéis: o uso de "chanfros" nas arestas dos capitéis pode ser uma garantia adicional para que o reforço não sofra danos físicos durante a sua instalação ou vida útil.
- Modulação adequada dos produtos comerciais: uma vez especificado um geossintético, é importante que se conheça a largura e o comprimento das bobinas padronizadas desse produto para se otimizar seu posicionamento geométrico.
- Uso de mais de uma camada de geossintético: em função das forças necessárias, muitas vezes é necessário utilizar mais de uma camada de geossintético, como reforço.
- Além de cuidados especiais nas verificações de cálculo, é importante que seja estudada uma solução adequada para garantir a ancoragem dos reforços geossintéticos, principalmente nas bordas.

4.7.5 Exemplo de dimensionamento

Uma rodovia com quatro faixas de rolamento será construída sobre uma camada espessa de solo mole. São fornecidos os parâmetros e as características geométricas da rodovia e do aterro. Pede-se para dimensionar e especificar o geossintético conveniente, a fim de reforçar o sistema estacas/capitéis, para as deformações admissíveis.

Dados

Largura de cada faixa: 3 m
Acostamento: 0,95 m (cada lado)
Talude 1V:1,5H; Altura do aterro: 4 m
Aterro: $\varphi'_{cv} = 25^{\circ}$; $c' = 20$ kPa; $\gamma = 18$ kg/m^3
Deformação específica máxima do reforço: $\varepsilon = 6\%$

$f_{fs} = f_s = f_q = f_p = 1{,}30$
$f_n = f_{ms} = 1{,}00$
$f_c = 0{,}50$
$\alpha' = \alpha'_1 = \alpha'_2 = 1{,}00$
Sobrecarga: 10 kPa

Solução

$$\frac{T_d}{f_n} \geq T_r \qquad [4\text{-}68a]$$

- Extensão lateral das estacas

$$L_p = H(n - \tan\theta_p), \qquad [4\text{-}69a]$$

$$L_p = 4 \cdot (1{,}5 - \tan\theta_p);$$

$$\theta_p = 45^{\circ} - \frac{\varphi'_{cv}}{2} \qquad [4\text{-}70a]$$

$$\theta_p = 45^{\circ} - \frac{25^{\circ}}{2}$$

$$\theta_p = 32{,}5^{\circ}$$

$$L_p = 3{,}45 \text{ m}$$

- Espaçamento entre estacas

$$H \geq 0{,}7(s - a). \qquad [4\text{-}71a]$$

Adotando-se captéis com dimensão 1,0 × 1,0 m, temos:

$$s \leq \frac{4}{0{,}7} + 1$$

$$s \leq 6{,}7 \text{ m.}$$

Adota-se $s = 3{,}0$ m.

Este espaçamento leva a uma carga vertical por estaca de 740 kN, valor este usual para estacas pré-moldadas convencionais. Outros valores poderiam ser assumidos, levando a esforços diferenciados.

- Arqueamento da carga vertical

$$\frac{p'_c}{\sigma' v} = \left[\frac{C_c \cdot a}{H}\right]^2 \qquad [4\text{-}72a]$$

$$C_c = \frac{1{,}91 \cdot H}{a} - 0{,}18$$

(para estacas tipo ponta)

$$\frac{p'_c}{\sigma'_v} = \left[\frac{\left[\left(\frac{1{,}95\times 4}{1}\right) - 0{,}18\right]\times 1}{4}\right]^2 = 3{,}63$$

Para $H > 1{,}4(s - a)$:

$$W_t = \left[\frac{1{,}4sf_{fs}\gamma(s-a)}{(s^2-a^2)}\right]\times\left[s^2 - a^2\left(\frac{p'_c}{\sigma'_v}\right)\right] \quad [4\text{-}73a]$$

$$W_t = \left[\frac{[1{,}4\times 3\times 1{,}3\times 18\times(3-1)]}{(3^2-1^2)}\right]\times\left[3^2 - 1^2\times(3{,}63)\right] = 131{,}94$$

$$T_{rp} = \left[\frac{W_t(s-a)}{2a}\right]\times\left[1+\frac{1}{(6\varepsilon)}\right]^{1/2} \quad [4\text{-}76a]$$

$$T_{rp} = \left[\frac{131{,}94\times(3-1)}{2\times 1}\right]\times\left[1+\frac{1}{(6\times 0{,}06)}\right]^{1/2} = 256{,}44 \text{ kN/m}$$

- Escorregamento lateral

$$T_{ds} = 0{,}5K_a(f_{fs}\,\gamma\,H + 2f_q\,\omega_s)H - 2f_c\,c'\,K_a^{1/2}, \quad [4\text{-}78a]$$

$$T_{ds} = 0{,}5\times 0{,}4(1{,}3\times 18\times 4 + 2\times 1{,}3\times 10)\times 4 - $$
$$- 2\times 0{,}5\times 20\times 0{,}4^{1/2} = 83{,}0 \text{ kN/m;}$$

$$\frac{T_d}{f_n} \geq T_r \quad [4\text{-}68a]$$

$$T_{rp} > T_{ds} \Rightarrow T_d = T_{rp}\cdot f_n$$

$$T_d = 256{,}44\cdot 1{,}0 = 256{,}44 \text{ kN/m}$$

$$L_e \geq \frac{[0{,}5K_a\cdot H(f_{fs}\gamma H + 2f_q\omega_s)f_s\cdot f_n]}{\left[\frac{\gamma\cdot h(\alpha'\tan\varphi'_{cv})}{f_{ms}}\right]} \quad [4\text{-}79a]$$

$$L_e \geq \frac{[0{,}5\times 0{,}4\times(1{,}3\times 18\times 4 + 2\times 1{,}3\times 10)\times 1{,}3\times 1]}{\left[\frac{18\times 2(1\times\tan 25^\circ)}{1}\right]} \geq 7{,}41 \text{ m}$$

$$L_b \geq \frac{f_{ms}\cdot f_n\cdot f_p\,(T_{rp} - T_{ds})}{\gamma\cdot h\left(\frac{\alpha_1\cdot\text{tg}\,\varphi'_{cv1}}{f_{ms}} + \alpha'_2\cdot\text{tg}\,\varphi'_{cv2}\right)} \quad [4\text{-}80a]$$

$$L_b \geq \frac{1 \times 1 \times 1{,}3(256{,}44 - 83{,}0)}{18 \times 2\left(\frac{1 \times \text{tg } 25}{1} + 1 \times \text{tg } 25\right)} \geq 6{,}71 \text{ m}$$

- Ao longo do comprimento do aterro

$$L_b \geq \frac{f_{ms} \cdot f_n \cdot f_p \cdot T_{rp}}{\gamma \cdot h\left(\frac{\alpha_1' \cdot \text{tg } \varphi_{cv1}}{f_{ms}} + \alpha_2' \cdot \text{tg } \varphi_{cv2}'\right)} \quad [4\text{-}81a]$$

$$L_b \geq \frac{1 \times 1{,}3 \times 1 \times 256{,}44}{18 \times 2\left(\frac{1 \times \text{tg } 25}{1} + 1 \times \text{tg } 25\right)} \geq 9{,}93 \text{ m}$$

Resultados

- Extensão lateral das estacas: L_p = 3,45 m.
- Espaçamento entre estacas: s = 3,0 m.
- Força atuante no reforço: T_{rp} = 256,44 kN/m.
- Escorregamento lateral: T_{ds} = 83,0 kN/m.
- Comprimento mínimo de reforço: L_e = 7,41 m.
- Comprimento mínimo de reforço além da linha de captéis mais externa: L_b = 6,71 m.
- Comprimento mínimo de reforço, além da linha de captéis mais externa, ao longo do comprimento do aterro: L_b = 9,93 m.

4.7.6 Conclusões

Aterros estaqueados são "estruturas" específicas para uso em regiões nas quais os solos de fundação apresentam baixa capacidade de suporte e grande deformabilidade, ou seja, existe risco de rupturas e/ou de recalques excessivos. Nesse tipo de ambiente, a solução de estaqueamento com reforço geossintético é utilizada rotineiramente na Alemanha, Reino Unido, Austrália e em outros países, mais recentemente, no Brasil.

O método de dimensionamento apresentado baseia-se na BS 8006 e, embora conservador, possui roteiro de cálculos bastante simplificado e mundialmente consagrado.

4.8 ATERROS SOBRE CAVIDADES

Ney A. Nascimento
Rogério Francisco Küster Puppi

4.8.1 Introdução

O uso de geossintéticos pode assegurar a estabilidade de longo prazo em terrenos sujeitos ao aparecimento de cavidades por recalques diferenciais, subsidência em áreas cársticas e também pela deterioração de materiais em aterros sanitários. A existência de geossintéticos empregados como material de reforço evita ou atenua a transmissão dos efeitos para as camadas superiores dos aterros em solo ou de aterros sanitários. Nestes últimos, a presença do geossintético pode evitar a ruptura de camadas de cobertura ou liners, mantendo as deformações dentro de limites suportáveis pelos seus materiais constituintes, assegurando a necessária proteção ambiental.

4.8.2 Produtos utilizados

Geogrelhas e geotêxteis são particularmente indicados para esse tipo de aplicação, necessitando para seu emprego apresentar:

a) alta resistência e módulo a tração;
b) vida útil da ordem de 100 anos;
c) resistência à ação química de substâncias agressivas originadas nos aterros sanitários;
d) capacidade de intertravamento com o solo; e
e) facilidade de instalação.

4.8.3 Dimensionamento e especificação

Muitos são os casos de carregamento aplicado sobre um sistema de camadas solo/geossintético, o qual pode eventualmente recobrir um vazio. Tais ocorrências são comuns em terrenos sujeitos à subsidência, servindo de fundação para aterros rodoviários ou para a construção de reservatórios.

Em terrenos sujeitos à formação de cavidades, deve-se assegurar que a camada de geossintético suporte as cargas aplicadas pelo solo sobreposto e por qualquer outra causa — como o carregamento aplicado pelo tráfego em uma estrada ou pelo líquido em um reservatório — sem sofrer ruptura ou deformação excessiva. Sujeito a carga, o sistema solo/geossintético sofre deflexão sobre a cavidade, podendo ocorrer três situações:

- o geossintético se rompe [Fig. 4-41a];
- o geossintético sofre deflexão limitada e vence o vão do vazio [Fig. 4-41b];
- o geossintético sofre deflexão até entrar em contato com o fundo do vazio [Fig. 4-41c].

Mecanismo resistente idealizado para o geossintético

Supõem-se a camada de solo e o geossintético subjacente inicialmente apoiados sobre um terreno firme de fundação. Após algum tempo, surge uma cavidade sob o geossintético, que sofre deflexão, com o peso da camada de solo e dos carregamentos aplicados. A deflexão causa dois efeitos: a flexão da camada de solo e o estiramento do geossintético.

A flexão do solo faz surgir o efeito de arqueamento em seu interior, transferindo parte das cargas aplicadas para o exterior da área da cavidade, como mostra a Fig. 4-41. Em decorrência, a tensão vertical (σ_v) sobre a área da cavidade é menor do que a tensão média geostática, $\sigma_{v\ \mathrm{med}}$ $(= \gamma \cdot H + q)$, devida ao peso da camada de solo de espessura H e peso específico γ e ao carregamento uniformemente distribuído de taxa q.

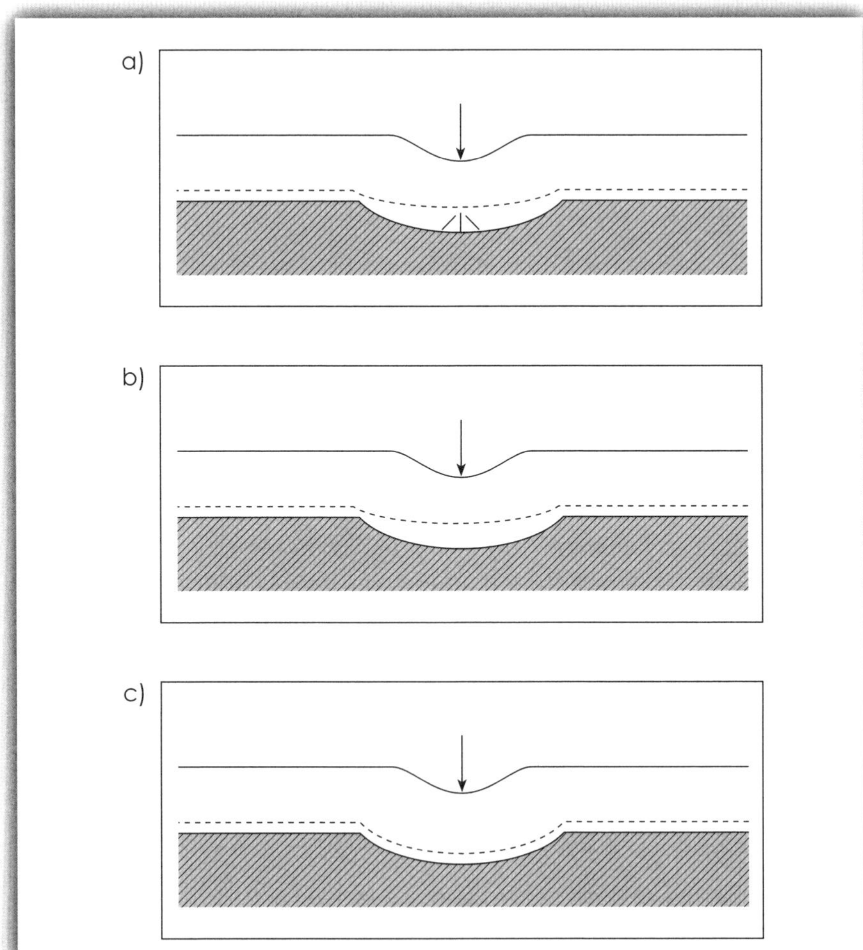

FIGURA 4-41
Possíveis desempenhos de um geossintético sobre cavidades.
a) O geossintético se rompe;
b) o geossintético sofre deflexão limitada e vence o vão do vazio;
c) o geossintético sofre deflexão até entrar em contato com o fundo do vazio.

O estiramento do geossintético mobiliza uma parcela de sua resistência a tração. Em conseqüência, ele passa a atuar como uma membrana tracionada, tornando-se capaz de suportar cargas aplicadas verticalmente à sua superfície de colocação. Como resultado do estiramento, dois casos devem ser considerados, como segue.

- No primeiro caso, o geossintético estirado entra em contato com o fundo do vazio. A parcela mobilizada da resistência do geossintético suporta uma parte do carregamento normal à sua superfície. O restante da carga é transmitido para o fundo do vazio.
- No segundo caso, o geossintético não se deforma o suficiente para entrar em contato com o fundo do vazio. Nessa situação, ou o geossintético é resistente o suficiente para suportar a carga normal em sua superfície ou ele se rompe. Esta segunda possibilidade é a mais crítica em termos de solicitação do geossintético, pois este responde por toda a capacidade de suporte.

Em resumo, após o surgimento de uma cavidade, o sistema formado pelo solo e pelo geossintético sofre deformação, e o geossintético estira-se até o rompimento ou até atingir um estado de equilíbrio, apoiado sobre o fundo ou não.

Na exposição a seguir, é admitida a pior condição de solicitação do geossintético. Ou seja, que o geossintético vence o vão sem se apoiar sobre o fundo da cavidade.

As determinações da tensão vertical aplicada sobre o plano do geossintético e também do esforço de tração são feitas em separado, segundo o processo proposto por Giroud *et al.* [2000]. Para se determinar a tensão vertical sobre o geossintético, o comportamento do solo é analisado por meio da teoria clássica do arqueamento, de Terzaghi [1943]. Já para se estabelecer uma relação entre a tensão vertical sobre o geossintético e a deflexão, deformação e esforço de tração sobre ele, emprega-se a teoria das membranas tracionadas.

Teoria do arqueamento

O vazio formado sob o geossintético pode ser circular (de diâmetro $2r$) ou retangular de comprimento infinito (de largura b). A camada de solo sobre o geossintético é considerada horizontal, de espessura H, peso específico γ, e sujeita a uma sobrecarga uniforme de taxa q, como mostra a Fig. 4-42.

Quando o geossintético sofre deflexão, o arqueamento se desenvolve na camada de solo, fazendo surgir tensões cisalhantes ao longo das superfícies AB e A′B′ da Fig. 4-43.

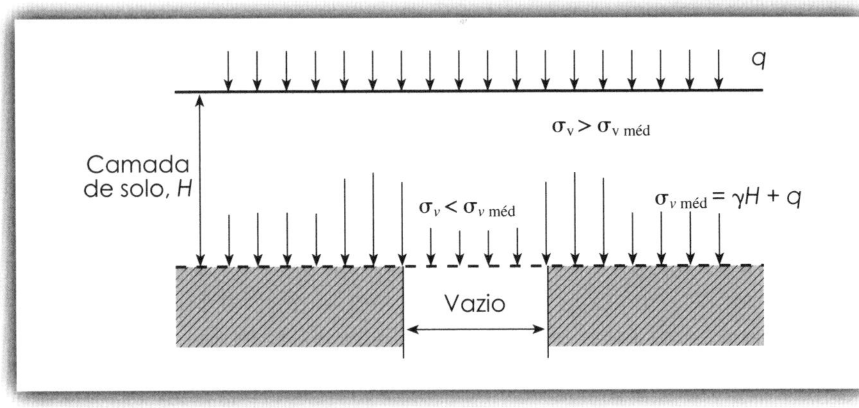

FIGURA 4-42
Efeito de arqueamento sobre a distribuição de tensão vertical.

Efeito de arqueamento sobre vazio de comprimento infinito

Terzaghi estabeleceu equações para o efeito de arqueamento sobre um vazio de comprimento infinito, admitindo que a transferência lateral de carga ocorre por meio das tensões cisalhantes ao longo dos planos verticais AB e A′B′ da Fig. 4-43.

A equação de equilíbrio vertical para o elemento infinitesimal mostrado na Fig. 4-43 conduz à expressão:

$$d\sigma_v = \left(\gamma - 2\frac{\tau}{b}\right)dz \qquad [4\text{-}82]$$

A tensão de cisalhamento ao longo dos planos verticais AB e A′B′ é expressa pela equação de Coulomb:

$$\tau = c + \sigma_h \cdot \text{tg}\phi \qquad [4\text{-}83]$$

A relação entre a tensão vertical e a horizontal é expressa por meio do coeficiente de empuxo K:

$$\sigma_h = K \cdot \sigma_v \qquad [4\text{-}84]$$

Substituindo as Eqs. [4-83] e [4-84] em [4-82], obtemos a equação diferencial ordinária

$$\frac{d\sigma_v}{dz} + \left(\frac{2}{b}\cdot K \cdot \text{tg}\,\phi\right)\cdot\sigma_v - \left(\gamma - 2\cdot\frac{c}{b}\right) = 0 \qquad [4\text{-}85]$$

cuja solução, aplicando-se a condição de contorno $\sigma_v = q$ para $z = 0$, é dada por:

$$\sigma_v(z) = \frac{b\left(\gamma - 2\cdot\frac{c}{b}\right)}{2\cdot K \cdot \text{tg}\,\phi}\left[1 - e^{-K\cdot\text{tg}\,\phi(2\cdot z/b)}\right] + q\cdot e^{-K\cdot\text{tg}\,\phi(2\cdot z/b)} \qquad [4\text{-}86]$$

Para aplicações práticas, é conveniente desprezar a coesão (c)

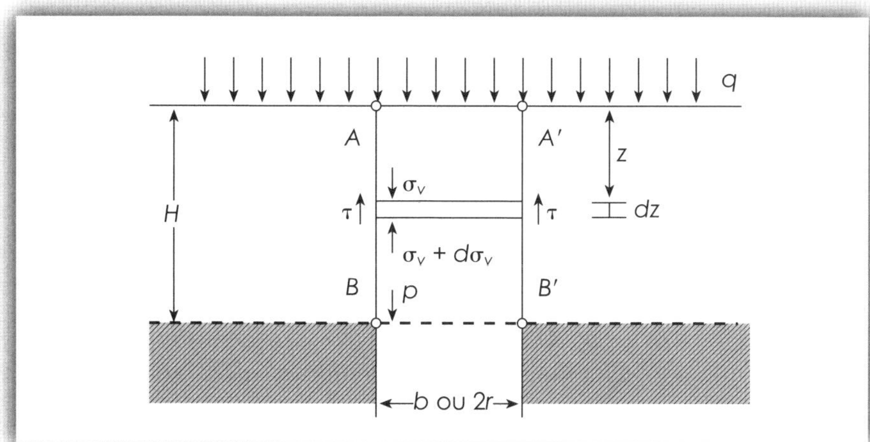

FIGURA 4-43
Determinação da tensão p sobre o geossintético, considerando-se o efeito de arqueamento.

do solo. Considerando-se ainda o uso de expressões empíricas para o coeficiente de empuxo, como, por exemplo, a expressão de Jaky ($K = 1 - \text{sen}\ \phi$), observa-se que o produto $K \tan \phi$ não varia significativamente para $\phi \geq 20°$, assumindo um valor em torno de 0,25. Cabe observar que, para valores de $\phi < 20°$, não há desenvolvimento sensível de arqueamento.

Aplicando-se essas considerações à Eq. [4-86], a pressão p sobre o geossintético será a tensão σ_v calculada para a profundidade $z = H$. Assim:

$$p = 2 \cdot \gamma \cdot b(1 - e^{-0,5 \cdot (H/b)}) + q \cdot e^{-0,5 \cdot (H/b)} \qquad [4\text{-}87]$$

Efeito de arqueamento sobre vazio circular

De forma análoga, para o caso de vazio circular, partindo da equação de equilíbrio para o elemento infinitesimal

$$d\sigma_v = \left[\gamma - 2\frac{\tau}{r}\right]dz \qquad [4\text{-}88]$$

chega-se à expressão da pressão p sobre o geossintético sobre uma cavidade circular de raio r:

$$p = 2\ \gamma\ r(1 - e^{-0,5 \cdot (H/r)}) + q \cdot e^{-0,5 \cdot (H/r)} \qquad [4\text{-}89]$$

Teoria da membrana tracionada

Admitindo-se que:

a) a pressão atuante sobre o geossintético é uniforme;

b) a deformação específica sob tração é uniforme no geossintético sobre a cavidade; e que

c) a deformação no geossintético fora da cavidade é nula, ou seja, o geossintético não escorrega para dentro do vazio.

Com isso, obtém-se uma grande simplificação no cálculo do esforço de tração no geossintético.

Esforço de tração no geossintético sobre cavidade de comprimento infinito e largura *b*

Como mostra a Fig. 4-44, a deformação do geossintético é semelhante a uma superfície cilíndrica, reduzindo-se a um arco de curva circular de corda b e flecha y em seção transversal.

A deformação específica (ε) é obtida da relação entre o comprimento do arco e o comprimento inicial expresso, pelo comprimento da corda b, sendo obtida pela relação:

$$1+\varepsilon = \left(\frac{b^2+4y^2}{4by}\right) \text{arcsen}\left(\frac{4by}{b^2+4y^2}\right) \qquad [4\text{-}90]$$

(válida para $y/b \leq 0{,}5$).

Colocando-se nessa expressão

$$\frac{4by}{(b^2+4y^2)} = x$$

a Eq. [4-90] simplifica-se para:

$$1+\varepsilon = \frac{1}{x}\cdot \text{arcsen}\, x \qquad [4\text{-}91]$$

Do equilíbrio estático na direção vertical, pode-se finalmente determinar o esforço de tração (T), por metro de comprimento do geossintético, com base no esquema estático ilustrado na Fig. 4-44:

$$T = \frac{p\cdot b}{2\cdot x} \qquad [4\text{-}92]$$

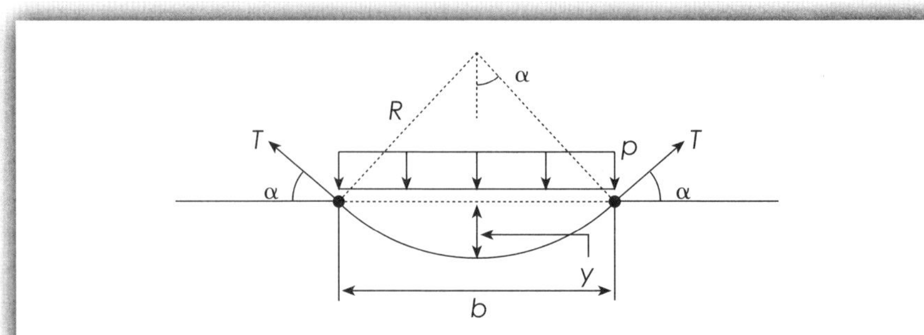

FIGURA 4-44
Configuração deformada do geossintético.

Esforço de tração no geossintético sobre cavidade circular de raio *r*

No caso de vazio circular, a deformação não é uniforme, obtendo-se apenas um valor aproximado para a deformação específica ε com o uso da Eq. [4-91].

De forma semelhante ao caso de cavidade de comprimento infinito, obtém-se um valor aproximado para o esforço de tração por metro de perímetro da cavidade, por meio da expressão:

$$T = \frac{p \cdot r}{2 \cdot x} \qquad [4\text{-}93]$$

Parâmetros utilizados no método:

H = altura de solo acima do geossintético;
b = largura da cavidade de comprimento infinito;
r = raio da cavidade circular;
γ = peso específico do solo acima do geossintético;
q = sobrecarga uniforme aplicada na superfície do terreno;
p = tensão normal aplicada sobre o geossintético;
c = coesão do solo;
ϕ = ângulo de atrito do solo, em graus;
T = esforço de tração no geossintético, em kN/m;
σ_h, σ_v = tensão normal horizontal e vertical, respectivamente;
K = coeficiente de empuxo;
τ = tensão de cisalhamento;
ε = deformação específica do geossintético;
FR = fator de redução global, para a resistência do geossintético a tração.

Seqüência de cálculo

Para a geometria do problema e uma certa dimensão de vazios esperados, determinar a pressão vertical sobre o geossintético utilizando as expressões:

$$p = 2 \cdot \gamma \cdot b(1 - e^{-0,5 \cdot (H/b)}) + q \cdot e^{-0,5 \cdot (H/b)} \qquad [4\text{-}87]$$

(vazio infinito de largura b)

$$p = 2 \cdot \gamma \cdot r(1 - e^{-0,5 \cdot (H/r)}) + q \cdot e^{-0,5 \cdot (H/r)} \qquad [4\text{-}89]$$

(vazio circular de raio r)

Selecionar a deformação específica ε máxima que pode sofrer o sistema solo/geossintético, deformação essa que não deve causar a ruptura do geossintético, nem danos nos materiais sobrepostos. Com o valor da deformação específica ε escolhida, determinar o valor de x que verifica a Eq. [4-91], que pode ser reescrita na forma:

$$\frac{\text{sen}\left[x\cdot\left(1+\varepsilon\right)\right]}{x}-1=0 \qquad \text{[4-91a]}$$

Resolvendo-se a Eq. [4-91a], por tentativas obtém-se o valor de x, podendo-se determinar o esforço de tração no geossintético por meio das expressões:

$$T=\frac{p\cdot b}{2\cdot x} \text{ (vazio infinito de largura } b\text{)} \qquad \text{[4-92]}$$

$$T=\frac{p\cdot r}{2\cdot x} \text{ (vazio circular de raio } r\text{)} \qquad \text{[4-93]}$$

O esforço de tração requerido do geossintético selecionado deve atender à condição:

$$T_{req}=T\times FR \qquad \text{[4-94]}$$

onde FR é o fator de redução global, que leva em consideração a natureza do geossintético, as condições de instalação, o meio ambiente e a vida útil da obra (para mais detalhes sobre o FR, ver definição na Sec. 4.3.6.

4.8.4 Recomendações de instalação

A instalação dos geossintéticos é simples, mas os seguintes detalhes precisam ser observados:

- Quando é necessária a mesma resistência a tração em duas direções, deve-se usar geossintético com igual tração nas duas direções, ou duas camadas superpostas, no caso de geogrelhas uniaxiais com disposição ortogonal e com a necessária tensão de tração em cada direção.
- Nas emendas, deve-se utilizar um sistema de união que permita a transferência do esforço de tração determinado no dimensionamento do geossintético.
- Calcular o comprimento de ancoragem de acordo com a recomendação de cada fabricante, pois a interação entre o geossintético e o solo varia sensivelmente em função do tipo de produto utilizado.

4.8.5 Exemplos de cálculo

Exemplo 1

Considerando-se um fator de redução global (FR) de 2,50, determinar o esforço de tração no geossintético para cavidades com 0,9 m de raio (r), com os seguintes dados:

- altura do material de um aterro sanitário, H_{as} = 12 m;
- ângulo de atrito, $\phi'_{as} = 25°$;
- peso específico, γ_{as} = 11 kN/m^3;
- camada de liner, H_l = 0,6 m;
- ângulo de atrito, $\phi'_l = 35°$;
- peso específico, γ_l = 19 kN/m^3;
- sobrecarga, q = 0 kN/m^2.

Considerando-se um peso específico médio para as camadas de aterro e de liner, igual a:

$$\gamma_{\text{med}} = \frac{(12 \times 11 + 0{,}6 \times 19)}{(12 + 0{,}6)} = 11{,}4 \text{ kN/m}^3$$

A pressão atuante sobre o geossintético, considerando o efeito de arqueamento, será:

$$p = 2 \times \gamma_{\text{med}} \times r(1 - e^{-0{,}5 \cdot (H_t/r)}) + qe^{-0{,}5 \cdot (H_t/r)},$$
$$p = 2 \times 11{,}4 \times 0{,}9\ (1 - e^{-0{,}5 \cdot (12{,}6/0{,}9)}) + 0 \times e^{-0{,}5 \cdot (12{,}6/0{,}9)},$$
$$p = 20{,}5 \text{ kN/m}^2.$$

Adotando-se uma deformação específica máxima para o caso $\varepsilon = 6{,}7\%$, obtemos para o parâmetro intermediário x, resolvendo a Eq. [4-91a] por tentativas, com aproximação até a quarta casa decimal:

$$\frac{\text{sen}\left[x(1+\varepsilon)\right]}{x} - 1 = 0 \therefore \frac{\text{sen}\left[x(1+0{,}067)\right]}{x} - 1 = 0 \therefore x = 0{,}5808$$

E o esforço de tração no geossintético, sobre cavidade circular resulta:

$$T = \frac{p \cdot r}{2 \cdot x} \therefore T = \frac{20{,}5 \times 0{,}9}{2 \times 0{,}5808} \therefore T = 15{,}88 \text{ kN/m.}$$

Por fim, o esforço de tração requerido do geossintético é igual a:

$$T_{req} = T \times FR \therefore T_{req} = 15{,}88 \times 2{,}50 \therefore T_{req} = 39{,}70 \text{ kN/m}$$

Exemplo 2

Usando-se os mesmos dados do aterro sanitário do Exemplo 1, determinar o esforço de tração no geossintético para cavidades com r = 4,5 m e considerando-se FR = 2,50.

Supõe-se para as camadas de aterro e de *liner* um peso específico médio igual a:

$$\gamma_{med} = \frac{(12 \times 11 + 0{,}6 \times 19)}{(12 + 0{,}6)} \therefore \gamma_{med} = 11{,}4 \text{ kN/m}^3$$

A pressão atuante sobre o geossintético, considerando o efeito de arqueamento, é:

$$p = 2 \times \gamma_{med}\, r(1 - e^{-0{,}5\cdot(H_t/r)}) + qe^{-0{,}5(H_t/r)},$$
$$p = 2 \times 11{,}4 \times 4{,}5(1 - e^{-0{,}5\cdot(12{,}6/4{,}5)}) + 0 \times e^{-0{,}5(12{,}6/4{,}5)},$$
$$p = 77{,}3 \text{ kN/m}^2.$$

Adotando-se uma deformação específica máxima para o caso ε = 6,7%, obtemos para o parâmetro intermediário x, resolvendo a Eq. [4-91a] por tentativas, com aproximação até a quarta casa decimal:

$$\frac{\text{sen}\left[x(1+\varepsilon)\right]}{x} - 1 = 0 \therefore \frac{\text{sen}\left[x(1+0{,}067)\right]}{x} - 1 = 0 \therefore x = 0{,}5808$$

E o esforço de tração no geossintético sobre cavidade circular resulta:

$$T = \frac{p \cdot r}{2 \cdot x} \therefore T = \frac{77{,}3 \times 4{,}5}{2 \times 0{,}5808} \therefore T = 299{,}45 \text{ kN/m}$$

Finalmente, o esforço de tração requerido do geossintético é igual a:

$$T_{req} = T \times FR \therefore T_{req} = 299{,}45 \times 2{,}50 \therefore T_{req} = 749 \text{ kN/m}$$

4.9 REFORÇO DE BASE DE PAVIMENTOS

Glicério Trichês
Liedi Bariani Bernucci

4.9.1 Introdução

No Brasil, a maioria dos pavimentos é classificada como flexível. Ou seja, sua estrutura é formada por um sistema composto por revestimentos asfálticos e camadas granulares ou de solo, assentados sobre o subleito. Os subleitos são constituídos pelo solo natural existente ou resultante dos trabalhos de terraplenagem. O comportamento dos solos e materiais granulares pode ser considerado quase elástico, apresentando algum caráter de plasticidade.

Em algumas dessas estruturas de pavimento flexíveis, tem-se observado que o emprego de camadas granulares diretamente sobre subleitos de baixa capacidade de suporte (ou malcompactados), pode levar aos problemas a seguir relatados.

- Redução de espessura e da resistência da camada granular pela cravação ou "agulhamento" do material granular no subleito ou na camada final de terraplenagem. Isso decorre da repetição de solicitação de tráfego, que também promove, em presença de água, ascensão do solo plástico para os vazios da camada granular por bombeamento, como ilustra a Fig. 4-45.
- Heterogeneidade do estado da camada granular. Decorre de problemas nos serviços de compactação da camada granular, devido à baixa capacidade de suporte do subleito, e resulta em menor densificação da parte inferior da camada granular compactada, que fica em contato com o subleito. Associa-se a isso o fato de solos de baixa capacidade oferecerem baixa resistência ao deslocamento lateral dos agregados. Tem-se, então, que o fundo ou parcela inferior da camada granular irá "trabalhar" com menores valores de módulo de resiliência.

A combinação desses problemas pode levar, principalmente, à manifestação das seguintes patologias na estrutura do pavimento:

- afundamento de trilha de roda, como se vê na Fig. 4-46a; e/ou
- trincamento por fadiga do revestimento, como ilustra a Fig. 4-46b.

Uma das tecnologias disponíveis no meio rodoviário para controlar, ou mesmo reduzir a um mínimo a manifestação dessas patologias, está na utilização de geossintéticos como camada de reforço de base.

Além disto o emprego de geossintéticos pode reduzir espessuras de projeto de camadas granulares, como ilustra a Fig. 4-47, ou aumentar a vida/período de projeto do pavimento, e também atuar como elemento separador e filtrante (Fig. 4-48a) e elemento de reforço (Fig. 4-48b).

FIGURA 4-45
Redução de espessura e da resistência por cravação do material granular no subleito ou camada final de terraplanagem de baixa capacidade de suporte.

FIGURA 4-46
(a) afundamento em trilha de roda e
(b) trincamento por fadiga do revestimento asfáltico.

4.9.2 Aplicações de geossintéticos em pavimentos

Para demonstrar a efetiva contribuição do emprego de geossintéticos na separação, filtração e reforço de camadas de estruturas de pavimentos flexíveis, muitas pesquisas foram executadas, de maneira geral analisando a influência das seguintes variáveis no desempenho do pavimento:

- espessura da camada granular a ser reforçada;
- posição relativa do geossintético na camada granular;
- características mecânicas do geossintético;
- capacidade de suporte (CBR) da camada de assentamento; e,
- forma de aplicação do carregamento: estático ou cíclico.

Em quase todos os experimentos, o principal indicador que quantifica a melhoria do desempenho do pavimento com a inclusão do geossintético é a taxa de benefício de tráfego, TBR (*traffic benefit ratio*), definida por:

$$\text{TBR} = \frac{N_{\text{geo}}}{N} \qquad [4\text{-}95]$$

em que:

N_{geo} é o número de repetições do eixo padrão de 82 kN que produz um determinado afundamento em trilha de roda (T_R) no pavimento com o geossintético; e

N é o número de repetições do eixo padrão de 82 kN que produz o mesmo afundamento em trilha de roda (T_R) no pavimento sem o geossintético.

Em geral, adota-se T_R entre 2,0 e 2,5 cm para indicar a falha ou "ruptura" da estrutura do pavimento.

Alguns estudos de caso

Melhorias no desempenho do pavimento com a inserção de um geossintético foram observadas em experimentos de laboratório en-

FIGURA 4-47
Aumento da área de distribuição de tensões no subleito diminuindo as espessuras das camadas.

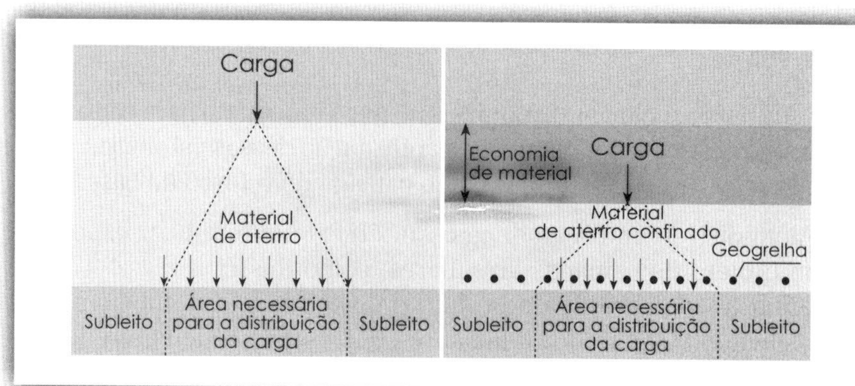

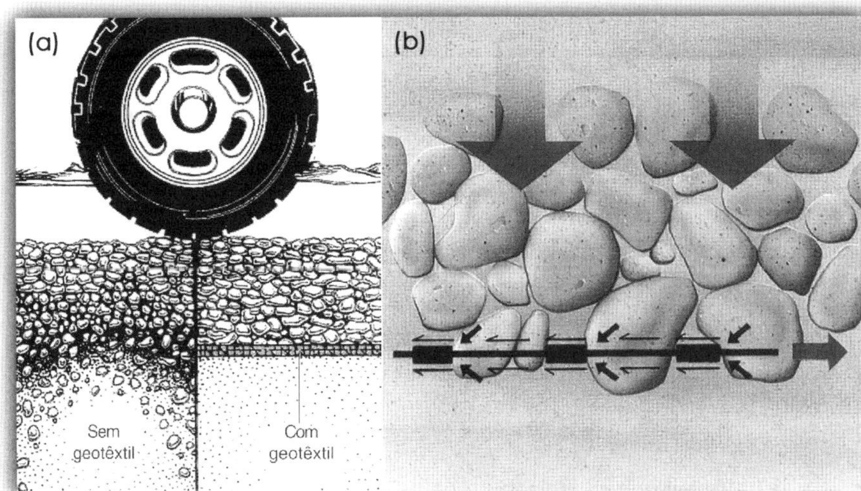

FIGURA 4-48
Benefícios gerados pela presença de um geossintético
(a) o geotêxtil atua como elemento separador e filtrante de base;
(b) a geogrelha atua como elemento de reforço e confinante de base.

volvendo a aplicação de carga estática (Klein *et al.*, 2003) e cíclica (Cancelli *et al.*, 1996; Hass *et al.*, 1988; Miura *et al.*, 1990), bem como em experimentos em verdadeira grandeza, construídos com equipamentos industriais (Anderson e Killeavy, 1989; Miura, 1990). Os resultados obtidos indicam que os pavimentos reforçados apresentam vida ou período de projeto de três a dez vezes maior em comparação com uma seção similar de pavimento não-reforçado; no caso de espessura da camada de base granular, os experimentos mostram uma redução de 20 a 50% graças aos geossintéticos.

Experimentos com o uso de geotêxteis conduzidos por Brown *et al.* (1982), Halliday e Potter (1984), citados por Perkins *et al.* (1998) e Ruddock *et al.* (1982), indicaram uma inibição muito pequena no desenvolvimento de trilha de roda. Estudos desenvolvidos por Anderson e Killeavy (1989) e Cancelli *et al.* (1996) demonstraram que as geogrelhas são superiores aos geotêxteis quando empregados como elemento de reforço.

Entre 1984 e 1992, o Corpo de Engenheiros do Exército dos Estados Unidos (USACE), em Vicksburg, e as universidades do Alasca, de Waterlloo e de Nottingham conduziram quatro grandes experimentos, cujo principal objetivo foi avaliar a eficiência de diferentes tipos de geogrelhas no reforço de camada de base de pavimentos (Tensar Corporation, 1996). As espessuras da camada de base variaram de 15,0 a 30,0 cm e a capacidade de suporte do solo de fundação (CBR) variou de 1,0 até 8,0%. O desempenho das geogrelhas foi avaliado através da taxa de benefício de tráfego. Os experimentos permitiram chegar às seguintes conclusões:

- a TBR para os diferentes tipos de geogrelhas avaliados varia de 2 a 4, definida para afundamentos em trilhas de roda entre 2,5 e 3,0 cm;

- as geogrelhas com maior módulo secante conduzem a maiores valores de TBR;
- quanto maior a capacidade de suporte do solo de fundação, menor a eficiência da geogrelha na redução da trilha de roda e, portanto, menor a TBR; e,
- o melhor desempenho da estrutura ocorre com a geogrelha posicionada na profundidade entre 18,0 e 26,0 cm, pois trabalha bem sob tração.

Em dois estudos realizados para o Corpo de Engenheiros do Exército dos Estados Unidos sobre o emprego de geossintéticos no reforço da camada de base de pavimentos, White (1991) e Webster (1992) verificaram que:

- a função principal de um geotêxtil em uma rodovia consiste na separação de camadas, evitando a contaminação da camada de base com solo do subleito. Ele não aumenta capacidade estrutural da camada de base; e,
- a geogrelha propicia um reforço na camada de base granular; porém, quando esse material é mal graduado, ocorre migração de finos vindos do subleito. Nesses casos, há a necessidade de se usar um conjunto de geogrelha com um geotêxtil, constituindo um geocomposto, a fim de perenizar sua função como reforço de base granular. Já existem no mercado geocompostos que combinam as duas funções, de reforço e de filtração.

A influência de diferentes tipos de geotêxtil no comportamento mecânico de uma camada de areia foi estudada por Abduliyauwad *et al.* (1994), verificando-se que, sob carregamento cíclico, quanto mais espessa a camada de areia, menor o benefício introduzido pelo geotêxtil. Por outro lado, quanto mais resistente o geotêxtil, melhor seu desempenho.

Huntington e Ksaibati (2000) realizaram um experimento para verificar a influência de geogrelhas no reforço da camada de base de uma rodovia pavimentada. Eles observaram que as seções com geogrelha apresentaram um ganho de rigidez ou aumento do módulo de resiliência da camada granular, após certo tempo de operação, avaliados por meio de retroanálise de bacias de deflexão (ou bacias de deslocamentos recuperáveis) obtidas com FWD (*falling weight deflectometer*, deflectômetro de impacto). As deflexões indicaram redução de 35% na espessura da camada granular pela inserção da geogrelha.

Pesquisando em laboratório a ação de um carregamento cíclico sobre um subleito reforçado com geogrelha, Chang *et al.* (1998) verificaram que, para profundidades de instalação superiores a uma vez o diâmetro da área de carregamento (cerca de 20,0 cm), o efeito da geogrelha no reforço é desprezível. Concluíram, ainda, que a eficiência do reforço não está diretamente relacionada com a resistência da geogrelha e sim, com a rigidez do seu material.

Experimento realizado e monitorado durante 3 anos por Al-Qadi *et al.* (1998), em rodovia de baixo volume de tráfego na Virgínia (Estados Unidos), mostrou que, para pequenas espessuras da camada de base (10,0 cm apenas), é evidente a contribuição da presença de um geossintético na redução da profundidade da trilha de roda. Além disso, o desempenho das seções-teste com geotêxtil foi levemente melhor do que as seções com geogrelha. Já para espessuras maiores de camada de base, da ordem de 15,0 a 20,0cm, a diferença na profundidade da trilha de roda nas diferentes seções testadas com e sem geossintético é mínima, indicando uma eficiência quase nula do geossintético no reforço da camada de base nesses casos.

Dondi (1994) instrumentalizou um segmento de rodovia para analisar o reforço da estrutura propiciado pela incorporação de uma geogrelha, verificando que:

- há um decréscimo de 20% e 15% na deflexão da estrutura quando se emprega uma geogrelha com módulo secante de 1.200 kN/m e 600 kN/m, respectivamente;
- as tensões de tração na geogrelha não são significativas (ao redor de 5 kN/m), mas para melhor mobilizar o efeito de reforço, a geogrelha dever apresentar elevada rigidez; e,
- a presença da geogrelha aumenta a vida de fadiga da estrutura de 2 a 2,5 vezes, dependendo do módulo secante da geogrelha, sendo que, quanto maior o módulo, maior a vida de fadiga.

A aplicação de geogrelhas não reduz o nível deflectométrico da estrutura nos primeiros anos da abertura ao tráfego, segundo Chang *et al* (1998). Isso se deve ao fato de a grandeza da medição de deflexão ser da ordem de centésimos de milímetro e, para deslocamento pequeno assim, não se consegue mobilizar plenamente a rigidez da geogrelha.

No Brasil, o uso de geossintéticos em obras de reforço intensificou-se a partir da década de 1980. A Fig. 4-49 ilustra a utilização de um geotêxtil como reforço da base granular de um pátio industrial assentado sobre solo siltoso, com CBR = 3%, em local de tráfego e manobras de carretas.

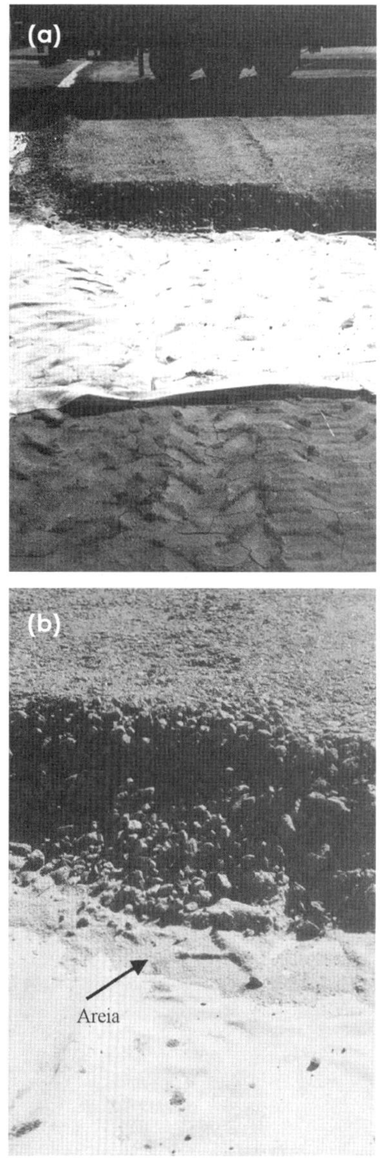

FIGURA 4-49
a) Vista geral de geotêxtil atuando como reforço de base em pátio industrial.
b) Presença de areia como material de bloqueio para prevenir puncionamento do geotêxtil pelos agregados.

Rezende (1999) utilizou três diferentes formas de aplicar o geotêxtil em bases de solos lateríticos plásticos, em um estudo abrangendo a construção de vários segmentos experimentais, nas proximidades de Brasília. Em uma delas, empregou-se o geotêxtil como membrana de "envelopamento" das camadas de solo plástico, recobrindo a camada em sua totalidade. Em outra, o geotêxtil foi posicionado entre o subleito e a base. No terceiro caso, o geotêxtil foi colocado no topo da camada de base. Os dados de Rezende mostraram que não houve redução da deflexão pelo uso de geotêxtil, pelo menos nos primeiros meses de operação da via.

Vantagens e limitações no uso de geossintéticos em bases

A partir dos resultados e conclusões das pesquisas apresentadas e com base em experiências brasileiras, pode-se formar um conjunto coerente de conceitos sobre o reforço de pavimentos com geossintéticos, conforme segue.

- A presença de um geossintético propicia um aumento da capacidade de carga, restringe o deslocamento lateral do agregado e inibe a contaminação por finos.
- As geogrelhas são muito mais eficientes na redução de trilhas de rodas em pavimentos flexíveis se comparadas com os geotêxteis.
- Existe um intervalo de espessura ótima da camada de base para a instalação de geogrelhas e essa espessura se situa entre 15 e 25 cm. Em espessuras de base maiores que 30 cm, a eficiência é insignificante. Nessa condição, as geogrelhas devem ser inseridas no interior da camada de base.
- O uso de reforços geossintéticos para redução de trilhas de rodas em estruturas é efetivo em pavimentos relativamente esbeltos (Número Estrutural entre 2,5 e 3,0 pela AASHTO), construídos sobre subleitos fracos, com CBR menores ou iguais a 3%, segundo TRB (1989).
- Estruturas de pavimentos com geogrelhas apresentam um aumento de 2 a 4 vezes em sua vida ou período de projeto, expresso pela TBR. De maneira geral, a TBR diminui com o aumento do CBR do subleito; por outro lado, estruturas com geogrelhas de maior módulo secante tendem a apresentar maior TBR.
- As geogrelhas podem atuar também como elementos separadores de camadas, impedindo a cravação dos agregados no subleito. Podem, porém, ser menos eficientes na separação de camadas se comparadas com os geotêxteis. Isso ocorre caso o subleito gere "lama" em presença de água e o material da camada de base não seja filtrante. O solo plástico pode, por bombeamento, ascender para a camada de base, reduzindo a resistência ao cisalhamento da camada granular.
- A principal função de um geotêxtil dentro de uma estrutura de pavimento é a separação de materiais, podendo também atuar como camada filtrante. Isso possibilita que se mantenha a espessura efetiva da camada de base durante o período de projeto ou operação da rodovia e que se evite a contaminação da camada de base por finos plásticos durante o processo construtivo.

4.9.3 Produtos utilizados

Geotêxteis

Entre as aplicações, o uso mais comum tem sido como separador ou elemento filtrante com o objetivo de prevenir a interpenetração do material da base com o da camada inferior.

Holtz *et al.* (1995) consideram que as condições do subleito mais apropriadas para o uso de geotêxteis em rodovias são aquelas em que o solo de fundação é argiloso ou siltoso, ou ainda, orgânico, com baixa resistência ao cisalhamento, expressa por CBR < 3% (ou módulo de resiliência < 30 MPa), associado a níveis elevados do lençol freático ou mesmo na superfície. Recomendam, ainda, que a função do geotêxtil dependa da resistência do solo de fundação de acordo com a Tab. 4-12. Note-se que o geotêxtil somente tem função estrutural quando a capacidade de suporte do solo de fundação é extremamente baixa.

TABELA 4-12
Relação entre a resistência do subleito e a função do geotêxtil [Holtz *et al.*, 1995]

Resistência não-drenada (kPa)	CBR do subleito (%)	Função do geotêxtil
60 - 90	2 - 3	Filtração e possibilidade de separação
30 - 60	1 - 2	Filtração, separação e possibilidade de reforço.
< 30	< 1	Todas as funções, incluindo reforço.

O emprego de geotêxteis como camada de bloqueio de reflexão de trincas provenientes de bases de solo trincada para revestimentos asfálticos delgados, como no caso de tratamentos superficiais, é uma das aplicações que pode ser classificada como de separação. Aplicações de geotêxteis com tal finalidade foram experimentadas com sucesso por Ogurtsova *et al.* (1991) no Estado do Paraná.

Geogrelhas

As geogrelhas são empregadas prioritariamente no reforço de estruturas de pavimento. Quanto ao processo de fabricação, basicamente as geogrelhas podem ser rígidas ou flexíveis. Uma vez que esse elemento é aplicado na região onde ocorrem as deformações máximas de tração, há tendência de que o tipo rígido conduza a um melhor desempenho no reforço da camada granular. Isso porque, no caso de geogrelha flexível, ou não adequadamente estendida, há a necessidade de uma certa deformação para mobilização de sua resistência, o que irá repercutir na formação de afundamento em trilha de roda na superfície, patologia indesejada em pavimentos.

O aumento na capacidade estrutural da camada granular com o emprego de geogrelhas se dá através de quatro mecanismos principais: intertravamento, tensão de tração, confinamento e separação.

Intertravamento

O aumento do intertravamento entre os grãos na interface com o subleito inibe o movimento lateral dos agregados.

Tensão de tração

Proporciona uma "resistência à tração" com baixas deformações na camada de base.

Confinamento

Propicia um confinamento uniforme do agregado na interface com o subleito.

Separação

Inibe a cravação dos agregados da camada no subleito, mantendo a efetiva espessura da camada granular. Conforme comentado em 4.9.2, o sucesso como elemento de separação depende da graduação do material granular, da capacidade de suporte do subleito e da presença de água.

Holtz *et al.*, (1995) constataram que as geogrelhas assentadas na interface das camadas granulares com o subleito têm a função de reforço e separação em subleitos com CBR inferiores a 5. Nesses casos, as geogrelhas reduzem a tensão vertical no topo do subleito por aumentarem a área de distribuição das tensões, diminuindo a possibilidade de ruptura por cisalhamento do subleito (Fig. 4-47). Em bases granulares com espessuras superiores a 25 cm, as geogrelhas devem ser posicionadas no interior da camada granular para poderem exercer seu papel de reforço. Nessa aplicação, observam-se, entre outros benefícios, redução do afundamento em trilha de roda, aumento da vida ou período de projeto, redução dos serviços de manutenção, etc.

4.9.4 Dimensionamento do pavimento considerando o geossintético como reforço de base

Muitos métodos de dimensionamento propostos por diferentes autores levam em conta a hipotética existência de um deslocamento permanente significativo para mobilizar o efeito membrana do geossintético. Em rodovias não-pavimentadas, ou temporárias, pode-se conviver com afundamentos em trilhas de roda da ordem até de dezenas de centímetros; já em rodovias pavimentadas, essa situação é inaceitável.

Em rodovias pavimentadas, é inadmissível imaginar que a melhora do desempenho pela presença de um geossintético — o que indubitavelmente se verifica na prática — se deva ao efeito membrana, a qual requer, para sua mobilização, deslocamentos verticais significativos. Isso levaria ao aparecimento de profundas trilhas de roda (acima de 2,5 cm), que condenariam a rodovia em pouco tempo.

A hipótese de cálculo mais plausível consiste em admitir que a função de reforço é levada a termo pela absorção, pelo geossintético, de grande parcela das tensões de cisalhamento impostas pelo tráfego e que seriam transmitidas para o subleito. Esse mecanismo possibilitaria, assim, um decréscimo das tensões e deformações que chegariam até o subleito. Para que essa hipótese de cálculo seja garantida em campo, é necessário que o geossintético trabalhe solidário com o material da camada. Nesse sentido, quanto mais bem esticado estiver o geossintético e mais rígido ele for, mais eficiente ele será no reforço da camada de base.

Rodovias não-pavimentadas

Existem vários procedimentos para se dimensionar a espessura da camada granular em rodovias não-pavimentadas. Por exemplo: Stewart et al. (1977); Barenberg (1980); Giroud e Noiray (1981); FHWA Geosynthetics Manual; Holtz e Tsai (1998) (citados pelo IGS, 2002); e, Giroud e Han (2003), entre outros.

A Eq. [4-96] mostra a proposição de Giroud e Han (2003) para o dimensionamento de espessura de camada de revestimento primário considerando-se a presença de um geossintético:

$$h = \frac{0,868 + (0,661 - 1,006 J^2)\left(\frac{r}{h}\right)^{1,5} \log N}{1 + 0,204(R_E - 1)} \times \left\{ \sqrt{\frac{\frac{P}{\pi r^2}}{\left(\frac{s}{f_S}\right)\left[1 - 0,9\exp\left(-\left(\frac{r}{h}\right)^2\right)\right] N_c f_c}} - 1 \right\} r \qquad [4\text{-}96]$$

onde:

h é a espessura da base granular requerida (m);
J o módulo de estabilidade de abertura da geogrelha (m-N/grau)
N o número de repetições do eixo padrão (AASHTO);
P a carga de roda (kN);
r o raio da área de contato da roda equivalente (m);
R_E $3{,}48CBR_{base}^{0{,}3}/CBR_{sub}$ (CBR_{base} = CBR da base; CBR_{sub} = CBR do subleito);
s a profundidade máxima permitida da trilha de roda (mm);
f_s o fator igual a 75 mm;
N_c o fator de capacidade de carga;
f_C o fator igual a 30 kPa;
$N_c = 3{,}14$ e $J = 0$ para bases não-reforçadas;
$N_c = 5{,}14$ e $J = 0$ para reforços da base granular com geotêxtil; e,
$N_c = 5{,}71$ e $J = 0{,}32$ m-N/grau ou $J = 0{,}65$ m-N/grau para reforços de base granular com geogrelhas, com J dependente do tipo de geogrelha.

Em aplicações do método de Giroud-Han, sugere-se, com base em estudos de campo de bases não-reforçadas, que a razão R_E seja limitada no valor máximo de 5,0, levando em conta a dificuldade de compactação dessas bases granulares sobre solos de baixa capacidade de suporte. No entanto, sabe-se que o uso de geogrelha permite uma melhora substancial nos serviços de compactação de bases granulares sobre subleitos de baixa capacidade de suporte, o que permitiria a elevação da razão R_E.

Rodovias pavimentadas

O dimensionamento de estruturas de rodovias pavimentadas reforçadas com geossintéticos pode ser feito através de várias métodos (IGS, 2002). Entre elas citam-se: Penner *et al.* (1985); Burd e Houlsby (1986); Barksdale *et al.* (1989); Burd e Brocklehurst (1990); Davies e Bridle (1990); Miura *et al.* (1990); Sellmeijer (1990); Webster (1993); Dondi (1994); Tensar (1996); Wathugala *et al.* (1996); Akzo-Nobel (1998); e Zhao e Foxworthy (1999).

Apresenta-se como sugestão o emprego do método de dimensionamento de pavimentos flexíveis indicado pelo Guia da AASHTO (1993), cuja equação é:

$$9{,}36\ \log_{10}(SN+1) + \frac{\log_{10}\left[\dfrac{\Delta PSI}{4{,}2-1{,}5}\right]}{0{,}40 + \dfrac{1.094}{(SN+1)^{5{,}19}}} - \log\ W_{18} + 2{,}32\ \log\ (M_R) + Z_R S_0 - 8{,}27 = 0 \quad [4\text{-}97]$$

onde:

ΔPSI é a perda de serventia esperada durante o período de projeto (tipicamente, entre 1,7 e 2,2);

W_{18} número de solicitações equivalentes ao eixo padrão de 82 kN, calculado com os coeficientes da AASHTO;

M_R o módulo de resiliência do subleito (psi);

Z_R o desvio padrão para a probabilidade de êxito que se quer para a estrutura dimensionada (valores entre –0,84 e –1,34 para probabilidade de êxito de 80 e 91%, respectivamente);

S_0 o desvio padrão que leva em conta as incertezas das variáveis medidas e do processo construtivo (tipicamente entre 0,44 e 0,49); e,

SN o número estrutural que representa a capacidade que o pavimento dimensionado deverá ter para atender ao tráfego estimado para o período de projeto.

O número estrutural é calculado pela equação

$$SN = a_1 D_1 + a_2 D_2 m_2 + a_3 D_3 m_3, \qquad [4\text{-}98]$$

sendo:

a_i o coeficiente estrutural do material da camada i;

D_i a espessura da camada i (polegadas); e

m_i o coeficiente de drenagem do material da camada i.

Os coeficientes a_i e m_i são fornecidos pela AASHTO (1993). Para resolução da Eq. [4-97], entra-se com as variáveis conhecidas e determina-se o valor de N_e que a torne nula. Para contemplar o aumento da vida ou período de projeto que a geogrelha proporciona, utiliza-se a TBR conforme a equação:

$$9{,}36\ \log_{10}\left(SN_{BR}+1\right)+\frac{\log_{10}\left[\dfrac{\Delta \text{PSI}}{4{,}2-1{,}5}\right]}{0{,}40+\dfrac{1.094}{\left(SN_{BR}+1\right)^{5{,}19}}} - \log\frac{W_{18}}{\text{TBR}} + 2{,}32\ \log\ \left(M_R\right) + Z_R S_0 - 8{,}27 = 0, \qquad [4\text{-}99]$$

sendo:

TBR a taxa de benefício de tráfego; e

SN_{BR} o número estrutural considerando-se a contribuição da geogrelha.

O valor usual para a TBR é 2. Preferencialmente, o geossintético deverá apresentar um módulo secante superior a 600 kN/m.

Para o dimensionamento de pavimentos submetidos à ação de cargas especiais (empilhadeiras, transportadores de contêineres, entre outros), recomenda-se proceder à análise de tensão/deformação através de programas computacionais apropriados.

A AASHTO (2001), em sua recomendação prática para reforço de bases com geossintéticos, encoraja os projetistas e empreiteiros a executar trechos-piloto de verificação do desempenho do reforço para confirmação de projeto.

4.9.5 Recomendações de instalação

O principal cuidado para que um geossintético efetivamente funcione como reforço de estrutura de pavimento é que haja um eficiente entrosamento entre ele e o solo. Isso possibilitará ao geossintético mobilizar sua resistência mediante um valor mínimo de deformação da estrutura. Nesse sentido, geossintéticos com maior rigidez (maior módulo secante), devidamente esticados e ancorados, irão proporcionar um melhor empenho como elemento de reforço.

O procedimento executivo básico deverá seguir as etapas comentadas a seguir.

- Deve-se proceder à remoção de agregados pontiagudos da superfície do subleito ou camada final de terraplanagem para evitar a perfuração do geotêxtil, no caso de seu emprego como elemento separador e filtrante. Em situações dessa natureza ou quando se empregam agregados de grandes dimensões como pedra-pulmão ou rachão, pode-se fazer uso de uma camada de bloqueio de areia ou pó-de-pedra entre o geotêxtil e a camada que o puncionará. A Fig. 4-49b mostra a presença de camada de areia sobre geossintético como proteção mecânica.
- A fixação do geossintético, no caso de emprego do geotêxtil para separação e filtragem, pode ser realizada no sentido do tráfego, uma vez que nessa forma de aplicação as deformações que ocorrem nas emendas (costuras) não comprometem seu efetivo funcionamento. Já quando se aplica uma geogrelha para reforço da estrutura, ela deve ser estendida de preferência perpendicularmente à atuação do tráfego, evitando dessa forma as deformações originadas nas emendas. A Fig. 4-51 ilustra a fixação esquemática de uma geogrelha.

FIGURA 4-50
Transporte e espalhamento do agregado da camada de base.

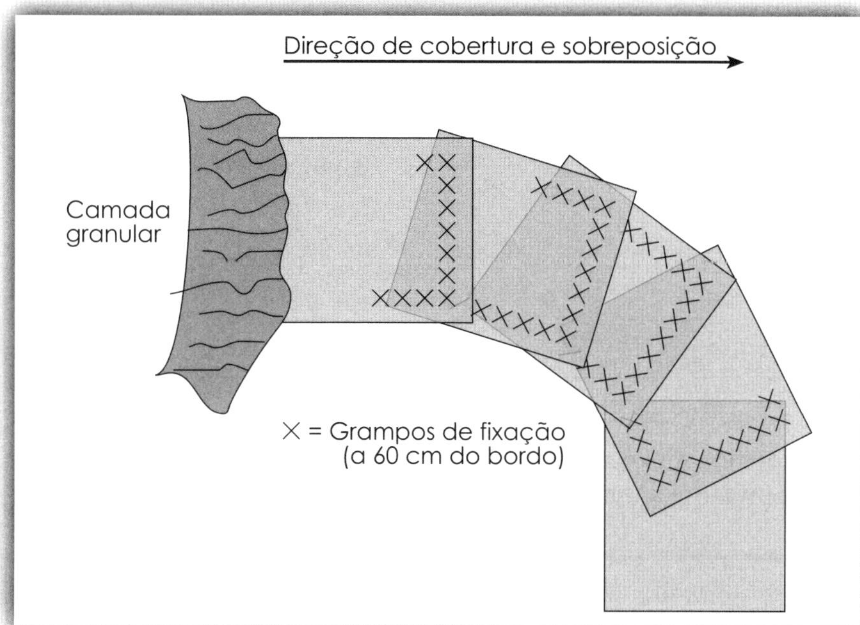

FIGURA 4-51
Estendimento e fixação de uma geogrelha.

- O transporte e o espalhamento do material granular devem ser preferencialmente realizados sem que os equipamentos trafeguem diretamente sobre o geossintético, como ilustra a Fig. 4-50.
- A compactação da camada granular deve ser realizada em espessura máxima de compactação de 20,0 cm. No controle tecnológico de execução da camada granular deverão ser seguidas as especificações gerais do DNER/97.

4.9.6 Exemplo de dimensionamento

No exemplo a seguir será dimensionado o pavimento de uma rodovia coletora urbana, considerando-se a presença ou não de uma geogrelha. O tráfego previsto no período de projeto (W_{18} AASHTO) é de 3.000.000 e o CBR de projeto do subleito é 4,0%.

Definições dos parâmetros de dimensionamento

Nível de confiabilidade desejado

O nível de confiabilidade desejado (R) para uma rodovia coletora urbana varia de 80 a 95%. No dimensionamento, ele é levado em conta através do termo $Z_R \times S_0$ da Eq. [4-97], em que Z_R representa o desvio padrão normal correspondente ao R selecionado e S_0, representa o desvio padrão total levando-se em conta a variabilidade dos parâmetros de tráfego, de resistência dos materiais e do próprio processo construtivo. O valor de Z_R varia de acordo com a Tab. 4-13 e S_0 varia de 0,4 a 0,5.

TABELA 4-13
Nível de confiabilidade desejado e valor de Z_R
[AASHTO, 1993]

Confiabilidade R (%)	Z_R	Confiabilidade R (%)	Z_R
80	– 0,841	92	–1,405
85	–1,037	94	–1,555
90	–1,282	95	–1,645

Para o exemplo proposto, selecionou-se uma confiabilidade de 90%, correspondente a um Z_R de –1,282, e um valor de S_0 igual a 0,45.

Índice de serventia final (P_f)

A serventia de um pavimento representa a sua capacidade de servir ao tráfego. A medida da serventia é feita pelo índice de serventia presente (PSI), que varia de 0 (intrafegável) até 5,0 (em perfeitas condições de rolamento). Um pavimento flexível, recém-construído, apresenta um PSI inicial (P_0) em geral de 4,2. Normalmente a serventia final adotada (P_f) para essa classificação de rodovia é igual a 2. Resulta, então, em um ΔPSI de 2,2.

Módulo de resiliência do subleito (M_R)

Quando não se realiza ensaio triaxial com cargas cíclicas, o M_R pode ser estimado através do modelo considerado pela AASHTO (1993), expresso na equação:

$$M_R \text{ (psi)} = 1.500 \text{ CBR } (\%), \qquad [4\text{-}100]$$

que resulta em um M_R de 6.000 psi para o subleito deste exemplo, onde será assentado o pavimento. Ressalte-se que o cálculo do M_R pelo valor de CBR pode conduzir a erros devido a variações nessas correlações, dependendo do tipo de material.

Coeficientes estruturais das camadas do pavimento

Revestimento de concreto asfáltico (a_1)

O coeficiente estrutural do concreto asfáltico pode ser estimado pelo modelo expresso na equação:

$$a_1 = \frac{E_{ca}}{1{,}43E_{ca} + 27.200} \qquad [4\text{-}101]$$

onde E_{ca} corresponde ao módulo de elasticidade do concreto asfáltico, em kgf/cm^2. Para uma mistura com módulo de 33.000 kgf/cm^2, o valor de a_1 será 0,44 (podendo variar normalmente entre 0,2 até 0,5 para as misturas asfálticas novas).

Camada de base (a_2)

O coeficiente estrutural da camada de base pode ser estimado pelo modelo expresso na equação:

$$a_2 = 0{,}249 \log E_b - 0{,}977, \qquad [4\text{-}102]$$

correspondendo E_b ao módulo de elasticidade médio da camada de base, em psi. Para uma brita graduada com módulo médio de 42.850 psi (3.000 kgf/cm^2), o valor de a_2 é 0,157 (podendo variar normalmente de 0,13 até 0,21).

Camada de sub-base (a_3)

O coeficiente estrutural da camada de sub-base pode ser estimado pelo modelo expresso na equação:

$$a_3 = 0{,}227 \log E_{sb} - 0{,}839, \qquad [4\text{-}103]$$

correspondendo E_{sb} ao módulo de elasticidade médio da camada de sub-base (em psi). Para uma camada de sub-base com módulo médio de 21.400 psi (1.500 kgf/cm^2) o valor de a_3 é 0,14 (podendo variar normalmente entre 0,09 até 0,15).

Coeficientes de drenagem (m_i)

Considerando-se que, para as condições climáticas brasileiras, em menos de 5% do tempo o pavimento será exposto a níveis de umidade próximos à saturação e que as camadas de base e sub-base granulares têm uma boa qualidade de drenagem, pode-se estimar um valor para o coeficiente de drenagem ao redor de 1,1 (AASHTO, 1993). Para camadas executadas em solo, o coeficiente de drenagem pode variar de 0,75 a 1,0.

Dimensionamento da estrutura

Será considerada a presença de uma geogrelha com módulo de rigidez de 600 kN/m, que proporciona um TBR de pelo menos 2.

Substituindo na Eq. [4-99] os parâmetros de projeto (W_{18} = 3.000.000; TBR = 2; Z_R = –1,282; S_0 = 0,45; M_R subleito = 6.000 psi), obtém-se que é necessário a estrutura do pavimento apresentar um número estrutural (SN) de pelo menos 3,81.

Entrando-se nessa mesma equação, porém agora com o M_R da camada da base (42.850 psi), conclui-se que é necessário o revestimento apresentar um ΔSN (contribuição da referida camada no SN) de pelo menos 1,90, o que significa uma espessura de 11,0 cm (1,9 × 2,54/0,44).

Considerando-se que será executada uma camada de sub-base (com material que apresente um CBR igual ou superior a 20% e módulo igual ou superior a 1.500 kgf/cm^2) de 17,0 cm de espessura (definida por critério do projetista), essa camada colaborará com um ΔSN de 0,94 (17 x 0,14/2,54). Não se considerou no cálculo do ΔSN, a contribuição do coeficiente de drenagem (igual a 1,1).

A camada de base (em brita graduada) deverá apresentar um ΔSN de 0,97, o que resulta em uma espessura de 16,0 cm (0,97 × 2,54/0,157).

A estrutura final do pavimento será assim constituída:

- revestimento —11,0 cm de espessura em concreto asfáltico usinado a quente, devendo apresentar um módulo de elasticidade de 33.000 kgf/cm^2;
- base — 16,0 cm de espessura, em brita graduada devendo apresentar um módulo de elasticidade médio de 3.000 kgf/cm^2;
- sub-base — 17,0 cm de macadame seco, devendo apresentar um módulo de elasticidade médio de 1.500 kgf/cm^2.

A geogrelha a ser especificada precisará ter um módulo de rigidez de pelo menos 600 kN/m, devendo ser instalada na interface entre a camada de sub-base e base.

Dimensionamento comparativo sem geossintético

Aplicando um procedimento análogo, descrito em 4.9.6, porém com a Eq. [4-97], obtém-se que é necessário a estrutura do pavimento apresentar um SN de pelo menos 4,25.

Será necessário que o revestimento apresente um ΔSN de pelo menos 2,11, o que representa uma espessura de 12,5 cm (2,11 × 2,54/0,44).

Para efeito comparativo, considerou-se que nessa estrutura também será executada uma camada de sub-base com a mesma espessura definida em "Dimensionamento da estrutura", tendo, portanto, a mesma contribuição estrutural (ΔSN =0,94). Dessa forma, a camada de base terá uma espessura de 18,5 cm.

A estrutura final será assim constituída:

- revestimento: 12,5 cm de espessura em concreto asfáltico usinado a quente, devendo apresentar um módulo de elasticidade de 33.000 kgf/cm^2;

- base: 18,5 cm de espessura, em brita graduada simples, devendo apresentar um módulo de elasticidade médio de 3.000 kgf/cm^2;
- sub-base: 17,0 cm de macadame seco, devendo apresentar um módulo de elasticidade médio de 1.500 kgf/cm^2.

Deve-se ressaltar que quanto menor o número estrutural (*SN*), ou seja, quanto mais esbelta a estrutura, mais eficiente será o emprego da geogrelha na redução de espessuras de camadas.

4.10 CONCLUSÕES

José Carlos Vertematti

A cada dia que passa, maiores se tornam as necessidades pela utilização dos geossintéticos atuando como inclusões resistentes em obras de terra e estruturas granulares. Essa demanda decorre da crescente escassez de subsolos com boa capacidade portante e de materiais de empréstimo de boa qualidade.

A indústria, por sua vez, vem aumentando a oferta de diferentes tipos de geossintéticos, procurando adaptá-los às necessidades detectadas no mercado. Em meados de 2003, havia no mundo todo mais de quatrocentos produtos que podiam exercer funções de reforço.

Diante dessa realidade, os profissionais da área devem se manter constantemente informado e agir no sentido de especificar o produto mais adequado para cada obra, não apenas do ponto vista técnico, mas também econômico.

REFERÊNCIAS BIBLIOGRAFICAS

AASHTO, “Provisional Standards, Interim Edition”. American Association of State Highway and Transportation Officials [Washington, DC, EUA, 2001].

Abdulijauwad, S. N., Bayomy, F., Al-Shaikh, A M., “Use of Geotextiles to Improvise Sabka Subgrades for Low Volume Roads”. V International Conference on Geotextiles, Geomembranes and Related Products [Cingapura, 1994].

Abramento, M., “Numerical Analysis of a Pavement Base Reinforced with Geogrid”. VI International Conference on Geosynthetics [Atlanta, EUA, 1998].

Alawahi, H. A., “Settlement and bearing capacity of geogrid-reinforced sand over collapsible soil”. Geotextiles and Geomembranes 19, pp. 75-88, Elsevier Science Publishers [Londres, Grã-Bretanha, 2001].

Allen, T.M.; ‘Determination of long-term tensile strength of geosynthetics: a state-of-the-art rewiew’, Geosynthetics ‘91 Conf. Proceedings., p.351-380 [Atlanta, EUA, 1991].

Al-Qadi, I. L., Coree, B. J., Brandon, T. L., Bhutta, S. A., Appea, A. K., “Quantifying the Separation Characteristic of Geosynthetics in Flexible Pavements”. VI International Conference on Geosynthetics [Atlanta, EUA, 1998].

Anderson, P., E Killeavy, M., "Geotextiles and Geogrids: Cost Effective Alternative Materials for Pavement Design and Construction". Proceedings of the Conference Geosynthetics´89 [San Diego, Califórnia, EUA, 1989].

Azambuja, E., "A influência do dano mecânico na determinação da tensão admissível dos geossintéticos em estruturas de solo reforçado", Proc. 1st South American Symp. on Geosynthetics [Rio de Janeiro, Brasil, 1999].

Azambuja, E., "Determinação da Resistência Admissível dos geossintéticos Empregados como Reforço em Muros ou Taludes Íngremes", Curso sobre Aplicação de Geossintéticos em Geotecnia e Meio Ambiente, IGS-Brasil [Florianópolis, SC, Brasil, 1999].

Bathurst, R. J. & Kknight, M. A., "Analysis of Geocell Reinforced-soil Covers Over Large Span Conduits". Computers and Geotechnics, Vol. 22, pp. 205-219, Elsevier Science Publishers [Londres, Grã-Bretanha, 1998].

Beretta, L., Cancelli, A., Montanelli, F., Rimoldi, P., "Full Scale Laboratory Tests on Geosynthetics Reinforced Roads on Soft Soil". V International Conference on Geotextiles, Geomembranes and Related Products [Cingapura, 1994].

Billing, J. W.; Greensood, J. H. e Small, G. D., "Chemical and Mechanical Durability of Geotextiles", IV Intern. Conf. on Geotextiles, Geomembranes and Related Products [Hague, Holanda, 1990].

Bishop, A. W., "The use of the slip circle in the Stability Analysis of Slopes". Geotchnique, Vol. 5, nº 1, pp 7-17 [Reino Unido, 1955].

Broms, B. B., "Stability on Foundation on Soft Clay". International Symposium on Soft Clay, 36-9 [Bangcoc, Tailândia 1977].

Brow, S. F., Jones, C. P. D., E Brodrick, B. V., "Use of Non-Woven Fabrics in Permanent Roads Pavements". Proceedings of The Institution of Civil Engineers, Part 2, Vol 73 [Londres, Grã-Bretanha, 1982].

BSI - British Standards Institution, "BS 8006 - Strengthened / reinforced soils and other fills", [Londres, Grã-Bretanha, 1995].

Cancelli, A., Montanelli, F., Rimolde, P., E Zhao, A., "Full Scale Laboratory Tests on Geosynthetics Reinforced Paved Roads". Proceedings of the International Symposium on Earth Reinforcement [Fukuoka, Japão, 1996].

Carvalho, P.A.; Pedrosa, J.A.B.A.; Wolle, C.M.; "Aterro reforçado com geotêxteis – uma opção alternativa para engenharia geotécnica". In: Congresso Brasileiro de Mecânica dos Solos e Engenharia de Fundações. Anais, vol. IV, pp. 1169-178 [Porto Alegre, Brasil, 1986].

Chang, D. T., Wang, W. J., Wang, Y. H., "Laboratory Study of the Dynamic Test System on Geogrid Reinforced Subgrade Soil". VI International Conference on Geosynthetics [Atlanta, EUA, 1998].

Christopher, B. R., Giroud, J. P., Juran, I., Mitchell, J. K., Schlosser, F. e Dunnicliff, J., "Reinforced soil structures, volume I. Design and construction guidelines". Federal Hwy. Administration Rep. No. FHWA/RD/89-043, [Washington, D.C., EUA, 1990].

Dantas, B. T. e Ehrlich, M., "Ábacos para Dimensionamento de Taludes Reforçados sob Condições de Trabalho", Proc. 1st South American Symp. on Geosynthetics, Rio de Janeiro, Brasil, 1999].

Dantas, B.T. e Ehrlich, M. "Métodos de análise de taludes reforçados sob condições de trabalho", Solos e Rochas, Vol. 23, No 2,113-133, [São Paulo, Brasil, 2000].

Dantas, B.T. e Ehrlich, M., "Perfomance of Geosynthetic Reinforced Slopes at Failure" – Discussão, J. Geot. & Geoenv. Engrg., ASCE, Vol. 126, No 3, março 2000, 286 - 288. [Virginia, EUA, 2000].

DÉCOURT, L., ALBIERO, J. H., CINTRA, J. C. A., "Análise e Projeto de Fundações Profundas". Fundações – Teoria e Prática, Hachich *et al.* (eds.), 2 ed., Pini [São Paulo, Brasil, 1998].

DGGT – German Geotechnical Society; "Empfehlung für Bewehrungen aus Geokunststoffen – EBGEO", Ernst & Sohn, [Berlin, Alemanha, 1997].

DONDI, G., "Three-Dimensional Finite Element Analysis of a Reinforced Paved Road". V International Conference on Geotextiles, Geomembranes and Related Products [Cingapura, 1994].

DUNCAN, J. M. e SEED, R. B., "Compaction-induced earth pressures under Ko-conditions", Journal of Geotechnical Engineering, ASCE, Vol. 112, No 1, 1-22. [Virgina, EUA, 1986].

DUNCAN, J. M., BYRNE, P., WONG, K. S. E MABRY, P., "Strength, stress-strain and bulk modulus parameters for finite element analyses of stresses and movements in soil masses". Geotech. Engrg. Res. Rep. No. UCB/GT/80-01, University of California, Berkeley, [California, EUA, 1980].

DYER, N. R. E MILLIGAN, G. W. E., "A photoelastic investigation of the interaction of a cohesionless soil with reinforcement placed at different orientations". Proc. Int. Conf. on In Situ Soil and Rock Reinforcement, 257-262. [1984].

EHRLICH, M. , "Análise de Muros e Taludes de Solos Reforçados", Keynote Lecture, Proc. 1st South American Symp. on Geosynthetics, [Rio de Janeiro, Brasil, 1999].

EHRLICH, M., "Método de Dimensionamento de Lastros de Brita sobre Estacas com Capitéis". Solos e Rochas, 16(4), 229-34 [São Paulo, Brasil, 1993).

EHRLICH, M. e MITCHELL, J.K. "Working stress design method for reinforced soil walls", J. Geot. Engrg. (120)4, 625-645. [Virgina, EUA, 1994].

ELIAS, V., CHRISTOPHER, B. R. and BERG, R.R., "Mechanically stabilized earth walls and reinforced soil slopes – Design and construction guidelines". Federal Hwy. Administration Rep. No. FHWA/NHI-00-043, [Washington, D.C., EUA, 2001].

FABRIN, T. W., MONTEZ, F. T. e VIDAL, D. M., "O Conceito de Fatores de Redução Aplicados às Propriedades dos Geossintéticos", Geossintéticos'99 [Rio de Janeiro, Brasil, 1999].

FABRIN, T. W., e QUEIROZ, P. I. B., "Análise de Fundações Rasas Reforçadas com Geossintéticos". *Geossintéticos* '99 [Rio de Janeiro, Brasil, 1999].

FELLENIUS, W., "Calculation of the Stability of Earth Dams". Transactions, 2nd International Congress on Large Dams [Washington, DC, EUA, 1936].

FOLQUE, J., "Aterros Fundados em Estacas". Geotecnia, 58, 19-26 [Lisboa, Portugal, 1990].

Geotextiles and Geomembranes 19, pp. 75-88, Elsevier Science Publishers [Londres, Grã-Bretanha, 2001].

GIROUD, J. P.; BONAPARTE, R.; BEECH, J. F. & GROSS B. A., "Design of Soil-Layer-Geosynthetic Systems Overlying Voids". Geotextiles and Geomembranes 9, pp. 11-50, Elsevier Science Publishers [Londres, Grã-Bretanha, 2000].

GIROUD, J.P. e HAN, J.; "Design Method for Tensar Geogrid-Reiforced Unpaved Roads", [disponível em www.tensar.com.uk, 2003].

GIROUD, J-P., NOIRAY, L.: "Geotextile-Reinforced Unpaved Road Design", Journal of the Geotechnical Engineering Division, Proceedings of the American Society of Civil Engineers, vol 107, No.GT9, pp. 1233-54 [Virginia, EUA, 1981].

GOMES, R. C. e MARTINS, C.C., "Influência dos Parâmetros de Projeto na Geometria e Custo Global de Taludes Reforçados com Geotêxteis e Resíduos de Mineração", IV Simpósio Brasileiro de Geossintéticos, [Porto Alegre, Brasil, 2003].

HASS, R., WALL, J., E CARROLL, R. G., "Geogrid Reinforcement of Granular Bases in Flexible Pavements". Transport Research Board Laboratory, Relatório 1.188 [Washington D. C., EUA, 1988].

HAZA, E., GARNIER, J., DUBREUCQ, Th.: "Shallow foundation on geotextile-reinforced soil: a centrifuge model study", 7th Int. Conf. Geosynthetics, [Nice, France, 2002].

HEWLETT, W. J., RANDOLPH, M. F., "Analysis of Piled Embankments". Ground Engineering, 21(3), 12-8 [Londres, Grã-Bretanha, 1988].

HOLMBERG, S., "Bridge Approaches on Soft Clay Supported by Embankment Piles". J. Geotech. Engrg., 10(1), 77-89 [Bangcoc, Tailândia, 1979).

HOLTZ, R. D., MASSARSCH, K. R. (1976), "Improvement of the Stability of an Embankment by Piling and Reinforced Earth". Proc. 6th European Conf. On Soil Mech. And Found. Engrg., 473-8 [Viena, Áustria, 1976].

HOLTZ, D., RUT, "Prediction for Roadways with Geosynthetic Separators". VI International Conference on Geosynthetics [Atlanta, EUA, 1998].

HUNTINGTONE, G., E KSAIBATI, K., "Evaluation of Geogrid Reinforced Granular Base". Geotechnical Fabrics Report. Vol. 18, No. 1, pg. 22-28. [Minnesota, EUA, 2000].

IGS, International Geosyntyetics Society, "Mini Lecture Series" [Carolina do Sul, EUA, 2002].

JAMBU, N., Äpplication of Composite Slip Surface for Stability Analysis". European Conference os Stability Analysis [Suécia, 1954].

JEWELL, R.A. "Application of revised design charts for steep reinforced slopes", Geotextiles and Geomembranes, Vol. 10, 203-233. [Londres, Grã-Bretanha, 1991].

JEWELL, R. A., "Soil Reinforcement woth Geotextiles", Ciria Special Publication, 123, Thomas Telford [Londres, Grã-Bretanha, 1996].

JEWELL, R. A., "Some effects of reinforcement on the mechanical behavior of soils", Ph.D. dissertation, Univ. of Cambridge, [Cambridge, Grã-Bretanha, 1980].

JOHN, N. W. M., "Geotextiles". Blackie [Glasgow, Escócia, 1987].

JONES, C. J. F. P., LAWSON, C. R., AYRES, D. J., "Geotextile Reinforced Piled Embankments". 4th Int. Conf. on Geotextiles, Geomembranes and Related Products, 155-60 [Hague, Holanda, 1990].

KANNAN, R. C., "Designing foundations around sinkholes". Engineering Geology, 52, pp. 75-82, Elsevier Science Publishers [Londres, Grã-Bretanha, 1999].

KANIRAJ, S.R.; Rotational Stability of Unreinforced and Reinforced Embankments on Soft Soils, Geotextiles and Geomembranes, 13(11), 707-726, [Lodres, Grã Bretanha, 1994].

KAUFMANN, O. & QUINIF Y., "Cover-collapse sinkholes in the Tournaisis area, southern Belgium", Engineering Geology, 52, pp. 15-22, Elsevier Science Publishers [Londres, Grã-Bretanha, 1999].

KEMPFERT, H. G., STADEL, M., ZAESKE, D., "Berechnung von Geokunststoffbewehrten Tragschichten über Pfahlelementen". Bautechnik, Ernst & Sohn, 74(12), 818-25 [Alemanha, 1997].

KHING, K. H., DAS, B. M., PURI, V. K., YEN, S. C., e COOK, E. E., "Foundation on Strong Sand Underlain by Weak Clay with Geogrid at the Interface". *Geotextiles and Geomembranes*, vol. 13, pp. 199-206 [Grã-Bretanha, 1994].

KLEIN, R. J., VIDAL, D. M., E RODRIGUES, R. M., "Estudo dos Efeitos nas Propriedades do Material Compactado em Obras de Reforço de Base de Pavimentos com Geossintéticos". IV Simpósio Brasileiro de Geossintéticos, ABMS, [Porto Alegre, RS, Brasil, 2003].

KOERNER, R. M., Designing with Geosynthetics. Geosynthetic Research Institute, Universisdade de Drexel [New Jersey, EUA, 1994].

KOERNER, G. R e KOERNER, R.M., "The Installation Survivality of Geotextiles and Geogrids", IV Intern. Conf. on Geotextiles, Geomembranes and Related Products [Hague, Holanda, 1990].

KOERNER, R. M., Designing with Geosynthetics, 4a ed., Prentice-Hall [EUA, 1998].

LESHCHINSKY, D. e BOEDEKER, R.H. "Geosynthetic. reinforced soil structures", J. Geot. Engrg (115)10, pp. 1459 - 1478. [Grã-Bretanha, 1989].

LOW, B. K., "Stability Analysis of Embankments on Soft Ground", ASCE Journal of Geotechnical Engineering, 115(2), 211-227 [Grã-Bretanha, 1989].

LOW, B. K., WONG, H. S.; LIM, C. E BROMS, B.B., "Slip Circle Analysis of Reinforced Embankments on Soft Ground", Geotextiles and Geomembranes, 9(2), 165-181 [Grã-Bretanha, 1990].

MANJUNATH, V. R., DEWAIKAR, D. M.: "Bearing Capacity of inclined loaded footing on geotextile reinforced two-layer system", Earth Reinforcement, Ochai, Yasufuku & Omine (eds), Balkema, [Rotterdam, Holanda, 1996].

MARIENFELD, M., Montalvo, J. R., Incorporación de la Capacidad de Separación/ Estabilización del Geotextil en el Diseño de Pavimentos Flexibles Usando el Método AASHTO, pg 3-40, Geossintéticos'99, [Rio de Janeiro, Brasil, 1998].

MIURA, N., SAKAI, A., TAERSISI, Y., YAMANOUCHI, T., E YASUHARA, K., "Polymer Grid Reinforced Pavement on Soft Clay Grounds". Geotextiles and Geomembranes, Vol 9 [Grã-Bretanha, 1990].

MORGENSTERN, N. R., and PRICE, V. E., "The Analysis of the Stability of General Slip Surfaces". Geotechnique, Vol. 15, nº1, pp 79-93 [Reino Unido, 1965].

NATARAJ, M. S., MCMANIS, K. L., HOADLEY, P. G.: Settlement and bearing capacity of footings on reinforced sand", Earth Reinforcement, Ochai, Yasufuku & Omine (eds), Balkema, [Rotterdam, Holanda, 1996].

OGURTSOVA, J; BOSSO, A. C. N., MORILHA JÚNIOR, A., FERNANDES, J. A .A., MARONI, L.G., E SHIMIDT, L. A., "Pavimentos de Baixo Custo sobre Solos Argilosos Revestidos com Membrana Impermeável de Geotêxtil Nãotecido e Asfalto. XXV Reunião Anual de Pavimentação [São Paulo, Brasil, 1991].

OCHAI, YASUFUKU e OMINE (eds.), MANJUNATH, V. R., e DEWAIKAR, D. M., "Bearing Capacity Of Inclined Loaded Footing on Geotextile Reinforced Two-Layer System". *Earth Reinforcement*, Balkema [Rotterdam, Holanda, 1996].

OCHAI, YASUFUKU E OMINE (eds.), NATARAJ, M. S., MCMANIS, K. L., e HOADLEY, P. G., "Settlement and Bearing Capacity of Footings on Reinforced Sand". *Earth Reinforcement*, Balkema [Rotterdam, Holanda, 1996].

OMAR, T. M., DAS, B. M., YEN, S. C., PURI, V.K., Cook, E. E.: "Ultimate Bearing Capacity of Rectangular Foundations on Geogrid-Reinforced Sand", Geotechnical Testing Journal, v.16, No.2, pp. 246-52. [EUA, 1983].

PAIVA, C. E. L., AGUIAR, P. R., "Avaliação do Desempenho de Estradas Pavimentadas sobre Solos Moles Reforçadas com Geotêxteis". Geossintéticos [São Paulo, SP, Brasil, 1995].

PALMEIRA, E. M.; PEREIRA, J. H. F. e DA SILVA, A. R.; "Backanalyses of Geosynthetic Reinforced Embankments on Soft Soils", Geotextiles and Geomembranes, 16, no 5 [Grã-Bretanha, 1998].

PALMEIRA, E. M., "Estabilização e Reforço de Aterros Sobre Solos Moles Utilizando Geotêxteis", Publicação no. GRE 022A/92, Programa de Pós-Graduação em Geotecnia, Universidade de Brasília, 72 p. [Brasília, DF, Brasil, 1992].

PALMEIRA, E. M.; "Curso de Estabilização e Reforço de Solos: Introdução à Utilização de Geossintéticos", Publicação no. GAP001A/2000, Programa de Pós-Graduação em Geotecnia, Universidade de Brasília, 162 p.[Brasília, DF, Brasil, 2000].

PALMEIRA, E. M.; "Embankments", capítulo 10 do Book Geosynthetic Applications, S. K. Shukla (ed.), Thomas, 45 p. [Telford, Grã-Bretanha, 2002].

PALMEIRA, E.M.; Manual Técnico de Solo Reforçado, Publicação Técnica da Huesker Ltda. [São José dos Campos, SP, Brasil, 1999].

PERKINS, S. W., ILSMEIK, M., FOLGELSONG, M. L., WANG, Y. e CUELLO, E. V., "Geosynthetic-Reinforced Pavements: Overview and Preliminary Results". VI International Conference on Geosynthetics [Atlanta, EUA, 1998].

POSPISIL, K., ZEDNIK, P.: "Geosynthetic impact recognition on soil bearing capacity in the Geotechnical Laboratory Testing Field", 7th Int. Conf. Geosynthetics, [Nice, France, 2002].

POULOS, H. G., DAVIS, E. H., Pile Foundation Analysis and Design, John Wiley & Sons [New York, EUA, 1980].

RESENDE, L., "Técnicas Alternativas para a Construção de Base de Pavimentos Rodoviários". Dissertação de Mestrado em Geotecnia, Departamento de Engenharia Civil da Universidade de Brasília [Brasília, DF, Brasília, 1999].

RUDDOCK, E. C., PORTER, J. F., E MCAVOY, A. R., "A Full-Scale Experiment on Granular and Bituminous Road Pavements Laid on Fabrics". Proceedings of the II International Conference on Geotextiles, Vol 2 [Las Vegas, Nevada, EUA,1982].

SALMAN, A.; ELIAS, V.; JURAN, I. E PEARCE, E., Durability of Geosynthetics Based on Acelereted Laboratory Testing, Geosynthetic's 97 [Long Beach, EUA, 1997].

SARMA, S. K., "Stability Analysis of Embankments and Slopes". Journal of the Geotechnical Engineering Division, ASCE, Vol. 105, nº GT12, pp 1511-1524, [EUA, 1979].

SHIN, E. C., DAS, B. M., ATALAR, C.: "Cyclic plate load test on geogrid-reinforced granular pad" 7th Int. Conf. Geosynthetics. [Nice, France, 2002].

SPENCER, E., "A Method of Analysis of the Stability of Embankments Assuming Parallel Inter-slice Forces". Geotechnique, Vol 17, nº1, pp 11-26 [Reino Unido, 1967].

Technical Note, "Design of Tensar-Geogrid Reinforcement to Support Landfill Lining and Cover Systems". The Tensar Corporation. [EUA, 1989].

Technical Note, "Design Guideline for Flexible Pavements With Tensar Geogrid Reinforced Base Layers". The Tensar Corporation. TTN: BR 96 [EUA, 1996].

TERZAGHI, K., Theoretical Soil Mechanics. John Wiley and Sons, Inc. [New York, 1943].

TRB, "Potential Benefits of Geosynthetics in Flexible Pavement Systems". Transportation Research Board [Washington, DC, EUA, 1989].

WEBSTER, S. L., "Geogrid Reinforced Base Course for Flexible Pavements for Light Aircraft: Test Section Construction, Laboratory Tests and Design Critéria". USACE, Relatório DOT/FAA/RD-92/25 [Virgínia, EUA, 1992].

WINTER, M. G, CROSS, J. C., OLIPHANT, J., "The Use and Effectiveness of Geotextiles on Road Projects in Scotland". V International Conference on Geotextiles, Geomembranes and Related Products [Cingapura, 1994].

WHITE, D. W., "Literature Review of Geotextiles to Improve Pavements for General Aviation Airports". USACE, Relatório DOT/FAA/RD-90/26 [Virgínia, EUA, 1991].

YASUFUKU, N., OCHIAI, H., KAWAMATA, K., "Supporting Capability of Geogrid Reinforced Soil Foundations". VI International Conference on Geosynthetics [Atlanta, EUA, 1998].

ZAESKE, D., KEMPFERT, H. G., "Berechnung und Wirkungsweise von Unbewehrten und Bewehrten Mineralischen Tragschichten über Punkt - und Linienförmigen Traggliedern. Bauingenieur, 77(2), 80-86 [Alemanha, 2002].

ZORNBERG, J., SITTAR, N. E MITCHELL, J.K. "Performance of Geosynthetic Reinforced Slopes at Failure", J. Geotechnical and Geoenvironmental Engineering (124)08, pp. 670 – 683. [Londres, Grã-Bretanha, 1999].

Capítulo 5

Aplicações em Filtração

Paulo Roberto Aguiar
José Carlos Vertematti

5.1 INTRODUÇÃO

No Brasil, a utilização dos geossintéticos em filtração foi a primeira a ser amplamente divulgada, e ainda hoje é uma das suas principais aplicações. A razão desse sucesso é que geralmente os geossintéticos, mais especificamente os geotêxteis, substituem com vantagem uma ou mais camadas de agregados naturais nos sistemas filtrantes convencionais. Além disso, sua regularidade, advinda de seu processo de fabricação, dá à obra qualidade superior, proporcionando também sensível redução de custos, em comparação às camadas de filtros naturais.

As principais vantagens no uso de geossintéticos, em relação aos filtros granulares, são as seguintes:

- a espessura de filtro é menor;
- trata-se de um produto industrial, portanto com características controladas e regulares;
- há continuidade da estrutura filtrante, mesmo no caso de ocorrência de recalques;
- facilidade de instalação e baixo custo, principalmente no caso de filtros inclinados.

Os geossintéticos são hoje amplamente aceitos e utilizados em obras de margens de rios, proteções costeiras e marinas, barragens, estruturas rodoferroviárias, etc.

5.2 DEFINIÇÃO

Os problemas de mau desempenho dos sistemas filtrantes estão geralmente associados à erosão interna (má retenção do solo), à baixa permeabilidade ou à sua colmatação — entupimento causado pelas partículas finas do solo, que penetram em seu corpo ou bloqueiam a interface solo/filtro.

Portanto os sistemas filtrantes devem ser concebidos para obedecer a dois critérios contraditórios: o de retenção e o de permeabilidade. Pelo *critério de retenção*, o filtro deve bloquear a passagem das partículas do solo sob ação de um fluxo de água, ou de compressões estáticas/dinâmicas; já segundo o *critério de permeabilidade*, o filtro deve permitir o livre escoamento dos fluidos sem elevações significativas na perda de carga.

O critério de retenção está associado a problemas de erosão, podendo ser provocado pela água em movimento, cuja energia desloca partículas do solo em seu caminho. Exemplo típico é o transporte de partículas da superfície do solo nos cursos de água. Essa forma de erosão chama-se "erosão externa", sendo causada pela ação do vento ou da água. Esse efeito erosivo pode ser evitado através da colocação de camadas granulares de agregados ou filtros geossintéticos sobre o solo, os quais dissipam a energia da água antes de seu contato com a superfície erodível.

A erosão interna é causada pela ação da água no interior de um solo, provocando o deslocamento de suas partículas, também chamado de "lavagem" (sufusão) ou "*piping*" (erosão interna progressiva). Essa ação da água pode ser devida ao fluxo do lençol freático ou de infiltrações locais (fluxo unidirecional), ou originado pela ação de ondas (fluxo turbulento e/ou bidirecional). A Fig. 5-1 apresenta exemplos de erosão interna e externa.

O comportamento ideal de um sistema filtrante natural caracteriza-se por um contato íntimo solo/filtro, em que o filtro mantém intacta a estrutura do solo, retendo suas partículas mais grossas, as quais retêm partículas menores, e estas, por sua vez, retêm partículas ainda menores. Uma parte das partículas mais finas (mais próximas da interface solo/filtro) atravessa total ou parcialmente o filtro. Forma-se assim um conjunto solo/pré-filtro/filtro estável (Fig. 5-2).

Quando se utiliza um geotêxtil como filtro, o fenômeno que ocorre assemelha-se ao descrito acima, em que a manta retém as partículas mais grossas, deixando passar as partículas mais finas, o que evita a colmatação interna, prejudicial ao desempenho do filtro. O geotêxtil atua, portanto, como um catalisador, causando a formação de um filtro natural no solo.

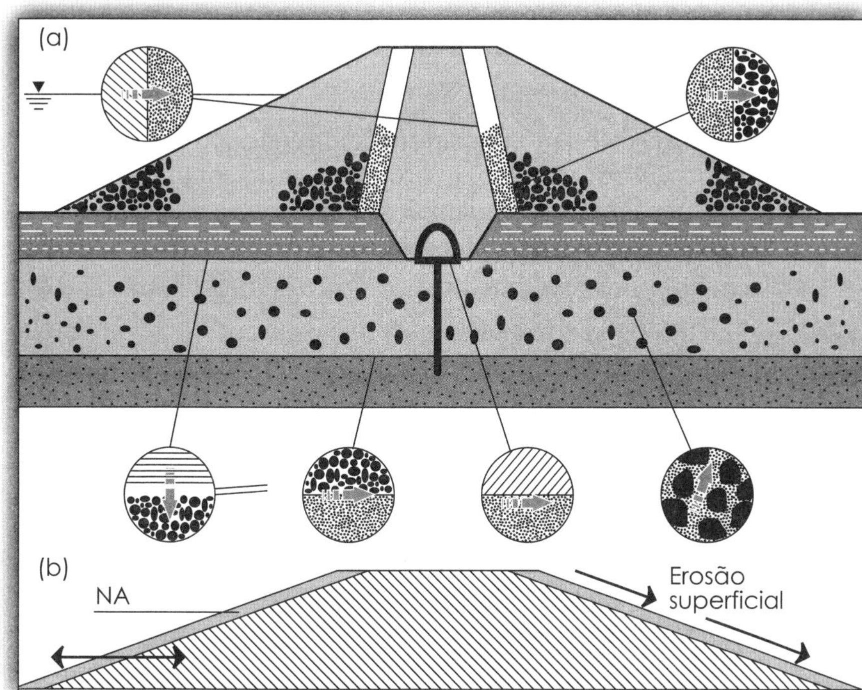

FIGURA 5-1
a) Erosão interna: seção transversal de barragem com problemas potenciais de estabilidade de filtro, de acordo com U. Schuler & J. Brauns [1992];
b) erosão externa.

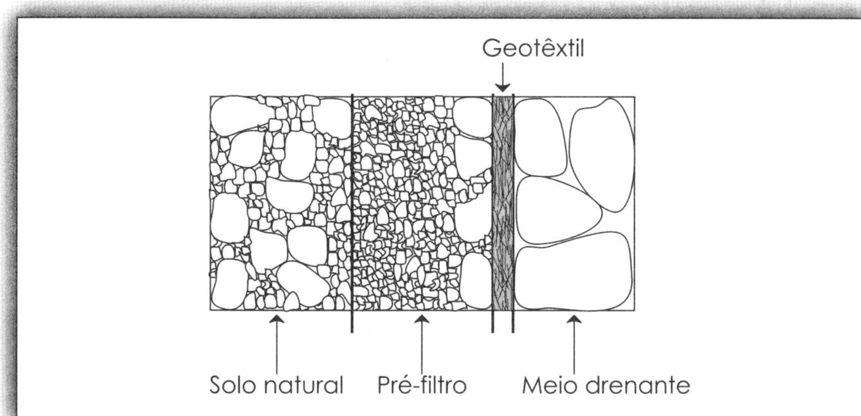

FIGURA 5-2
Formação do pré-filtro.

Para que isso aconteça, o geotêxtil deve apresentar, a curto prazo, uma permeabilidade superior à do solo, evitando a ocorrência de perdas de carga no fluxo de água. A longo prazo, a permeabilidade do filtro pode eventualmente sofrer redução, mas deverá sempre se manter superior à do solo, significando que a estrutura do solo está sendo mantida estável, mesmo que partículas finas em suspensão no fluxo ainda estejam passando pelo filtro (nos casos de fluxos bidirecionais).

5.3 PROPRIEDADES RELEVANTES

Um sistema filtrante mal-dimensionado ou com desempenho ruim pode causar falhas na estrutura de terra ou de concreto em barragens, margens de rios, enrocamentos de proteção ou de contenção, ou em estradas. As conseqüências seriam desastrosas e a reparação muito cara, quando não impossível ou inacessível.

Por essa razão, um sistema filtrante com geotêxtil deve ser concebido e dimensionado adequadamente, especificado corretamente e instalado com segurança. As principais propriedades associadas aos sistemas filtrantes estão relacionadas a seguir:

- diâmetro de filtração (abertura de filtração);
- flexibilidade;
- permeabilidade;
- resistência à passagem da água;
- resistência à agressividade do meio ambiente;
- resistência a perfurações dinâmicas;
- energia de deformação absorvida.

5.4 PRODUTOS UTILIZADOS

Os filtros geossintéticos mais utilizados são os *geotêxteis* (junto a agregados granulares abertos – brita, por exemplo – ou como parte integrante de geocompostos drenantes) e os *geocompostos filtrantes* (combinações de geotêxteis tecidos e nãotecidos).

5.5 DIMENSIONAMENTO E ESPECIFICAÇÃO

Existem vários métodos de dimensionamento de filtros. Apresentaremos aqui os métodos denominados "convencional" e "racional".

5.5.1 Dimensionamento convencional

É o método de dimensionamento mais utilizado. Por esse método, o filtro deve atender a três critérios principais:

- critério de retenção;
- critério de permeabilidade; e
- critério de sobrevivência.

Critério de retenção

Para atender ao critério de retenção, inúmeros autores apresentam suas proposições, segundo as quais o geotêxtil deve atender à condição de filtro de acordo com a granulometria do solo, gradientes hidráulicos, direção do fluxo de água, etc. Não há uma correspondência ou analogia desses critérios entre si, pois cada um é específico para a condição de uso do filtro analisada ou testada. A Tab. 5-1 reúne alguns dos critérios disponíveis.

Recomenda-se, entretanto, antes da adoção de qualquer um dos critérios da tabela, verificar se o solo é *auto-estável* (ou *auto-filtrante*) ou não. Sob essa condição, as partículas mais grossas do solo retêm as partículas menores e estas, por sua vez, retêm as partículas menores ainda, e assim por diante, permitindo a formação de um pré-filtro estável. Essa verificação é feita, por exemplo, através do critério de CHEN *et al* (1981):

$$D_{50s} > \frac{D_{85s}}{5}; \qquad D_{35s} > \frac{D_{50s}}{5}; \qquad D_{15s} > \frac{D_{35s}}{5}. \qquad [5\text{-}1]$$

Após a verificação da condição autofiltrante do solo, deve-se adotar um dos critérios da Tab. 5-1, aquele que seja mais adequado às condições da obra em questão. Cada critério fornece valores de *diâmetro de filtração* do geotêxtil a ser utilizado. Esses valores são função do método de ensaio indicado segundo cada um dos critérios e estão resumidos a seguir:

ASTM 4751: Peneiramento a seco de frações uniformes de esferas de vidro. Fornece valores de AOS (*apparent opening size* – abertura de filtração equivalente).

AFNOR NFG 38014: Peneiramento hidrodinâmico de solo, padrão bem graduado. Fornece valores de O_{95} (abertura de filtração característica).

ISO 12956 (ABNT, projeto de norma 02:153.19.021): Peneiramento úmido de partículas de areia bem graduada. Fornece valores de O_{90} (abertura de filtração característica).

Critério de permeabilidade

Consideram-se os filtros geotêxteis como meios porosos, sendo portanto aplicável a lei de Darcy:

$$\frac{Q}{A} = V = K_n \times i, \qquad [5\text{-}2]$$

em que:

V é a velocidade média de percolação (m/s)
A a área da seção (m^2);
Q o fluxo (m^3/s);
i o gradiente hidráulico; e
K_n a permeabilidade normal ao plano do geotêxtil (m/s)

TABELA 5-1
Alguns critérios de retenção para filtros

Autor	Critério
Schober e Teindl [1979]	Para $U > 3$, utilizar: $O_{90} < 5 \times D_{50s}$ Para $U \leq 3$, utilizar: $O_{90} < U \times D_{50s}$
Loudiere e Fayoux [1982]	Para $U > 4$ (solos bem graduados), utilizar: $O_{95} \leq D_{85s}$ Para $U \leq 4$ (solos uniformes), utilizar: $O_{95} \leq 0{,}8 \times D_{50s}$ Para solos coesivos: utilizar os mesmos critérios acima, não sendo aceitos valores de O_{95} menores que 50 μm
Giroud [1982]	Para $U > 3$, utilizar: $O_{max} < A \times D_{50}/U$; Para $U \leq 3$, utilizar: $O_{max} < B \times U \times D_{50s}$, onde A e B assumem os valores: A = 9; B = 1,0 se a densidade relativa for baixa (DR < 50%) A = 13,5; B = 1,5 se a densidade relativa for intermediária (50% < DR < 80%) A = 18; B = 2,0 se a densidade relativa for alta (DR > 80%)
Herteen [1982]	Em solos não-coesivos: Para $U \geq 5$, utilizar: $O_{90} \leq D_{90s}$ e $O_{90} < 10 \times D_{50s}$, se o solo for bem graduado Para $U < 5$, utilizar: $O_{90} \leq D_{90s}$ e $O_{90} < 2{,}5 \times D_{50s}$, se o solo for mal graduado Em solos coesivos, sob quaisquer condições: Utilizar: $O_{90} < 10D_{50s}$ e $O_{90} < D_{90s}$ e $O_{90} \leq 0{,}1$ mm Em condições críticas de solicitação, utilizar: $O_{90} < D_{50s}$
CFGG – Comitê Francês de Geotêxteis e Geomembranas [1986]	Inequação genérica: $O < C \times D_{85s}$ Onde: $C = C_1, C_2, C_3, C_4$ C_1 = fator granulométrico = 1,00 (solos bem graduados e contínuos); 0,80 (solos uniformes e contínuos) C_2 = fator de adensamento = 1,25 (solos densos e confinados); 0,80 (solos fofos e não-confinados) C_3 = fator hidráulico = 1,00 (gradiente menor que 5); 0,80 (gradiente entre 5 e 20); 0,60 (gradiente entre 21 e 40 ou fluxo reverso) C_4 = fator de função = 1,00 (somente função de filtro); 0,30 (função de filtro e dreno)
FHWA [1995]	Inequação genérica: $AOS < B \times D_{85s}$ Onde: Em condições críticas, utilizar: B = 1 Em solos com $D_{50} \geq 0{,}075$ mm: Utilizar B = 1 para U < 2 ou > 8 Utilizar B = 0,5 para 2 < U < 4 Utilizar B = 8/U para 4 < U < 8 Em solos com $D_{50} < 0{,}075$ mm, B depende do tipo de geotêxtil: Utilizar B = 1,8 para geotêxteis nãotecidos Utilizar B = 1,0 para geotêxteis tecidos Utilizar AOS < 0,3 mm para ambos os tipos de geotêxteis

As propriedades hidráulicas do geotêxtil, perpendiculares ao seu plano, são medidas pela norma ISO 11058 (ABNT, projeto de norma 02:153.19.008).

A permeabilidade inicial do filtro geotêxtil deve ser maior que a do solo (no mínimo, igual), para evitar qualquer perda de carga. Devem-se considerar, entretanto, um fator de segurança (FS), que varia em função do tipo de solo, e as condições de aplicação do filtro. O valor de FS pode variar de 1 a 200, conforme o critério adotado (ver Tab. 5-2).

Critérios de sobrevivência

Além da verificação da condição de filtro do geotêxtil, pelos critérios mencionados, outros aspectos não menos importantes devem ser considerados em uma obra, os quais podem assumir importância significativa ou não. São eles:

a) resistência a perfurações dinâmicas;
b) energia de deformação absorvida pelo geotêxtil;
c) flexibilidade;
d) resistência à passagem da água;
e) sensibilidade aos solos finos em suspensão;
f) resistência à agressividade do meio ambiente.

TABELA 5-2
Critérios de permeabilidade para filtros

Autor	Critério
CFGG – Comitê Francês de Geotêxteis e Geomembranas [1986]	$K_n > e_g \times 10^n \times K_s$, sendo: e_g a espessura do geotêxtil; K_s a permeabilidade do solo; K_n a permeabilidade normal do geotêxtil; e n um valor conforme segue: $n = 3$ (situações com baixos gradientes hidráulicos, solos limpos, arenosos) $n = 4$ (baixos gradientes, solos de baixa permeabilidade, silto-argilosos) $n = 5$ (gradientes elevados, e obras de grande responsabilidade)
Lafleur [1992]	$K_{n\ filtro} \geq 20\ K_{n\ solo}$
BAW [1993]	$K_{n\ filtro} \geq 50\ K_{n\ solo}$ (para solos siltosos) $K_{n\ filtro} \geq 10\ K_{n\ solo}$ (para solos de baixo conteúdo de silte)
Giroud [1990]	$K_{n\ filtro} \geq i_{solo} \times K_{n\ solo}$ $I_{solo} = 1$ a 1,5, para drenos de subsolos e colchões drenantes $i_{solo} = 3$ a 10, para núcleo de barragens $i_{solo} = 10$, para proteção de margens

As características (a) e (b) estão relacionadas à sobrevivência do geotêxtil sob solicitações mecânicas durante a instalação do filtro, ao passo que as características de (c) a (f) estão relacionadas com a sua durabilidade ou seu desempenho a longo prazo.

Resistência a perfurações dinâmicas

As condições de instalação dos geotêxteis em estruturas hidráulicas são com certeza as mais severas. Isso pode ser demonstrado pelos danos ocorridos em geotêxteis durante a fase de instalação. Por essa razão, o dimensionamento das características de instalação é essencial, a fim de garantir o comportamento do filtro geotêxtil no longo prazo. Entretanto, para minimizar os danos de instalação, recomenda-se:

- remover qualquer objeto pontiagudo existente na superfície sobre a qual o geotêxtil vá ser colocado (pedras, raízes, etc.);
- limitar a altura de queda das pedras sobre o geotêxtil e/ou o tamanho e formato de seus grãos.

A instalação da camada de agregados — ou de pedras — freqüentemente provoca ações dinâmicas no filtro geotêxtil. Essa característica é medida pelo ensaio de resistência a puncionamento estático CBR, pela norma NBR 13359 (ISO 12236), ou através do ensaio de perfuração dinâmica NBR 14971 (ISO 13433), que simula a queda de um cone sobre o geotêxtil. Quanto menor a perfuração provocada, mais resistente ou maior será o alongamento do geotêxtil.

Para fins de dimensionamento de trincheiras drenantes, o projeto de norma da ABNT, PN 02:153.19-012, fornece os valores mínimos de resistência mecânica (Tab. 5-3).

Em obras de grande responsabilidade ou naquelas em que o geotêxtil estará sob condições extremas de solicitação, os valores da Tab. 5-3 devem ser reavaliados.

Energia de deformação absorvida pelo geotêxtil

A energia desenvolvida por uma pedra caindo de determinada altura sobre um geotêxtil estendido sobre a superfície do solo provoca seu alongamento ou, em casos extremos, sua ruptura.

O alongamento do geotêxtil depende da marca impressa pela pedra no subsolo. Quanto mais mole for o subsolo, maior será a marca da pedra no terreno e menores os danos no geotêxtil. Ao contrário, quanto mais duro for o terreno, maior será a necessidade de utilização de um geotêxtil mais espesso e de maior resistência.

TABELA 5-3
Requisitos mecânicos mínimos

Propriedade	Norma	Nível de solicitação			
		I (1)		II (2)	
Alongamento sob carga máxima (%)	NBR 12824	≤ 30	> 30	≤ 30	> 30
Resistência a tração (kN/m)[3]	NBR 12824	20	8	30	12
Resistência a puncionamentos (kN)	NBR13359	3,0	1,5	4,3	2,3

[1] Nível I: trincheiras pouco profundas (≤1 m), terreno bem regularizado, agregado pouco contundente e compactação leve.
[2] Nível II: adotado quando pelo menos uma das solicitações do nível I não se verificar.
[3] Considerar a direção de menor resistência do produto.

Flexibilidade

Conforme já afirmado anteriormente, o filtro geotêxtil atua como um catalisador que permite a formação de um filtro natural no solo. Isso significa que o geotêxtil deve estar em contato íntimo com o solo: quanto maior esse contato solo/geotêxtil, menor o risco de partículas em suspensão entrarem em contato com o geotêxtil.

Nos Estados Unidos, um estudo realizado em sistemas drenantes em escala real demonstrou que o mau contato solo/geotêxtil é a principal razão de falhas nos sistemas filtrantes.

Portanto, quanto mais flexível o geossintético, melhor deverá ser sua acomodação ao terreno (ver a Fig. 5-3) e melhor seu desempenho.

Resistência à passagem da água

A resistência à passagem da água define a capacidade de o geotêxtil se molhar, também conhecida como "molhabilidade". Através da norma NF G 38020 é possível medir-se a carga hidráulica (mm) necessária para atravessar o geotêxtil e a porcentagem da área molhada.

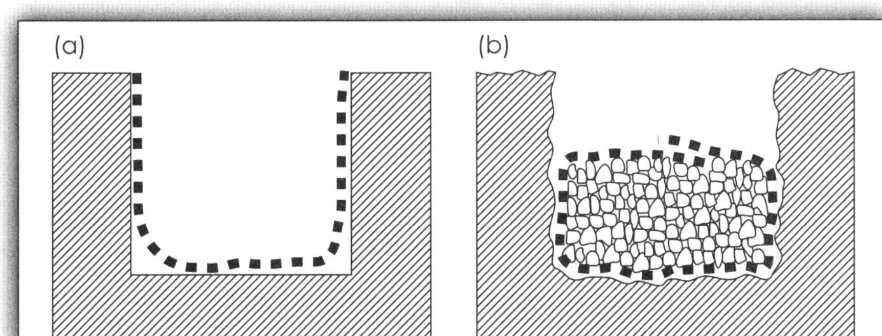

FIGURA 5-3
Influência da flexibilidade. a) Um geotêxtil com baixa flexibilidade, mal-posicionado na trincheira, permite a ocorrência de vazios nos cantos da trincheira; b) um geotêxtil flexível ocupa todos os vazios do terreno.

Para proteções de margens, a resistência à passagem da água não é um parâmetro critico. Entretanto, para filtros geotêxteis empregados na drenagem agrícola, os quais estão sujeitos a ciclos de secagem e de saturação, a resistência à passagem da água deve ser considerada parâmetro crítico.

Sensibilidade ao solo em suspensão

A presença de partículas em suspensão é o maior risco de colmatação para filtros geotêxteis. Por essa razão, um bom contato entre o geotêxtil e o solo é absolutamente necessário, por exemplo em casos de drenos horizontais profundos (DHP). Em alguns casos, entretanto, as partículas em suspensão ainda persistem — particularmente em áreas lodosas —, mesmo após uma limpeza da superfície do terreno onde se instalará o filtro. Em tais casos, o geotêxtil deve permitir que essas partículas o atravessem, a fim de minimizar sua colmatação.

Resistência à agressividade do meio ambiente

O meio ambiente afeta os geotêxteis através de luz ultravioleta, de produtos químicos e de agressividade biológica.

Luz ultravioleta: a exposição de geotêxteis à radiação ultravioleta por longos períodos de tempo deve ser evitada. Se não for possível, o geotêxtil deve ser estabilizado para permitir sua exposição a essa radiação por períodos prolongados.

Produtos químicos: a maioria das situações que ocorrem em solo natural não apresenta problemas de ação química. Em condições especificas, é necessária uma avaliação para assegurar o emprego do polímero adequado, a fim de se evitar o risco de degradação por hidrólise, principalmente em ambientes onde há presença de carbonatos.

Agressividade biológica: o risco de degradação biológica não existe com polímeros. Mas com filtros pode ocorrer colmatação biológica, como é o caso de deposições de sais de ferro em filtros e drenos. Em tais situações, deverão ser realizados estudos específicos para se determinar a presença desses sais, além da tomada de medidas específicas para solução do problema.

5.5.2 Dimensionamento racional

O método de dimensionamento racional, proposto recentemente por Urashima [2002], é moderno e bastante promissor. Baseado em análise probabilística, permite a avaliação da curva de distribuição de poros do geotêxtil por meio de análise de imagens, e da determinação da distância média entre confrontos.

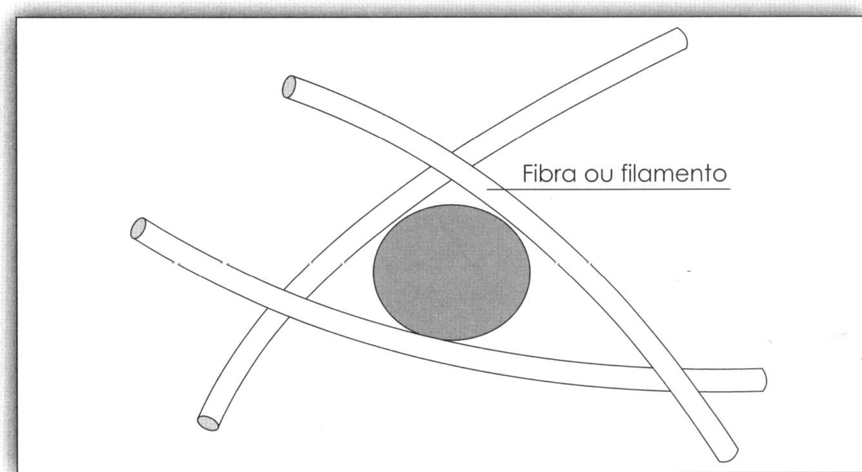

FIGURA 5-4
Dimensão do confronto.

As pesquisas em filtração com geotêxteis têm mostrado que tais materiais apresentam um comportamento peculiar, em função da sua constituição física.

Basicamente, o geotêxtil consiste num conjunto de fibras ou filamentos entrelaçados, os quais, durante a passagem de um fluxo de água, permitem o transporte de partículas do solo localizadas na interface solo/filtro. Estas, ao atravessar o geotêxtil, encontram vários pontos de estrangulamento (delimitados por três ou mais fibras mais próximas, mas não necessariamente num mesmo plano), que restringem sua passagem. As partículas não percorrem um percurso reto, mas naturalmente selecionam o de resistência mínima.

Os pontos de estrangulamento são também denominados "pontos de confronto". Durante seu trajeto, uma partícula pode ultrapassar todas as barreiras ou ficar bloqueada em um desses pontos de confronto. O tamanho desse confronto é definido como o máximo diâmetro de uma esfera que ainda pode ultrapassá-lo (Fig. 5-4).

O ponto de confronto é diferente de um poro. Enquanto o ponto de confronto tem uma definição precisa, um poro é o volume localizado entre as fibras.

O padrão desses confrontos para cada geotêxtil é representado por uma curva de distribuição de confrontos (Fig. 5-5), característica para cada produto. As dimensões dos confrontos variam de C_0 a C_{100}, onde, nesse caso, 100% dos espaços entre fibras são iguais ou menores que C_{100}.

Ao percorrer o interior de um geotêxtil nãotecido, uma partícula descreve um percurso aproximadamente perpendicular ao plano deste. Ao longo de seu percurso, a partícula passa através de vários

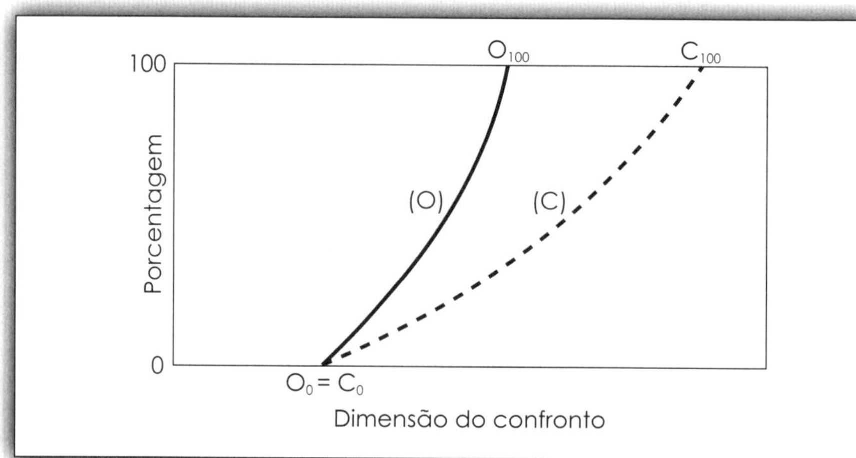

FIGURA 5-5
Curva de distribuição de confrontos.

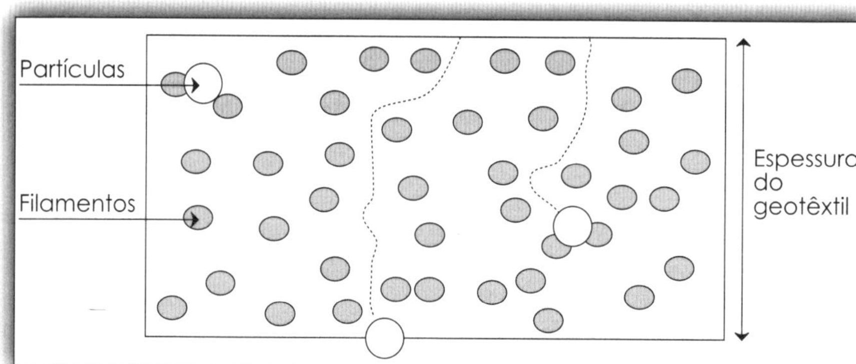

FIGURA 5-6
Filtro geotêxtil em corte transversal. Vêem-se vários pontos de confronto.

confrontos, até encontrar um com dimensão inferior ao seu tamanho. A partícula pode desviar-se e atravessar totalmente o filtro ou esse ponto de confronto pode bloqueá-la (Fig. 5-6).

Em cada percurso há um confronto menor que todos os outros. Trata-se do "confronto controlador" (denominação proposta por Kenney, em 1985, para filtros de areia). O confronto controlador será, então, o *diâmetro de filtração* daquele percurso.

A curva de distribuição de confrontos é característica intrínseca do material que constitui o geotêxtil (depende das dimensões das fibras/filamentos, e do seu processo de entrelaçamento), ao passo que a curva de distribuição das aberturas de filtração (diâmetro de filtração) é uma característica do geotêxtil.

5.6 PRINCIPAIS UTILIZAÇÕES E RECOMENDAÇÕES DE INSTALAÇÃO

Os sistemas filtrantes compreendem duas áreas principais de aplicação:

- sistemas drenantes — trincheiras, colchões e cortinas drenantes;
- controle de erosão de margens e costas marítimas — revestimentos de margens e enrocamentos de contenção.

5.6.1 Sistemas drenantes

Consistem em trincheiras e colchões drenantes para obras de terraplenagem ou para depósitos de rejeitos e de cortinas drenantes (ver o Cap. 7).

O campo de aplicação dos sistemas drenantes abrange as obras de barragens, edificações, rodovias, ferrovias, campos esportivos e áreas de lazer, muros e taludes, aterros sanitários e depósitos de resíduos.

Trincheiras drenantes

Uma trincheira drenante é constituída basicamente por uma vala escavada, revestida com geotêxtil e preenchida com pedra britada e tubo-dreno (geotubo). Tem como finalidade captar e escoar águas do lençol freático e/ou águas pluviais infiltradas no terreno.

As trincheiras drenantes são utilizadas em subsolos de edificações, rodovias, ferrovias, campos esportivos, taludes, aterros sanitários, lagoas, etc. (Fig. 5-7). A instalação do filtro geotêxtil nas trincheiras deve obedecer à seguinte seqüência:

a) escavação da vala (a largura é função da profundidade, da necessidade de colocação de tubo ou não, e se a abertura da vala será feita com equipamento ou manualmente);

b) instalação do geotêxtil, de modo a permitir sua total acomodação na vala; o geotêxtil deve ser fixado provisoriamente na vala (Fig. 5-8);

c) lançamento da camada inicial de brita;

d) posicionamento do tubo-dreno (geotubo);

e) preenchimento com brita até a altura necessária;

f) fechamento do geotêxtil, mantendo uma sobreposição mínima aceitável de 15 cm, ou por meio de costura manual, caso o dreno esteja sujeito a recalques;

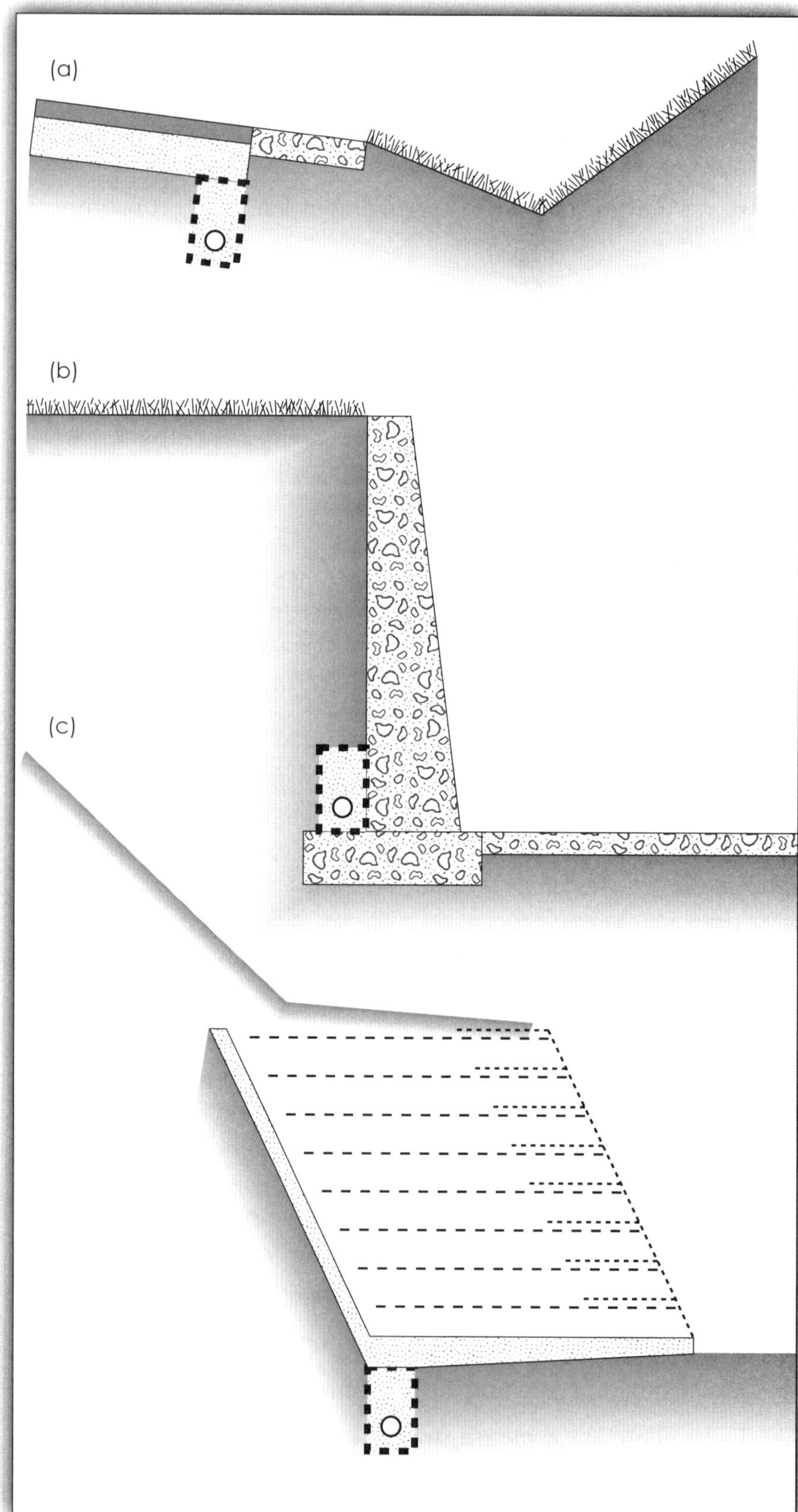

FIGURA 5-7
a) trincheiras drenantes em obra rodoviária; b) em muro de arrimo e c) na base de solo reforçado com geossintético.

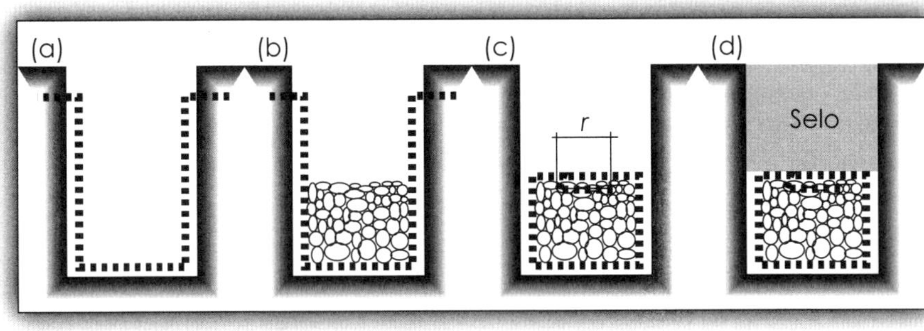

FIGURA 5-8
Seqüência de instalação do geo-têxtil em dreno profundo.

g) complementação do dreno com solo local compactado, ou areia, caso esteja previsto fluxo descendente.

O dreno pode ainda ser conectado a um colchão drenante para receber fluxo lateral. O desemboque de uma trincheira em uma caixa de passagem deve obedecer ao esquema visto na Fig. 5-9, onde o geotêxtil envolve completamente o tubo de escoamento.

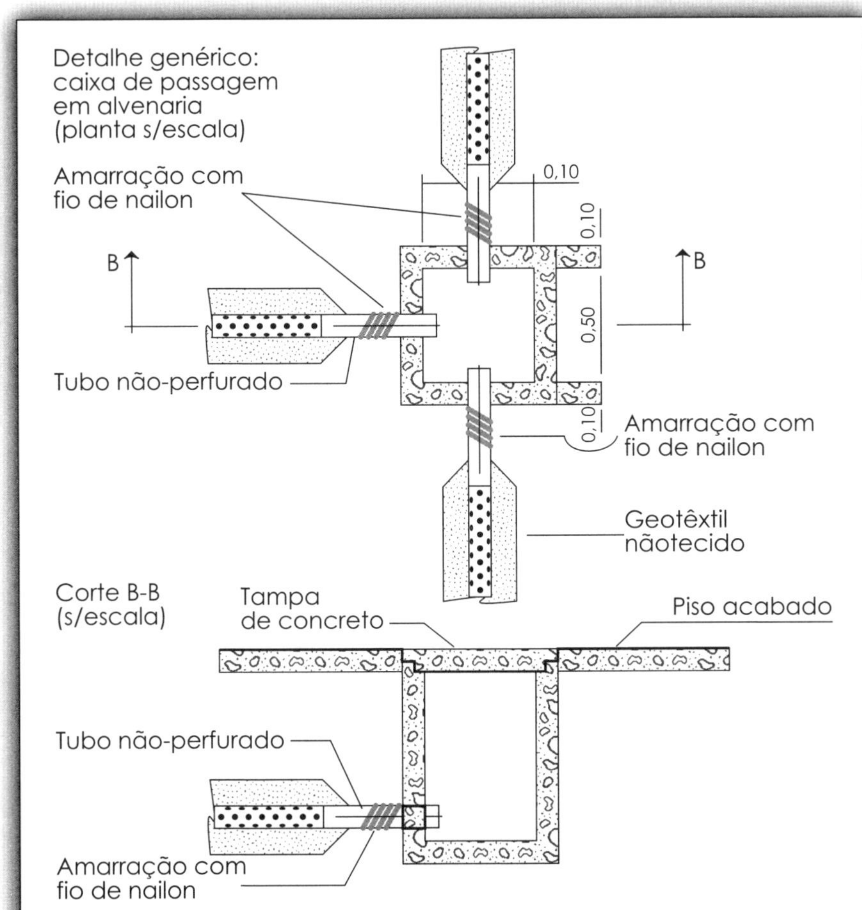

FIGURA 5-9
Desemboque de um dreno pro-fundo em uma caixa de passagem.

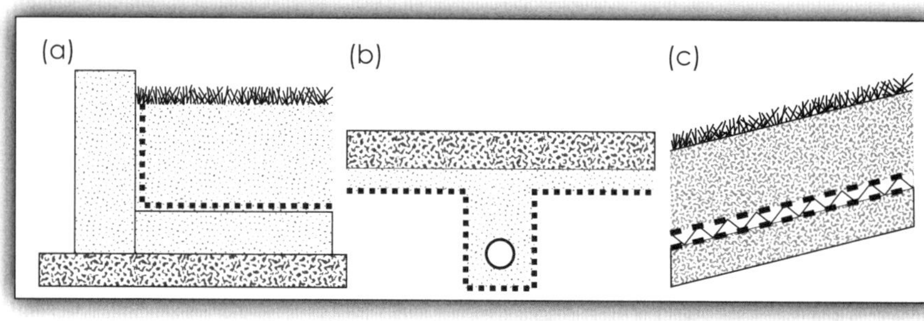

FIGURA 5-10
Aplicação de geotêxteis em colchões drenantes: a) em jardins suspensos; b) em subsolos de edifícios; c) na cobertura de aterros sanitários.

Atenção especial deve ser dada à altura de queda do material sobre o geotêxtil: quanto maior forem a altura de lançamento e o diâmetro do agregado, e mais resistente for o terreno, maior deverá ser a resistência mecânica do geotêxtil.

Em pátios ferroviários e drenos de pavimentos, o geotêxtil assume a função de elemento separador, muitas vezes em função das características do dreno, não havendo o fechamento do geotêxtil. Uma alternativa aos drenos de pavimento que proporciona maior rapidez de execução consiste na utilização de um geocomposto drenante acoplado a um tubo-dreno (geotubo). Para mais informações, ver o Cap. 7.

Colchões drenantes

Basicamente, um colchão drenante é formado por uma camada de material de drenagem de alta permeabilidade e um filtro geotêxtil. Os colchões drenantes são geralmente utilizados em obras de edificações, rodovias, campos esportivos, jardins suspensos, aterros sanitários, túneis, etc. O esquema básico de aplicação pode ser visto na Fig. 5-10.

A escolha do geotêxtil está condicionada à granulometria do material drenante e às tensões atuantes no conjunto. A sobreposição mínima aceitável entre os painéis é de 15 cm. Para melhor desempenho, o agregado natural do colchão poderá ser substituído por um meio drenante sintético (georrede ou geoespaçador), conforme mostrado na Fig. 5-11. Esse geocomposto drenante proporciona maior rapidez de execução e continuidade da superfície, particularmente em obras de superfícies irregulares, côncavas ou convexas.

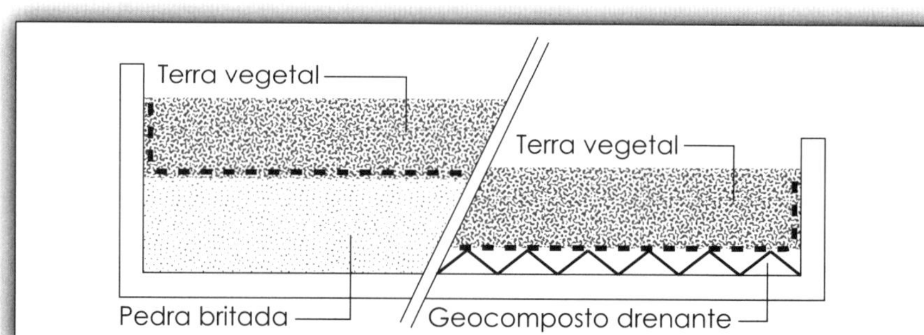

FIGURA 5-11
Exemplos de colchões drenantes utilizando agregados naturais ou geocompostos drenantes.

Cortinas drenantes

São dispositivos constituídos por um geocomposto drenante, com a finalidade de captar as águas de infiltração existentes no maciço, devido à presença de lençol freático ou por acúmulo de águas pluviais. Aplicam-se a muros de gravidade, cortinas de edifícios, galerias, túneis cut and cover, etc. (Fig. 5-11). Ver maiores detalhes no Cap. 7.

5.6.2 Controle de erosão de margens e costas marítimas

Compreende as obras de revestimentos de margens e enrocamentos de contenção em canais, rios, barragens, reservatórios, enrocamentos marítimos, marinas, etc. O material mais empregado nessa aplicação é o geotêxtil e, mais recentemente, o geocomposto filtrante.

Revestimento de margens

Nesse tipo de utilização, o geotêxtil é associado a camadas de agregados naturais (ou concreto, gabião, etc.) do revestimento final e/ou camadas de transição. Os geotêxteis são utilizados em canais, controle de erosão de fundações submersas, proteção de taludes a montante de barragens, e proteções costeiras sujeitas à ação de ondas. O esquema básico para cada aplicação está representado na Fig. 5-12.

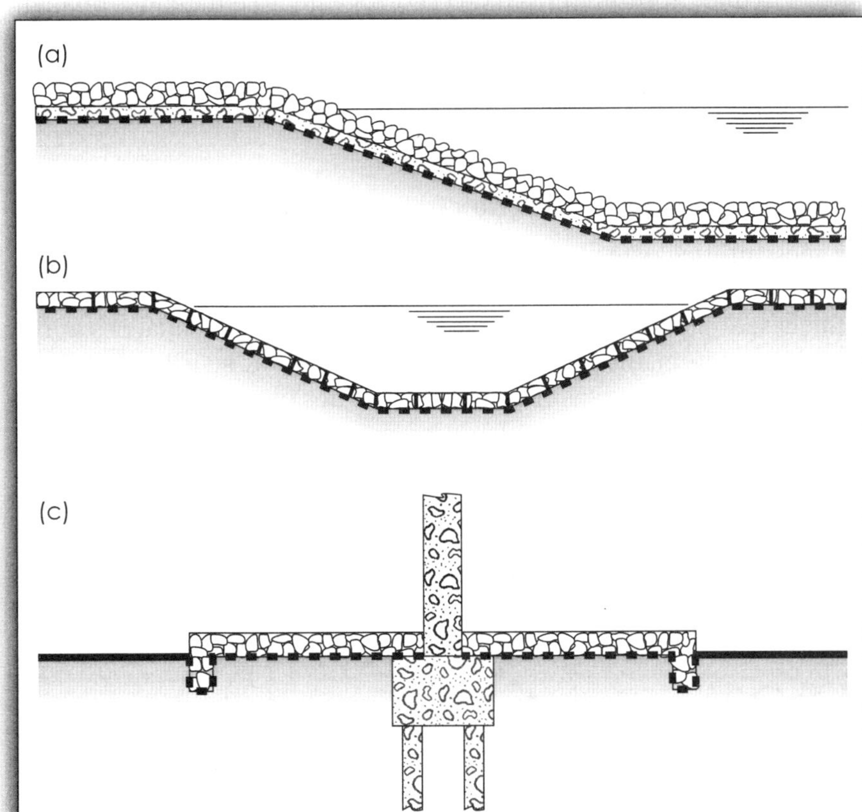

FIGURA 5-12
Utilização de geotêxteis como filtro em:
a) margens de canais ou proteções costeiras;
b) canais em gabiões;
c) proteção de fundações submersas.

FIGURA 5-13
Situações a serem evitadas:
a) instalação de geotêxteis sobre solos argilosos e em contato direto com blocos de pedra de grandes dimensões, em taludes;
b) acúmulo de camada de solos finos sob o geotêxtil.
c) solução recomendada: instalação de uma camada de transição sobre o geotêxtil.

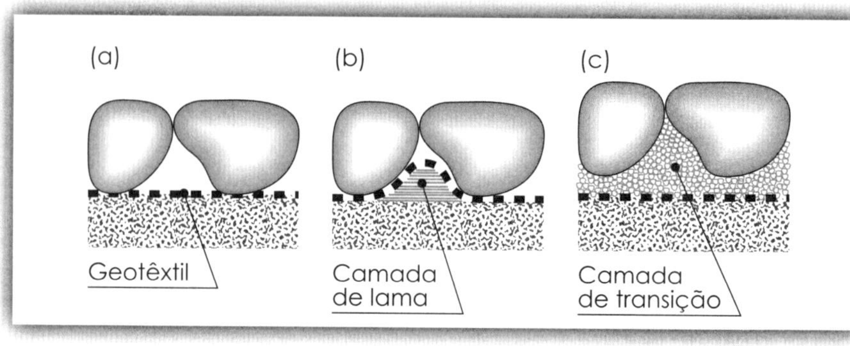

A instalação consiste no lançamento do geotêxtil sobre o terreno a ser protegido, seguido da colocação da camada de agregado natural. A sobreposição mínima aceitável é de 20 cm, ou duas vezes o diâmetro das pedras em contato com o geotêxtil (utiliza-se o maior valor). Atenção especial deve ser dada à altura de queda do material sobre o geotêxtil: quanto maior a altura de lançamento, o diâmetro do agregado e mais resistente for o terreno, maior deverá ser a resistência mecânica do geotêxtil.

Outro aspecto importante está relacionado ao diâmetro do agregado natural sobre o geotêxtil. Deve-se evitar a colocação de pedras de grande diâmetro sem uma camada intermediária de transição (Fig. 5-13). Ao longo do tempo pode ocorrer acumulo de finos sobre o geotêxtil, o que representa risco de escorregamento em taludes ou mau funcionamento do filtro. Nesses casos, recomenda-se a colocação de uma pequena camada de transição com material granular mais fino, para que o geotêxtil se mantenha permanentemente aderido ao terreno.

Enrocamentos de contenção

Os geossintéticos são utilizados com a função de filtros em quebra-mares, muros de cais e marinas, defensas, recuperação de áreas costeiras e fluviais, etc. Sua instalação segue as mesmas recomendações apresentadas no item anterior, devendo ainda observar-se a sobreposição mínima de 20 cm ou duas vezes o diâmetro dos blocos em contato com o filtro (utilizar o maior valor).

FIGURA 5-14
a)Utilização de geotêxteis como filtro sob quebra-mares;
b) contenção de aterros lançados no mar.

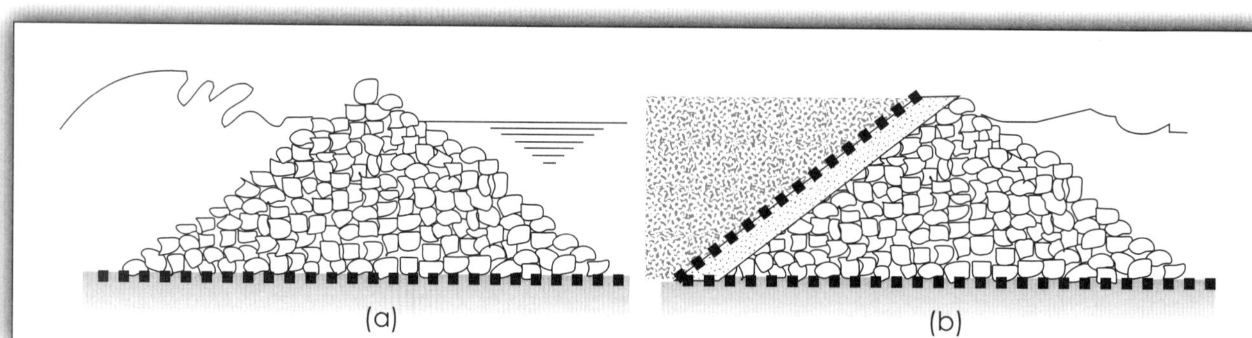

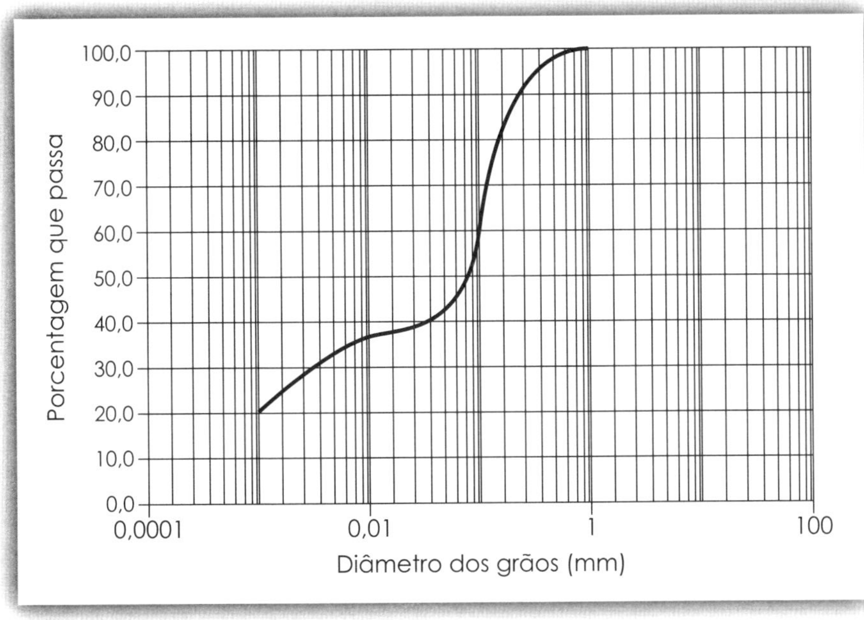

FIGURA 5-15
Curva granulométrica do solo (areia argilosa).

5.7 EXEMPLO DE DIMENSIONAMENTO

Dimensionar o geotêxtil filtrante de um dreno rodoviário profundo. Considerar que a trincheira terá profundidade mínima de 1,20 m e que o terreno é constituído por uma areia argilosa (cuja curva granulométrica se vê na Fig. 5-15), e que sua permeabilidade é de $5{,}0 \times 10^{-4}$ cm/s. O nível de água é aflorante. Para maior facilidade de execução, o construtor deverá fazer o basculamento direto de uma pedra britada de dimensões 20 a 25 mm, para o dreno. Qual será o geotêxtil nãotecido mais adequado, entre os apresentados na Tab. 5-4, que atende a essas condições?

TABELA 5-4
Especificações dos geotêxteis disponíveis

Geotêxtil nãotecido	Espessura (mm)	Resistência a tração (kN/m)*	Resistência a puncionamento (kN)	Permeabilidade normal (cm/s)	Diâmetro de filtração (mm)
GTX A	2,1	13,2	2,4	4×10^{-1}	0,11
GTX B	1,4	9,0	1,7	$3{,}5 \times 10^{-1}$	0,18
GTX C	1,6	11,5	1,7	3×10^{-1}	0,11
GTX D	1,8	13,5	2,1	3×10^{-1}	0,10
GTX E	1,6	14,0	3,1	$1{,}3 \times 10^{-1}$	0,09
GTX F	2,0	13,5	2,5	4×10^{-1}	0,16

*Direção de menor resistência do produto

Soluções

1. Critério de retenção

Verificamos a auto-estabilidade do solo através do critério de Chen:

$$D_{50} > \frac{D_{85s}}{5} \qquad 0{,}08 > \frac{0{,}2}{5} \qquad 0{,}08 > 0{,}04 \quad \text{(OK)}$$

$$D_{35s} > \frac{D_{50s}}{5} \qquad 0{,}018 > \frac{0{,}08}{5} \qquad 0{,}018 > 0{,}016 \quad \text{(OK)}$$

$$D_{15s} > \frac{D_{35s}}{5} \qquad D_{15s} > \frac{0{,}018}{5} \qquad D_{15s} < 0{,}0036 \quad \text{(NOK)}$$

Portanto o solo é parcialmente estável.

Utilizamos a seguir o critério do CFGG:

$$O < C \cdot D_{85s},$$

onde:

$D_{85s} = 0{,}20$;

$C = C_1 \cdot C_2 \cdot C_3 \cdot C_4$ (com $C_1 = 1$; $C_2 = 0{,}8$; $C_3 = 1$; $C_4 = 1$):

$$O < 0{,}80 \times 0{,}20$$

e, portanto, O < 0,16 mm.

TABELA 5-5
Geotêxteis que atendem ao critério de retenção

Geotêxtil nãotecido	Diâmetro de filtração (mm)	Critério de retenção
GTX A	0,11	OK
GTX B	0,18	NOK
GTX C	0,11	OK
GTX D	0,10	OK
GTX E	0,09	OK
GTX F	0,16	NOK

Atendem ao critério de retenção os geotêxteis A, C, D e E.

2. Critério de permeabilidade

Pelo critério do CFGG, temos:

$$K_n > e_g \cdot 10^n \cdot K_s.$$

Adotaremos o valor de $n = 4$.

TABELA 5-6 Geotêxteis que atendem ao critério de permeabilidade			
Geotêxtil nãotecido	**Espessura (mm)**	**Permeabilidade mínima requerida (cm/s)**	**Permeabilidade normal (cm/s)**
GTX A	2,1	$1{,}05 \times 10^{-2}$	4×10^{-1}
GTX B	1,4	7×10^{-3}	$3{,}5 \times 10^{-1}$
GTX C	1,6	8×10^{-3}	3×10^{-1}
GTX D	1,8	9×10^{-3}	3×10^{-1}
GTX E	1,6	8×10^{-3}	$1{,}3 \times 10^{-1}$
GTX F	2,0	1×10^{-2}	4×10^{-1}

Portanto todos os geotêxteis atendem ao critério de permeabilidade.

3. Critério de sobrevivência

Como se trata de uma condição medianamente crítica, em função do lançamento de pedra britada de uma altura superior a 2,0 m, adotaremos o nível II de solicitação da Tab. 5-3. Para atender a essas condições (valores mínimos: 12 kN/m de resistência a tração e 2,3 kN de resistência a puncionamento):

Os geotêxteis A, E e F atendem ao critério.

TABELA 5-7 Geotêxteis que atendem ao critério de sobrevivência			
Geotêxtil nãotecido	**Resistência a tração (kN/m)**	**Resistência a puncionamento (kN)**	**Atendimento ao critério**
GTX A	13,2 (ok)	2,4 (ok)	Ok
GTX B	9,0 (Nok)	1,7 (Nok)	Nok
GTX C	11,5 (Nok)	1,7 (Nok)	Nok
GTX D	13,5 (ok)	2,1 (Nok)	Nok
GTX E	14,0 (ok)	3,1 (ok)	Ok
GTX F	13,5 (ok)	2,5 (ok)	Ok

TABELA 5-8
Geotêxteis que atendem a todos os critérios de projeto

Geotêxtil nãotecido	Critério de retenção	Critério de permeabilidade	Critério de sobrevivência	Final
GTX A	Ok	Ok	Ok	Ok
GTX B	Nok	Ok	Nok	Nok
GTX C	Ok	Ok	Nok	Nok
GTX D	Ok	Ok	Nok	Nok
GTX E	Ok	Ok	Ok	Ok
GTX F	Nok	Ok	Ok	Nok

Portanto, tecnicamente, os geotêxteis A e E, atendem a todos os critérios e poderão ser utilizados para as condições estabelecidas conforme resumo apresentado na Tab. 5-8. A opção por um ou outro geotêxtil, no caso, deverá ser feita através de uma análise de relação custo/benefício.

5.8 CONCLUSÕES

A crescente escassez de agregados naturais, especialmente em determinadas regiões, quer pela dificuldade de obtenção, quer pelas restrições impostas pelos órgãos responsáveis pelo meio ambiente, faz dos geossintéticos, cada dia mais, uma opção capaz de satisfazer a todos os requisitos de projeto, de execução, de proteção ambiental. Eles se apresentam principalmente como uma solução econômica e versátil, adaptando-se a quaisquer métodos executivos que a obra venha a empregar.

A longo prazo, o desempenho dos geossintéticos como filtro é superior às soluções convencionais, por sua qualidade controlada e continuidade de superfície, desde que especificados corretamente e instalados de acordo com processo construtivo previamente determinado.

REFERÊNCIAS BIBLIOGRÁFICAS

AGUIAR, P. R., "O Desempenho dos Geotêxteis como Filtro de Drenos Profundos". X Congresso Brasileiro de Mecânica dos Solos e Engenharia de Fundações, [Foz do Iguaçu, Brasil, 1994].

AGUIAR, P. R., Vertematti, J. C., "*Sistemas Drenantes - Aspectos Teóricos e Práticos*". Publicação Rhodia, [São Paulo, Brasil, 1977].

BAW (Bundesanstalt fur Wasserbau), *Code of Practice – Use of Geotextile Filters on Waterways*, [Karlsruhe, Alemanha, 1993].

CHEN Y. H.; SIMONS D. B.; DEMERY P. M., "*Hydraulic Testing of Plastic Filter Fabrics*". ASCE, vol 107, n.º IR3 setembro [Virginia, EUA, 1981].

FISHER, G. R., HOLTZ, R. D., e CHRISTOPHER, B. R., "A Critical Review of Geotextile Pore Size Measurement Methods". Geo-Filters'92, Proceedings of the International Conference on Filters and Filtration Phenomena in Geotechnical and Hydraulic Engineering [Karlsruhe, Alemanha, 1992].

FRENCH COMMITTEE OF GEOTEXTILES AND GEOMEMBRANES, *Recommendations for the use of Geotextiles in Drainage and Filtration Systems*. Institut Textile de France [Boulogne-Billancourt, França 1986].

GIROUD, J. P., "Filter Criteria for Geotextiles". Proceedings of the II International Conference on Geotextiles [Las Vegas, EUA, 1982].

GIROUD, J. P., "Granular Filters and Geotextile Filters". Proceedings of GeoFilters'96 [Montreal, Canadá, 1996].

GIROUD, J. P., Delmas, P., Artières, O., "Theoretical Basis for the Development of a Two-Layer Geotextile Filter". VI International Conference on Geosynthetics, [Atlanta, EUA, 1998].

HEERTEN, G., "Dimensioning the Filtration Properties of Geotextiles Considering Long-Term Conditions". Proceedings of the II International Conference on Geotextiles [Las Vegas, EUA, 1982].

HOLTZ, R. D., Christopher, B. R., e Berg, R. R., *Geosynthetic Design and Construction Guidelines*. Federal Highway Administration, FHWA – HI-95-038 [Washington, EUA, 1995].

LAFLEUR, J., MLYNAREK, J., ROLLIN, A. L., "Filter Criteria for well graded Cohesionless Soils". Geo-Filters'92, Proceedings of the International Conference on Filters and Filtration Phenomena in Geotechnical and Hydraulic Engineering [Karlsruhe, Alemanha, 1992].

LOUDIERE, D. e FAYOUX, D., "Filtration and Drainage with Geotextiles-Tests and Requirements". Proceedings of the II International Conference on Geotextiles [Las Vegas, EUA, 1982].

SCHOBER, W. e TEINDL, H. "Filter Criteria for Geotextiles". Proceedings of the VII European Conference on Soil Mechanics and Foundation Engineering, [Brighton, Reino Unido, 1979].

SCHULER, U., BRAUNS, J., "Behaviour of Coarse and Well-graded Filters". Geo-Filters'92, Proceedings of the International Conference on Filters and Filtration Phenomena in Geotechnical and Hydraulic Engineering [Karlsruhe, Alemanha, 1992].

Urashima, D. C., *Simulação do Processo de Retenção de Partículas por Filtros Têxteis*. Instituto Tecnológico da Aeronáutica [São José dos Campos, Brasil, 2002].

Capítulo 6

Contenções em Obras Hidráulicas

Gerson Rodrigues de Castro
José Carlos Vertematti

6.1 INTRODUÇÃO

São inúmeras as possibilidades de utilização de geossintéticos em obras hidráulicas.

No Brasil, essas aplicações tiveram início logo após a fabricação do primeiro geotêxtil nacional, ainda na década de 1970. Inicialmente, o maior uso foi como filtro de transição em obras de controle de erosão fluvial e marítima. Na maioria dos casos, o geotêxtil substitui mais de uma camada de agregados naturais, sendo lançado acima e abaixo do nível de água. Suas utilizações iniciais foram, basicamente, em empedramentos de proteção de margens de rios, na interface solo/gabiões-manta ou gabiões-caixa, em ensecadeiras e em enrocamentos de contenção de aterros hidráulicos ou mecânicos lançados ao mar.

Na década de 1980, vários tipos de geofôrmas planas, lineares e volumétricas tiveram sua aplicação intensificada em nosso país, fabricadas com geotêxteis tecidos e nãotecidos para preenchimentos com areia ou concreto, na forma de sacos, colchões ou salsichões. A foto da Fig. 6-1 é histórica; ela registra o primeiro teste realizado no Brasil para desenvolvimento de geofôrmas lineares, que culminou com o registro da patente de invenção, em 1982.

A partir da década de 1990, as geocélulas começaram a se destacar em contenções hidráulicas, fluviais e marítimas, atuando como elemento superficial de proteção contra erosão ou como elemento de reforço do solo quando empilhadas em camadas horizontais.

À medida que os materiais foram adquirindo maior resistência mecânica, melhorando suas características hidráulicas, e o meio técnico foi desenvolvendo métodos de projeto mais confiáveis, as aplicações também se multiplicaram e se diversificaram, permitindo a utilização dos geossintéticos em obras de grande porte.

FIGURA 6-1
São Luís do Maranhão, 1981: primeiro teste de preenchimento hidráulico de geofôrma com areia, realizado no Brasil para contenção de aterro hidráulico. Pulando sobre o "salsichão", as crianças provocaram o rompimento da película argilosa na superfície interna do geotêxtil, permitindo a saída da água, com a conseqüente queda na pressão interna. Nos testes seguintes, foi desenvolvido o sistema de válvulas de alívio uniformemente espaçadas, que permitiu o controle adequado da pressão de preenchimento da geofôrma.

6.2 DEFINIÇÕES

As obras hidráulicas de contenção abrangem três tipos básicos e distintos de atuação: contra erosão superficial, para contenção de aterros mecânicos ou hidráulicos e para contenção de fluxos hídricos.

6.2.1 Contenção de erosão superficial

A estrutura de contenção deve proteger as margens e fundos de canais, rios, lagos e obras costeiras contra a ação das águas (variação de nível, fluxo tangencial e ondas), visando manter sua conformação original. Dependendo da inclinação do talude e do tipo de solo a ser contido, a estrutura deve, também, garantir a estabilidade do talude quanto à sua ruptura.

6.2.2 Contenção de aterros mecânicos ou hidráulicos

A estrutura de contenção atua como um dique, segurando o aterro mecânico lançado sobre áreas inundadas ou o aterro lançado hidraulicamente por dragagem.

6.2.3 Contenção de fluxos hídricos

A estrutura de contenção desvia, retém ou atenua os fluxos e correntes fluviais ou marítimas com o objetivo de controlar enchentes, dissipar energia, provocar assoreamentos, prevenir erosões ou reservar líquidos.

6.3 PRODUTOS UTILIZADOS

Vários são os geossintéticos utilizados nas obras de contenção hidráulica, tais como: geotêxteis, geomembranas, geocompostos filtrantes, geocélulas e geofôrmas, estas em suas três modalidades, volumétricas, lineares e planas.

6.3.1 Geotêxteis

São utilizados como elementos filtrantes, em substituição a uma ou mais camadas de agregados naturais. Também são muito empregados na confecção de geofôrmas e paliçadas.

6.3.2 Geomembranas

Utilizadas como parte da solução, atuam como barreira impermeabilizante em canais, rios, lagoas, barragens e outras, sempre protegidas por elementos drenantes, protetores e dissipadores da energia das águas.

6.3.3 Geocompostos filtrantes

Geralmente são fabricados pela utilização de geotêxteis tecidos, mecanicamente aderidos a geotêxteis nãotecidos, com o objetivo de otimizar suas propriedades filtrantes.

6.3.4 Geocélulas

São apresentadas com várias dimensões de células (altura, rugosidade das paredes, tamanho da célula, resistência mecânica das soldas) e utilizadas tanto para revestimento de superfícies como para reforço de solos junto a margens.

6.3.5 Geofôrmas

As geofôrmas, chamadas no exterior de *geocontêineres*, podem ser manufaturadas no canteiro de obras ou industrializadas. Possibilitam o preenchimento com vários tipos de materiais, como: areia, vasa, argamassa, concreto e líquidos. Inúmeros tipos de geofôrmas acham-se disponíveis no mercado, destacando-se as volumétricas, as lineares e as planas:

- as geofôrmas *volumétricas* assemelham-se a sacos pequenos (200 litros) ou grandes (200 m^3), lançados em arranjos como uma alvenaria; no exterior, são conhecidas como *geobags*;
- as *lineares* apresentam formato semelhante a cilindros, com alturas que variam de 50 a 500 cm e comprimentos que podem chegar a 100 m; também chamadas de *salsichões*, seu preenchimento é feito por dragas ou grandes motobombas;
- as geofôrmas *planas*, geralmente com formato de colchões ondulados, cobrem grandes áreas, com espessuras de até 25 cm; no exterior, são chamadas de *matress*.

6.4 PROPRIEDADES RELEVANTES

Dependendo das funções que o geossintético irá desempenhar na obra hidráulica, um maior número de propriedades será dele exigido. Listamos, a seguir, as principais e mais relevantes.

Permeabilidade. Deve ser alta nos geossintéticos filtrantes e quase nula nas geomembranas impermeabilizantes.

Retenção. Os geossintéticos filtrantes devem reter as partículas sólidas que tendem a ser deslocadas pelo fluxo hídrico.

Resistência a puncionamentos. Principalmente nas aplicações em que o geossintético entra em contato direto com gabiões, enrocamentos, brita e concreto.

Rugosidade. Deverá ser grande quando for necessário mobilizar a resistência de interfaces de materiais, e desprezível quando em contato direto com o fluxo de água

Flexibilidade. É importante na maioria dos casos, pois o geossintético deve se amoldar à superfície do solo-base e, caso este se movimente, acompanhar seu deslocamento.

Resistência a tração. Em geral, nas obras hidráulicas, os geossintéticos são submetidos a tracionamento pela ação do peso de solos saturados ou da própria água, nas ações das marés, variações de níveis, ondas e fluxos tangenciais.

Resistência químico-físico-biológica. O geossintético deve resistir, em função de cada projeto específico, a ataque de raios ultravioleta e também de microorganismos.

Resistência nas soldas. Nas geocélulas, a resistência a tração da soldagem entre células consecutivas é de vital importância para a integridade do sistema, durante a vida útil da obra.

Resistência nas costuras. Nas geofôrmas, a resistência a tração das costuras, em todas as emendas, é de vital importância para a integridade do sistema durante toda a vida útil da obra.

Resistência a escoamento. Em todas as aplicações em que o geossintético é tracionado por longo prazo, devem-se levar em consideração os fatores de redução específicos.

6.5 PRINCIPAIS UTILIZAÇÕES

Como há uma grande diversidade de aplicações em obras de contenção hidráulica, selecionamos aquelas mais realizadas no Brasil e adicionamos algumas que, embora não sejam familiares, possuem um grande potencial de utilização.

Na Fig. 6-2(a), vê-se a margem de um rio em processo de proteção contra erosão, através da utilização de gabiões tipo Reno, com emprego de camada única de geotêxtil filtrante nãotecido na interface solo/gabião. Devido à correnteza e à falta de luminosidade, seria impossível realizar essa obra com filtros granulares submersos. Na Fig. 6-2(b), temos a construção de um canal de adução sobre solo permeável e erodível; nesse caso, a solução mais rápida e econômica foi a utilização dos seguintes elementos (de baixo para cima): geotêxtil de proteção/geomembrana impermeabilizante/geotêxtil de proteção/gabiões tipo Reno. Dessa forma, a geomembrana impermeabilizou todo o canal, o geotêxtil a protegeu de perfurações/rasgos e o gabião garantiu a estabilidade mecânica do conjunto.

FIGURA 6-2(a)
Revestimento de margem de rio com gabiões-manta e geotêxtil filtrante.

FIGURA 6-2(b)
Canal de adução impermeabilizado com geomembrana protegida em ambas as faces por geotêxtil e recoberta com gabiões-manta.

A Fig. 6-3(a) mostra um córrego trapezoidal passando por revestimento com gabiões tipo Reno; na interface com o solo-base, usou-se camada única de geotêxtil filtrante. Na Fig. 6-3(b), a seção do córrego é retangular e o processo construtivo é inverso: são construídos os gabiões-caixa, o geotêxtil filtrante é colocado sobre sua parte posterior e faz-se o reaterro compactado. Nesse tipo de aplicação, é muito importante a correta execução do reaterro atrás dos gabiões, utilizando-se areia até atingir o N.A. (nível de água) e, na parte superior, solo compactado em camadas.

FIGURA 6-3(a)
Córrego de seção trapezoidal, revestido com gabiões tipo Reno e geotêxtil filtrante.

FIGURA 6-3(b)
Córrego de seção retangular, revestido com gabiões tipo caixa e geotêxtil filtrante.

O revestimento das margens do rio enfocado na Fig. 6-4(a) é constituído de concreto moldado no local, lançado sobre um colchão drenante de brita. Entre a brita e o solo-base é interposta uma camada de geotêxtil filtrante e, transpassando o concreto, são posicionados barbacãs, dispostos em malha quadrada; sua função é permitir o livre fluxo de água entre o solo-base e o canal, prevenindo o desenvolvimento de subpressões.

FIGURA 6-4(a)
Rio de seção trapezoidal, revestido em concreto moldado no local, utilizando geotêxtil como filtro de transição.

FIGURA 6-4(b)
Enrocamento de contenção de aterro hidráulico, arenoso, com geotêxtil espesso substituindo os filtros de transição granulares, entre as pedras e a areia.

FIGURA 6-5(a)
Os módulos de geocélulas são fornecidos comprimidos, devendo ser expandidos na utilização.

No enrocamento de contenção do aterro hidráulico arenoso, como visto na Fig. 6-4(b), a utilização de camada única de geotêxtil nãotecido espesso como filtro possibilitou sensíveis ganhos econômicos e cronológicos, pois foram substituídas várias camadas de transição, que seriam construídas em planos inclinados submersos.

As geocélulas são fornecidas em módulos comprimidos e embalados individualmente. Estes devem ser expandidos antes de sua utilização [Fig. 6-5(a)]. A Fig. 6-5(b) mostra a seção transversal de um canal retangular totalmente revestido com geocélulas; na base, as geocélulas atuam apenas como revestimento de proteção, e nas laterais atuam, também, como reforço do solo por elas contido.

FIGURA 6-5(b)
Esquema da seção transversal de um canal retangular revestido com geocélulas.

Nas aplicações hidráulicas, as geocélulas podem ser preenchidas com argila, solo-cimento, seixos rolados, brita, brita com acabamento argamassado e concreto. O correto material de preenchimento é definido pelo projeto em função das solicitações de obra: velocidade do fluxo, profundidade do canal, inclinação do talude, solo-base, existência de ondas, entre outras. Na Fig. 6-6(a), as geocélulas são concretadas de cima para baixo, com auxílio de uma pá carregadeira. Nessa obra, a função das geocélulas é proteger o talude do aterro de uma avenida beira-mar contra a ação das ondas do mar, sendo necessário seu preenchimento com concreto. A Fig. 6-6(b) mostra o preenchimento das geocélulas com concreto lançado por uma calha, no topo do talude. O canal que está sendo revestido tem seção trapezoidal e, devido à sua grande declividade longitudinal, gera velocidades de fluxo que exigiram a utilização de concreto no preenchimento das geocélulas.

FIGURA 6-6(a)
Concretagem manual de geocélulas, em proteção de talude numa avenida beira-mar.

FIGURA 6-6(b)
Concretagem de geocélulas, utilizando-se calha, em revestimento de canal de seção trapezoidal.

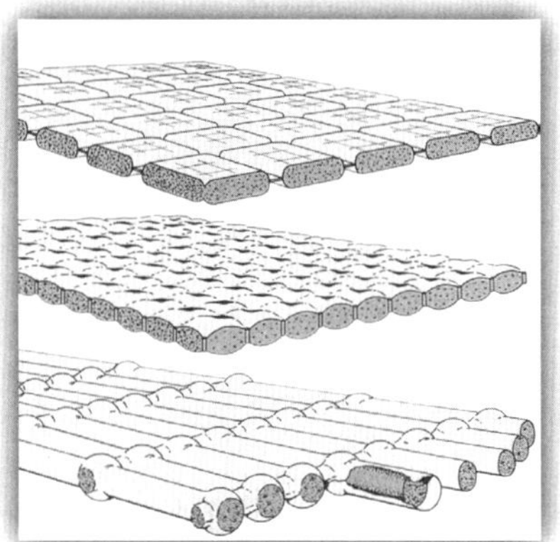

FIGURA 6-7(a)
Três tipos de geofôrmas planas; de cima para baixo: tipo laje, tipo travesseiro e tipo tubular.

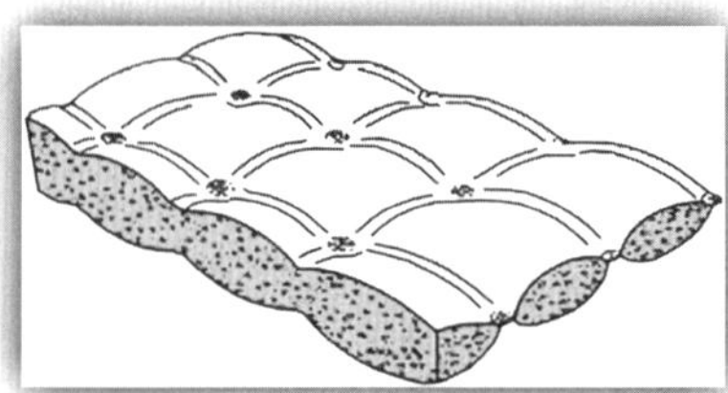

FIGURA 6-7(b)
Esquema de geofôrma, destacando-se os nós da malha quadrada, que atuam como drenos.

Em todas as aplicações de geocélulas em obras hidráulicas com potencial erosivo, é necessário utilizar um geotêxtil filtrante na interface com o solo-base. Quando o material de preenchimento das geocélulas é menos permeável que o solo-base, deve-se prever uma malha drenante para evitar o desenvolvimento de subpressões.

As geofôrmas planas [Fig. 6-7(a)] são preenchidas com argamassa ou concreto, geralmente após seu posicionamento sobre o local a ser protegido. Os tendões internos, de alta tenacidade, unem e articulam os gomos de concreto ou argamassa. Mesmo após ruptura do geotêxtil superior, exposto, devido à radiação ultravioleta, o conjunto se mantém uno e continua protegendo as margens por muitos anos.

Para permitir o livre fluxo das águas em ambos os sentidos, prevenindo o desenvolvimento de subpressões, todos os nós existentes nas geofôrmas [ver Fig. 6-7(b)] são permeáveis e drenantes.

Na situação apresentada na Fig. 6-8(a), em que a declividade longitudinal do córrego era muito alta, foi necessário revestir todo o canal com geofôrmas preenchidas com concreto. No fundo e nos taludes de baixa inclinação, utilizaram-se geofôrmas planas e, nas escadas dissipadoras e em taludes íngremes, geofôrmas tipo saco.

O córrego visto na Fig. 6-8(b) possui baixa declividade longitudinal, mas um percurso bem sinuoso e margens muito erodíveis. Necessita-

FIGURA 6-8(a)
Córrego em regime de escoamento supercrítico, revestido com geofôrmas planas, complementado com geofôrmas volumétricas, tipo saco, junto às escadas dissipadoras.

FIGURA 6-8(b)
Córrego, em regime subcrítico, revestido com geofôrmas planas em toda sua extensão.

va, portanto, de um revestimento flexível, porém bastante estável e resistente. Optou-se, então, pela utilização de uma geofôrma plana preenchida com argamassa, em toda sua extensão.

Em obras fluviais ou marítimas, utiliza-se uma barcaça com fundo basculante para lançamento de geofôrmas. Estas são previamente preenchidas com areia ou outro material granular e depois depositadas no fundo dos canais ou do mar através das portas existentes no fundo das barcaças. O esquema da operação é visto na Fig. 6-9(a).

As barcaças empregadas nesse trabalho [Fig. 6-9(b)] podem lançar geofôrmas de variados tamanhos e a diversas profundidades. O empilhamento dos *geobags* no leito do canal ou do mar deve ser controlado por mergulhadores.

A combinação de vários tamanhos e formas de geofôrmas, lançadas por barcaças ou preenchidas no local por dragas e motobombas, possibilita a construção de molhes, espigões, recifes artificiais e todo tipo de estrutura para o controle de correntes e dissipação de energia.

Nas regiões onde há escassez de rochas, uma solução interessante para a proteção de margens está na utilização de geofôrmas tipo saco, como ilustra a Fig. 6-10(a), que podem ser preenchidas no local, ou em canteiro e em seguida transportadas. Outra opção, mais econômica e ideal para obras de grande porte, consiste na utilização de geofôrmas lineares, que são posicionadas, ancoradas e preenchidas hidraulicamente. Na Fig. 6-10(b), vê-se um salsichão pronto para receber o material de enchimento: os magotes da draga vão sendo remanejados através das diversas válvulas dispostas na geratriz superior da geofôrma, de modo a se obter um preenchimento uniforme.

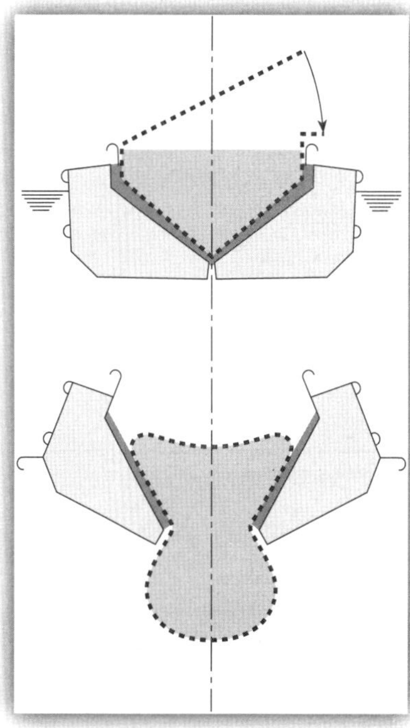

FIGURA 6-9(a)
Esquema do funcionamento de uma barcaça com fundo basculante lançando uma geofôrma.

FIGURA 6-9(b)
Barcaça de fundo basculante para lançamento, fluvial ou marítimo, de geofôrma previamente preenchida, também chamada de *geobag* ou de *geocontêiner*.

FIGURA 6-10(a)
Obra costeira de proteção de talude com utilização de geofôrmas tipo saco.

FIGURA 6-10(b)
Geofôrma linear posicionada e pronta para receber o material dragado, através de suas válvulas superiores.

Na Fig. 6-11(a), vemos uma geofôrma linear em fase de preenchimento, cuja função é atuar como dique de contenção de aterro hidráulico. A Fig. 6-11(b) mostra uma obra semelhante, em que uma geofôrma linear contém um aterro hidráulico recém-lançado.

Na Fig. 6-12(a), as geofôrmas estão dispostas no topo das margens do Rio Mississípi, nos Estados Unidos, em ambos os lados, e preenchidas com material dragado do próprio rio. Nessa obra, a função dos salsichões é atuar como diques de polderização no controle de enchentes.

Na contenção de aterros hidráulicos, sempre que houver mão-de-obra abundante e madeira disponível nas proximidades, a utilização de paliçadas é uma solução econômica e eficiente, conforme se pode ver na Fig. 6-12(b).

6.6 DIMENSIONAMENTO E ESPECIFICAÇÃO

A combinação dos tipos adequados de geossintéticos com várias modalidades de obras fluviais e marítimas produz uma grande diversidade de situações e aplicações em obras de contenção hidráulica. Assim, o dimensionamento de geossintéticos em obras hidráulicas constitui assunto muito extenso, que foge ao âmbito deste manual.

FIGURA 6-11(a)
"Salsichão", em fase de preenchimento, para contenção de aterro hidráulico lançado sobre o mar.

FIGURA 6-11(b)
Salsichão já preenchido, atuando como dique de contenção de aterro hidráulico recém-lançado.

FIGURA 6-12(a)
Geofôrma linear ao longo das margens do Rio Mississípi (EUA), como parte do projeto de polderização.

Nesta seção, portanto, serão comentados os principais aspectos e parâmetros intervenientes nos projetos dos vários tipos de geossintéticos utilizados. E, a título ilustrativo, será apresentada a formulação de dimensionamento de geofôrmas lineares.

FIGURA 6-12(b)
Paliçadas para a contenção de aterro hidráulico, construídas com pau-de-mangue e geotêxtil.

6.6.1 Geotêxteis e geocompostos filtrantes

Quando utilizados em obras de contenção hidráulica, os geotêxteis e os geocompostos filtrantes exercem a função de filtro, na maioria das vezes. Seu dimensionamento como filtro é discutido no Cap.5.

Além da filtração propriamente dita, o geossintético deverá ser dimensionado e especificado para atender a situações específicas como, por exemplo, as que se seguem.

- Quando o geossintético é aplicado na interface de taludes, deve-se verificar a estabilidade planar de toda a estrutura, sobre e sob ele, considerando-se os coeficientes de atrito de interface.
- Quando o geossintético entra em contato com materiais contundentes, deve-se verificar sua resistência a puncionamento, nas fases construtiva e operativa, levando-se em conta o tamanho dos grãos, sua angulosidade, alturas de lançamento em obra e a energia aplicada pelas ondas.

- Dependendo do tamanho dos grãos do agregado que será utilizado, é importante considerar a flexibilidade e a espessura do geossintético para se garantir uma perfeita conformação com as superfícies, prevenindo-se assim o desenvolvimento de fluxos parasitas e erosões no substrato.

6.6.2 Geomembranas

Quando utilizadas em obras de contenção hidráulica, as geomembranas atuam como barreiras. Assim, todas as considerações de projeto, dimensionamentos e especificações são tratadas no Cap. 13.

Adicionalmente, é importante ressaltar que as geomembranas aplicadas em obras de contenção hidráulica geralmente são protegidas por outro geossintético, com o objetivo de evitar puncionamentos e rasgos.

6.6.3 Geocélulas

As geocélulas são muito utilizadas em obras de contenção hidráulica, como proteção superficial contra a ação de fluxos tangenciais e rebentação de ondas.

O dimensionamento e a especificação de geocélulas levam em conta alguns cálculos clássicos de solicitação, aliados a cálculos específicos, que dependem de cada tipo de geocélula e de cada fabricante.

Listamos a seguir, os principais aspectos que devem ser analisados no dimensionamento e especificação de geocélulas em obras hidráulicas.

- As geocélulas podem ser preenchidas com vários tipos de materiais, a saber: o próprio solo local, solo importado, seixo rolado, pedra britada, argamassa, solo-cimento, concreto, concreto+pedra, pedra+concreto.
- O tamanho das células, assim com sua altura, é função do tipo de preenchimento, do grau de solicitação e da inclinação dos taludes.
- O tipo de material de preenchimento é função dos esforços hidráulicos (velocidade de fluxo, sucção, variação do nível de água e outros) que serão impostos à estrutura e, portanto, deve ser objeto de projeto.
- Quando a geocélula é preenchida com um solo diferente do solo local, torna-se necessário interpor uma camada de geotêxtil filtrante entre o substrato e a geocélula; esse geotêxtil deve ser dimensionado corretamente, do ponto de vista filtrante e mecânico.

- Deve-se prever uma malha drenante (barbacãs ou células preenchidas com concreto poroso) sempre que o material de preenchimento das geocélulas for menos permeável que o substrato.
- A necessidade ou não de fixação da geocélula no substrato deve ser analisada durante o projeto; .os principais elementos de fixação são os tendões poliméricos de alta tenacidade e os grampos de fixação, que prendem os tendões no substrato.
- A necessidade ou não de ancoragem da geocélula no topo e no pé dos taludes deve ser analisada durante o projeto.
- As características mecânicas e físicas mais importantes das geocélulas são: resistência a tração de suas fitas constituintes, resistência a tração das soldas entre células, rugosidade das paredes internas das células e perfurações nas fitas constituintes.

6.6.4 Geofôrmas

As geofôrmas, em sua maioria, são pré-fabricadas e fornecidas de acordo com a necessidade do cliente, bastando uma especificação correta do tipo apropriado. As geofôrmas planas são dimensionadas de modo muito semelhante às geocélulas , e as geofôrmas volumétricas de grande porte já dispõem de aplicativos de dimensionamento.

No Brasil, apesar do pioneirismo no assunto e do grande potencial de aplicação existente, as geofôrmas lineares são pouco utilizadas. É importante, pois, uma análise dos parâmetros de projeto com o intuito de provocar um maior interesse e disseminação dessa solução.

Esforços de tração em geofôrmas lineares

O dimensionamento mecânico da geofôrma linear preenchida com argamassa, areia, vasa ou líquidos, baseia-se no equilíbrio do geossintético flexível que constitui sua pele, permitindo o cálculo da força de tração circunferencial T e da geometria da seção transversal da geofôrma. Essas formulações foram desenvolvidas e são apresentadas por Liu (1981), Kazimierowics (1994) e Carroll (1994), podendo ser resumidas como segue.

- O problema é bidimensional. Ou seja, a geofôrma é suficientemente longa para que todas as suas seções transversais sejam idênticas, em termos de geometria e materiais. Portanto, a perda de pressão pela drenagem através das paredes do tubo, durante o preenchimento, e uma eventual segregação de materiais são desprezadas, tomando-se por base a pressão de entrada do material de preenchimento.
- O geossintético que constitui a geofôrma é fino, flexível e possui peso desprezível.

- O material de preenchimento da geofôrma é fluido, portanto o estado de pressão existente dentro da fôrma é hidrostático.
- Não se desenvolvem pressões cisalhantes entre o material de preenchimento e a geofôrma.
- Para a especificação da resistência a tração do geossintético componente da geofôrma, devem-se majorar as tensões de projeto através dos fatores de redução correlacionados pela seguinte fórmula:

$$T_{\text{ult}} = T \cdot FR_T \, [FR_T = FR_{di} \cdot FR_{co} \cdot FR_{qb} \cdot FR_{es}], \qquad [6\text{-}1]$$

sendo:

T_{ult} a resistência de pico de catálogo, determinada por ensaios de tração normalizados;

T a resistência circunferencial de projeto do geossintético, determinada por cálculos teóricos;

FR_T o fator de redução total;

FR_{di} o fator de redução devido a danos de instalação que, para geofôrmas, geralmente são causados por um aumento imprevisto na pressão de bombeamento (recomenda-se 1,3 como valor mínimo);

FR_{co} o fator de redução devido à perda de resistência nas costuras (recomenda-se 2,0 como fator mínimo ou sua determinação através de ensaios de tração específicos);

FR_{qb} o fator de redução devido a exposições a agentes químicos, físicos ou biológicos, presentes no material de preenchimento da geofôrma ou no ambiente externo — por exemplo, os raios ultravioleta da luz solar (em princípio, deve ser tomado como igual a 1,0 em condições normais);

FR_{es} o fator de redução devido ao escoamento molecular do polímero constituinte do geossintético utilizado; é importante frisar que, nessa aplicação, o esforço máximo de tração ocorre durante o bombeamento, diminuindo depois à medida que o material de preenchimento vai se consolidando (recomenda-se utilizar 1,5 como valor mínimo preliminar).

As notações e a geometria da geofôrma estudada são apresentadas na Fig. 6-13, ressaltando-se que a geofôrma é preenchida com apenas um tipo de material e, externamente, é circundada por ar.

A Eq. [6-2] é válida para qualquer ponto ao longo de A_1OA_2. Para simplificar a análise, assume-se que não haja transferência de parte da tensão T, por cisalhamento, ao longo da interface de contato da base plana da geofôrma.

$$r(x) = \frac{T}{p(x)} \qquad [6\text{-}2]$$

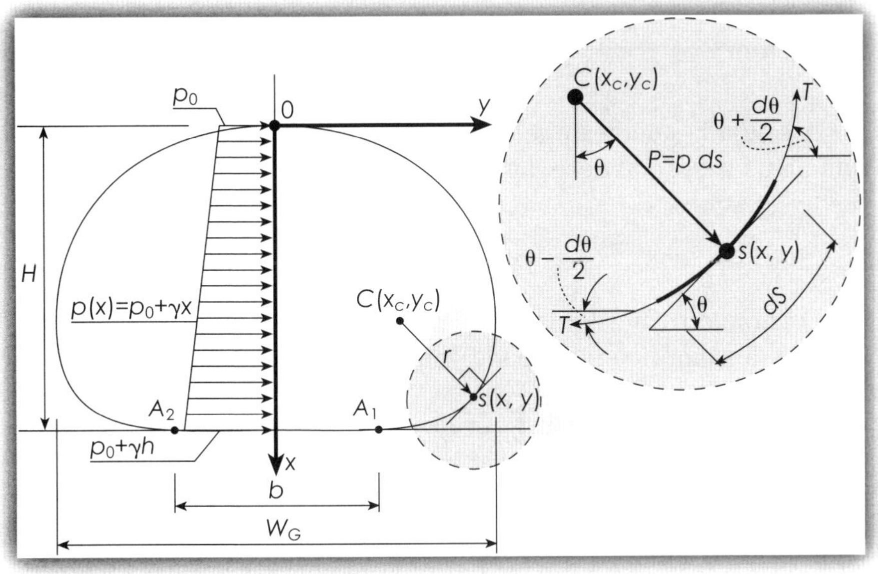

FIGURA 6-13
Seção transversal da geofôrma linear, vendo-se as notações adotadas a sua geometria.

Assim, a Eq. [6-2] expressa a solução completa para o problema, e a equação diferencial [6-3] fornece o raio de curvatura:

$$r(x) = \frac{[1+(y')^2]^{3/2}}{y''}, \qquad [6\text{-}3]$$

onde: $y' = \dfrac{dy}{dx}$ e $y'' = \dfrac{d^2y}{dx^2}$

Substituindo a Eq. [6-3] e $p(x)$ na Eq. [6-2], tem-se:

$$Ty'' - [p_0 + y \cdot x] \cdot [1 + (y')^2]^{3/2} = 0 \qquad [6\text{-}4]$$

A Eq. [6-4] é uma equação diferencial não-linear que precisa ser resolvida numericamente.

Sua solução produz as relações entre a geometria da geofôrma $y(x)$, a força de tração circunferencial T, a pressão de bombeamento p_0, a densidade γ do material de preenchimento e a altura H da geofôrma (note que x varia apenas entre zero e H):

$$y = f\,(x, p_0, H, \gamma) \qquad [6\text{-}5]$$

Tipicamente, $y(x)$ é procurada em função de um parâmetro de projeto definido: T, p_0 ou H é fornecido, a densidade γ do material de preenchimento é normalmente conhecida e os outros dois parâmetros são parte da solução do problema. Assim, a imposição de duas condições de contorno, fisicamente justificáveis, permite a solução do problema.

A primeira condição é a horizontalidade do ponto 0, que deve assegurar uma transição plana entre os dois lados simétricos da geofôrma:

$$\frac{1}{y'(0)} = 0 \qquad [6\text{-}6]$$

A segunda condição de contorno refere-se ao comprimento de contato da base, que deve, também, ser plano:

$$b = \frac{W}{p_0 + \gamma \cdot H} \qquad [6\text{-}7]$$

O parâmetro W representa o peso da geofôrma preenchida por unidade de comprimento e pode, também, ser assim equacionado:

$$W = 2\gamma \int_0^H y(x) \cdot dx \qquad [6\text{-}8]$$

Combinando as Eqs. [6-7] e [6-8], temos:

$$b = \frac{2\gamma}{p_0 + \gamma \cdot H} \int_0^H y(x) \cdot dx \qquad [6\text{-}9]$$

Assim, fixando-se o perímetro L, o valor de b será o resultado da análise e a Eq. [6-9] pode ser substituída por:

$$L = b + 2\int_s ds \qquad [6\text{-}10]$$

em que:

S é o arco A_1OB_1; e

ds $[=(-1+(y')^2)^{1/2}]$ é o comprimento diferencial do arco.

Utilizando essa definição de ds na Eq. [6-10], resulta:

$$L \frac{2\gamma}{p_0 + \gamma \cdot H} \cdot \int_0^H y(x) \cdot dx + 2\int_0^H [1 + (y')^2]^{1/2} dx \qquad [6\text{-}11]$$

O esforço axial (T_{axial}) que atua no geossintético constituinte da geofôrma, na direção longitudinal paralela ao seu comprimento, é representado na Fig. 6-14. A força total P, que atua nos planos verticais das extremidades da geofôrma, resulta do material de preenchimento pressurizado:

$$P = 2 \cdot \int_0^H (p + \gamma \cdot x) \cdot y(x) \cdot dx \qquad [6\text{-}12]$$

Na direção z, a geofôrma carrega a força P de forma distribuída ao longo de todo o perímetro, ou seja:

$$T_{\text{axial}} = \frac{2}{L} \cdot \int_0^H (p_0 + \gamma \cdot x) dx \qquad [6\text{-}13]$$

Como a geometria da geofôrma foi determinada pela Eq. [6-4], o valor de T_{axial} pode ser computado através da Eq. [6-13].

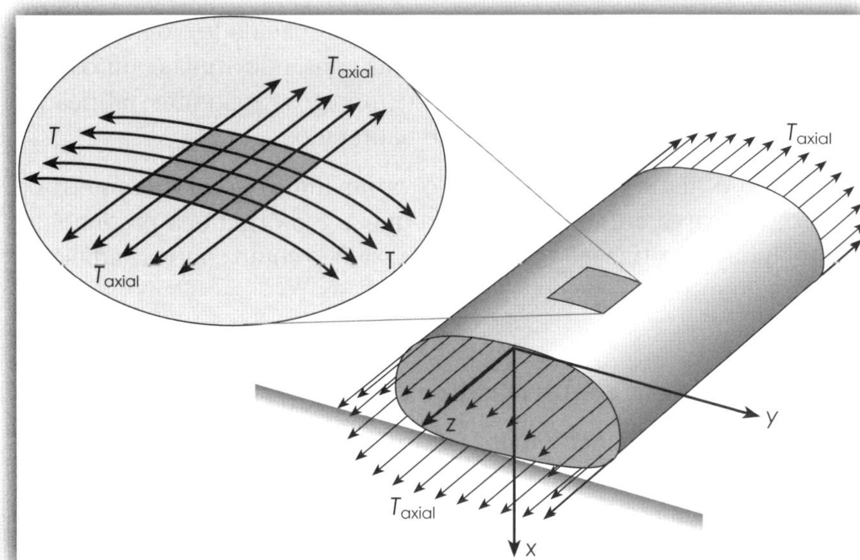

FIGURA 6-14
Força de tração axial (T_{axial}) atuante na geofôrma, determinada pela Eq. [6-13].

Tipicamente, T é maior que $T_{axial,}$ fato que deve ser levado em conta no projeto e que pode conduzir à utilização de geossintéticos anisotrópicos mais econômicos, especialmente desenvolvidos para determinados projetos.

Fixado o perímetro L, a solução simultânea das Eqs. [6-4], [6-6] e [6-11] produz as relações entre T, H, p_0 e $y(x)$. Essa solução será completa se um dos parâmetros de projeto (T, H ou p_0) for conhecido. O processamento numérico dessa solução é extremamente trabalhoso e já existem vários estudos que apresentam, de formas semelhantes, sua solução por computação.

O aplicativo GeoCops (*geosynthetic confined pressurized slurry*), desenvolvido por LESHCHINSKY e LESHCHINSKY (1996), calcula a geometria da geofôrma $y(x)$ e os valores das duas variáveis que faltam: conhecidos o perímetro L e a tensão de tração circunferencial T, o programa calcula a altura H atingida e a pressão de bombeamento necessária $p_{0.}$ Podem-se alternar as variáveis de entrada, e o programa calculará as outras duas faltantes. Adicionalmente, o programa calcula o T_{axial} e permite levar em consideração os fatores de redução, visando especificar o geossintético a ser utilizado.

Filtração em geofôrmas lineares

Se a geofôrma for fabricada com geossintéticos permeáveis, estes deverão obedecer às condições de filtro, de acordo com a norma de ensaio adotada pelo projetista, sempre tomando-se em consideração as condições de fluxo dinâmico.

Em casos extremos, onde se exige alta tenacidade e o material de preenchimento é constituído de misturas contendo argilas muito finas, pode ser necessário o emprego de geocompostos resistentes, fabricados com a união de geotêxteis tecidos e nãotecidos.

Como o material dragado pode variar muito de granulometria e a perda de carga aumenta à medida que a geofôrma fica preenchida, recomenda-se a utilização de válvulas de alívio como controle adicional da pressão interna.

Consolidação em geofôrmas lineares

Se o material de preenchimento for argiloso e o geossintético permeável, deve-se prever sua consolidação pela perda gradual de umidade, resultando numa redução ou perda de altura da geofôrma.

A variação de altura (ΔH) da geofôrma pode ser estimada através da fórmula:

$$\Delta H = H\delta \frac{(h_0 - h_f)}{1 + h_0 \cdot \delta} \qquad [6\text{-}14]$$

sendo:

ΔH a perda de altura da geofôrma por consolidação do preenchimento;
H a altura inicial de projeto da geofôrma, logo ao término do preenchimento (não-consolidada);
δ o peso específico dos grãos constituintes do material de preenchimento;
h_0 a umidade inicial do material de preenchimento;
h_f umidade final do material de preenchimento.

6.7 EXEMPLO DE CÁLCULO

Deve-se preencher uma geofôrma com perímetro L = 9,0 m utilizando-se uma vasa totalmente saturada, com umidade inicial h_0 = 350%, densidade natural inicial γ = 1,2 t/m^3 e peso específico dos grãos δ =2,70 t/m^3. Externamente, a geofôrma está em contato com a atmosfera, e os fatores de redução para o geossintético são:

$$FR_{di} = 1{,}3;\ FR_{co} = 2;\ FR_{qb} = 1{,}0;\ FR_{es} = 2{,}0.$$

Calcular qual a pressão de bombeamento p_0 e a respectiva resistência à tração circunferencial da geofôrma para se atingirem as alturas iniciais (H) 0,90 m, 1,80 m e 2,70 m. Sabe-se que o geossintético utilizado na geofôrma é mecanicamente isotrópico e que a umidade final da vasa consolidada será h_f = 200%. Não é necessário verificar o geossintético quanto à condição de filtro.

Solução

Os cálculos, computados pelo aplicativo GeoCops, geram a geometria da geofôrma e os demais parâmetros apresentados na Fig. 6-15.

Para H = 0,90 m (cerca de 31% do diâmetro), a pressão de bombeamento necessária é nula; ou seja, a vasa é lançada na geofôrma à pressão atmosférica e a resistência à tração circunferencial do geossintético é de apenas 2,60 kN/m. Contudo, para uma altura de 2,70 m (cerca de 94% do diâmetro), a pressão de bombeamento requerida sobe de zero para 122,80 kPa, e a resistência à tração circunferencial, para praticamente 190,0 kN/m.

- O fator de redução total FR_T será igual a:

$$FR_T = 1{,}3 \cdot 2{,}0 \cdot 1{,}0 \cdot 2{,}0 = 5{,}2$$

- A redução de altura por consolidação pode ser estimada em:

$$\Delta H = H_0 \cdot 2{,}7 \cdot \frac{(3{,}5 - 2{,}0)}{1 + 3{,}5 \cdot 2{,}7} = H_0 \cdot 0{,}3876$$

Assim, podem-se resumir os resultados e as especificações dos geossintéticos constituintes das geofôrmas como mostrado na Tab. 6-1.

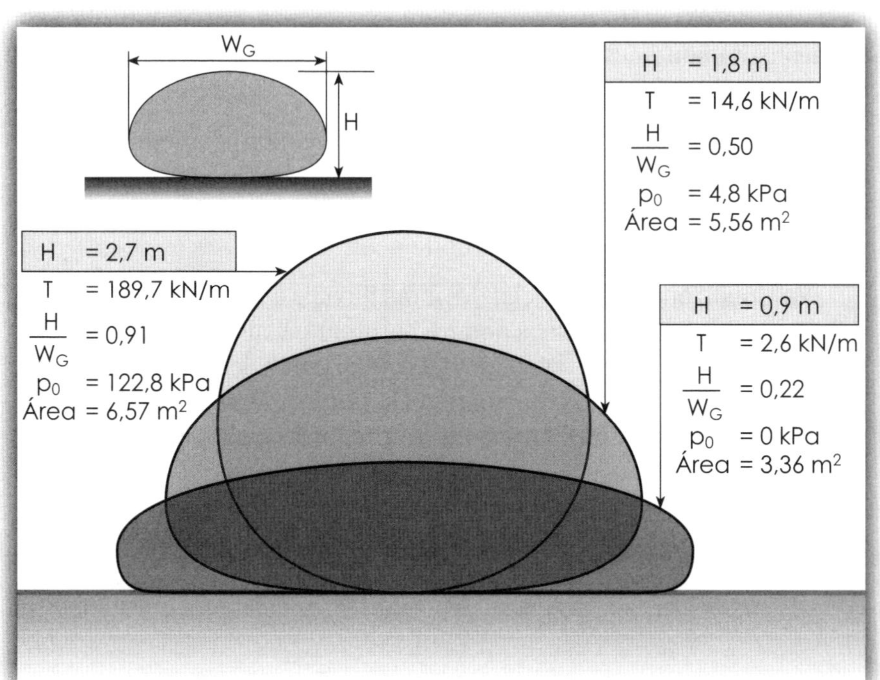

FIGURA 6-15
Geometria, pressão de bombeamento e resistência circunferencial da geofôrma a tração, em função do perímetro e da altura inicial.

TABELA 6-1
Parâmetros de projeto especificação dos geossintéticos para confecção das geofôrmas

Altura inicial (m)	Pressão de bombeamento (kPa)	Altura final consolidada (m)	Resistência circunferencial de projeto (kN/m)	Mínima resistência circunferencial de pico (kN/m)
0,90	—	0,55	2,60	13,52
1,80	4,80	1,10	14,60	75,92
2,70	122,80	1,65	189,70	986,52

6.8 CONCLUSÕES

Os geossintéticos, quando utilizados em obras hidráulicas de contenção, possibilitam a idealização de soluções alternativas simples e, ao mesmo tempo, revolucionárias. Sua maior vantagem é possibilitar a substituição de materiais escassos por outros abundantes — isso quando os próprios geossintéticos não realizam tal façanha. Adicionalmente, a substituição de blocos de rocha por concreto ou areia, a eliminação de múltiplas camadas de filtros de transição submersos, o aproveitamento de materiais usualmente imprestáveis e a facilidade de manuseio, convidam a desafios cada vez mais ousados.

A combinação das facilidades atuais de cálculos e dimensionamentos, proporcionados pela informática com as vantagens construtivas aqui citadas, resulta em obras tecnicamente interessantes, que aceleram cronogramas e permitem grande economia.

No Brasil, onde o potencial de obras fluviais e marítimas é enorme, a utilização de geossintéticos poderá baratear e viabilizar a construção de muitos tipos de obra, como, por exemplo: controle de correntes marítimas e fluviais, controle de enchentes, polderizações, estocagem de rejeitos, núcleos de estruturas hidráulicas, barragens, entre outras.

REFERÊNCIAS BIBLIOGRÁFICAS

BOGOSSIAN, F., SMITH, R. T., VERTEMATTI, J. C., e YASBEK, O., "Continuous Retaining Dikes by Means of Geotextiles". Proceedings of the II-International Conference on Geotextiles, IFAI, vol 1, pp 211-216. [Las Vegas, EUA, 1982].

BRETELER, M. K., PILARCZYK, K. W., SMITH, G. M., "Performance of Geotextiles on Clay and Fine Sand in Bed and Bank Protection". XV International Conference on Geotextiles, Geomembranes and Related Products, vol. 2 , pp 771-774 [Cingapura, 1994].

CARROLL, R. P., "Submerged Geotextile Flexible Forms Using Noncircular Cylindrical Shapes". Technical Paper, *Geotechnical Fabrics Report*, IFAI, 12 (8) 04-15. [Minnesota, EUA, 1994].

DEPASQUALE, A. J., LEATHERMAN, D., THOMAS, R., "Molly Ann's Channel Protection System", Applications, *Geotechnical Fabris Report*, IFAI, 19 (1) 44-50 [Minnesota, EUA, 2001].

FOWLER, J., "Tubos de Geotextiles y Control de Inundaciones – Um Planteamiento Económico". Edición Especial, *Geotechnical Fabris Report*, IFAI, 34-39 [Minnesota, EUA, 2000].

HEIBAUM, M. H., "Geosynthetic Containers – A New Field of application with Nearly no Limits". VII International Conference on Geosynthetics, pp 1.013-1.016 [Nice, França, 2002].

KAZIMIEROVICZ, K., "Simple Analysis of Deformations of Sand-Sausages". XV International Conference on Geotextiles, Geomembranes and Related Products, vol. 2, pp 775-778 [Cingapura, 1994].

LESHCHINSKY, D. e LESHCHINSKY, O., "Geosynthetic Confined Pressurized Slurry (GeoCoPS): Supplemental Notes for Version 1.0". Report TR CPAR-GL-96-1, US Army Engineer Experimental Station [Viksburg, Mississípi, EUA, 1996].

LESHCHINSKY, D., LESHCHINSKI, O., LING, H. I. e GILBERT, P. A., "Geosynthetic Tubes for Confining Pressurized Slurry: Some Design Aspects". *Journal of Geotechnical Engineering*, ASCE, vol. 122, n. 8, pp 682-690 [Virgínia, EUA, 1996].

SAMPLE, J. W., "An Envolving Method of Coastal Erosion Control". Applications, Geotechnical Fabris Report, IFAI. 20 (2) 50-52 [Minnesota, EUA, 2002].

SILVESTER, R., "Use of Grout-filled Sausages in Coastal Structures". *ASCE Journal of Waterway, Port, Coastal and Ocean Engineering*, vol. 112, n.1, janeiro [Virgínia, EUA, 1986].

U. S ARMY ENGINEER WATERWAYS EXPERIMENT STATION – ENVIRONMENTAL LABORATORY, "Environmental Effects Of Dredging – Technical Notes". EEDP-05-01 [Mississípi, EUA, 1995].

Capítulo 7

Aplicações em Drenagens

Paulo Roberto Aguiar
José Carlos Vertematti

7.1 INTRODUÇÃO

No Brasil, a utilização de produtos geossintéticos na drenagem de gases e líquidos objetivando a substituição de materiais naturais, a redução de peso e a diminuição de espessura, teve início nos anos 1980. No exterior, provavelmente uma das primeiras especificações de geossintéticos com função drenante foi determinada pelo Departamento de Transportes da Grã-Bretanha, em 1987, o que permitiu uma maior disseminação dessa técnica.

Em nosso país, a primeira aplicação foi realizada para drenagem da pista de atletismo de um clube paulista. O objetivo era aliviar o peso do sistema drenante, pois a utilização de agregados naturais iria sobrecarregar a laje e as estruturas do prédio, conforme ilustra a Fig. 7-1. O projeto especificava um estrado plástico com 10 cm de altura, na época fabricado para estocagem de materiais, para exercer a função de meio drenante, recoberto por um geotêxtil atuando como filtro sob uma camada de solo, onde foram assentadas as placas de grama.

Outra aplicação importante consistiu na utilização de um geotêxtil espesso entre pranchões, em escavações a céu aberto, nas obras do metrô na cidade de São Paulo, em 1984. O geotêxtil, pressionado entre vãos de pranchões consecutivos, atuava como elemento filtro-drenante, permitindo alívio das subpressões causadas pela presença do lençol freático e prevenindo o desenvolvimento de erosões internas no solo escavado. Essa utilização gerou uma especificação própria para tal serviço.

Além dessas aplicações criativas — surgidas a partir de uma necessidade específica de obra —, outras foram desenvolvidas, tais como a utilização de geotubos em vários tipos de sistema drenante, em

Figura 7-1
No Brasil, o primeiro geocomposto drenante "manufaturado na obra" foi empregado em 1980, numa pista de atletismo construída sobre laje. Um estrado plástico atuava como núcleo drenante e um geotêxtil nãotecido era o elemento filtrante.

drenos sub-horizontais (DHP) profundos e em drenos verticais para consolidação de solos moles.

A cada dia, a utilização de geossintéticos em sistemas drenantes vai se sofisticando. Surgem novos produtos, de melhor desempenho, que permitem rápida instalação, com garantia de suas propriedades a longo prazo e destinados a uma gama crescente de finalidades.

As principais vantagens na utilização dos geossintéticos com função drenante podem ser assim resumidas:

- são produtos uniformes, contínuos e flexíveis, que cumprem sua função mesmo quando aplicados em superfícies irregulares ou descontínuas;
- permitem uma significativa redução na espessura dos sistemas drenantes, em comparação com as soluções convencionais, reduzindo escavações e permitindo um maior aproveitamento do espaço disponível;
- são facilmente manuseados, podendo sua instalação ser mecanizada, o que permite significativa redução de cronogramas e custos;
- são extremamente leves, em comparação com os agregados naturais, proporcionando menores sobrecargas nas estruturas e fundações das obras civis.

7.2 DEFINIÇÃO

A função drenagem, conforme definição da NBR 12.553/03, consiste na coleta e condução de um fluido pelo corpo de um geossintético. No entanto essa importante função, desempenhada por vários tipos de geossintético, às vezes é confundida com a função filtração, exercida pelos geotêxteis (ver o Cap. 5), quando estes são utilizados em conjunto com agregados naturais em sistemas drenantes diversos, como trincheiras drenantes, colchões drenantes, cortinas drenantes e outros. Para evitar essa confusão, Giroud (1986) propôs alterar seu nome para transmissão de fluidos, expressão mais adequada, visto que os geossintéticos captam os fluidos e os conduzem, em seu plano, em direção a um coletor principal.

7.3 PRODUTOS UTILIZADOS

Em um sistema drenante, é possível um ou mais geossintéticos com função drenante, que podem ser classificados como segue.

Geotêxteis espessos. São constituídos por uma única camada de geotêxtil nãotecido agulhado, com espessura de alguns milímetros, a qual filtra e conduz fluidos em seu plano, concomitantemente.

Geoespaçadores, georredes, geomantas e geoexpandidos. Trata-se de produtos utilizados como núcleo drenante, para criar um grande volume de vazios e, assim, substituir os materiais — pedra britada, argila expandida, seixo rolado, cascalho e outros — empregados nos drenos convencionais.

Geocompostos drenantes. A combinação de um geotêxtil filtrante com um núcleo drenante e/ou com um geotubo, constitui um geocomposto drenante, que pode ser produzido industrialmente ou, simplesmente, manufaturado no próprio canteiro de obras. Existe no mercado grande número de geocompostos drenantes, fabricados a partir da combinação de vários geossintéticos, concebidos para utilização em todos os tipos de sistema drenante existentes.

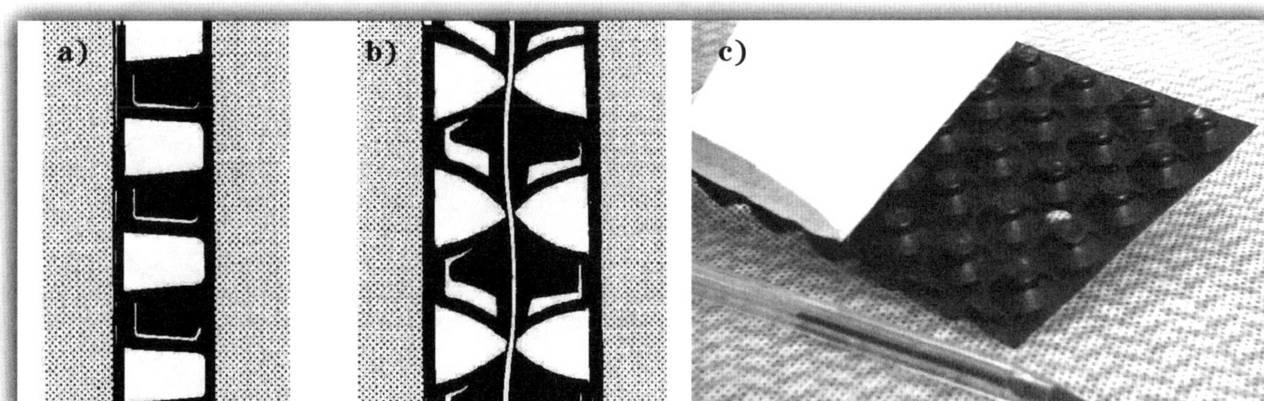

Figura 7-2
Geocomposto drenante com núcleo geoespaçador
a) Esquema de núcleo geoespaçador de pata simples;
b) esquema de núcleo geoespaçador de pata dupla;
c) geocomposto drenante, produzido com geoespaçador de pata simples mais geotêxtil filtrante em camada única. Esse GCD é utilizado para captar fluidos apenas por uma de suas faces.

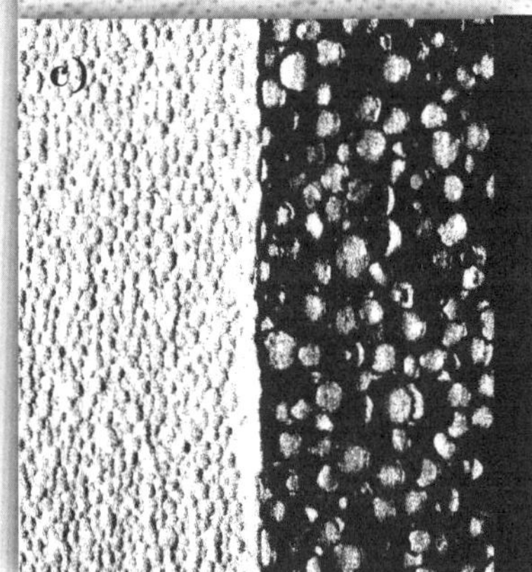

Os geoespaçadores e as georredes foram desenvolvidos especialmente para atuar como núcleos drenantes na condução de fluidos e, portanto, são relativamente pouco compressíveis.

As geomantas, constituídas por uma malha de filamentos sintéticos espessos, e os geoexpandidos são muitas vezes utilizados como núcleos drenantes e, estão sujeitos a uma maior redução de espessura quando submetidos a grandes tensões confinantes, por serem mais compressíveis.

Geotubos. Consistem em tubos-drenos sintéticos, especialmente projetados para utilização em drenagem. São empregados em substituição aos tubos convencionais de cerâmica perfurada, de concreto perfurado e de concreto poroso.

Figura 7-3
Geocompostos drenantes produzidos com outros tipos de núcleo.
a) GCD com núcleo de geomanta e geotêxtil filtrante em ambas as faces;
b) GCD com núcleo de georrede e geotêxtil filtrante em ambas as faces;
c) GCD com núcleo de geoexpandido poroso, com geotêxtil filtrante na face direita e geoexpandido impermeável na face esquerda.

Figura 7-4
Geotubo corrugado, dotado de grande área aberta perfurada, distribuída ao longo de todo o seu perímetro.

Do ponto de vista geométrico, dois tipos de geocomposto drenante são os mais utilizados: os drenos de fita e os planares.

Os drenos de fita, também chamados de "drenos verticais", caracterizam-se por apresentar pequenas larguras (da ordem de 100 mm) e grande comprimento. São utilizados principalmente na consolidação de aterros sobre solos moles, aplicação que é estudada no Cap. 10.

Os drenos planares caracterizam-se por apresentar grandes larguras, da ordem de vários decímetros, e por serem utilizados em drenos profundos ou subsuperficiais.

7.4 PROPRIEDADES RELEVANTES

Quando no desempenho da função drenagem, os geossintéticos apresentam elevada capacidade de escoamento, o que, no entanto, pode variar significativamente dependendo das tensões confinantes de compressão a que estiverem sujeitos na obra.

Além das propriedades inerentes ao geotêxtil filtrante, tratadas no Cap. 5, as principais propriedades dos geossintéticos utilizados na transmissão de fluidos são as comentadas a seguir.

7.4.1 Propriedades físicas

A densidade – ou peso específico – do produto, a espessura e outras características específicas definem seu formato, constituição, posição do filtro, etc.

7.4.2 Propriedades mecânicas

Resistência a tração

De uma maneira geral, os geossintéticos são anisotrópicos e, quando tracionados, podem apresentar variações em outras propriedades como, por exemplo, sua espessura.

Resistência a compressão

É uma das principais propriedades dos geossintéticos nessa aplicação, já que sua capacidade de transmissão de líquidos e gases depende diretamente de sua espessura.

Resistência a cisalhamento

Nos geocompostos drenantes, a aderência entre o núcleo drenante e o geotêxtil filtrante tem especial importância quando há tensões de cisalhamento opostas atuando nas faces superior e inferior. Assim, deve-se verificar se a aderência entre os elementos constituintes do geocomposto é suficiente e não se constitui num plano preferencial de ruptura.

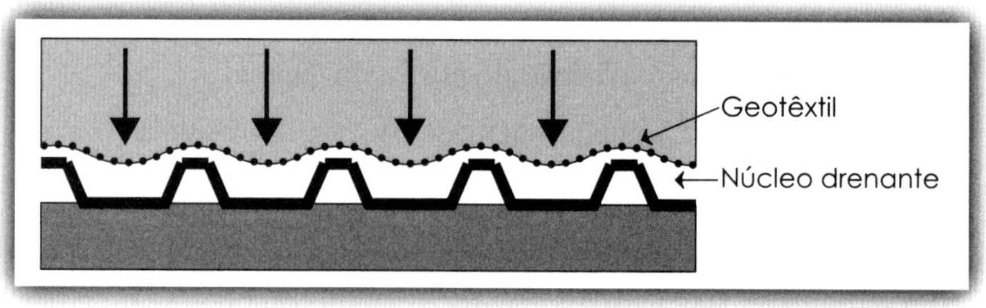

Figura 7-5
Esquema de um GCD. Vê-se o efeito de redução do seu volume de vazios e, portanto, de sua transmissividade, pela deformação do filtro geotêxtil submetido a esforços de compressão. Esse efeito acontece em diferentes proporções, dependendo do tipo de núcleo drenante empregado, para uma mesma carga solicitante.

7.4.3 Propriedades hidráulicas

A transmissividade — ou capacidade de escoamento no plano do geossintético — define a capacidade do geossintético em transportar rapidamente volumes elevados de líquidos, sendo, portanto, sua principal característica, diretamente ligada à função drenante.

7.4.4 Propriedades de durabilidade

Indicam a manutenção de suas principais propriedades ao longo do tempo. Para tal, devem ser consideradas a matéria-prima que constitui o geossintético, a sua fluência sob tensões permanentes e a possibilidade de penetração do solo adjacente, nos espaços vazios do núcleo drenante. Nesse caso, as pressões atuantes no terreno podem deformar o geotêxtil filtrante, provocando assim a redução de sua transmissividade, conforme ilustra a Fig. 7-5.

7.4.5 Propriedades ambientais

Devem ainda ser consideradas as alterações do geossintético ao longo do tempo por efeito da temperatura (por exemplo, no interior de aterros sanitários), pela natureza do líquido transportado, sua viscosidade, e pela possibilidade de desenvolvimento de microorganismos no núcleo drenante, o que pode diminuir sua transmissividade a longo prazo.

É importante ressaltar que, apesar de alguns geocompostos possuírem uma geomembrana acoplada em uma das faces, a sua impermeabilidade só será garantida se a união dos painéis consecutivos for feita através de um sistema estanque, como colagem, soldagem ou aplicação de mastique elastomérico.

7.5 DIMENSIONAMENTO E ESPECIFICAÇÃO

7.5.1 Vazão unitária de contribuição de projeto

A vazão de contribuição unitária de projeto (q_d) pode ser determinada a partir da permeabilidade do solo, do gradiente hidráulico atuante sobre o dreno e da adoção de um fator de segurança FS, utilizando-se diretamente as leis de Darcy e da continuidade, ou através de outros métodos clássicos de dimensionamento disponíveis. Como a apresentação de tais métodos de cálculo fogem aos objetivos deste manual, sugerimos consultar Cedergren (1974).

Assim, a vazão de contribuição unitária de projeto pode ser escrita conforme a expressão:

$$q_d = FS \cdot q_{\text{calc}}, \qquad [7\text{-}1]$$

onde:

- q_d é a vazão unitária de contribuição de projeto;
- FS o fator de segurança, que leva em consideração as imperfeições de cálculo; e
- q_{calc} a vazão unitária, calculada de acordo com o método teórico adotado.

7.5.2 Capacidade de vazão planar do geossintético

A capacidade de vazão planar de um geossintético ($q_{p,i}$), para determinada pressão confinante a um certo gradiente hidráulico, é fornecida pelos fabricantes, pois deve ser determinada por ensaios de laboratório. Como, na maioria dos casos, o fluxo planar dentro do geossintético é turbulento, sua determinação teórica poderia conduzir a erros sensíveis. Assim, através de tabelas ou gráficos, os valores de $q_{p,i}$ podem ser obtidos em catálogos técnicos dos fabricantes.

Em obras de grande responsabilidade ou quando houver dúvidas sobre os valores fornecidos pelos fabricantes, recomenda-se obter uma amostra do geossintético e determinar seus valores de $q_{p,i}$ em laboratório, para verificar sua conformidade com os dados de catálogos, através do projeto de norma ABNT 02:153.19.014 (em 2003, ainda fase de aprovação), da ISO 12.958 ou da ASTM D4716.

7.5.3 Capacidade de vazão admissível do geossintético

Os valores de $q_{p,i}$ obtidos nos ensaios de laboratório correspondem a valores últimos e geralmente consideram condições ideais de operação que nem sempre ocorrem em uma obra. Por essa razão, deve-se considerar uma redução no desempenho do geossintético quando submetido a situações limitantes de seu desempenho, para considerar sua atuação de longo prazo. Isso pode ser realizado pela introdução de fatores de redução, conforme segue:

$$\Delta Q = \frac{\cos \varphi'_{F,k} \cdot \cos \delta}{\cos(\nu_{\ldots} - \delta)} \cdot \sum^{n} F_{i,d} \qquad [7\text{-}2]$$

sendo:

q_{adm} a capacidade de vazão planar admissível do geossintético ($\text{cm}^3/\text{s} \cdot \text{m}$);

FR_{in} o fator de redução devido à intrusão do geotêxtil filtrante no núcleo drenante;

FR_{fl} o fator de redução devido à deformação por fluência do núcleo drenante ou do geotêxtil filtrante;

FR_{cpq} o fator de redução devido à colmatação química e/ou precipitação química no núcleo drenante; e

FR_{cb} o fator de redução devido à colmatação biológica do núcleo drenante;

A Tab. 7-1 é sugerida por Koerner (1997) para as georredes e pode ser útil na estimativa dos fatores de redução para outros tipos de núcleos drenantes.

TABELA 7-1
Valores preliminares recomendados para os fatores de redução para $q_{p,i}$ em geocompostos que utilizam georredes

Aplicação	FR_{in}	FR_{fl}*	FR_{cpq}	FR_{cb}
Campos esportivos	1,0 a 1,2	1,0 a 1,5	1,0 a 1,2	1,1 a 1,3
Camada de interrupção de capilaridade	1,1 a 1,3	1,0 a 1,2	1,1 a 1,5	1,1 a 1,3
Lajes e áreas suspensas	1,2 a 1,4	1,0 a 1,2	1,0 a 1,2	1,1 a 1,3
Muros de contenção, percolação de rochas fraturadas e taludes em solo	1,3 a 1,5	1,2 a 1,4	1,1 a 1,5	1,0 a 1,5
Colchões drenantes	1,3 a 1,5	1,2 a 1,4	1,0 a 1,2	1,0 a 1,2
Drenos superficiais para coberturas de aterros sanitários	1,3 a 1,5	1,1 a 1,4	1,0 a 1,2	1,2 a 1,5
Camada secundária de coleta de chorume (aterros sanitários)	1,5 a 2,0	1,4 a 2,0	1,5 a 2,0	1,5 a 2,0
Camada primária de coleta de chorume (aterros sanitários)	1,5 a 2,0	1,4 a 2,0	1,5 a 2,0	1,5 a 2,0

*Esses valores variam conforme a resina usada na produção da georrede; quanto maior a densidade, menor o fator de redução. A fluência do geotêxtil filtrante não foi considerada nesse caso, devendo ser feita uma avaliação específica.

Para avaliar a resistência do geossintético a compressão, a Tab. 7-2, sugerida por Berkhout (1994,) mostra a variação das tensões de compressão e do gradiente hidráulico, fornecendo uma indicação para a definição das solicitações para cada obra.

7.5.4 Capacidade de vazão longitudinal do geotubo

Na maioria dos casos, os geocompostos drenantes filtram, captam e concentram as águas drenadas do solo. No entanto, por serem estruturas esbeltas, não conseguem conduzir toda a água acumulada ao longo dos drenos, cujos comprimentos (C) podem atingir dezenas ou centenas de metros. Assim, é usual associar-se um geotubo à extremidade do geocomposto drenante para acumular e conduzir as águas do dreno até o local de desemboque.

Analogamente aos tubos-dreno convencionais, a capacidade de vazão longitudinal (Q_{GP}) dos geotubos pode ser calculada pela fórmula de Manning, levando-se em conta o coeficiente de rugosidade de suas paredes internas, seu diâmetro interno e sua declividade longitudinal. Tanto a capacidade de vazão de influxo dos geotubos, expressa em litros por segundo por metro (L/s · m), como os ábacos indicativos da capacidade de vazão longitudinal são fornecidos pelos respectivos fabricantes dos geotubos.

TABELA 7-2
Aplicações dos drenos e suas condições de contorno

Aplicação	Rigidez da construção adjacente	Tensões de compressão (kPa)	Posição do geossintético	Gradiente hidráulico no núcleo
Cortinas de edifícios	Rígida/flexível	< 100	Vertical	1,00
Jardins suspensos	Flexível/rígida	< 20	Horizontal	0,03
Rodovias	Rígida ou Flexível/flexível	< 200	Horizontal	0,03
	Flexível/flexível	< 100	Vertical	1,00
Aterros sanitários	Flexível/rígida ou flexível	Cobertura < 20	Horizontal a inclinada	0 - 0,4
	Rígida ou flexível/ rígida ou flexível	Fundação < 800	Horizontal a inclinada	0,00 - 0,70
Túneis	Rígida/rígida ou flexível	< 200	Horizontal a vertical	0,00 (H) a 1,00 (V)

7.5.5 Especificação dos geossintéticos

A especificação dos geossintéticos deve ser baseada na correlação:

$$q_{\text{adm}} \geq q_d \qquad [7\text{-}3]$$

Assim, considerando-se as correlações (7-1) a (7-3), podemos simplificar a especificação dos geossintéticos conforme segue.

a) Para geocompostos drenantes e geotêxteis nãotecidos espessos:

$$q_{p,i} \geq FS \cdot FR_{in} \cdot FR_{fl} \cdot FR_{cpq} \cdot FR_{cb} \cdot q_{\text{calc}} \qquad [7\text{-}4]$$

b) Para geotubos:

$$Q_{\text{GP}} \geq FS \,.\, q_{\text{calc}} \cdot C, \qquad [7\text{-}5]$$

sendo:

Q_{GP} a capacidade de vazão longitudinal do geotubo; e
C o comprimento total do sistema drenante captado pelo geotubo.

7.6 PRINCIPAIS UTILIZAÇÕES E RECOMENDAÇÕES DE INSTALAÇÃO

Há inúmeras utilizações de geossintéticos na drenagem de fluidos. Podemos destacar as seguintes:

- drenagem profunda e subsuperficial de rodovias;
- drenagem agrícola;
- cortinas de edifícios;
- revestimentos de margens de canais e reservatórios;
- jardins suspensos;
- encontro de pontes;
- muros de contenção;
- túneis (cut-and-cover, NATM, galerias);
- aterros sanitários (no sistema de revestimento da base e na cobertura);
- lagoas de efluentes industriais e de dejetos animais;
- campos esportivos;
- terraços;
- recomposição de taludes rompidos.

Algumas dessas utilizações estão esquematizadas nas Figs. 7-6 a 7-10.

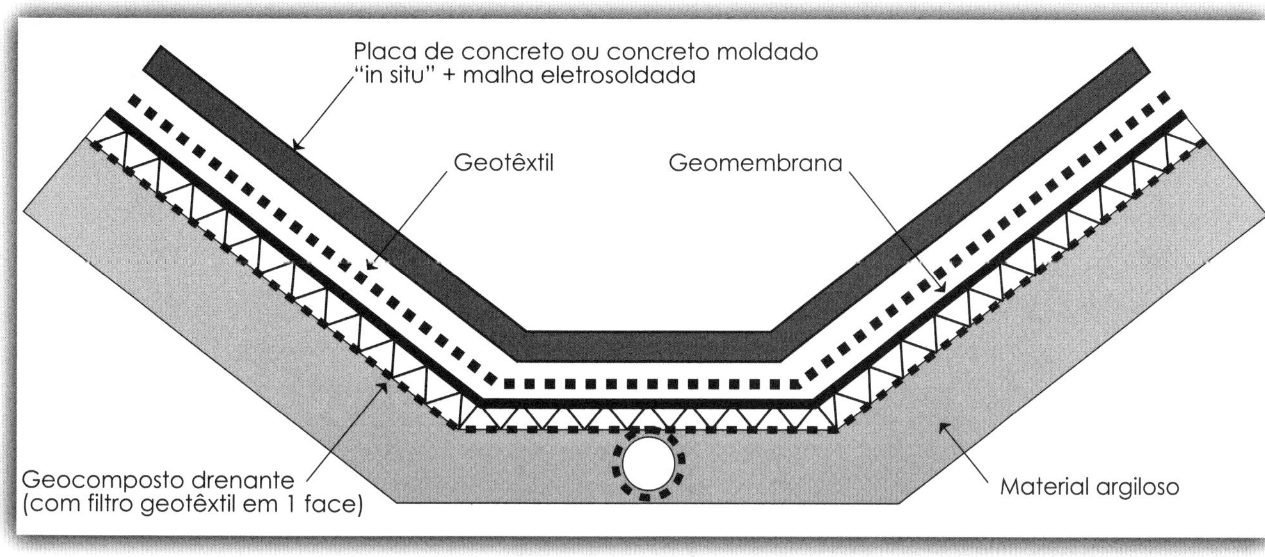

Figura 7-6
Geocomposto drenante e geotubo aplicados em drenagem sob impermeabilização e revestimento de canal.

A instalação dos geossintéticos nessas obras deve obedecer à seguinte seqüência:

1) corte do geossintético em painéis, na dimensão desejada;
2) posicionamento e fixação do painel por meio de ripas, pregos, fita adesiva, cola, ou sistema "Hilti" (Fig. 7-11);
3) união entre painéis, por meio de simples sobreposição, grampos em forma de U, cabos ou solda com jato de ar quente, quando aplicável (Figs. 7-12 e 7-13);
4) recobrimento com geotêxtil filtrante das bordas do geocomposto que estejam em contato com o solo.
5) fixação por colagem ou grampeamento nas bordas (quando o núcleo drenante é fornecido sem o geotêxtil incorporado), para permitir uma perfeita instalação;
6) conexão apropriada do geotubo, ou outro sistema coletor, ao geocomposto drenante.

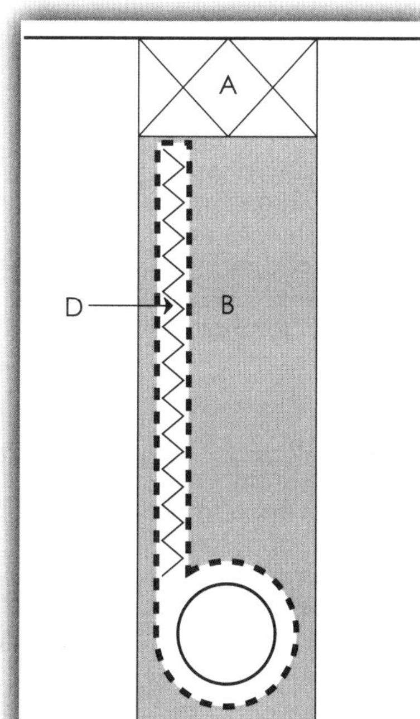

Figura 7-7
Dreno longitudinal profundo, esbelto, com largura de 15 cm, utilizando geocomposto drenante (D) acoplado a um geotubo, com a vala preenchida com areia (B) e selada com argila (A).

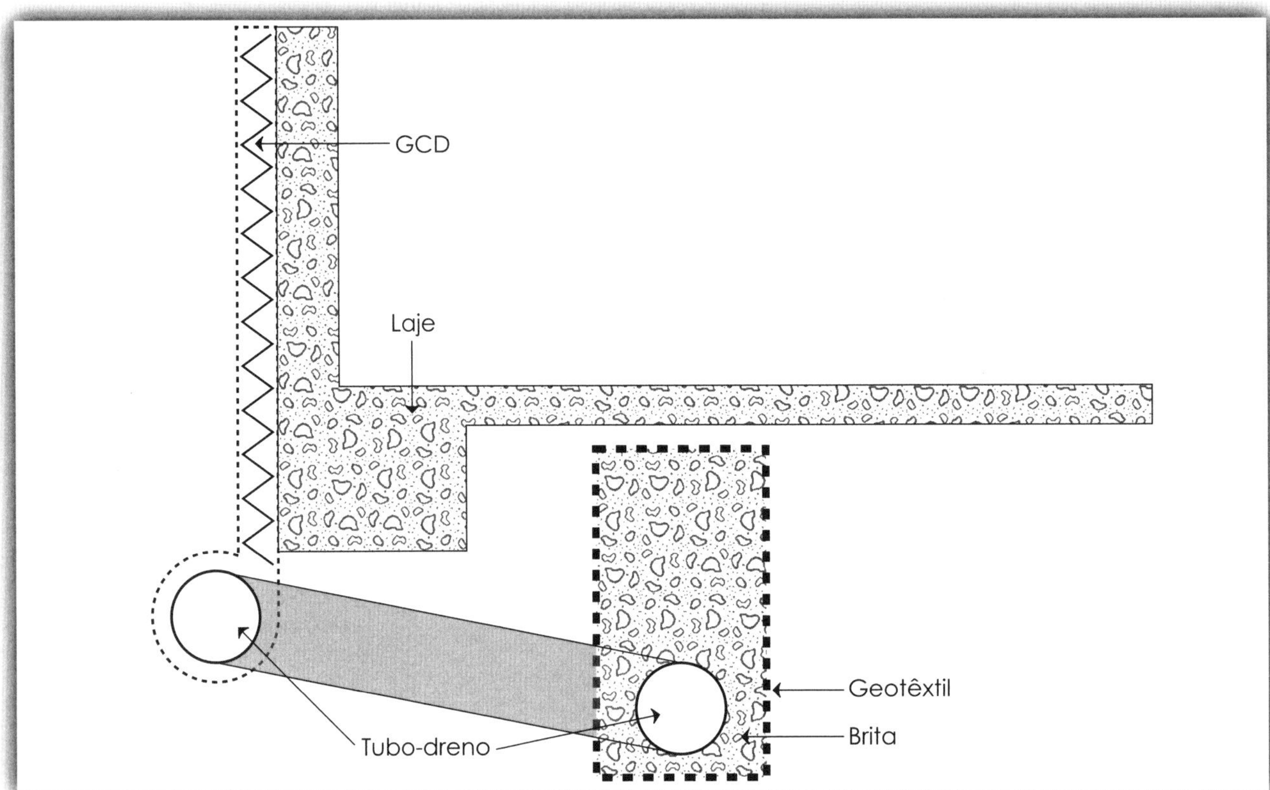

Figura 7-8 Sistema drenante em subsolo de edifício. São utilizados um GCD e um geotubo para drenar as cortinas de concreto; as águas da cortina são lançadas em um dreno longitudinal profundo, localizado sob a laje, construído com a utilização de geotêxtil filtrante, pedra britada e geotubo.

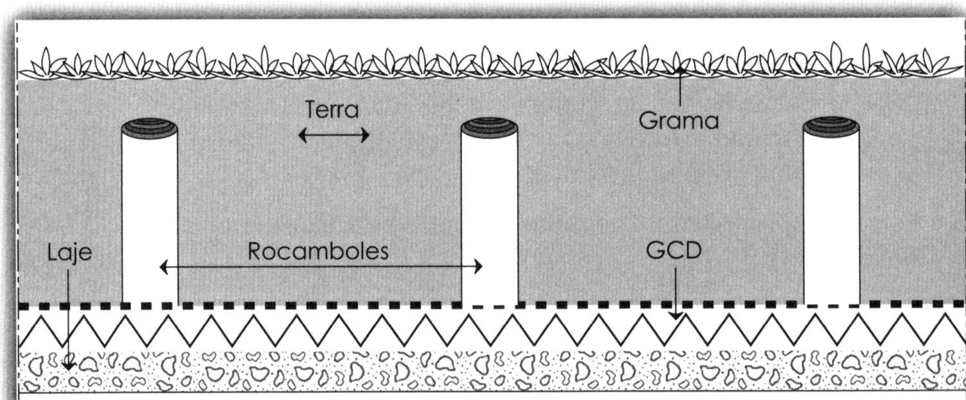

Figura 7-9 Sistema drenante sobre laje, em um campo poliesportivo. O geocomposto atua como colchão drenante, acoplado a uma malha de drenos verticais, construídos com geotêxtil nãotecido, espesso, enrolado na forma de "rocambole".

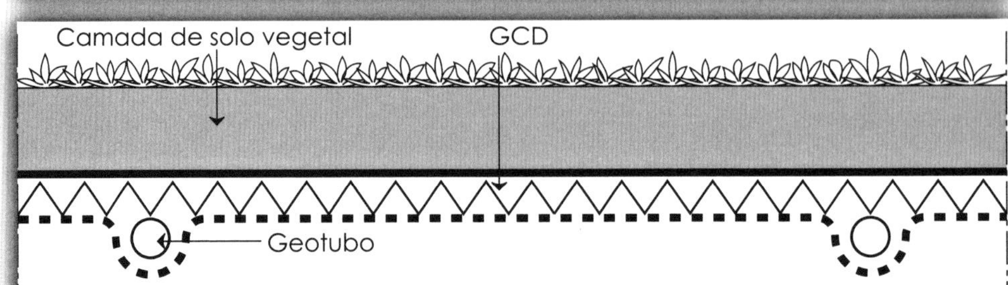

Figura 7-10 Sistema drenante subsuperficial em campo esportivo sobre solo. O geocomposto atua como colchão drenante, acoplado a geotubos condutores.

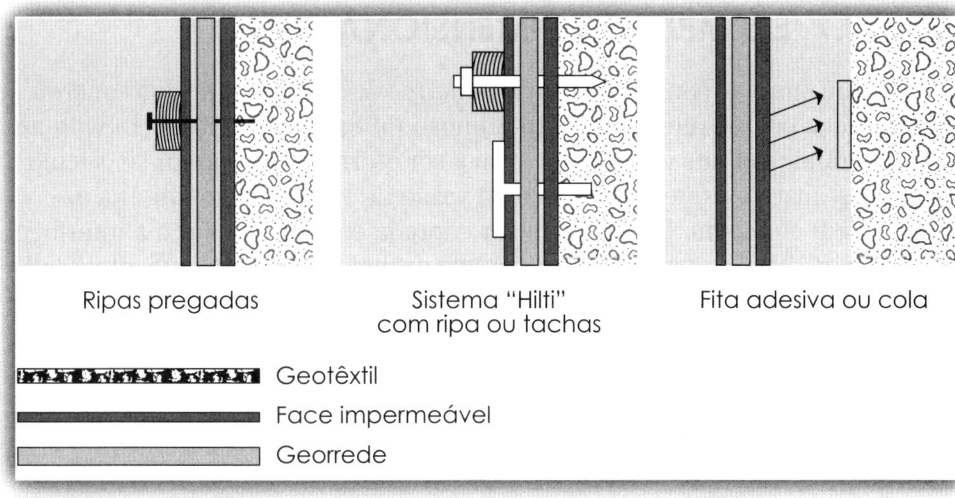

Figura 7-11
Diferentes modos de fixação de geocompostos drenantes em paredes verticais.

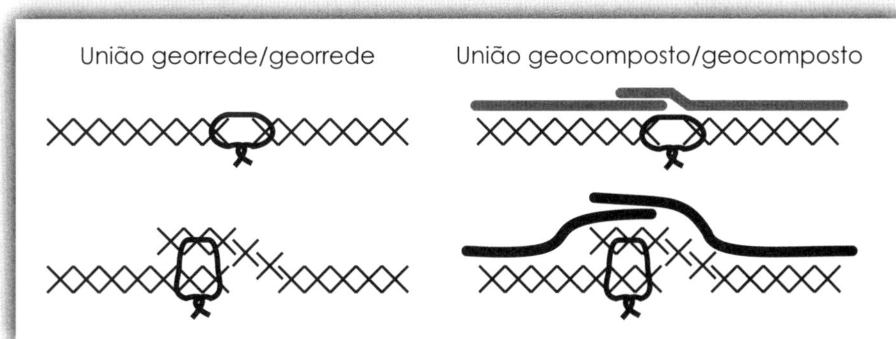

Figura 7-12
União mecânica de geocompostos drenantes através de cabos plásticos.

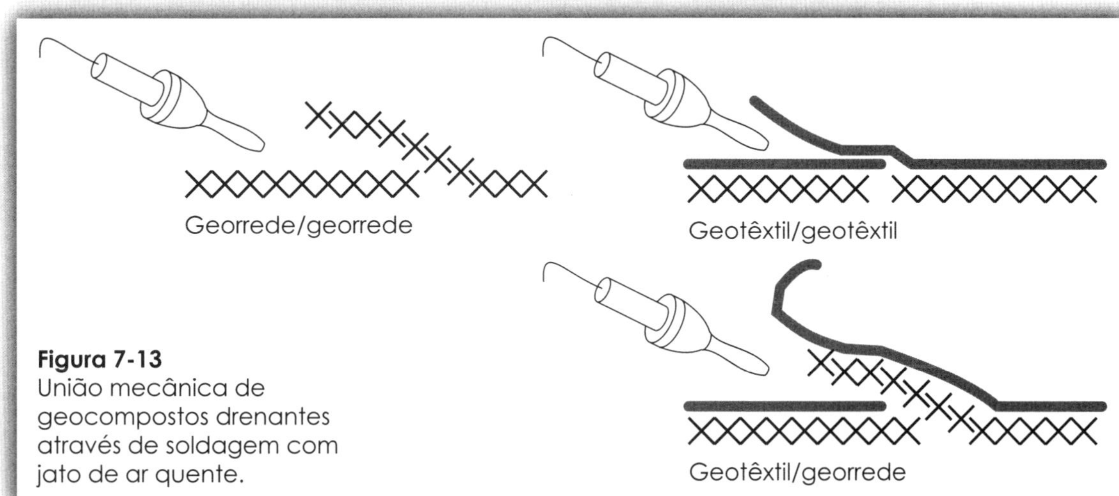

Figura 7-13
União mecânica de geocompostos drenantes através de soldagem com jato de ar quente.

Recomendações de ordem geral:

- não andar sobre o geossintético ou sobre o núcleo drenante para não danificar sua estrutura;
- cortar o geossintético/núcleo com estilete, seccionando primeiro o geotêxtil e em seguida o núcleo.

7.7 EXEMPLO DE DIMENSIONAMENTO

Um muro de contenção com 100 metros de comprimento, em concreto, deve conter um aterro silto-arenoso de 8,00 m de altura. Devido ao grande volume de água no local a ser aterrado realizaram-se cálculos estimativos, que acusaram uma vazão de contribuição unitária q_{calc} = 18,0 cm^3/s · m. Esta deverá ser captada e evacuada junto à interface muro/aterro através de um sistema drenante eficiente, que atinja a altura de 2 m acima do pé do muro. Como informações complementares, baseadas nas condições de contorno da obra e nas condições locais de fornecimento de geossintéticos, pede-se:

- adotar FS = 2,00 para a vazão de contribuição unitária;
- adotar para os GCD os seguintes coeficientes de redução de vazão:

  FR_{in} = 1,30; FR_{fl} = 1,00; FR_{cpq} = 1,10; FR_{cb} = 1,00.
- a areia tem densidade igual a 20 kN/m^3.

Considerar que os geotubos podem ser lançados com declividade longitudinal máxima de 1% e, para esse valor, suas capacidades de vazão longitudinal são:

Diâmetro nominal do geotubo (pol)	Capacidade de vazão longitudinal, Q_{GP} (L/s)
04	2,60
06	12,83
08	28,00

Considerar, também, que os geocompostos drenantes disponíveis, para gradiente hidráulico unitário, oferecem as capacidades vazão × tensão de confinamento apresentadas na Tab. 7-3.

Com base nesses dados, pede-se dimensionar o sistema drenante, composto de um GCD posicionado verticalmente na interface muro/aterro, acoplado a um geotubo disposto sub-horizontalmente em seu bojo, que atenda à vazão local.

Solução

Utilizando a fórmula:

$$q_{p,i} \geq FS \cdot FR_{in} \cdot FR_{fl} \cdot FR_{cpq} \cdot FR_{cb} \cdot q_{\text{calc}} \qquad [7\text{-}4]$$

e substituindo os valores, obtemos:

$$q_{p,i} \geq 2{,}00 \times 1{,}30 \times 1{,}00 \times 1{,}10 \times 1{,}00 \times 0{,}018 \text{ L/s} \cdot \text{m},$$

$$q_{p,i} \geq 0{,}052 \text{ L/s} \cdot \text{m}.$$

TABELA 7-3
Capacidade de vazão dos geocompostos disponíveis

Geocomposto drenante	Capacidade de vazão (L/s.m) x tensão confinante, para i = 1,0			
	25 kPa	50 kPa	100 kPa	200 kPa
GCD - 01	0,40	0,40	0,35	0,35
GCD - 02	0,80	0,65	0,55	0,45
GCD - 03	0,50	0,45	0,40	0,38
GCD - 04	1,00	0,90	0,82	0,70
GCD - 05	3,20	3,10	3,00	2,90

Para o cálculo do diâmetro do geotubo necessário, podemos dividir a extensão total do muro por 2, fazendo os tubos desaguarem nas duas extremidades do muro (duas águas), respeitando a declividade máxima de 1%. Assim, teremos uma extensão de acumulação de vazão nos geotubos de 50 m ao invés de 100 m. Utilizando a fórmula:

$$Q_{\text{GP}} \geq FS \cdot q_{\text{calc}} \cdot C \qquad [7\text{-}5]$$

E substituindo os valores, teremos:

$$Q_{\text{GP}} \geq 2{,}00 \cdot 0{,}018 \cdot 50,$$

$$Q_{\text{GP}} \geq 1{,}80 \text{ L/s}.$$

Especificação dos geossintéticos

Para podermos especificar o GCD correto, devemos saber qual a tensão de compressão horizontal atuante no dreno, ao nível do pé do muro. Esse cálculo é simples, pois sabemos que o coeficiente de empuxo ativo (K_a) tem o valor aproximado de 0,33 para interface vertical rígida. Assim, a pressão atuante no geocomposto drenante, a 8 metros de profundidade, será:

$$\sigma_h = K_a \cdot \gamma \cdot H = 0{,}33 \times 20 \text{ kN/m}^3 \cdot 8 \text{ m} = 52{,}8 \text{ kPa}$$

Com o valor de σ_h, consultamos as tabelas e definimos o geocomposto drenante e o geotubo:

- Geocomposto drenante — GCD 01, pois possui capacidade de 0,40 > 0,052 L/s · m.

  Quantidade a ser utilizada: 2,0 m × 100 m.

- Geotubo — pode-se utilizar geotubo de 4 pol (vazão total acumulada de 1,80 < 2,60 L/s). Quantidade a ser utilizada: 100 m de geotubos de 4 pol.

7.8 CONCLUSÕES

A utilização de produtos geossintéticos como elementos drenantes vem se tornando comum em todo o mundo devido, principalmente, a três importantes fatores econômicos: escassez de materiais granulares naturais, aumento do custo da mão-de-obra e necessidade de diminuição dos cronogramas construtivos.

Pode-se juntar a esses três fatores os crescentes custos de transporte e a disposição dos materiais: quanto menor a movimentação de terra e agregados na execução de um dreno, menor será o seu custo total.

Do ponto de vista técnico, os geossintéticos empregados na drenagem garantem igual ou melhor comportamento que os materiais naturais, desde que projetados e aplicados adequadamente nas obras.

Referências bibliográficas

AGUIAR, P. R.; VERTEMATTI, J. C. *Sistemas Drenantes — Aspectos Teóricos e Práticos*. Publicação Rhodia [São Paulo, Brasil, 1977].

BERKHOUT, H., "*In-Plane Permeability Measurement of Geosynthetic Drains used in Civil Engineering and the Construction Industry*". Geosynthetics World, vol. 4 n. 4 [EUA, 1994].

CEDERGREN, H. R., *Seepage, Drainage and Flow Nets*, John Wiley and Sons Inc. [California, EUA, 1974].

GIROUD, J. P., *Geotextiles to Geosynthetics: A Revolution in Geotechnical Engineering*. Terceira Conferência Internacional sobre Geotêxteis [Viena, Áustria, 1986].

KOERNER, R. M., *Designing with Geosynthetics*. Prentice Hall [New Jersey, EUA, 1997].

Capítulo 8

Aplicações em Separação de Materiais

Ennio Marques Palmeira
Evangelista Cardoso Fonseca

8.1 INTRODUÇÃO

O maior campo de aplicação de geossintéticos, ainda bem pouco explorado, é talvez sua utilização como elemento separador. Embora inúmeras obras já tenham sido realizadas no mundo todo, muitas das quais no Brasil, poucos são os estudos comparativos (em que se comparam trechos da mesma obra, com e sem a utilização de geossintético). Além disso, alguns dos estudos tiveram início nos anos 1990, de modo que ainda se achavam em curso uma década depois, uma vez que os períodos de acompanhamento são muito longos.

Enquanto não se dispõe de uma constatação documental abundante que certifique a eficiência do geossintético como elemento de separação, pode-se valer do sucesso de sua aplicação em obras correntes. Por exemplo, quando um engenheiro utiliza pela primeira vez um geossintético com a função de elemento separador e passa a adotá-lo rotineiramente ao constatar-lhe a eficiência, na vistoria de suas obras.

8.2 DEFINIÇÃO

A função separação pode ser definida como a interposição de um geossintético entre materiais distintos, de forma que a integridade e a funcionalidade destes sejam mantidas ou melhoradas.

Um exemplo clássico dessa situação é visto na Fig. 8.1, onde a penetração de finos do solo de fundação pode comprometer o comportamento da brita sobrejacente ao longo do tempo. Uma solução tradicional para esse problema seria a utilização de uma camada de sacrifício de agregado, que iria se impregnar com o solo de fundação, ao longo do tempo. A utilização de um geossintético pode substituir essa camada de sacrifício, com redução do custo da obra e melhoria do comportamento estrutural a longo prazo.

É importante observar que, no presente caso, não se está considerando a possibilidade de o geossintético funcionar também como elemento de reforço, o que pode ocorrer simultaneamente à separação, dependendo das características do problema e do tipo de geossintético.

Várias são as situações em que os geossintéticos podem atuar como elementos separadores. Basicamente, podemos subdividir tais situações em dois grandes grupos: os de atuação temporária e os de atuação permanente.

8.2.1 Atuação temporária

Tem-se essa situação quando o geossintético atua com a função principal de elemento separador temporariamente, durante um pequeno período de tempo. Sua utilização, nessas condições, tem ocorrido de modo empírico, pois a solicitações de obra são muito incertas e dificultam um correto dimensionamento. Um exemplo é a geomembrana de baixa densidade lançada sobre um colchão drenante em subsolo de edifício antes da concretagem do piso; sua função consiste em impedir a penetração da nata do concreto nos vazios das pedras durante o lançamento e vibração deste. Passado o período de cura do concreto, a geomembrana separadora já terá cumprido sua função.

8.2.2 Atuação permanente

O geossintético atua com a função principal de elemento separador permanente, ao longo de toda a vida útil da obra. Nessas condições, na maioria dos casos, a especificação do geossintético é feita com base em um projeto específico. Por exemplo, um geotêxtil de alta gramatura aplicado entre o subleito e o lastro ferroviário: sua função é impedir a interpenetração pedra/solo, pelo efeito dinâmico do tráfego, durante toda vida útil da ferrovia, preservando as características de ambos os materiais.

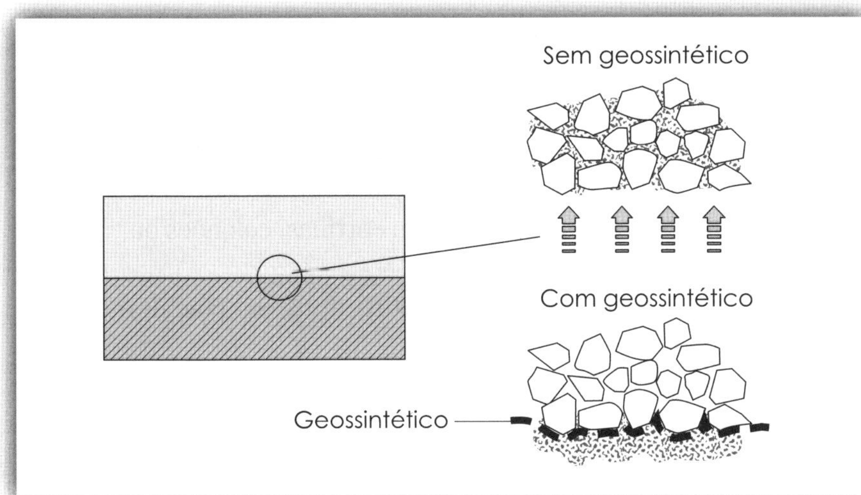

FIGURA 8-1
Geossintético atuando na função separação.

8.3 PROPRIEDADES RELEVANTES

Para que um geossintético exerça a função principal de elemento separador, ele deverá ser capaz de:

- reter os finos provenientes do solo de fundação (capacidade de retenção);
- resistir aos esforços a que será submetido ao longo da vida útil da obra (capacidade de sobrevivência).

As principais solicitações a que o geossintético poderá estar submetido nesse tipo de aplicação e que influenciarão em seu funcionamento são: tração localizada, estouro, perfuração e impacto.

8.4 PRODUTOS UTILIZADOS

Nas aplicações com função de separação temporária, têm sido empregados os geotêxteis de baixa gramatura e geomembranas de baixa densidade e espessura.

Nas aplicações em que a função separação é principal e permanente, têm sido utilizados os geotêxteis e os geocompostos.

8.5 PRINCIPAIS USOS E RECOMENDAÇÕES DE INSTALAÇÃO

São inúmeras as possibilidades de utilização dos geossintéticos como elemento separador em obras de engenharia, considerando-se as condições de tempo (temporária ou permanente), as condições hidráulicas (com ou sem a presença de fluxos de água) e as condições de suporte (pouca ou grande deformabilidade do solo-base).

Com o objetivo de mostrar a ampla diversidade de aplicações dos geossintéticos em separação, citamos a seguir apenas aquelas de maior evidência atualmente:

- entre o material drenante (em cortinas, colchões ou trincheiras) e o solo selante de reaterro;
- entre o material drenante (em cortinas, colchões ou trincheiras) e o concreto lançado;
- entre o subleito e o material drenante, em colchões ou trincheiras;
- entre o subleito e vários tipos de minérios, em pátios de estocagem;
- entre o subleito e a base granular, em estradas pavimentadas e aeroportos;
- entre o subleito e a base granular, em estradas não-pavimentadas;
- entre o subleito e o lastro granular, em estradas de ferro;
- entre o solo de fundação e o solo de aterros rodoviários ou industriais;
- entre o solo lodoso e a areia lançada, na construção de praias e lagos artificiais;
- entre o subleito arenoso e a base granular, em estradas pavimentadas;
- entre o subleito e a base granular, em pátios e estacionamentos;
- entre o subleito e a base de placas/pavimentos articulados.

Devido à diversidade de produtos e dos tipos de aplicação possíveis, as recomendações de instalação deverão ser estudadas caso a caso. O tipo de geossintético, as condições de manuseio, os materiais que o envolverão, os níveis de esforços solicitantes durante seu lançamento, as características da obra (função temporária ou permanente), entre outras, deverão ser levadas em consideração no plano de instalação do geossintético. Recomendações básicas são apresentadas no Cap. 14.

8.6 DIMENSIONAMENTO E ESPECIFICAÇÃO

A variedade de utilizações dos geossintéticos como separador é enorme, de modo que se torna impossível a apresentação dos respectivos métodos de dimensionamento. Assim, a título de exemplo, elegeu-se uma aplicação com grande potencial em nosso país: a utilização de geossintéticos como elemento de separação entre o subleito e a camada de aterro granular em estradas de acesso e/ou serviço.

Particularmente nessa aplicação, as solicitações de obra exigem do geossintético uma boa capacidade de retenção de finos, boa permeabilidade à água, boa resistência a rasgos, boa resistência a perfurações e boa resistência a tração localizada. A classe de geossintéticos que mais bem atende a essas solicitações são os geotêxteis, que, portanto, serão o objeto de dimensionamento e especificação nesta seção.

É importante frisar que se está abordando apenas o dimensionamento da função principal exercida pelo geotêxtil. Este, eventualmente, dependendo da necessidade e dos níveis de solicitação/deformação, pode também exercer a função de reforço. Nesse caso, deve-se realizar um dimensionamento complementar para especificar um geotêxtil que atenda às duas funções, ao mesmo tempo.

8.6.1 Dimensionamento do geotêxtil para retenção de finos

Na literatura encontramos vários critérios de retenção aplicáveis a geotêxteis (Palmeira e Gardoni, 2000). O critério desenvolvido por Christopher & Holtz (1985), muito empregado na América do Norte, particularmente nos Estados Unidos, é sumariado a seguir.

Critério de retenção de Christopher & Holtz

Para condições permanentes de fluxo

$$AOS \text{ ou } O_{95} \leq Bd_{85}, \qquad [8.1]$$

sendo:

AOS a abertura aparente de filtração;
O_{95} a abertura de filtração;
B o coeficiente adimensional (varia de 0,5 a 2,0 e depende das características do solo a ser filtrado e do geotêxtil); e
d_{85} o diâmetro das partículas de solo em contato com geotêxtil correspondente a 85% passando.

Para areias, areias com pedregulhos, areias siltosas e areias argilosas (com menos de 50% dos grãos menores que 0,075 mm), o coeficiente B é dado por:

- para $C_U \leq 2$ ou $C_U \geq 8 \Rightarrow B = 1$;
- para $2 \leq C_U \leq 4 \Rightarrow B = 0{,}5C_U$;
- para $4 < C_U < 8 \Rightarrow B = 8/C_U$

(C_U é o coeficiente de não-uniformidade do solo, $= d_{60}/d_{10}$).

Se o solo a ser retido contém finos, usa-se somente a parcela de solo menor que 4,75 mm na seleção do geotêxtil.

Para siltes e argilas, com mais de 50% das partículas menores que 0,075 mm, o coeficiente B é função do tipo de geotêxtil:

- para geotêxteis tecidos, $B = 1$, com AOS ou $O_{95} \leq 0{,}3$ mm;
- para geotêxteis nãotecidos, $B = 1{,}8$, com AOS ou $O_{95} \leq 0{,}3$ mm.

Para condições dinâmicas de fluxo:

Para condições dinâmicas de fluxo, deve-se ter:

$$O_{95} \leq 0{,}5 \text{ d}_{85}. \qquad [8\text{-}2]$$

Para solos internamente instáveis:

Solos com C_u superiores a 20 e curvas granulométrica com concavidade para cima tendem a ser internamente instáveis, podendo ocorrer migração de partículas no interior da massa de solo a ser retido (sufusão). Neste caso, para a escolha do geotêxtil deve-se utilizar os dados da fração da curva granulométrica representativa das partículas que seriam capazes de migrar internamente na direção do geotêxtil.

Critério de permeabilidade/permissividade:

- Para situações não-críticas e condições pouco severas:

  $$k_G \geq k_{\text{solo}}, \qquad [8\text{-}3]$$

  sendo k_G o coeficiente de permeabilidade do geotêxtil e k_{solo} o coeficiente de permeabilidade do solo.
- Para situações críticas e sob condições severas:

  $$k_G \geq 10\, k_{\text{solo}}. \qquad [8\text{-}4]$$
- Para a possibilidade de colmatação biológica:

  $$k_G \geq 100\, k_{\text{solo}}. \qquad [8\text{-}5]$$

Requisitos de permissividade:

- $\Psi \geq 0{,}5\ s^{-1}$, para menos de 15% das partículas menores que 0,075 mm;
- $\Psi \geq 0{,}2\ s^{-1}$, para entre 15% e 50% das partículas menores que 0,075 mm;
- $\Psi \geq 0{,}1\ s^{-1}$, para mais de 50% das partículas menores que 0,075 mm.

Deve-se também verificar se a capacidade de descarga do geotêxtil sob condições de trabalho é satisfatória.

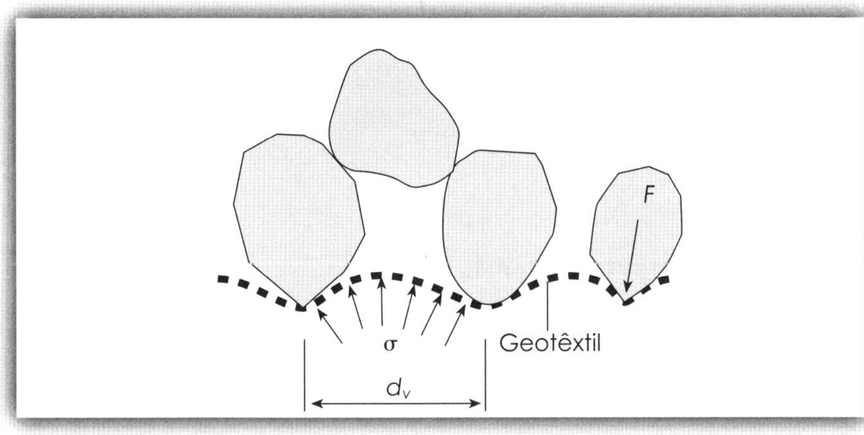

FIGURA 8-2
Solicitação do geotêxtil a estouro (PALMEIRA, 2000).

No caso de geotêxteis em obras de separação, as condições de fluxo transiente predominam na quase-totalidade dos casos. Os finos do solo de fundação acabam impelidos na direção do geotêxtil quando da existência de acréscimos de poropressões, por sobrecargas oriundas das rodas dos veículos ou pela tentativa de intrusão do solo de fundação nos vazios do material graúdo de aterro. Nesses casos, é mais prudente admitir condições dinâmicas de fluxo pelo critério de Christopher & Holtz.

8.6.2 Condições de sobrevivência do geotêxtil

Resistência a estouros

No caso de material de aterro com granulometria graúda (pedras ou blocos de rocha, por exemplo), pode ocorrer um mecanismo de estouro da camada de geotêxtil, como esquematizado na Fig. 8-2.

KOERNER (1998) apresenta a seguinte expressão para cálculo do fator de segurança contra o estouro do geotêxtil, baseado em estudo prévio de GIROUD (1984):

$$FS_e = \frac{p_{\text{ensaio}} d_{\text{ensaio}}}{FR_G p' d_v} \qquad [8\text{-}6]$$

sendo:

FS_e o fator de segurança contra o estouro;
p_{ensaio} a pressão de ruptura por estouro em ensaio de laboratório;
d_{ensaio} o diâmetro utilizado no ensaio de estouro;
FR_G o fator de redução global a ser aplicado na resistência à tração do geotêxtil;
p' a tensão normal ao nível do geotêxtil; e
d_v o diâmetro do vazio (Fig. 8-2).

A pressão p' ao nível do geotêxtil pode ser estimada pela equação:

$$p' = \frac{p_c A_c}{A_b} + \gamma h \qquad [8\text{-}7]$$

em que:

p_c é a pressão de contato pneu-aterro;
A_c a área de contato pneu-aterro;
A_b a área sob a qual se distribui o acréscimo de pressão vertical na interface aterro/geotêxtil;
γ o peso específico do material de aterro; e
h é a altura do aterro.

Admitindo-se um espraiamento dos acréscimos de pressão vertical ao longo da espessura do aterro com forma trapezoidal, e as áreas A_c e A_b com forma retangular, tem-se

$$A_c = BL \qquad [8\text{-}8]$$

e

$$A_b = B'L' = (B + 2h \tan \alpha)(L + 2h \tan \alpha), \qquad [8\text{-}9]$$

em que B, L, B' e L' são as dimensões das áreas carregadas retangulares e α é o ângulo de espraiamento do carregamento ao longo da espessura do aterro.

Segundo Giroud & Noiray (1981), os valores de B e L podem ser estimados pelas equações que se seguem.

- Para caminhões normais,

$$B = \sqrt{\frac{P}{p_c}} \qquad [8\text{-}10]$$

e

$$L = \frac{B}{1.41} \qquad [8\text{-}11]$$

- Para caminhões fora-de-estrada:

$$B = \sqrt{\frac{P\sqrt{2}}{p_c}} \qquad [8\text{-}12]$$

e

$$L = \frac{B}{2} \qquad [8\text{-}13]$$

sendo P a carga máxima por eixo do caminhão.

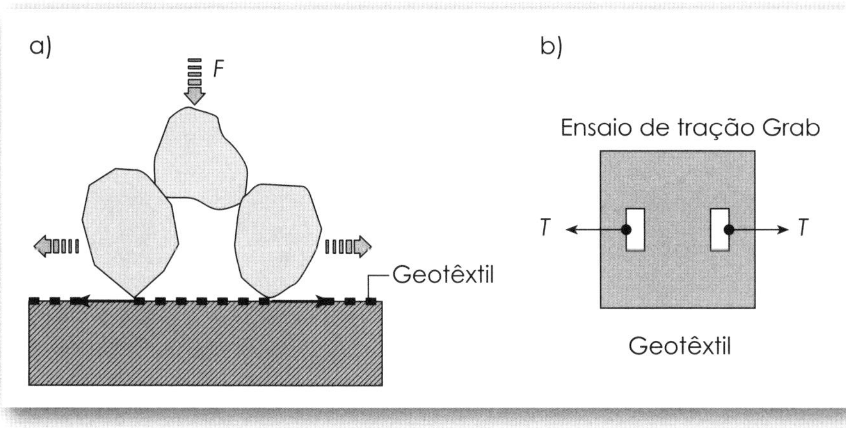

FIGURA 8-3
Solicitação de tração localizada (Palmeira, 2000).

O valor de d_v pode ser estimado como 1/3 do diâmetro médio dos grãos do material de aterro. O valor do fator de redução global (FR_G) é o resultado do produto dos diversos fatores de redução relevantes, sendo geralmente adotado um fator de redução unitário para o valor do fator de redução parcial devido à fluência (Koerner, 1998). Entretanto, é recomendável um valor de FR_G igual ou maior que 1,5.

No caso de utilização de resultados do ensaio de estouro preconizado pela norma ASTM D3786 (ASTM 1996a), o valor de d_{ensaio} a ser utilizado na Eq. [8-6] é igual 30 mm.

Resistência à tração localizada

Uma outra possibilidade de solicitação na camada de geotêxtil é à tração localizada, por ação de blocos vizinhos do material de aterro, como esquematizado na Fig. 8-3(a). Nesse caso, Giroud (1984) apresenta a seguinte equação para estimativa da resistência à tração exigida do geotêxtil:

$$T_{req} = p' d_v^2 f(\varepsilon) \qquad [8\text{-}14]$$

com

$$f(\varepsilon) = \frac{1}{4}\left(\frac{2y}{b} + \frac{b}{2y}\right) \qquad [8\text{-}15]$$

sendo:

T_{req} a resistência a tração requerida do geotêxtil;
p' a tensão vertical ao nível do geotêxtil;
d_v o diâmetro do vazio;
$f(\varepsilon)$ a função deformação do geotêxtil deformado;
b largura do vazio entre blocos; e
y a penetração do geotêxtil no vazio entre blocos.

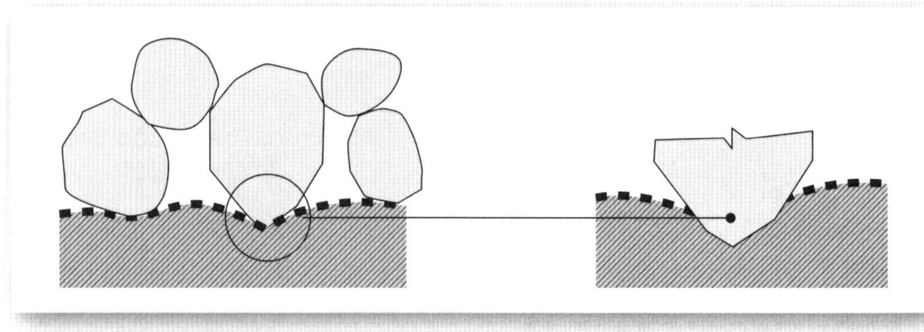

FIGURA 8-4
Solicitação de perfuração do geotêxtil (PALMEIRA, 2000).

Deve-se ter:

$$T_{adm} = \frac{T_{ensaio}}{FR_{tl}} \geq FS_{tl} T_{req} \qquad [8\text{-}16]$$

onde:

T_{adm} é a resistência a tração localizada admissível;
T_{ensaio} a resistência a tração localizada obtida em ensaio de laboratório;
FR_{tl} o fator de redução para o valor de tração localizada obtido em ensaio ($\geq 2{,}5$); e
FS_{tl} o fator de segurança contra a ruptura por tração localizada do geotêxtil (≥ 2).

A solicitação imposta ao geotêxtil esquematizada na Fig. 8-3(a) é semelhante àquela imposta à amostra de geotêxtil no ensaio do tipo tração localizada ["Grab Tensile Test", ASTM D4632, ASTM 1996b, Fig. 8-3(b)]. Por essa razão, KOERNER (1998) recomenda que, na escolha do geotêxtil a ser utilizado, se empregue o valor da resistência à tração obtida naquele tipo de ensaio, minorada pelos fatores de redução aplicáveis.

Solicitação de perfuração

Outra solicitação relevante no caso em que o material de aterro ou fundação possui granulometria graúda e/ou forma contundente de grãos é a perfuração da camada de geotêxtil. Na Fig. 8-4 pode-se visualizar a solicitação de perfuração e a ocorrência desse mecanismo.

KOERNER (1998) apresenta a seguinte expressão para a estimativa da força vertical a ser resistida pelo geotêxtil, quando submetido a perfuração:

$$F_{req} = p' d_{50}^2 S_1 S_2 S_3 \qquad [8\text{-}17]$$

sendo:

F_{req} a força de perfuração a que o geotêxtil deve resistir;
d_{50} o diâmetro médio dos grãos ou objetos contundentes;
S_1 fator de penetração (z_p/d_{50});
z_p a penetração da ponta do elemento contundente;
S_2 o fator de escala para equivalência entre condições geométricas do elemento contundente nos ensaios de perfuração de geotêxteis em laboratório e do objeto contundente no campo ($S_2 = d_{\text{ensaio}}/d_{50}$);
d_{ensaio} o diâmetro do elemento contundente no ensaio de laboratório (= 8,0 mm no ensaio da norma ASTM D4833, ASTM 1996c, por exemplo);
S_3 o fator que ajusta a forma plana da ponta do elemento perfurante usado em ensaios de laboratório (ASTM D4833, por exemplo) à forma real do elemento contundente no campo.

S_3 é função da relação entre a área plana de projeção vertical da partícula, ou objeto contundente, e a área plana do menor círculo circunscrito à partícula ou objeto contundente. Koerner (1998) fornece: S_3 = 0,2 para areias com grãos arredondados, S_3 = 0,3 para pedregulhos com forma relativamente arredondada, S_3 = 0,6 para rocha britada e S_3 = 0,7 para elementos de rocha oriundos de desmonte.

Assim, deve-se verificar para o geotêxtil:

$$F_{\text{adm}} = \frac{F_{\text{ensaio}}}{FR_{\text{perf}}} \geq FS_{\text{perf}} F_{\text{req}} \qquad [8\text{-}18]$$

em que:

F_{adm} é a resistência à perfuração admissível;
F_{ensaio} a resistência à perfuração localizada obtida em ensaio de laboratório;
FR_{perf} o fator de redução para o valor de resistência à perfuração obtida em ensaio (≥ 2); e
FS_{perf} é o fator de segurança contra a ruptura por tração localizada do geotêxtil (≥ 2).

Resistência a impacto

Um tipo de dano que pode prejudicar o comportamento de um geotêxtil como elemento de separação é aquele causado por queda de objetos contundentes sobre a manta instalada no terreno. Koerner (1998) apresenta a seguinte equação, que permite a avaliação da energia transferida pelo objeto (com densidade igual a 2,6) ao geotêxtil

$$E = 13{,}35 \times 10^{-6} d_0^3 h \qquad [8\text{-}19]$$

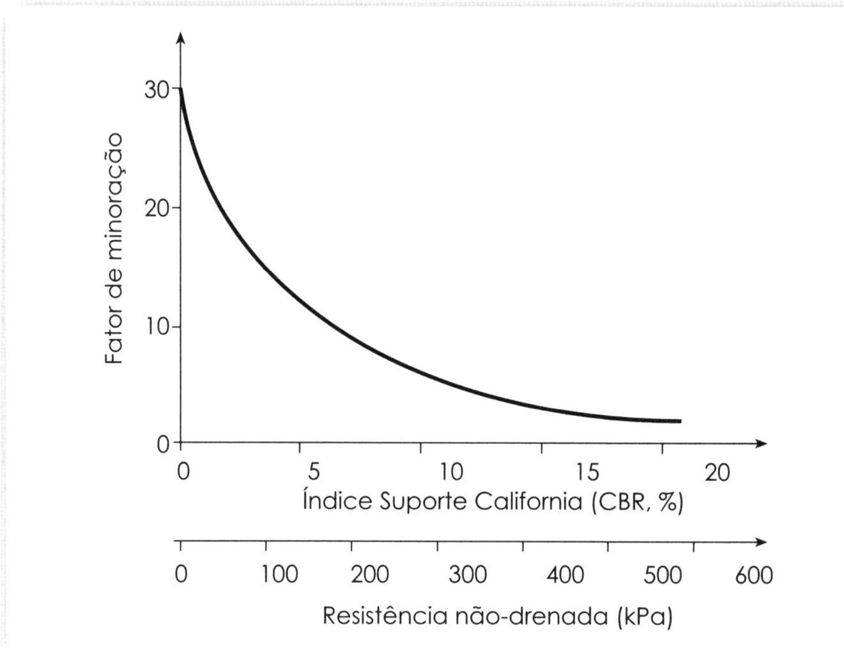

FIGURA 8-5
Fator de minoração de energia de impacto (KOERNER, 1998).

sendo:

E a energia transferida pelo objeto cadente ao geotêxtil (em joules);
d_0 o diâmetro do objeto (em milímetros); e
h a altura de queda (em metros).

A Eq. [8-19] foi desenvolvida a partir da transformação de energia potencial do objeto em energia cinética, e supõe o geotêxtil repousando sobre uma base rígida. Para levar em conta o efeito de o geotêxtil repousar sobre base compressível, KOERNER (1998) sugere a utilização do fator de minoração (f_{imp}) obtido da Fig. 8-5 para a energia calculada pela Eq. [8-19], em função da resistência não-drenada do solo de fundação ou de seu valor de Índice Suporte Califórnia (CBR). O valor da energia obtida deve então ser comparado a resultados de ensaios de impactos em geotêxteis, tais como os preconizados pelas normas ASTM A370 e ASTM D256 (KOERNER, 1998). Assim, a energia de impacto requerida é dada por:

$$E_{req} = \frac{E}{f_{imp}} \quad [8\text{-}20]$$

onde

E_{req} é a energia de impacto requerida e
f_{imp} é o fator de minoração obtido do gráfico da Fig. 8-5.

Deve-se, então, verificar:

$$E_{\mathrm{adm}} = \frac{E_{\mathrm{ensaio}}}{FR_{imp}} \geq FS_{imp} E_{req} \qquad [8\text{-}21]$$

sendo:

E_{adm} a energia de impacto admissível;
E_{ensaio} a resistência ao impacto obtida em ensaio de laboratório;
FR_{imp} o fator de redução para o valor da resistência ao impacto obtida em ensaio ($\geq 2{,}5$); e
FS_{imp} o fator de segurança contra ruptura por impacto (≥ 2).

8.7 EXEMPLO DE DIMENSIONAMENTO

Dimensionar e especificar um geotêxtil para ser utilizado como elemento de separação entre um aterro e o seu subleito, constituintes de uma estrada de acesso que será submetida ao tráfego intermitente de veículos, com as características que seguem.

Aterro:

diâmetro médio dos grãos (d_{50}), 90 mm;
diâmetro máximo dos grãos, 190 mm;
grãos angulares/rocha britada;
espessura da camada (h), 0,5 m;
peso específico (γ) do material de aterro, 21 kN/m^3.

Solo de fundação:

$d_{85} = 0{,}242$ mm;
$d_{50} = 0{,}047$ mm;
Índice Suporte Califórnia (CBR), 5%;
$C_U = 19{,}0$;
nível de água aflorante.

Veículos:

pressão de calibragem dos pneus, 580 kPa;
carga por eixo (rodas duplas), 80 kN.

Solução:

Verificação da capacidade de retenção de finos

Pela Eq. [8-2], para condições dinâmicas de fluxo:

$$O_{95} \leq 0{,}5 d_{85} = 0{,}5 \times 0{,}242$$

Assim:

$$O_{95} \leq 0{,}121 \text{ mm.}$$

Resistência a estouro

Pela Eq. [8-6], temos:

$$FS_e = \frac{p_{\text{ensaio}} d_{\text{ensaio}}}{FR_G p' d_v} \quad [8\text{-}6]$$

Cálculo de p'

para caminhões normais:

$$B = \sqrt{\frac{P}{p_c}} = \sqrt{\frac{80}{580}} = 0{,}37 \text{ m} \quad [8\text{-}10]$$

$$L = \frac{B}{1{,}41} = \frac{0{,}37}{1{,}41} = 0{,}26 \text{ m} \quad [8\text{-}11]$$

$$A_c = BL = 0{,}37 \times 0{,}26 = 0{,}0962 \text{ m}^2 \quad [8\text{-}8]$$

Adotando-se tan α = 0,5:

$$A_b = (B + 2h \tan\alpha)(L + 2h \tan\alpha) =$$
$$=(0{,}37 + 2 \times 0{,}5 \times 0{,}5)(0{,}26 + 2 \times 0{,}5 \times 0{,}5) \quad [8\text{-}9]$$
$$A_b = 0{,}66 \text{ m}^2$$

Assim:

$$p' = \frac{p_c A_c}{A_b} + \gamma h = \frac{580 \times 0{,}0962}{0{,}66} + 21x0{,}5 = 95 \text{ kPa} \quad [8\text{-}7]$$

Admitindo a utilização de ensaio de resistência a estouro pela norma ASTM D3786, temos d_{ensaio} = 30,0 mm = 0,030 m.

E adotando FS_e = 2, FR_G = 1,5 e $d_v = d_{50}/3$ = 90/3 = 30 mm = 0,030 m, tem-se:

$$2 = \frac{p_{\text{ensaio}} \times 0{,}030}{1{,}5 \times 95 \times 0{,}030} \quad [8\text{-}6]$$

Obtém-se, então:

$$p_{\text{ensaio}} = 285 \text{ kPa}$$

Assim, o geotêxtil a ser utilizado deve ter resistência a estouro (ensaio ASTM D3786) igual ou maior que 285 kPa.

Resistência a tração localizada

Pela Eq. [8-14]:

$$T_{req} = p'd_v^2 f(\varepsilon) \qquad [8\text{-}14]$$

com

$$f(\varepsilon) = \frac{1}{4}\left(\frac{2y}{b} + \frac{b}{2y}\right) \qquad [8\text{-}15]$$

Admitindo uma relação $\frac{y}{b} = 0,4$ temos:

$$f(\varepsilon) = \frac{1}{4}\left(2 \times 0,4 + \frac{1}{2 \times 0,4}\right) = 0,51$$

Então:

$$T_{req} = p'd_v^2 f(\varepsilon) = 95 \times 0,030^2 \times 0,51 = 0,044 \text{ kN}$$

Assim, adotando $FR_{tl} = 2,5$ e $FS_{tl} = 2$, tem-se:

$$T_{\text{adm}} = \frac{T_{\text{ensaio}}}{FR_{tl}} \geq FS_{tl} T_{req} \qquad [8\text{-}16]$$

$$T_{\text{ensaio}} \geq FR_{tl}\, FS_{tl}\, T_{req} = 2,5 \times 2 \times 0,044$$

$$T_{\text{ensaio}} \geq 0,22 \text{ kN}$$

Assim, o geotêxtil deve apresentar uma resistência a tração localizada igual ou superior a 220 N.

Resistência a perfuração

Pela Eq. [8-17]:

$$F_{req} = p'd_{50}^2 S_1 S_2 S_3 \qquad [8\text{-}17]$$

Adotando $S_1 = 0,33$ e $S_3 = 0,6$ (rocha britada), com:

$$S_2 = \frac{d_{\text{ensaio}}}{d_{50}} = \frac{8 \text{ mm}}{90 \text{ mm}} = 0,089$$

onde d_{ensaio} é o diâmetro do elemento contundente usado no ensaio ASTM D4833.

Assim,

$$F_{req} = p'd^2_{50} S_1 S_2 S_3 = 95 \times 0,090^2 \times 0,33 \times 0,089 \times 0,6 = \\ = 0,0135 \text{ kN} = 13,5 \text{ N}$$

Então, admitindo $FR_{\text{perf}} = FS_{\text{perf}} = 2$, vem:

$$F_{\text{adm}} = \frac{F_{\text{ensaio}}}{FR_{\text{perf}}} \geq FS_{\text{perf}} F_{req} \qquad [8\text{-}18]$$

$$F_{\text{ensaio}} \geq FR_{\text{perf}}\, FS_{\text{perf}}\, F_{req} = 2 \times 2 \times 0{,}0135$$

$$F_{\text{ensaio}} \geq 0{,}054 \text{ kN}$$

Desse modo, o geotêxtil deverá apresentar resistência a perfuração igual ou superior a 0,054 kN (54 N) no ensaio ASTM D4833.

Resistência a impactos

Da Eq. [8-19], temos:

$$E = 13{,}35 \times 10^{-6}\, d_0^3 h \qquad [8\text{-}19]$$

Adotando d_0 = (diâmetro máximo dos grãos) = 190 mm e h = 1 m, temos:

$$E = 13{,}35 \times 10^{-6} \times 190^3 \times 1 = 92 \text{ J}$$

Pelo gráfico da Fig. 8-5, para um valor de CBR do solo da fundação igual a 5%, obtém-se f_{imp} = 11,5. Assim, a energia de impacto requerida é dada por:

$$E_{req} = \frac{E}{f_{imp}} = \frac{92}{11{,}5} = 8 \text{ J} \qquad [8\text{-}20]$$

Então:

$$E_{\text{adm}} = \frac{E_{\text{ensaio}}}{FR_{imp}} \geq FS_{imp} E_{req} \qquad [8\text{-}21]$$

Assim, adotando FR_{imp} = 3 e FS_{imp} = 2, teremos:

$$E_{\text{ensaio}} \geq FR_{\text{imp}}\, FS_{\text{imp}}\, E_{req} = 3 \times 2 \times 8 = 48 \text{ J} \qquad [8\text{-}21]$$

A resistência do geotêxtil a impacto em ensaios de laboratório deverá ser igual ou superior a 48 J.

8.7.1 Especificação do geotêxtil

Em vista dos cálculos apresentados nos itens anteriores, o produto geotêxtil a ser utilizado deverá satisfazer aos seguintes requisitos:

Propriedade	Requisito
Abertura de filtração (O_{95})	$O_{95} \leq 0{,}121$ mm
Resistência a estouro (ASTM D3786)	$\geq$ 285 kPa
Resistência a tração localizada (ASTM D4632)	$\geq$ 0,22 kN (220 N)
Resistência a perfuração (ASTM D4833)	$\geq$ 0,054kN (54 N)
Resistência a impacto (ASTM A370/ASTM D256)	$\geq$ 48 J

8.8 CONCLUSÕES

Dependendo do tipo de obra e de separação requerida do geossintético, o benefício de sua utilização será percebido em diferentes momentos: uma separação do tipo base granular/subleito arenoso produz resultados visíveis e mensuráveis já durante a execução da obra, ao passo que a eficiência de uma separação do tipo base granular/subleito argiloso só será mensurável após muitos anos de utilização da obra. Apesar dessa diferenciação na manifestação dos efeitos benéficos da função separação, em todos os casos a relação custo/benefício tem se mostrado positiva e estimulado o crescimento das aplicações de geossintéticos com função de elemento separador de materiais.

REFERÊNCIAS BIBLIOGRÁFICAS

ASTM, Test Method For Burst Strength - ASTM 3786. American Society for Testing and Materials, PA [EUA, 1996a].

ASTM, Test Method For Breaking Load And Elongation Of Geotextiles (Grab Method) - ASTM-D4632. American Society for Testing and Materials, PA [EUA, 1996b].

ASTM, Test Method For Index Puncture Resistance Of Geotextiles, Geomembranes And Related Products – ASTM-D4833. American Society for Testing and Materials, PA [EUA, 1996c].

Christopher, B. R. & Holtz, R. D., "Geotextile Engineering Manual". Report n°. FHWA-TS-86/203, Federal Highway Administration, 1044 p. [Washington, DC, EUA,1985].

Giroud, J. P., Geotextiles And Geomembranes, Definitions, Properties And Designs. Industrial Fabrics Association International, IFAI, St. Paul, MN [EUA, 1984].

Giroud, J. P. & Noiray, L., Geotextile Reinforced Unpaved Road Design. Journal of the Geotechnical Engineering Division, ASCE, GT9, p. 1233-1254 [EUA, 1981].

Koerner, R. M., Designing With Geosynthetics. 4ª ed., Prentice-Hall [EUA, 1998].

Koerner, G. R. & Koerner R. M., "Separation: Perhaps the most Underestimated Geotextile Function. Geotechnical Fabrics Report, pg. 04-09 [EUA, 1994].

Palmeira, E. M. "Curso De Estabilização E Reforço De Solos: Introdução À Utilização De geossintéticos". Publicação n°. GAP001A/2000, Programa de Pós-Graduação em Geotecnia, Universidade de Brasília, 162 p. [Brasília, DF, Brasil, 2000].

Palmeira, E. M. & Gardoni, M. G., "Geotextile In Filtration: A State-Of-The-Art Review And Remaining Challenges". State-of-the-Art Report, International Symposium on Geosynthetics-GeoEng 2000, Vol. 1, p. 85-110. Mallek Bouazza [Melbourne, Austrália, 2000]

Capítulo 9

Aplicações em Proteção

Maurício Abramento
Virgínia C. Pezzolo

9.1 INTRODUÇÃO

No Brasil, desde os anos 1980, a principal utilização de produtos geossintéticos como elementos protetores tem sido no emprego de geotêxteis justapostos a geomembranas, na impermeabilização de todos os tipos de estruturas e obras tais como lajes, canais, lagos artificiais, tanques de efluentes industriais, reservatórios de água limpa e outros.

O emprego de geossintéticos com a função de proteção, no entanto, é extremamente vasto, abrangendo muitos produtos empregados em vários tipos de estruturas e obras, cuja combinação gera inúmeras aplicações possíveis.

Neste capítulo, portanto, serão abordadas as principais utilizações em proteção, com o objetivo de permitir uma melhor exploração dessa importante função dos geossintéticos.

9.2 DEFINIÇÃO

Quando utilizados como elementos protetores, os geossintéticos atuam como uma camada redutora de tensões. O objetivo é prevenir ou reduzir os danos que seriam causados a uma determinada superfície, camada ou estrutura adjacente, preservando suas características originais.

Na Sec. 9.5 serão apresentadas algumas aplicações típicas de geossintéticos atuando como elementos de proteção.

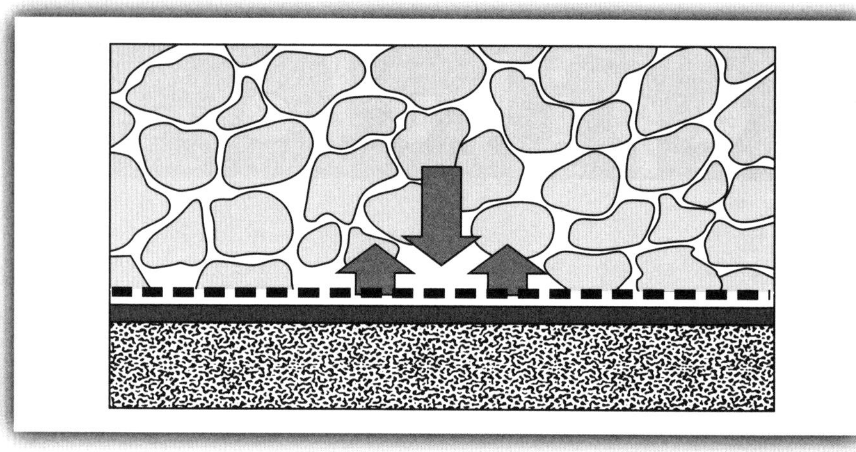

FIGURA 9-1
Esquema da função proteção: o geotêxtil protege o sistema impermeabilizante contra puncionamento pela camada de brita.

9.3 PROPRIEDADES RELEVANTES

Para que um determinado geossintético possa exercer a função principal de elemento protetor, dependendo do tipo de aplicação, ele deve apresentar uma ou mais das seguintes propriedades:

- ser capaz de resistir a esforços de puncionamento;
- ser capaz de resistir a esforços de tração localizada;
- ser capaz de resistir e não propagar rasgos;
- ser capaz de absorver esforços de compressão, por diminuição de volume;
- ser capaz de aumentar o atrito de interface entre os materiais que o envolvem;
- ser permeável, permitindo o livre fluxo de fluidos.

9.4 PRODUTOS UTILIZADOS

Os principais geossintéticos empregados na proteção de outros geossintéticos ou na proteção de instalações/equipamentos são:

- geotêxteis nãotecidos espessos;
- geocélulas;
- geoespaçadores;
- geoexpandidos.

Outros tipos de geossintéticos, que originalmente não foram concebidos para exercer a função de proteção, eventualmente podem fazê-lo, como georredes, por exemplo.

A descrição detalhada da estrutura desses geossintéticos é apresentada no Cap. 1.

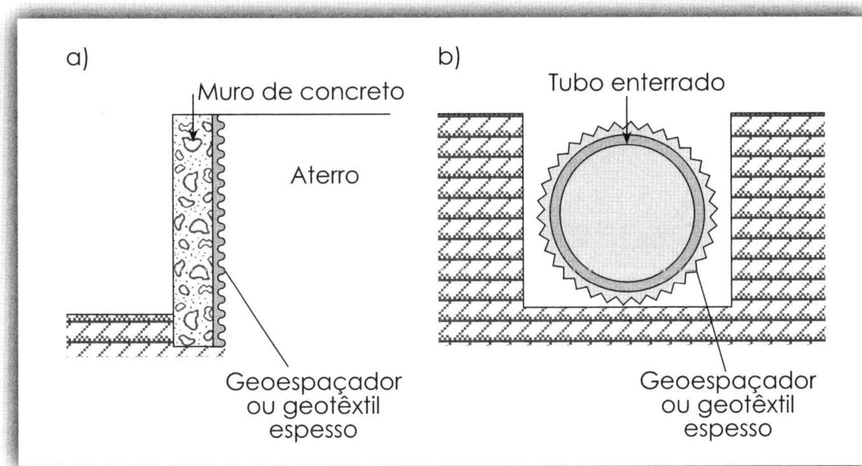

FIGURA 9-2
Proteção com utilização de geoespaçador ou geotêxtil espesso.
a) Proteção de impermeabilização de muro de concreto armado; e
b) proteção da camada antioxidante de tubulação metálica enterrada.

9.5 PRINCIPAIS UTILIZAÇÕES

São inúmeras as aplicações dos geossintéticos na função de proteção, muitas delas advindas de experiências práticas, criadas a partir de necessidades de obras em que as soluções convencionais se mostravam muito onerosas, de difícil execução ou simplesmente inexistiam. A Fig. 9-2 ilustra a atuação de geoespaçador ou geotêxtil espesso como elemento protetor: em que:

a) a superfície impermeabilizada do muro de concreto é protegida contra as solicitações mecânicas induzidas pelo reaterro durante sua execução e por toda a vida útil da obra; e

b) a tubulação metálica enterrada tem sua camada antioxidante protegida contra puncionamentos e riscos durante o reaterro da vala e por toda a vida útil da obra.

A Fig. 9-3 ilustra o emprego de uma camada de geotêxtil espesso interposto entre o solo-base irregular do talude e a geomembrana impermeabilizante do aterro de resíduos sólidos. O geotêxtil protege a geomembrana contra eventuais perfurações induzidas pela pressão dos resíduos e aumenta o atrito de interface, prevenindo o escorregamento do conjunto.

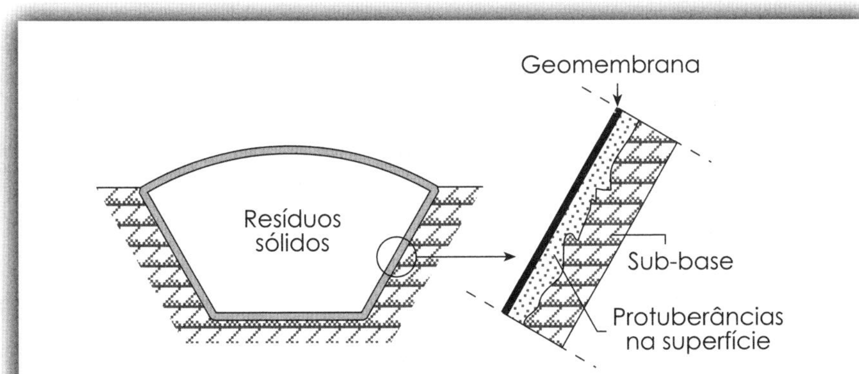

FIGURA 9-3
Utilização de geotêxtil espesso como camada de proteção para geomembrana em aterro de resíduos sólidos.

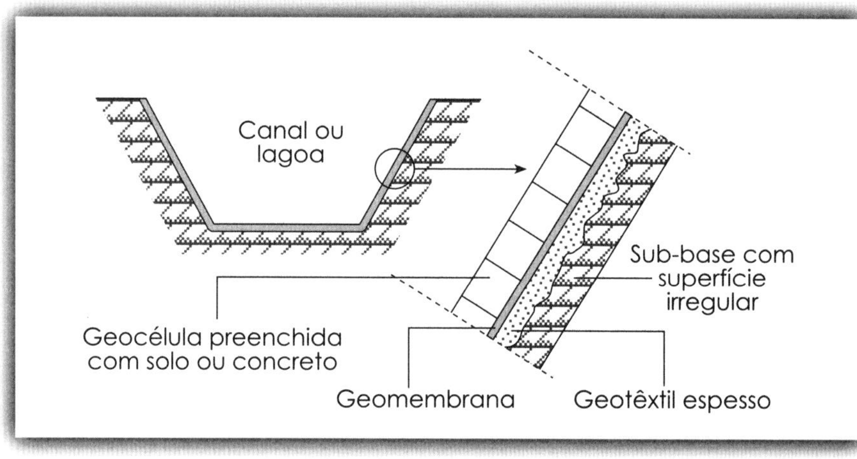

FIGURA 9-4
Canal ou lagoa com geomembrana duplamente protegida: inferiormente, por geotêxtil espesso; superiormente, por geocélula preenchida com concreto ou solo.

A Fig. 9-4 ilustra a dupla proteção de uma geomembrana utilizada na impermeabilização de canais ou lagoas. O geotêxtil espesso protege a face inferior da geomembrana contra o esforço de puncionamento e aumenta o atrito de interface; a geocélula, preenchida com concreto e/ou solo, protege a face superior da geomembrana contra os efeitos da luz solar, objetos contundentes flutuantes e atos de vandalismo.

A Fig.9-5(a) ilustra o emprego de geoexpandido como elemento de proteção— também chamado de "inclusão compressível" — em um muro de concreto, contra esforços e/ou deslocamentos horizontais excessivos. Ao sofrer esforços acima do projetado, o geoexpandido os absorve, através de sua deformação plástica (esmagamento). Em 9-5(b), a inclusão protetora de geoexpandido é calculada para, ao se comprimir, provocar a redistribuição dos esforços verticais por arqueamento, aliviando a compressão da tubulação enterrada.

A Fig. 9-6 mostra a utilização de geotêxtil na proteção de gramados contra agentes físicos e mecânicos, tais como geadas, granizo e pisoteamento durante eventos culturais ou esportivos. Nesses casos são importantes a resistência do geotêxtil contra rasgos, contra pun-

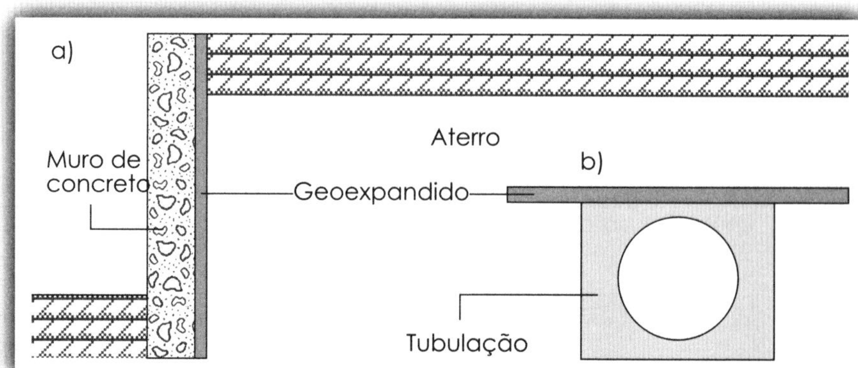

FIGURA 9-5
Utilização de geoexpandido como elemento protetor. a) absorvedor de esforços/ deslocamentos horizontais junto a muro de concreto; b) absorvedor de esforços/ deslocamentos verticais sobre tubovia enterrada.

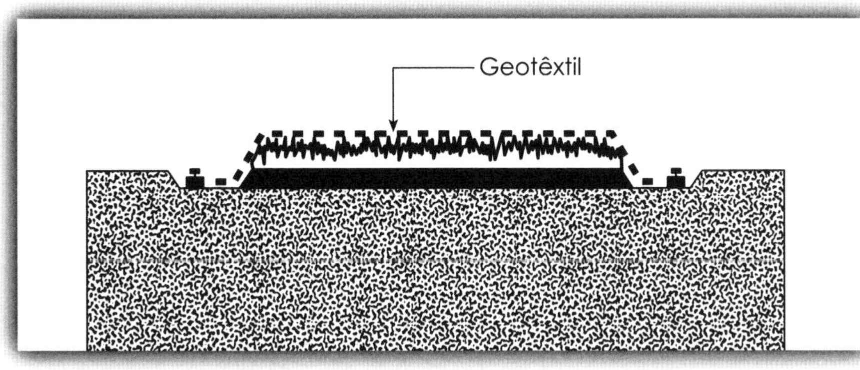

FIGURA 9-6
A proteção de gramados com geotêxtil previne a deterioração da vegetação por ação de pisoteamento intenso, por geadas noturnas e por chuva de granizo.

cionamento, bem como sua espessura e permeabilidade ao ar. Cessada a atuação do agente sobre o gramado, o geotêxtil pode ser recolhido e utilizado em outras oportunidades.

9.6 DIMENSIONAMENTO E ESPECIFICAÇÃO

Entre as diversas aplicações de geossintéticos com função protetora, destacaremos nesta seção seu uso na proteção de geomembranas. Trata-se de uma das utilizações mais comuns em todo o mundo e, conseqüentemente, a mais estudada.

Conforme mencionado anteriormente, geomembranas instaladas em contato com material contundente (protuberâncias, vegetação, pedregulhos, etc.) podem sofrer perfuração ou puncionamento durante ou após a instalação. Por exemplo, em áreas de deposição de resíduos sólidos, geralmente a superfície é bastante irregular, podendo causar danos por puncionamento ou estouro da geomembrana. Na maioria dos casos é muito difícil detectar a ocorrência desses danos; além disto, o custo do reparo pode ser muito elevado.

Aumentando-se a espessura da geomembrana, sua resistência a puncionamentos também aumenta, como se percebe no gráfico da Fig. 9-7 (Koerner, 1998). Outro modo bastante eficiente de se aumentar a resistência da geomembrana contra puncionamentos é pela introdução de uma ou mais camadas de geotêxtil nãotecido agulhado, de elevada gramatura. Isso pode ser visto na própria Fig. 9-7, onde se compara o aumento da resistência ao puncionamento de uma geomembrana:

a) aumentando-se a sua espessura; e

b) introduzindo-se uma ou duas camadas de um geotêxtil com gramatura de 400 g/m^2.

Nota-se, também, que o aumento da resistência a puncionamentos varia linearmente com o aumento da espessura. Os seguintes aspectos devem, entretanto, ser considerados:

FIGURA 9-7
Variação da resistência ao puncionamento de geomembrana com a associação a um geotêxtil.

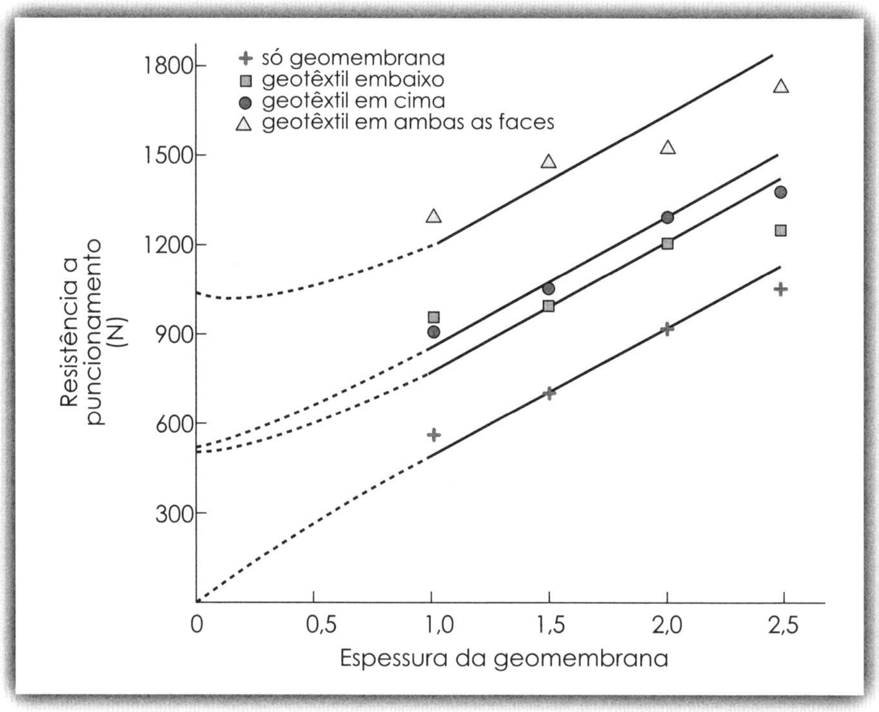

- A introdução de uma camada de geotêxtil com 400 g/m^2 é tão ou mais eficiente para o aumento da resistência contra puncionamentos do que o simples aumento da espessura da geomembrana.
- Colocando-se duas camadas de geotêxtil, uma sobre e outra sob a geomembrana, a resistência do conjunto contra puncionamentos aumenta consideravelmente.
- Segundo Koerner (1998), além de a resistência da geomembrana aumentar com a introdução do geotêxtil, este absorve toda a carga de puncionamento antes de a geomembrana ser solicitada, resguardando-a de ações mecânicas.

Com relação à espessura da geomembrana, Wilson-Fahmy et al. (1996) demonstram que a resistência de uma geomembrana de PEAD a puncionamento aumenta proporcionalmente à sua espessura. Por exemplo, geomembranas disponíveis no mercado nacional com espessuras de 1 e de 2 mm resistem a puncionamentos de 320 e 640 N, respectivamente. Por outro lado, o emprego de geotêxtil com gramatura relativamente elevada junto à geomembrana mostra-se muito mais eficiente no aumento da resistência a puncionamento. Os mesmos autores mostram que a resistência a puncionamento aumenta de 4 a 10 vezes com o uso de geotêxteis. É um aumento significativo até mesmo com geotêxteis de gramaturas relativamente baixas, da ordem de 270 g/m^2.

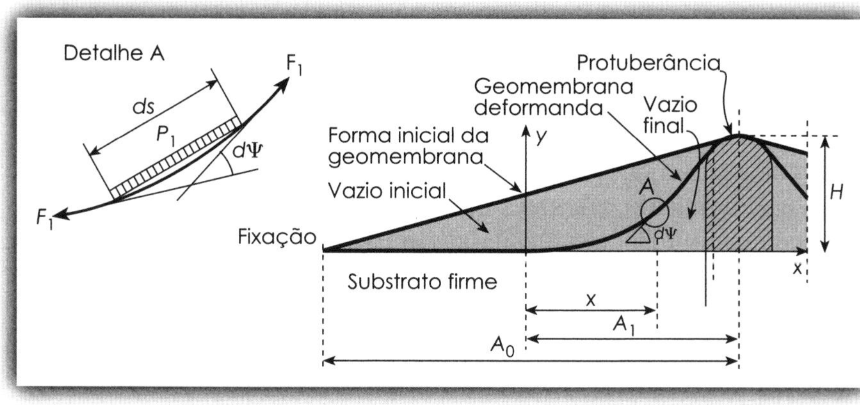

FIGURA 9-8
Geometria empregada na análise de puncionamento de geomembrana.

Conclui-se, portanto, que o emprego de geotêxteis de elevada gramatura (por exemplo, 600 g/m^2) eleva consideravelmente a resistência da geomembrana contra puncionamentos, resguardando-a de solicitações mecânicas e resultando em uma solução técnica mais adequada, mais eficiente e mais econômica do que o aumento em sua espessura.

O geotêxtil, quando justaposto a uma geomembrana, não desempenha o papel de elemento para "arqueamento" desta sobre uma protuberância; ele se acomoda sobre a superfície protuberante (ver Fig. 9-8), protegendo a geomembrana.

Quando a geomembrana estiver sujeita a danos de perfuração por impacto, pela queda de objetos, também deverá ser protegida. A Fig. 9-9 compara a resistência de uma geomembrana contra impactos com e sem a proteção de geotêxtil nãotecido agulhado, com gramatura de 400 g/m^2, em uma das faces (base ou topo) e em ambas as faces. Fica comprovado que a resistência a impactos aumenta consideravelmente com a introdução do geotêxtil.

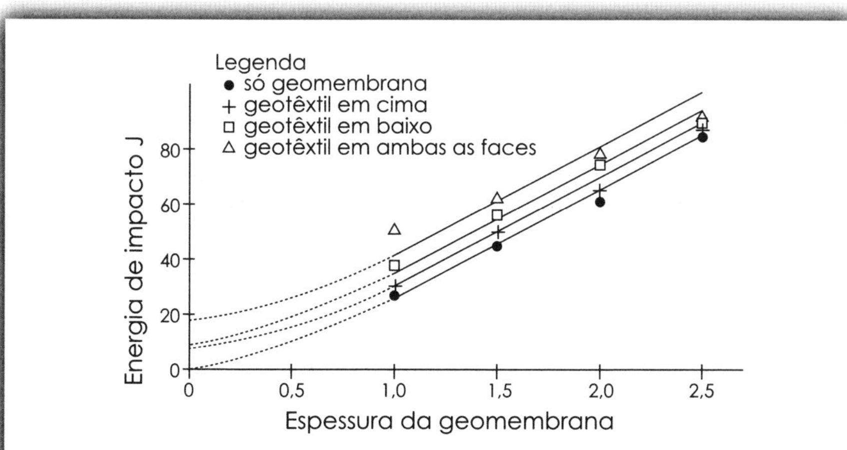

FIGURA 9-9
Resultado de ensaios de puncionamento dinâmico para várias espessuras de geomembrana e diferentes combinações de geomembrana com geotêxtil nãotecido de 400 g/m^2.

Apresenta-se, a seguir, um método de dimensionamento de geotêxteis para proteção de geomembranas em relação a puncionamentos. Essa formulação foi originalmente desenvolvida por Narejo et al. (1996), sendo apresentada de forma resumida por Koerner (1998). Basicamente, a equação fornece a gramatura necessária de um geotêxtil nãotecido agulhado, para se aumentar a resistência da geomembrana a puncionamentos, em função das características das protuberâncias e do carregamento sobre a geomembrana.

Nessa formulação, o fator de segurança (FS) com relação ao puncionamento da geomembrana é dado por:

$$FS = \frac{P_{adm}}{P_{base}} \quad [9\text{-}1]$$

em que P_{base} é a tensão normal atuante sobre a geomembrana e P_{adm} é a tensão admissível ao puncionamento da geomembrana, calculada de acordo com a Eq. [9-2]:

$$P_{adm} = \left[50 + 0{,}00045\left(\frac{M}{H^2}\right)\right] \frac{1}{[MF_S.MF_{PD}.MF_A]} \; \frac{1}{[RF_{CR}.RF_{CBD}]} \quad [9\text{-}2]$$

sendo:

P_{adm} em kPa;
M a gramatura do geotêxtil (g/m^2);
H a altura da protuberância (m);
MF_A, MF_{PD}, MF_S fatores de forma e espaçamento das protuberâncias e de carga sobre a geomembrana; e
RF_{CR} e RF_{CBD} fatores de redução para fluência e degradação do geotêxtil.

Os valores dos fatores de forma e de redução encontram-se nas Tabs. 9-1 e 9-2.

TABELA 9-1
Fatores de forma para a Eq. [9-2]

<table>
<tr><th colspan="2">Forma das protuberâncias (MF_S)</th><th colspan="2">Disposição das protuberâncias (MF_{PD})</th><th colspan="3">Carga sobre a geomembrana (MF_A)</th></tr>
<tr><td>Angulares</td><td>1,0</td><td>Isoladas</td><td>1,0</td><td colspan="2">Hidrostática</td><td>1,0</td></tr>
<tr><td>Intermediárias</td><td>0,5</td><td>Próximas, H = 38 mm</td><td>0,83</td><td rowspan="3">Magnitude de cargas geostáticas</td><td>Baixa</td><td>0,75</td></tr>
<tr><td>Arredondadas</td><td>0,25</td><td>Próximas, H = 25 mm</td><td>0,67</td><td>Interme-diária</td><td>0,50</td></tr>
<tr><td>Arredondadas</td><td>0,25</td><td>Próximas, H = 12 mm</td><td>0,50</td><td>Elevada</td><td>0,25</td></tr>
</table>

TABELA 9-2
Fatores de redução para a Eq. [9-2]

Fator de redução para danos químicos e biológicos (RF_{CBD})		Fator de redução para fluência (RF_{CR})			
		Gramatura (g/m²)	H = 38 mm	H = 25 mm	H = 12 mm
Chorume pouco agressivo	1,1	Só geomembrana	NR	NR	NR
Chorume intermediário	1,3	270	NR	NR	>1,5
Chorume muito agressivo	1,5	550	NR	1,5	1,3
		1.100	1,3	1,2	1,1
		>1.100	1,2	1,1	1,0

[NR, não-recomendado; *H*, altura da protuberância.]

A formulação é limitada a alturas de protuberâncias da ordem de 5,0 cm. E, embora ela não forneça a resistência ao puncionamento necessária do geotêxtil para proteção, recomenda-se que este tenha propriedades mecânicas semelhantes às dos geotêxteis empregados no desenvolvimento da formulação. Essas propriedades são apresentadas na Tab. 9-3.

TABELA 9-3
Propriedades mecânicas dos geotêxteis empregados no desenvolvimento da formulação de Narejo *et al.* (1996)

Geotêxtil	Massa por unid. de área (g/m²) ASTM D 5261	Espessura (mm) ASTM D 5199	Resistência (kN/m) ASTM D 4595	Módulo (kN/m) ASTM D 4595	Elongação (%) ASTM D 4595	Punciona-mento (N) ASTM D 4833
Nãotecido agulhado PET - 1	130	1,3	10	37	60	200
Nãotecido agulhado PET - 2	270	2,5	19	61	60	400
Nãotecido agulhado PET - 3	550	4,8	41	69	60	800
Nãotecido agulhado PET - 4	1.080	9,6	75	142	70	1.500
Nãotecido agulhado PP - 1	300	3,0	28	42	40	500
Nãotecido agulhado PP - 2	680	5,6	51	78	40	1.100
Nãotecido agulhado PP - 3	1.350	11,0	96	137	40	2.300

9.7 EXEMPLO DE DIMENSIONAMENTO

O projeto básico de um canal trapezoidal de adução previa utilização de uma geomembrana de 1 mm de espessura no revestimento e impermeabilização de seu perímetro. Durante as escavações, no entanto, verificou-se a existência de protuberâncias que exigiram a modificação do projeto. Entre as alternativas possíveis, duas se destacaram: aumento da espessura da geomembrana de 1 para 2 mm ou proteção com a utilização de geotêxtil espesso.

A lâmina de água máxima nos canais é de 7,0 m e uma rigorosa inspeção visual das protuberâncias existentes nos taludes levou à adoção dos seguintes parâmetros:

- protuberâncias de angulares a angulares-intermediárias (MF_S = 1,0 a 0,75);
- protuberâncias isoladas (MF_{PD} = 1,0);
- protuberâncias com alturas variando na faixa de 2,5 a 5,0 cm;
- carregamento hidrostático (MF_A = 1,0);
- fator de redução para fluência do geotêxtil (RF_{CR} = 1,1; 1,25 ou 1,5);
- fator de redução para degradação química ou biológica (RF_{CBD} = 1,0);

Pede-se a especificação do geotêxtil correto para proteção da geomembrana de 1 mm, para FS = 2 e FS = 3.

Solução

Substituindo-se os parâmetros de projeto nas Eqs. [9-1] e [9-2], obtêm-se os resultados apresentados na Tab. 9-4.

Tabela 9-4
Gramatura do geotêxtil em função da altura (H) da protuberância, para *FS* = 2,0 ou 3,0

H (cm)	Gramatura do geotêxtil (g/m²)		
	FS 3,00 RS_{cr} 1,50 MF_s 1,00	FS 2,00 RS_{cr} 1,10 MF_s 1,00	FS 2,00 RS_{cr} 1,25 MF_s 0,75
2,5	370	145	110
3,0	529	210	160
4,0	940	370	290
5,0	1.500	580	450

FIGURA 9-10
Canal trapezoidal de adução com a geomembrana, aplicada sobre geotêxtil de 600 g/m^2, atuando como elemento de proteção contra puncionamento.

Os resultados mostram que, para as condições locais do canal, um geotêxtil nãotecido, agulhado, com gramatura de 600 g/m^2 protege a geomembrana com relação a puncionamento por uma protuberância isolada com altura variando entre 3,0 e 5,0 cm, com canto vivo ou subarredondado, adotando-se FS = 2.

Observa-se também que a metodologia empregada não menciona explicitamente a resistência necessária do geotêxtil contra puncionamentos. Recomenda-se, entretanto, que a resistência mínima a puncionamentos de geotêxteis empregados em proteção mecânica situe-se na faixa de valores indicados na Tab. 9-3.

9.8 EXEMPLOS DE OBRAS

Apresentamos a seguir alguns exemplos de obras que empregam geossintéticos como elemento de proteção, visando ilustrar essa função ainda pouco difundida em nosso país.

O primeiro exemplo apresentado refere-se à utilização de geotêxtil como elemento de proteção de uma geomembrana em um canal de adução (Figs. 9-10 e 9-11). A adoção de um geotêxtil como elemento de proteção da geomembrana para os canais atendeu a necessidades específicas da obra, pois permitiu a aceleração do processo de instalação da geomembrana com uma melhor relação custo/benefício, quando comparada à solução alternativa de simples aumento da espessura da geomembrana. Além disso, a instalação do geotêxtil sob a

FIGURA 9-11
Instalação da geomembrana sobre o geotêxtil, em painéis modulados previamente confeccionados.

geomembrana não acarretou dificuldades operacionais, ao passo que uma geomembrana de maior espessura implicaria em perda de maleabilidade na instalação.

A utilização de geotêxtil como elemento de proteção é particularmente adequada no caso de canais com grandes seções transversais, em que a preparação do substrato de aplicação com tolerâncias estritas quanto a irregularidades torna-se uma operação onerosa em termos de cronograma e mão-de-obra. Com relação à metodologia empregada, sugere-se que, além da gramatura, também a resistência do geotêxtil a puncionamento e a estouro condicione a sua escolha como proteção da geomembrana. Esses aspectos deveriam ser incorporados explicitamente na formulação.

O segundo exemplo apresenta uma aplicação importante de geotêxteis nãotecidos, agulhados: a proteção de dutos enterrados contra ação mecânica de puncionamento exercida pelos materiais da vala escavada e/ou o reaterro compactado. Particularmente nesta obra, foi empregado um geotêxtil nãotecido agulhado, relativamente pesado (gramatura de 900 g/m^2), devido ao porte dos dutos e aos esforços solicitantes. As Figs. 9-12 a 9-14 mostram detalhes da instalação do geotêxtil no duto, bem como de seu içamento e instalação na vala.

FIGURA 9-12
Detalhe da instalação do geotêxtil no perímetro dos dutos a serem protegidos.

No terceiro exemplo, destaca-se o emprego de geocélulas como elementos de proteção de uma geomembrana em um reservatório. Inicialmente é colocada uma camada de geotêxtil sob a geomembrana para proteção contra puncionamento, como se vê na Fig. 9-15. A geomembrana é instalada sobre o geotêxtil, ancorada na crista e no pé do talude.

FIGURA 9-13
Instalação na vala dos dutos já protegidos, através de equipamento especial.

FIGURA 9-14
Vista geral da obra, apresentando a tubulação e a vala em várias fases de construção.

Instala-se a geocélula sobre a geomembrana para proteção contra impactos. Normalmente se fixa a geocélula ao talude através de grampos metálicos ou de fibra de vidro, mas essa forma de fixação não é adequada nesse caso, pois perfuraria a geomembrana.

Desse modo, empregou-se uma forma alternativa de fixação, que consiste em introduzir cabos de náilon ao longo da geocélula, os quais são ancorados na crista do talude, como mostra a Fig. 9-16. A seguir (Fig. 9-17), a geocélula é preenchida com concreto. Outras alternativas de preenchimento incluem solo vegetal (com posterior vegetação da face) ou solo cimento.

FIGURA 9-15
Aplicação da geocélula sobre o conjunto geomembrana/geotêxtil, previamente instalados sobre a superfície regularizada.

FIGURA 9-16
Detalhe dos cabos e da valeta de ancoragem dos geossintéticos na crista do talude.

FIGURA 9-17
Concretagem da geocélula imediatamente após sua instalação e ancoragem.

No quarto exemplo (Fig. 9-18), aplica-se um geoespaçador como elemento de proteção de uma parede de concreto. O geoespaçador é fixado com grampos, aplicados com pistola pneumática.

Como último exemplo, a Fig. 9.19 ilustra a utilização de um geotêxtil nãotecido de 200 g/m^2 como elemento de proteção de um gramado contra pisoteamento. Isso, acontece durante a realização de eventos artísticos sobre gramados de campos esportivos ou de praças públicas. O geotêxtil é fixado sobre o gramado por grampeamento, protegendo--o contra os efeitos abrasivos do pisoteamento e permitindo sua livre oxigenação. Ao término do evento, o geotêxtil é retirado e enrolado para reaproveitamento em futuros eventos.

FIGURA 9-18
Proteção de uma parede de concreto com emprego de geoespaçador, que é fixado com pistola pneumática de grampos.

FIGURA 9-19
Geotêxtil empregado como proteção contra o pisoteamento em eventos culturais realizados sobre gramados.

9.9 CONCLUSÕES

O uso de geossintéticos na função de elemento protetor vem se difundindo e consolidando cada vez mais, devido à sua grande versatilidade, diversidade de aplicações e à favorável relação custo/benefício proporcionada. No entanto a função proteção ainda é pouco estudada e desenvolvida academicamente, tendo à frente um imenso campo para ser pesquisado, no sentido de fornecer métodos de cálculo que permitam dimensionar e especificar os geossintéticos nas mais variadas formas de proteção já existentes.

Portanto, enquanto tais pesquisas estão em desenvolvimento, é importante que todo projeto se fundamente nas metodologias já existentes, nas experiências anteriormente adquiridas e que, em cada obra, sejam realizados ensaios de simulação de campo para confirmar as especificações de projeto.

REFERÊNCIAS BIBLIOGRÁFICAS

Abramento, M. e Duarte, J., "Uso de Geotêxtil para Proteção Mecânica de Geomembrana em Canal de Adução". XII Cobramseg (São Paulo, Brasil, 2002).

Horvath, John S., "Geofoam Geosynthetic". Horvath Engeneering, PC Scarsdale, [New York, EUA, 1995].

Koerner, R. M., Designing with Geosynthetics. Prentice Hall, 761 pp. [EUA, 1998].

Narejo, D., Koerner, R. M. e Wilson Fahmy, R. F., "Puncture Protection of Geomembranes - Part II: Experimental". Geosynthetics International, Vol. 3, n. 5, p. 629-653 [Minnesota, EUA, 1996].

Wilson Fahmy, R. F., Narejo, D. e Koerner, R. M., "Puncture Protection of Geomembranes - Part I: Theory". Geosynthetics International, Vol. 3, n. 5, p. 605-628 [Minnesota, EUA, 1996].

Capítulo 10

Aplicações em Adensamento de Solos Compressíveis

Henrique Magnani de Oliveira
Márcio de Souza Soares de Almeida

10.1 INTRODUÇÃO

A construção sobre solos compressíveis é um desafio que se apresenta com uma freqüência crescente à engenharia. Isso decorre da expansão das cidades, das infraestruturas de transporte e também da crescente escassez de áreas com subsolo de melhor qualidade, em razão da ocupação pretérita das áreas mais nobres.

Para a construção sobre solos compressíveis, duas condições devem ser atendidas: garantia da estabilidade, isto é, deve-se evitar a ruptura das fundações; e manutenção das deformações, tanto verticais (recalques) como horizontais, dentro de limites adequados de acordo com as características da obra.

O dreno vertical é uma das alternativas à disposição do engenheiro para melhorar as propriedades do solo. A utilização de drenos verticais promove a redução dos recalques pós-construtivos, acelera o aumento da resistência ao cisalhamento e da capacidade de carga devido ao adensamento, ao diminuir o caminho máximo de drenagem dentro da massa de solo compressível.

Os drenos verticais de areia foram pioneiramente utilizados em fins de 1920, na Califórnia, nos Estados Unidos. Cerca de 10 anos depois, Kjellman desenvolveu na Suécia o primeiro protótipo de dreno pré-fabricado (de papelão). Apesar de sua rápida deterioração, aqueles drenos continuaram a ser utilizados até o início dos anos 1970, quando o núcleo de papelão foi substituído por material sintético com sulcos, porém ainda com filtro de papel. Filtros de geotêxtil foram incorporados em modelos posteriores do dreno, constituindo os atuais drenos verticais pré-fabricados ou geodrenos.

Hoje os drenos verticais pré-fabricados são largamente aplicados em todo o mundo, particularmente no Sudeste Asiático, na Europa e na América. No Brasil, a cravação desses drenos teve início nos primeiros anos da década de 1970, principalmente no Rio de Janeiro e na Baixada Santista. Entre o final da década de 1980 e a metade da década seguinte, foram executados drenos pré-fabricados para indústrias e galpões nas baixadas Santista e Fluminense, além de pequenas obras esporádicas. A partir da segunda metade da década de 1990, incrementou-se o uso da solução em obras rodoviárias significativas, como na BR-101, em Santa Catarina, na Rodovia Fernão Dias e em várias rodovias no Nordeste, principalmente na Bahia, Pernambuco e Alagoas, e na Região Norte, no Maranhão. No setor aeroviário destaca-se o emprego da solução nas obras do Aeroporto Salgado Filho, no Rio Grande do Sul.

A técnica de melhoria das propriedades de solos compressíveis pelo emprego de drenos verticais apresenta extenso campo de aplicação no Brasil. A ocupação do nosso território teve início junto ao litoral. Historicamente as razões para isso estão relacionadas às facilidades de comunicação e transporte propiciadas pela presença do mar, associadas à peculiar característica geomorfológica do nosso litoral, que apresenta uma planície costeira rica, relativamente estreita, entre a Serra do Mar, a Serra Geral e o Oceano Atlântico. A presença de depósitos marinhos e aluviais de argila mole de formação recente nessa região é uma constante, ressaltando-se as formações da Baixada Fluminense e da Baixada Santista, mais conhecidas, e de outras não menos importantes, como as argilas do litoral do Paraná, de Santa Catarina e do Rio Grande do Sul, além daquelas da Bahia, de Pernambuco e de Sergipe. Por outro lado, a extensa rede hidrográfica brasileira, com rios de planície de grande porte, favorece a existência de inúmeros depósitos aluviais compressíveis também no interior do País.

10.2 FUNÇÃO

Empregam-se os drenos verticais em obras de aterro sobre solos compressíveis como elementos drenantes. São inseridos dentro da massa de solo com o propósito de reduzir o comprimento máximo de drenagem para metade da distância horizontal entre drenos verticais.

Considerando que o tempo necessário para se obter determinado grau de adensamento primário médio da camada compressível é proporcional ao quadrado do comprimento máximo de drenagem, podem ser obtidas reduções muito significativas. Em um caso típico, o perío-

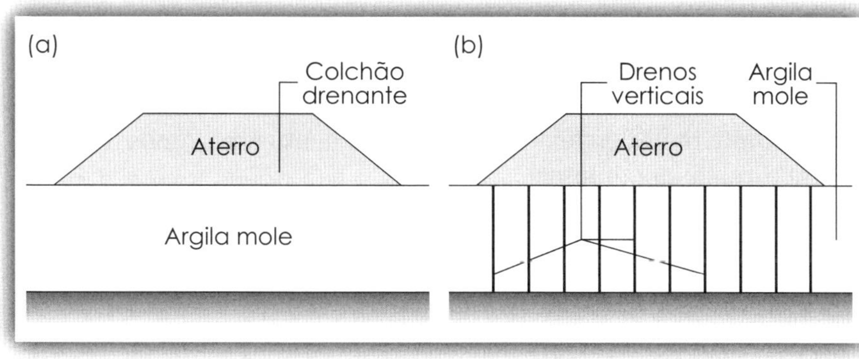

FIGURA 10-1
Aterro sobre solo compressível: a) drenagem predominantemente vertical; b) drenagem predominantemente horizontal (radial) em direção aos drenos verticais instalados.

do para se obter 90% de grau de adensamento é reduzido de uma ou duas dezenas de anos para um prazo inferior a um ano. A Fig. 10-1(a) esquematiza a seção de um aterro sobre uma camada compressível e, na Fig. 10-1(b), vê-se o arranjo dos drenos verticais sob um aterro.

Com a instalação de drenos verticais, a direção do fluxo de água no interior da massa de solo passa de predominantemente vertical para predominantemente horizontal (radial). A água coletada pelos elementos verticais é encaminhada ao colchão drenante, na superfície do terreno natural, de onde é levada para a atmosfera ou para o lençol freático.

A Fig. 10-2 ilustra a vantagem da utilização de drenos verticais para a aceleração de recalques. Os resultados de monitoramentos de recalques de aterros construídos sobre drenos, quando comparado ao de aterros convencionais, comprova a aceleração dos recalques. Os aspectos teóricos e práticos relacionados à utilização de drenos verticais são abordados em detalhe por Magnan (1983) e resumidos por Holtz *et al.* (1993).

Drenos verticais pré-fabricados, também chamados de geodrenos, apresentam elevada resistência mecânica, o que garante sua integridade durante as operações de instalação, resistindo às solicitações provenientes da cravação, e suportando os esforços oriundos

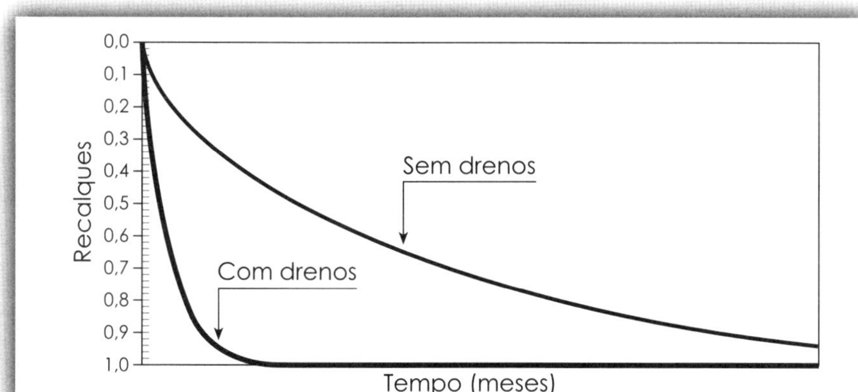

FIGURA 10-2
Comparação da evolução de recalques com e sem drenos verticais, no decorrer do tempo.

da deformação horizontal e vertical da massa de solo de fundação em adensamento. Em contrapartida, os drenos tradicionais de areia são muito susceptíveis a danos durante sua execução e operação. Em argilas muito moles pode ocorrer o cisalhamento dos drenos de areia, que se tornam inoperantes.

A instalação dos drenos pré-fabricados é realizada por meio de equipamentos de cravação que apresentam grande produtividade quando comparada às operações necessárias à instalação de drenos de areia, com reflexos econômicos muito importantes. Além disso, na ausência de jazidas de areia próximas do local da obra, a utilização de drenos verticais pré-fabricados torna-se bastante competitiva, pois, embora exija a execução do colchão drenante, pode-se executá-lo com materiais britados associados a geossintéticos de filtração e/ou separação.

10.3 SOLUÇÕES TEÓRICAS

10.3.1 Teoria do Adensamento

O adensamento em uma camada de solo compressível com fluxo de água puramente vertical, unidimensional (1D), é dado pela equação diferencial:

$$\frac{\partial u}{\partial t} = c_v \frac{\partial^2 u}{\partial z^2} \qquad [10\text{-}1]$$

em que:

$$c_v = \frac{k_v(1+e)}{a_v \cdot \gamma_w} \qquad [10\text{-}2]$$

$$T_v = \frac{c_v \cdot t}{H_d^2} \qquad [10\text{-}3]$$

onde T_v é o fator tempo. No gráfico da Fig. 10-3, é apresentada a solução para o parâmetro $\overline{U}_v$ (porcentagem de adensamento médio da camada – fluxo vertical) em relação a T_v.

O adensamento tridimensional (3*D*), caso em que há fluxo nas direções x, y e z, é regido pela equação:

$$\frac{\partial u}{\partial t} = c_h \left[\frac{\partial^2 u}{\partial x^2} + \frac{\partial^2 u}{\partial y^2}\right] + c_v \frac{\partial^2 u}{\partial z^2} \qquad [10\text{-}4]$$

$$c_h = \frac{k_h(1+e)}{a_v \cdot \gamma_w} \qquad [10\text{-}5]$$

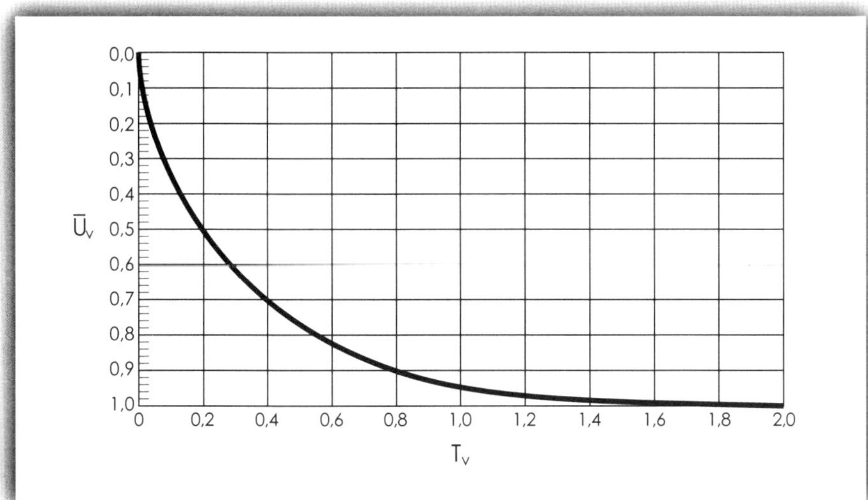

FIGURA 10-3
Adensamento médio x fator tempo para drenagem vertical ($\bar{U}_v$ x T_v) - Solução de Terzaghi.

sendo:

x, y, z as coordenadas de um ponto de massa de solo;
u a poro-pressão;
t o tempo;
e o índice de vazios;
c_v e c_h os coeficientes de adensamento para drenagem vertical e horizontal, respectivamente, determinados experimentalmente;
a_v o módulo de compressibilidade vertical;
k_v e k_h a permeabilidade vertical e horizontal, respectivamente;
H_d o comprimento máximo de drenagem; e
γ_w o peso específico da água.

Considerando que a permeabilidade é a mesma nas direções x e y, a Eq. [10-4] representa o adensamento vertical devido a um fluxo combinado vertical e horizontal, o que ocorre, por exemplo, nas bordas de um aterro sem drenos. No caso de emprego de elementos drenantes verticais cilíndricos, a Eq. [10-4] pode ser convertida para coordenadas cilíndricas:

$$\frac{\partial u}{\partial t} = c_h \left[\frac{1}{r} \frac{\partial u}{\partial r} + \frac{\partial^2 u}{\partial r^2} \right] + c_v \frac{\partial^2 u}{\partial z^2} \qquad [10\text{-}6]$$

em que r é a distância radial medida do centro de drenagem até o ponto considerado.

FIGURA 10-4
Drenagem puramente radial.

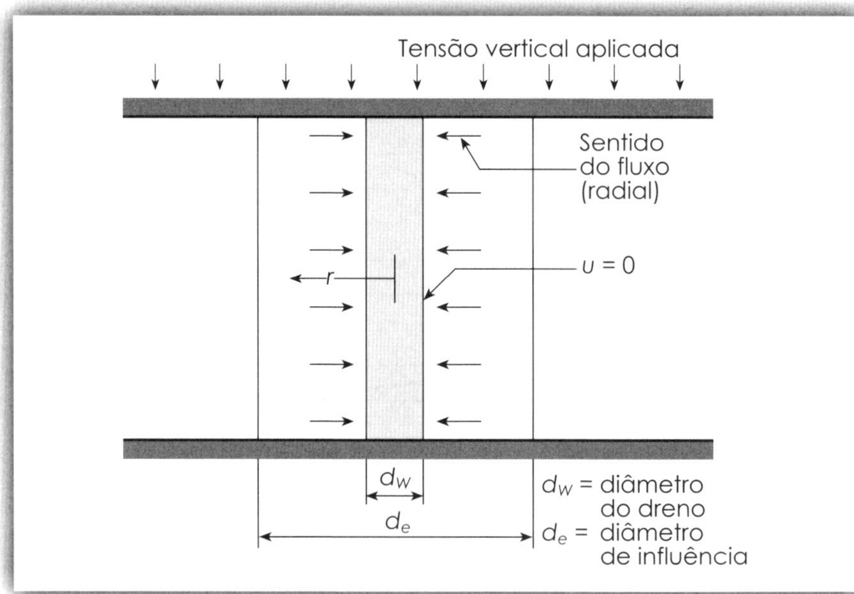

10.3.2 Adensamento com drenagem puramente radial

Para drenos verticais, caso a drenagem vertical na massa de solo seja negligenciada, tem-se a drenagem radial pura, representada esquematicamente pela célula unitária apresentada na Fig. 10-4 e regida pela equação:

$$\frac{\partial u}{\partial t} = c_h \left[\frac{1}{r} \frac{\partial u}{\partial r} + \frac{\partial^2 u}{\partial r^2} \right] \qquad [10\text{-}7]$$

BARRON (1948) resolveu a Eq. [10-7] para um cilindro de solo com um dreno cilíndrico vertical para a condição de deformações verticais iguais (*equal strain*), obtendo o grau de adensamento médio da camada, $\overline{U_h}$.

$$\overline{U_h} = 1 - e^{-[8T_h/F(n)]} \qquad [10\text{-}8]$$

onde:

$$T_h = \frac{c_h \cdot t}{d_e^2} \qquad [10\text{-}9]$$

$$F(n) = \frac{n^2}{n^2 - 1} \ln(n) - \frac{3n^2 - 1}{4n^2} \cong \ln(n) - 0{,}75 \qquad [10\text{-}10]$$

$$n = \frac{d_e}{d_w} \qquad [10\text{-}11]$$

sendo:

d_e o diâmetro de influência de um dreno;
d_w o diâmetro do dreno ou diâmetro equivalente de um dreno sintético com seção retangular;
T_h o fator tempo para drenagem horizontal; e
$F(n)$ uma função da densidade de drenos.

Barron também resolveu a equação para deformações verticais livres (*free strain*). Nesse caso, na superfície do cilindro de influência de um dreno são permitidas deformações verticais livres à medida que o adensamento se desenvolve. Essa solução é apresentada em termos de funções de Bessel e para valores de $n > 5$ – caso dos drenos pré-fabricados – as duas soluções são muito próximas. Por esta razão a solução para a condição de *equal strain* é em geral utilizada por sua simplicidade.

10.3.3 Adensamento com drenagem combinada radial e vertical

No caso de utilização de dreno vertical, deve-se considerar, além da drenagem radial, também a drenagem vertical. A ocorrência simultânea das duas drenagens é chamada de drenagem combinada. A drenagem combinada foi tratada teoricamente por Carrillo (1942), que resolveu a Eq. [10-6] pelo método de separação de variáveis, obtendo para o grau de adensamento médio global ou combinado $\bar{U}$:

$$\left(1-\bar{U}\right)=\left(1-\bar{U}_v\right)\left(1-\bar{U}_h\right) \qquad [10\text{-}12]$$

Usualmente a contribuição da drenagem vertical na drenagem combinada é significativa, em termos práticos, apenas para camadas de solo compressível com espessuras inferiores a 10 m.

10.4 DIMENSIONAMENTO DE DRENOS VERTICAIS

Para o dimensionamento de drenos verticais pré-fabricados são empregadas as teorias até aqui apresentadas e as considerações geométricas e empíricas descritas a seguir.

10.4.1 Diâmetro de influência e espaçamento de drenos

Os drenos verticais são instalados em malhas quadradas ou triangulares de lado igual a l. A malha quadrada está representada esquematica-

FIGURA 10-5
(a) Malha de drenos quadrada e
(b) triangular.

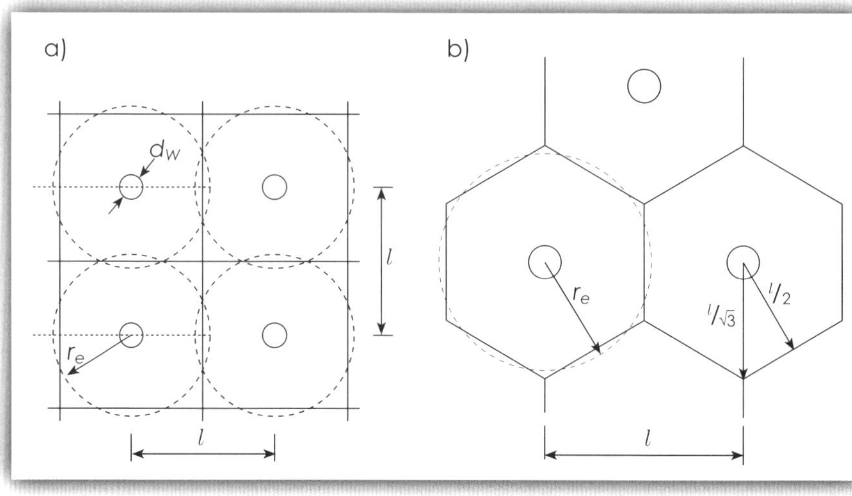

mente na Fig. 10-5(a). Igualando a área do quadrado com a do círculo equivalente temos:

$$l^2 = \frac{\pi d_e^2}{4} \quad \text{e} \quad d_e = l\sqrt{\frac{4}{\pi}}$$

obtendo então, o diâmetro de influência de uma malha quadrada:

$$d_e = 1{,}13 \cdot l$$

A malha triangular é representada esquematicamente na Fig. 10-5(b). Igualando a área do círculo equivalente ao hexágono, temos:

$$\frac{\pi \cdot d_e^2}{4} = \frac{\sqrt{3}}{2} l^2 \quad \text{e} \quad d_e = \sqrt{\frac{2}{\pi}\sqrt{3}} \cdot l$$

Ou seja, o diâmetro de influência para malhas triangulares é dado por:

$$d_e = 1{,}05 \cdot l$$

10.4.2 Diâmetro equivalente dos drenos pré-fabricados

As dimensões do dreno pré-fabricado devem ser representadas por um diâmetro equivalente (d_w). Os drenos pré-fabricados têm formato retangular e as dimensões a e b são da ordem de 10 cm e 0,5 cm, respectivamente, conforme apresentado na Fig. 10-6.

Hansbo (1979) propôs que d_w tivesse o mesmo perímetro do dreno real. Dessa forma, o diâmetro equivalente é representado pela Eq. [10-13]:

$$d_w = \frac{2(a+b)}{\pi} \qquad [10\text{-}13]$$

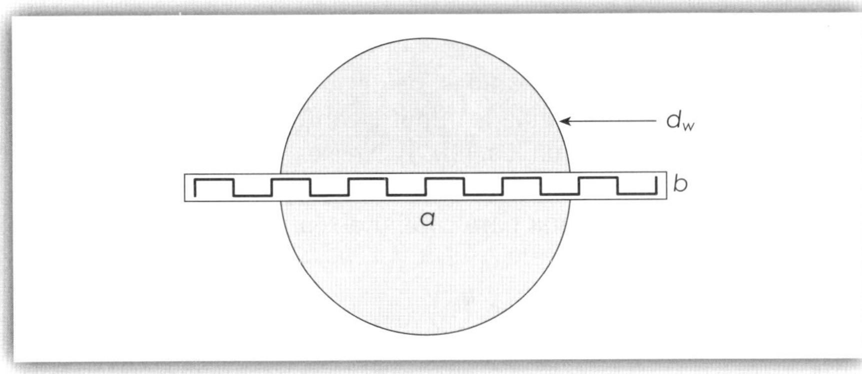

FIGURA 10-6
Diâmetro equivalente do geodreno.

Estudos numéricos subseqüentes realizados por Rixner *et al.* (1986) e apoiados por Hansbo (1987) sugerem que, na prática, o diâmetro equivalente do dreno deve ser adotado como:

$$d_w = \frac{(a+b)}{2} \qquad [10\text{-}14]$$

A Eq. [10-13] é mais empregada, na prática, do que a [10-14]. A diferença no uso de uma ou outra equação para cálculo do espaçamento dos drenos é desprezível, diante da variação do coeficiente de adensamento, cujo valor depende do tipo de ensaio e da metodologia de cálculo utilizada para sua determinação.

10.4.3 Influência do amolgamento na instalação do dreno (smear)

Deve-se incorporar aos cálculos o amolgamento do solo compressível ao redor e ao longo do dreno, causado pela sua instalação. O amolgamento reduz a permeabilidade horizontal do solo e, em conseqüência, a velocidade do adensamento. A Fig. 10-7 apresenta esquematicamente a área amolgada ao redor de um dreno. Quando se considera o amolgamento, deve-se acrescentar ao valor de $F(n)$, na Eq. [10-10], o valor F_s (Hansbo, 1981):

$$F_s = \left(\frac{k_h}{k_h} - 1\right) \ln \frac{d_s}{d_w} \qquad [10\text{-}15]$$

onde:

d_s é o diâmetro da área afetada pelo amolgamento;

$d_s = 2\ d_m$; onde d_m é o diâmetro do mandril de cravação (Hansbo, 1987).

$d_m = \sqrt{\frac{4}{\pi} \cdot w \cdot t}$; onde w é a largura e t a espessura de um mandril retangular (Bergado, 1994).

k'_h é a permeabilidade horizontal da área afetada pelo amolgamento

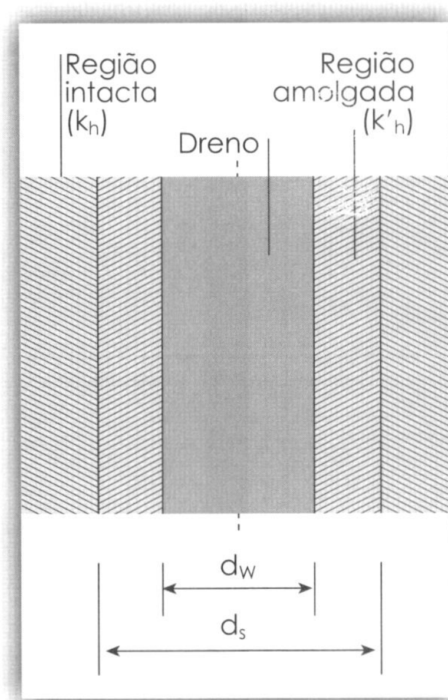

FIGURA 10-7
Amolgamento causado pela cravação do dreno.

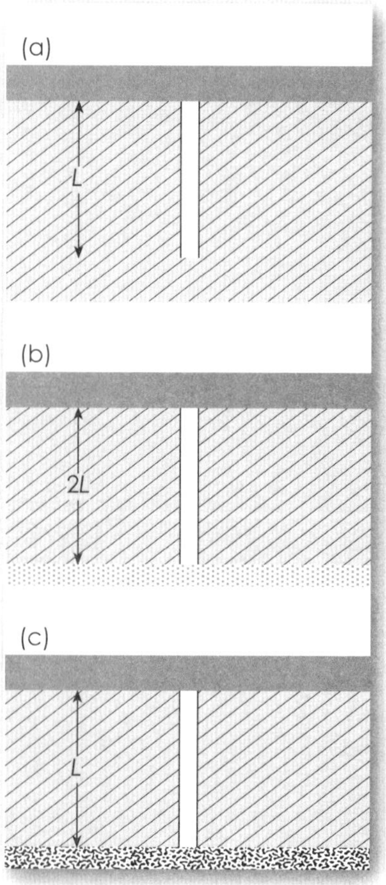

FIGURA 10-8
(a) dreno parcial;
(b) camadas inferior e superior permeáveis e
(c) camada inferior impermeável.

10.4.4 Influência da resistência hidráulica do dreno

Em determinadas circunstâncias, os drenos pré-fabricados podem não apresentar permeabilidade infinita, conforme admitido por Barron (1948) na dedução da Eq. [10-8]. Nesses casos, a Eq. [10-16], a seguir, proposta por Orleach (1983) a partir das equações de Hansbo (1981), pode ser utilizada para avaliar a resistência hidráulica dos drenos:

$$W_q = 2\pi\left(\frac{k_h}{q_w}\right)\cdot L^2 \qquad [10\text{-}16]$$

Mede-se a vazão do dreno (q_w) em ensaio, quando ele é submetido a um gradiente unitário i = 1,0; e L (comprimento característico do dreno) é definido como o comprimento do dreno quando a drenagem ocorre apenas por uma das extremidades e como a metade deste quando a drenagem se dá pelas duas extremidades (Fig. 10-8).

Quando $W_q < 0{,}1$, a resistência hidráulica do dreno pode ser desprezada. Caso contrário, Hansbo (1981) recomenda acrescer ao valor de $F(n)$, na Eq. [10-10], o valor F_q, definido a seguir:

$$F_q = \pi\cdot z(L-z)\frac{k_h}{q_w} \qquad [10\text{-}17]$$

Como F_q é função de z (distância à extremidade drenante), tem-se $\bar{U}_h = f(z)$ e, portanto, adota-se um valor médio de $\bar{U}_h$ (Almeida, 1992).

10.4.5 Parâmetros necessários ao dimensionamento de drenos verticais

O grau médio de adensamento é função dos coeficientes de adensamento, especialmente o horizontal (c_h) e, no caso de consideração de drenagem combinada, também o vertical (c_v). Além disso, a geometria da malha de drenos influencia o valor de $\bar{U}$, através do diâmetro de influência (d_e).

Os parâmetros relativos ao efeito do amolgamento resultante da cravação (k'_h e d_s) podem influenciar muito a dissipação de poro-pressões, caso o processo executivo provoque perturbação excessiva.

O comprimento dos drenos pode influenciar caso o dreno seja longo (acima de 20 m) e sua capacidade de descarga relativamente pequena. O diâmetro equivalente dos drenos (d_w) apresenta pequena influência em comparação com outras variáveis que afetam o dimensionamento de drenos pré-fabricados. Uma variação de 28% no diâmetro equivalente do dreno (de 5,4 para 6,9 cm) resulta em uma redução da ordem de 8% no tempo necessário para se atingir grau de adensamento desejado.

De acordo com HOLTZ *et al.* (2001), para melhoria da confiabilidade na determinação dos parâmetros geotécnicos necessários ao dimensionamento de drenos verticais pré-fabricados são recomendados ensaios de campo e de laboratório. Para obras de pequeno porte recomendam-se ensaios de dissipação de piezocone e ensaios oedométricos (laboratório) para argilas homogêneas. Para argilas com macrotextura desenvolvida recomenda-se também a execução de ensaios de determinação de k_h de campo. Para grandes obras, recomendam-se os ensaios acima e a execução de aterros experimentais. Estes últimos são especialmente importantes no caso de argilas com macrotextura desenvolvida.

O valor de k'_h (permeabilidade da zona afetada pelo amolgamento) depende da realização de ensaios especiais, raramente realizados. Na falta de dados, HANSBO (1981) recomenda adotar-se

$$\frac{k_h}{k'_h} = \frac{k_h}{k_v}.$$

A razão k_h/k_v varia em geral entre 1,5 a 2,0 para as argilas moles brasileiras [ALMEIDA, 1996], podendo atingir valores ao redor de 15 para outras argilas fortemente estratificadas [RIXNER *et al.*, 1986].

No que diz respeito ao valor de c_h a adotar, este pode ser definido a partir de ensaios de laboratório ou de campo. Os ensaios de laboratório mais usuais são os de adensamento oedométrico radial descritos por COUTINHO (1976), SERAPHIM (1995) e COELHO (1997). O ensaio de campo mais utilizado é o de dissipação com piezocone [DANZIGER, 1990].

Na ausência de ensaios de campo podem-se, em análises preliminares, realizar ensaios de adensamento oedométrico convencional, estimando-se c_h através do c_v determinado nesses ensaios, usando a equação:

$$c_h = \frac{k_h}{k_v} \cdot c_v \qquad [10\text{-}18]$$

Convém ressaltar que os valores de permeabilidade e coeficiente de adensamento a serem empregados são aqueles relativos à faixa de variação das tensões *in situ*, ou seja, à qual o depósito será submetido. Em caso de carregamento ocorrendo no domínio normalmente adensado (compressão virgem), a utilização de drenos verticais é mais eficaz do que no domínio sobreadensado. Na compressão virgem o c_v é cerca de dez vezes menor que no trecho sobreadensado, e a instalação de drenos acelera o processo de adensamento, que de outra forma seria muito lento.

10.4.6 Seqüência para dimensionamento

O dimensionamento de um sistema de drenos verticais tem como objetivo definir o padrão da malha de cravação e determinar o espaçamento entre os drenos, a fim de se obter o grau de adensamento médio na camada desejada em um período de tempo aceitável. A seqüência de trabalho é dada pelos passos abaixo.

1. Obter os parâmetros geotécnicos necessários: c_v, c_h, k_v, k_h/k'_h.
2. Obter as grandezas geométricas pertinentes: d_w, d_m, d_s e L.
3. Obter a capacidade de descarga do dreno sintético (q_w) relativa a um gradiente hidráulico igual a 1,0, para as condições de pressão horizontal representativas do caso, função da profundidade dos drenos e do coeficiente de empuxo no repouso.
4. Definir o padrão de cravação – em malha quadrada ou triangular. O padrão triangular é mais eficiente e o quadrado ligeiramente mais fácil de executar.
5. Definir o grau de adensamento global médio desejado $\bar{U}$ para a camada.
6. Definir o tempo aceitável (t_{ac}) para se obter $\bar{U}$.
7. Definir se a drenagem será combinada ou somente radial. A drenagem radial é mais conservativa.
8. Definir o espaçamento l (tentativa inicial) e calcular d_e.
9. Calcular T_v pela Eq. [10-3] e, pela teoria de Terzaghi, o correspondente $\bar{U}_v$ (Fig. 10-3), para o tempo t_{ac} definido no passo 6, caso se adote drenagem combinada.
10. Calcular $\bar{U}_h$ pela Eq. [10-12] em função do $\bar{U}$ adotado e do $\bar{U}_v$ calculado no passo 9. Caso se adote drenagem radial somente, $\bar{U}_h = \bar{U}$.
11. Calcular $F(n)$ pela Eq. [10-10], levando em consideração [10-15], para incluir o efeito do amolgamento, e [10-17], no caso de a resistência hidráulica do dreno ser relevante.
12. Com o valor de $\bar{U}_h$ obtido no passo 10 e de $F(n)$ no passo 11, calcula-se T_h pela Eq. [10-8].
13. Com o valor de T_h, calcula-se, pela Eq. [10-9], o tempo t_{calc} necessário para se obter o $\bar{U}_h$ desejado.
14. Se $t_{\text{calc}} > t_{ac}$, reduzir tentativamente l, usar um padrão triangular, se ainda não utilizado, ou empregar um dreno com q_w maior, e repetir os passos de 8 a 13 até obter $t_{\text{calc}} \leq t_{ac}$.

Espaçamentos típicos variam entre 1,2 e 3,6 m, dependendo do cronograma da obra e dos parâmetros do solo compressível.

10.5 ESPECIFICAÇÃO

A principal característica que o dreno deve apresentar é ser mais permeável que o solo (e manter-se assim) durante a sua vida útil. Para tanto, especifica-se o dreno basicamente por sua capacidade de vazão e pela permeabilidade do filtro. As características de resistência mecânica e flexibilidade são também importantes, pois o dreno deve resistir às operações de cravação e às deformações impostas pelo solo durante o adensamento.

Bergado *et al.* (1994) e Holtz *et al.* (2001) propõem que q_w não seja inferior a um valor entre 9 e 13,5 × 10^{-6} L/s (~100 a 150 m^3/ano), quando medido sob um gradiente hidráulico unitário e sob a pressão lateral efetiva confinante máxima atuante no campo. A permeabilidade do filtro deve ser maior que dez vezes a do solo para condições críticas e igual à do solo para aplicações menos críticas, adotando-se a maior abertura de filtração do geotêxtil possível, baseada nos critérios de retenção de solo, descritos a seguir:

$$\frac{O_{90}}{D_{50}} < 1{,}7 \text{ a } 3 \text{ (Schober \& Teindel, 1979)} \qquad [10\text{-}19]$$

$$\frac{O_{90}}{D_{85}} < 1{,}3 \text{ a } 1{,}8 \text{ (Chen \& Chen, 1986)} \qquad [10\text{-}20]$$

$$\frac{O_{50}}{D_{50}} < 10 \text{ a } 12 \text{ (Chen \& Chen, 1986)} \qquad [10\text{-}21]$$

onde:

O_{90} é a abertura de filtração do geotêxtil, definida como o diâmetro do maior grão de solo capaz de atravessá-lo; e

D_{50} e D_{85} são os diâmetros das partículas para os quais 50% e 85% do solo, espectivamente, é mais fino.

O_{50} é o diâmetro da partícula para o qual 50% do solo atravessa o geotêxtil.

Os drenos comercialmente disponíveis apresentam variados valores de q_w e O_{90}, que deverão ser avaliados para cada caso em particular, para aplicações mais e menos críticas, adequados à permeabilidade do solo e à sua granulometria.

A resistência e a flexibilidade mecânicas do filtro e do núcleo são normalmente atendidas pelos drenos sintéticos de melhor qualidade comercialmente disponíveis. Se forem previstos recalques ou deformações horizontais muito significativas, devem-se especificar drenos que apresentem pequena redução de q_w quando submetidos a dobramento.

10.6 PRINCIPAIS UTILIZAÇÕES

A técnica de melhoria do solo de fundação através de drenos verticais é excepcionalmente útil para a construção de aterros sobre solos moles em etapas, por reduzirem em muito o tempo de cada etapa, e assim, com freqüência viabilizando economicamente sua adoção. Essa técnica apresenta grande aplicabilidade na construção de aterros rodoviários, ferroviários, aeroportuários, portuários, áreas de estocagem em geral e fundações de estruturas submetidas a baixas pressões, quando assentadas sobre solos moles ou compressíveis.

Usualmente drenos verticais são empregados em obras que suportam algum nível de deformação pós-construtiva (recalques e deformações horizontais). No entanto, se houver condições de estabilidade para se prover sobrecarga temporária adequada e disponibilidade de tempo, pode-se reduzir muito – e eventualmente até anular – as deformações pós-construtivas relativas ao adensamento primário e secundário, após a remoção da sobrecarga. Assim, a conjugação de drenos verticais pré-fabricados e sobrecarga temporária, para acelerar o adensamento e reduzir os recalques pós-construtivos, é muito recomendada, pois explora ao máximo o benefício do adensamento acelerado. O emprego de geossintéticos de reforço, de baixa deformabilidade, para aterros sobre fundações pouco resistentes, em conjunto ou não com bermas de equilíbrio, possibilita o uso de sobrecargas maiores.

Os drenos verticais são tanto mais eficazes quanto maior a permeabilidade horizontal, a estratificação ou a macrotextura do solo, pois permitem a interligação de zonas mais permeáveis em uma rede de drenagem interconectada, reduzindo a distância de drenagem e otimizando o adensamento.

O benefício em termos de tempo para obtenção de determinado grau de adensamento, em relação à situação sem o uso de drenos, depende da espessura da camada compressível e do coeficiente de adensamento. Para camadas pouco espessas ou com coeficiente de adensamento elevado, o dimensionamento pode indicar um pequeno ganho de desempenho, em termos de economia de tempo de adensamento. A utilização de drenos verticais em solos muito turfosos normalmente não é indicada, devido ao alto coeficiente de adensamento desses depósitos.

Deve-se lembrar que os drenos verticais não reduzem os recalques a serem desenvolvidos como resultado da aplicação da carga, apenas os aceleram. É necessário que os recalques pós-construtivos sejam compatíveis com a utilização/operação da área corrigida.

Uma técnica auxiliar desenvolvida na década de 1990 com o emprego de drenos verticais é o pré-carregamento por vácuo, aplicado ao colchão drenante com auxílio de bombas de sucção e de membrana impermeável. A vantagem está na garantia da estabilidade, pois durante a aplicação do vácuo os deslocamentos horizontais ocorrem de fora para dentro da massa de solo tratada. A técnica possui limitações técnicas à sobrecarga de relação ao nível de tensão efetiva induzida pelo vácuo, da ordem de 75 kPa, mas que pode ser maior ao se associar a aplicação do vácuo à sobrecarga de um aterro convencional [Marques *et al.*, 2000 e 2003]. Trata-se de uma técnica ainda muito dispendiosa para pequenas áreas.

10.7 RECOMENDAÇÕES DE UTILIZAÇÃO

As principais recomendações para o emprego de drenos verticais pré-fabricados estão relacionadas à sua instalação, a aspectos relativos ao colchão drenante e ao monitoramento de seu desempenho, conforme descrito nas seções a seguir.

10.7.1 Instalação dos drenos verticais

O equipamento de instalação dos drenos deve ter mandril de cravação com a menor seção transversal possível e ainda resistir aos esforços de cravação, a fim de minimizar os efeitos do amolgamento no solo. Em geral, os equipamentos de cravação conseguem cravar os drenos através de camadas de aterro ou camadas arenosas, superficiais ou profundas, relativamente resistentes. No caso de existência de camadas superficiais mais resistentes, executam-se pré-furos de menor diâmetro com o mesmo equipamento de cravação.

Os drenos devem ser instalados em toda a espessura da camada compressível. Quando isso não for possível, é preciso, pelo menos, tratar a camada que apresente o menor valor de coeficiente de adensamento. No Brasil existem equipamentos com capacidade para atingir facilmente 20 m de profundidade.

Nos casos de camadas compressíveis e moles em superfície, a espessura do colchão de areia deve ser dimensionada de forma a garantir a estabilidade quanto ao afundamento ou tombamento do equipamento de cravação. Os equipamentos de instalação são máquinas hidráulicas autopropelidas de grande porte, com peso suficientemente elevado para a reação na cravação. Muitas vezes, essa condição é mais crítica quanto à estabilidade do que a condição final do aterro sobre o solo mole.

Em solos muito pouco resistentes, uma camada de reforço geossintético sob a camada inicial, ou sob o colchão drenante, pode ser necessária a fim de garantir a estabilidade local sob a ação das cargas do equipamento. Esse cuidado é muito importante para que não se produzam rupturas localizadas durante a instalação, e que, durante a elevação do aterro, sob a ação das cargas de projeto, possam vir a se propagar. Normalmente, os equipamentos de cravação são capazes de perfurar com facilidade camadas de geossintéticos com resistência de 400 kN/m ou mais.

10.7.2 Colchão drenante

O colchão drenante, que captará o fluxo proveniente dos drenos, deve ter características geotécnicas e geométricas apropriadas de forma a apresentar capacidade de vazão maior ou igual à dos drenos e não retardar o funcionamento do conjunto drenante. Em geral, os colchões drenantes são executados com areia grossa, limpa e lavada, com espessura de 0,50 m, com granulometria tal que garanta uma alta permeabilidade. A espessura deve ser dimensionada a partir do comprimento máximo de drenagem dentro do colchão e da vazão dos drenos, de forma a igualar ou superar a contribuição destes. Para aplicações rodoviárias e ferroviárias, onde a largura dos colchões drenantes não é muito elevada, essa espessura é suficiente. No entanto, no caso da existência de bermas longas ou no caso de um colchão com grandes dimensões em planta, é necessário um dimensionamento hidráulico [Cedergreen, 1989].

Quando não há material arenoso com permeabilidade suficientemente alta, ou quando a extensão mínima em planta do colchão for muito grande, podem ser incluídos drenos de brita, com ou sem tubos perfurados, no interior do colchão para auxiliar na drenagem. As saídas, ou seja, as faces laterais e drenos do colchão drenante — caso existam — devem ser abertos à pressão atmosférica ou ao nível freático, de forma a não haver restrição ao livre escoamento das águas.

10.7.3 Controle de desempenho

A aceitação de drenos pré-fabricados na obra deve ser feita mediante a verificação de conformidade com as especificações de projeto e a apresentação de certificados de ensaio dos produtos. Estes devem ser apropriadamente transportados e estocados para aplicação. Os drenos não devem sofrer incidência direta de luz solar (polímeros são sensíveis à radiação ultravioleta) nem apresentar danos mecânicos, como rasgos no filtro e no núcleo.

O controle de desempenho da solução em funcionamento é importantíssimo e deve ser realizado com o objetivo de verificar se o comportamento observado concorda com os parâmetros usados no projeto e, se necessário, atualizar as previsões. Para tanto, emprega-se instrumentação no aterro composta, no mínimo, por um conjunto de placas de recalque localizadas de preferência na base da camada inicial, por levantamentos topográficos de precisão e, se possível, por piezômetros para a averiguação da dissipação das poro-pressões.

Para interpretação da instrumentação podem ser empregadas as teorias pertinentes ou o método de Asaoka (1978), levando-se em conta as recomendações de Pinto (2001).

No caso de aterros com reduzido fator de segurança à ruptura, nos projetos mais importantes ou onde uma ruptura tenha conseqüências desastrosas, a instrumentação geotécnica deverá ser mais abrangente, constituindo um projeto especial. Nesse caso, poderão ser utilizados mais instrumentos, incluindo-se medidas de deslocamentos horizontais com inclinômetros e medição de recalques em profundidade dentro da camada mole.

É essencial que o engenheiro projetista ou seu representante vistorie todos os aspectos da construção, desde a preparação do terreno, execução do colchão drenante, instalação de drenos, lançamento do aterro, acompanhamento de recalques e remoção da sobrecarga. A execução de drenos verticais é uma atividade especializada e, para o sucesso da solução, deve ser realizada por pessoal treinado e equipamento apropriado.

Não são raras situações em que o solo apresenta características piores do que as previstas. Nesses casos, podem-se instalar drenos adicionais, aumentar a sobrecarga, aumentar o tempo alocado para o adensamento ou reduzir o grau médio de adensamento desejado, ou ainda, aceitar conviver com recalques pós-construtivos.

10.8 EXEMPLO

Calcular a malha de geodrenos para se obter um grau médio de adensamento ($\bar{U}$) de 90%, em 9 meses (t_{ac}), em uma fundação de aterro rodoviário composta por uma camada compressível de argila mole sobreposta a uma camada drenante de areia. A argila mole é uniforme, levemente sobreadensada, com espessura de 15 m, localizada no litoral brasileiro, com coeficiente de adensamento vertical e horizontal de $c_v = 1{,}0 \times 10^{-7}$ m²/s e $c_h = 1{,}5 \times 10^{-7}$ m²/s, permeabilidade vertical e horizontal de $k_v = 2 \times 10^{-8}$ cm/s e $k_h = 3 \times 10^{-8}$ cm/s, respectivamente, obtidos pela interpretação de ensaios oedométricos e de dissipação de piezocone, ambos representativos do trecho de compressão virgem.

O geocomposto drenante a ser utilizado tem dimensões a = 10 cm, b = 0,8 cm e capacidade de descarga para gradiente hidráulico unitário $q_w = 65 \times 10^{-6}$ m³/s. O mandril tem dimensões externas de 12×15 cm.

Solução

Optou-se por adotar uma malha de cravação de drenos com padrão triangular. Devido à grande espessura de argila mole, considerou-se drenagem radial somente.

Tentativa inicial de espaçamento entre drenos: l = 2 m;

$d_e = 1{,}05 \times 2$ m = 2,1 m;
$d_w = (10 + 0{,}8)$ cm/2 = 5,4 cm (Eq. 10-14);
$\bar{U} = \bar{U}_h = 0{,}9$ (dado);
$n = 2{,}1$ m/0,054 m = 38,89 (Eq. 10-11);
$F(n) = \ln(38{,}89) - 0{,}75 = 2{,}911$ (Eq. 10-10);
$k_h/k_v = 3 \times 10^{-8}$ cm/s/2 $\times 10^{-8}$ cm/s = 1,5;
$d_m = (4/\pi \times 5 \times 12)^{1/2} = 8{,}7$ cm;
$d_s = 2 \times 8{,}7 = 17{,}5$ cm;
$F_s = (1{,}5 - 1) \times \ln(17{,}5/5{,}4) = 0{,}588$ (Eq. 10-15);

$$W_q = 2 \times \pi \times \frac{3 \times 10^{-10}\,\text{m/s}}{65 \times 10^{-6}\ \text{m}^3/\text{s}} \times (7{,}5\ \text{m})^2 = 1{,}63 \times 10^{-3} > 0{,}1;$$

portanto a resistência hidráulica do dreno é importante (Eq. 10-16, com $L = 7{,}5$, metade da espessura da camada mole);
$F_q = \pi' \times 7{,}5/2 \times (7{,}5 - 7{,}5/2) \times 3 \times 10^{-10}/65 \times 10^{-6} = 2{,}04 \times 10^{-4}$ (Eq. 10-17, com $z = 7{,}5/2$ m, situação mais desfavorável);

$T_h = -[(2{,}911 + 0{,}588 + 2{,}04 \times 10^{-4})/8] \times \ln(1 - 0{,}9) = 1{,}007$ (Eq. 10-8);

$t = 1{,}007 \times (2{,}1\ \text{m})^2/1{,}5 \times 10^{-7}\ \text{m}^2/\text{s} = 11{,}40$ meses (Eq. 10-9).

Como $t = 11{,}40$ meses $> t_{ac}$, deve-se reduzir o espaçamento para acelerar o adensamento radial. Usando $l = 1{,}8$ m e repetindo todos os passos, obtém-se $t = 9{,}00$ meses $\leq t_{ac}$, conforme se deseja para $\bar{U}_h = 90\%$.

10.9 CONCLUSÕES

A utilização de drenos verticais pré-fabricados é uma técnica consagrada mundialmente para aceleração do adensamento de solos compressíveis, com o objetivo de reduzir os recalques e deformações pós-construtivos, aumentar mais rapidamente a resistência ao cisalhamento dos solos moles e viabilizar a solução de construção por etapas.

A técnica de aceleração de recalques pela instalação de drenos apresentada, as teorias associadas, os parâmetros a serem utilizados, a forma de dimensionamento, as principais utilizações, as especificações e recomendações de execução enumeradas, possibilitam ao leitor o emprego dessa solução, desde o projeto até a execução.

É fundamental para um dimensionamento econômico e que busque um grau de precisão adequado, a realização de uma campanha de investigação geotécnica com ensaios de campo e laboratório de qualidade.

Trata-se de uma solução geotécnica especializada, devendo ser dimensionada por engenheiro geotécnico experiente nas fases de projeto, execução e monitoramento. Também é requerida atenção especial à elaboração de especificações para os drenos pré-fabricados e para todas as etapas construtivas e de monitoramento. A verificação da conformidade às especificações, para aceitação dos produtos e serviços, e a exigência de ensaios de atestação das características dos produtos são condições para o sucesso da aplicação da técnica.

No Brasil do início dos anos 1990 os drenos verticais pré-fabricados ainda eram muito pouco empregados em comparação a outras partes do mundo. Na Ásia, por exemplo, vários países com condições econômicas semelhantes às nossas já utilizavam intensamente esta técnica. Essa situação já apresenta uma tendência de mudança, com um significativo incremento no emprego de drenos verticais pré-fabricados em nosso país, verificado a partir da segunda metade da década de 1990.

REFERÊNCIAS BIBLIOGRÁFICAS

Almeida, M. S. S., "Geodrenos como Elementos de Aceleração de Recalques". Seminário de Aplicação de Geossintéticos em Geotecnia, Universidade de Brasília - UNB, 121-139 [Brasília, DF, Brasil, 1992].

Almeida, M. S. S., Aterros sobre Solos Moles: da Concepção à Avaliação de Desempenho, Editora da UFRJ, 215 p. [Rio de Janeiro, Brasil, 1996].

Asaoka, A., "Observational Procedure of Settlement Prediction". Soil and Foundations, vol. 18 (4), pp. 87-101 [Japão, 1978].

Barron, R. A, Consolidation of fine grained Soils by drain wells. Trans., ASCE, vol. 113, 718-742 [Virginia, EUA, 1948].

Bergado, D. T., Chai, J. C., Alfaro, M. C. & Balasubramaniam A. S., Improvement Techniques of Soft Ground in Subsiding and Lowland Environment, Balkema, 222 p. [Holanda, 1994].

Carrillo, N., "Simple Two and Three Dimensional Cases in the Theory of Consolidation Soils". Journal of Math. and Phys., vol. 21, 1-5 [1942].

Cedergreen, H. R., 1989, Seepage, Drainage and Flow Nets, 3ª ed., John Wiley and Sons, 465 p. [Califórnia, EUA, 1974].

Chen, R. H. & Chen, C. N., "Permeability Characteristics of Prefabricated Vertical Drains". Proceedings of the 3rd. International Conference on Geotextiles, pp. 785-790 [Viena, Áustria, 1986].

Coelho, L. B. M., "Considerações a Respeito de um Ensaio Alternativo para a Determinação do Coeficiente de Adensamento Horizontal dos Solos". Tese de M. Sc., Coppe/UFRJ [Rio de Janeiro, Brasil, 1997].

Coutinho, R. Q., "Características de Adensamento com Drenagem Radial de uma Argila Mole da Baixada Fluminense". Tese de M. Sc., Coppe/UFRJ [Rio de Janeiro, Brasil, 1976].

Danziger, F. A. B., "Desenvolvimento de Equipamento para Realização de Ensaios de Piezocone: Aplicação a Argilas Moles". Tese de D. Sc., Coppe/UFRJ [Rio de Janeiro, Brasil, 1990].

Danziger, F. A. B., Sills, G. C & Almeida, M. S. S., "The Significance of the Strain Path Analysis in the Interpretation of Piezocone Dissipation Data". Geotechnique, 47 (5), 901-914 [Viena, Áustria, 1997].

HANSBO, S., "Consolidation of Clay by Bandshaped Prefabricated Vertical Drains". Ground Engineering, 12(5), p.16-25 [Grã-Bretanha, 1979].

HANSBO, S., "Consolidation of Fine Grained Soils by Prefabricated Drains". 10 th Int. Conf. On Soil Mech. And Found. Eng., vol. 3, 677-682 [Estocolmo, Suécia, 1981].

HANSBO, S., "Facts and Fiction in the Field of Vertical Drainage". Int. Symp. On Prediction and Performace in Geot. Eng., 61-72 [Alberta, Canadá, 1987].

HOLTZ, R. D., JAMIOLKOWSKI, M., LANCELOTTA, R. & PEDRONI, S., Prefabricated vertical drains, CIRIA, RPS 364 [Londres, Grã-Bretanha, 1991].

HOLTZ, R. D., SHANG, J. Q. & BERGADO, D. T., "Soil Improvement". Geotechnical and Geoenvironment Engineering Handbook (Cap. 15), ed. Kerry Rowe, R., Kluwer Academic Publishers, Norwel [EUA, 2001].

MAGNAN, J. P., Théorie et Pratique des Drains Verticaux, Technique et Documentation, Lavoisier [Paris, França, 1983].

MARQUES, M. E. S., LEROUEIL, S. &. ALMEIDA, M. S. S., "Performance of Instrumentation under Vacuum Consolidation and Vacuum Consolidation and Heating". 12th Panamerican Conference for Soil Mechanics and Geotechnical Engineering [Boston, EUA, 2003].

MARQUES, M. E. S., LEROUEIL, S., VARAKSIN, S., DEMERS, D. & D'ASTOUS, J., "Vacuum Preloading of a Sensitive Champlain Sea Clay Deposit". 53ª Conf. Canadienne de Géotechnie, vol. (2), pp. 1.261-1.268 [Montreal, Canadá, 2000].

ORLEACH, P., "Techniques to Evaluate the Field Performance of Vertical Drains". Tese M. Sc., MIT [Cambridge, Massachussetts, EUA, 1983].

PINTO, C. S., "Considerações sobre o método de Asaoka". Solos e Rochas, ABMS, vol. 24 (1), 95-100. [São Paulo, Brasil, 2001].

RIXNER, J. J., KRAEMER, S. R., SMITH, A. D., "Prefabricated vertical drains", vol. 1. Federal Highway Administration, Relatório FHWA-RD-86/168 [Washington, DC, EUA, 1986].

SCHNAID, F., NACCI, D., "Ampliação do Aeroporto Internacional Salgado Filho; Parte II: Projeto e Desempenho do Aterro sobre Argila Mole". Revista Solos e Rochas, v. 24, n.3, p.251-266 [São Paulo, Brasil, 2000].

SCHOBER, W. & TEINDEL, H., "Filter Criteria for Geotextiles". Design Parameters in Geotechnical Engineering, BGS, (7), pp. 168-178 [Londres, Grã-Bretanha, 1979].

SERAPHIM, L. A., "Coefficient of consolidation in radial drainage". Proceedings of the International Symposium on Compression and Consolidation of Clayey Soils, vol. 1, pp: 165-170 [Hiroshima, Japão, 1995].

Capítulo 11

Aplicações em Restauração de Pavimentos

Jorge A. P. Ceratti
Régis M. Rodrigues

11.1 INTRODUÇÃO

As primeiras aplicações de geossintéticos em restauração datam da década de 1970, em trechos experimentais de pavimentos asfálticos rodoviários com a utilização de geotêxteis. Experimentos dessa natureza prosseguiram ao longo da década de 1980, mas somente a partir da década de 1990 sua aplicação se incorporou de fato ao leque de técnicas disponíveis em projetos reais, passando a abranger pavimentos rodoviários, aeroportuários e urbanos, incluindo a restauração de pavimentos rígidos através de recapeamentos asfálticos.

A grande vantagem na utilização dos geossintéticos consiste em prover confiabilidade adicional para um desempenho adequado do pavimento restaurado, em situações onde as técnicas convencionais não têm condições de oferecer garantias, a menos que envolvam grandes custos. Dessa forma, os geossintéticos possibilitam uma limitação ou até mesmo uma otimização dos custos de restauração, nos casos em que as técnicas convencionais exigiriam intervenções radicais, chegando até à reconstrução total ou parcial da estrutura. As condições de projeto potencialmente interessantes para a consideração do uso de geossintéticos abrangem:

a) pavimentos severamente trincados, apresentando trincas na superfície, com mais de 6 cm de profundidade, suportando tráfego comercial significativo (caminhões e ônibus) ou aeronaves com peso bruto superior a 13 tf;

b) pavimentos asfálticos que apresentam mau desempenho com relação a acúmulo de deformações plásticas sob cargas repetidas e cuja causa não está na instabilidade das camadas asfálticas existentes.

O histórico brasileiro da utilização de geossintéticos na restauração de pavimentos inclui alguns casos de insucesso. Constatou-se que, além da inexistência de um projeto específico, as soluções implementadas não eram tecnicamente adequadas para combater os mecanismos que controlavam a deterioração dos pavimentos.

Assim, para a correta avaliação das condições técnico-econômicas da utilização de um geossintético na restauração de pavimentos, deve-se conceber um projeto de engenharia que avalie, em uma determinada situação, a estrutura do pavimento existente, o tráfego atuante, as restrições orçamentárias e as condições operacionais

Somente pela elaboração de projetos tecnicamente adequados a cada obra será possível combater os mecanismos que controlam a deterioração dos pavimentos e obter todos os benefícios oferecidos pelos geossintéticos, através de técnicas de restauração que sejam superiores às convencionais, em termos de desempenho e/ou economia.

11.2 DEFINIÇÃO

Os geossintéticos utilizados na restauração de pavimentos são os geotêxteis e as geogrelhas, em uma ou mais das seguintes funções:

- sistema anti-reflexão de trincas e de juntas;
- redução de deformações plásticas;
- bloqueio de bombeamento de finos.

Exercendo o geossintético uma ou mais dessas funções, o resultado final será um crescimento mais lento da irregularidade longitudinal do pavimento, implicando numa vida de serviço maior.

11.2.1 Sistemas anti-reflexão de trincas e de juntas

A ação combinada do tráfego e do clima leva as camadas asfálticas e cimentadas dos pavimentos a trincarem, mais cedo ou mais tarde. As trincas no pavimento criam uma descontinuidade na estrutura que causa alterações na distribuição das tensões, provocando um aumento destas nas proximidades da descontinuidade. Uma vez instalada a trinca, ela aumenta em extensão, severidade e intensidade, levando eventualmente à desagregação do revestimento. Por meio desses efei-

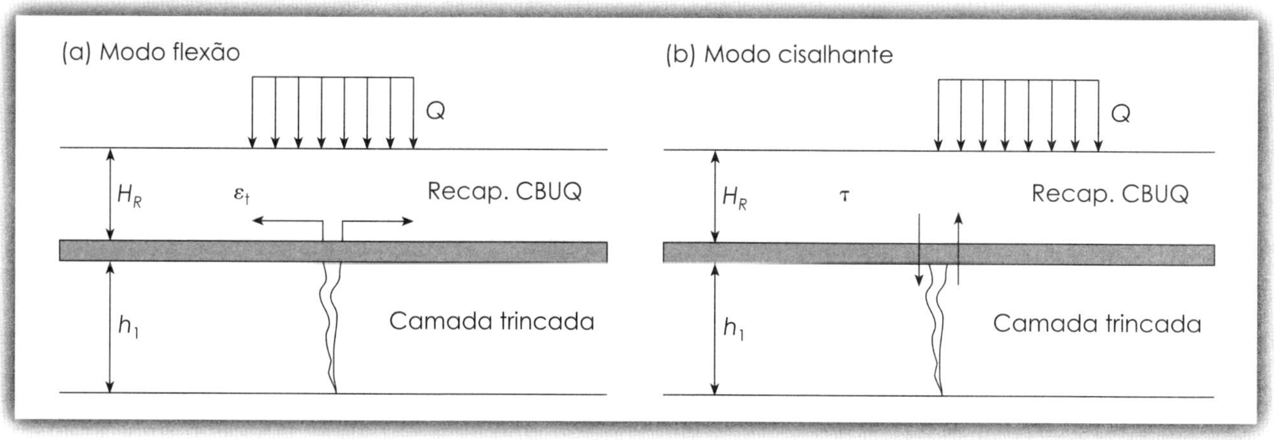

FIGURA 11-1
Mecanismos do trincamento por reflexão.

tos, a velocidade de deterioração do pavimento usualmente acelera após o início do trincamento, com efeitos particularmente importantes na progressão dos afundamentos em trilha de roda e da irregularidade longitudinal.

Num recapeamento simples sobre um pavimento trincado, o problema mais comum é a reflexão ou propagação das trincas das camadas antigas para as novas, que se apresenta após ciclos de carregamento, em que pequenas espessuras de concreto asfáltico não resistem à rápida propagação das trincas, que, por conseguinte, reduzem a vida útil do pavimento. Além disso, o aumento da espessura para atrasar a ascensão da trinca pode não compensar economicamente, em especial quando o potencial para ocorrência da reflexão de trincas em camadas asfálticas de recapeamento for elevado.

A reflexão tende a controlar o desempenho do pavimento restaurado, encurtando drasticamente sua vida de serviço, no caso de restaurações executadas por meio de recapeamento simples. Um sistema anti-reflexão de trincas deve ser então concebido, definindo-se a natureza dos materiais e a espessura das camadas constituintes. Essas técnicas costumam envolver o uso de camadas intermediárias especiais, colocadas entre a camada de recapeamento e o pavimento trincado.

Esse problema está presente tanto na restauração de pavimentos asfálticos como na restauração de pavimentos rígidos, onde as juntas entre as placas tendem a se refletir através da camada asfáltica de recapeamento mesmo sem presença de tráfego pesado, devido aos movimentos de retração e expansão térmicas das placas.

Uma outra situação potencialmente problemática é encontrada no alargamento de pistas antigas para aumento da capacidade de tráfego, com a adição de novas faixas de tráfego. A junta longitudinal de construção poderá se abrir, permitindo a infiltração de água, se medidas especiais não forem implementadas.

A reflexão de trincas e juntas é produzida por um ou mais dos seguintes mecanismos: movimentos de abertura e fechamento da trinca associados a variações térmicas e/ou flexão sob as cargas de roda [Fig. 11-1(a)], e movimentação da extremidade da trinca em seu plano devido a tensões de cisalhamento aplicadas pelas cargas de roda do tráfego [Fig. 11-1(b)]. Este último movimento pode se dar na direção da trinca (modo de "corte") ou perpendicularmente a ela (modo de "rasgamento").

Nos sistemas anti-reflexão de trincas, pode-se distinguir para os geossintéticos dois modos específicos de atuação, discutidos a seguir: o desvio de trincas e a conversão de trincas em microfissuras.

Desvio de trincas

É o caso dos geotêxteis impregnados por asfalto. O geotêxtil constitui um *container* para o asfalto, permitindo que se aplique, na interface entre o pavimento antigo e a camada asfáltica de recapeamento, uma taxa de pintura de ligação bem mais elevada que a que seria possível caso o geotêxtil não estivesse presente. O asfalto tem propriedades reológicas altamente dependentes da velocidade de carregamento, de modo a apresentar baixa rigidez sob aplicação lenta de tensões e elevada rigidez sob pulsos de tensões de curta duração. Assim, sob as cargas transientes dos veículos em alta velocidade, a rigidez elevada do asfalto garante adequada transmissão de esforços entre as camadas e proteção da fibra inferior da camada de recapeamento contra deformações de tração.

Por outro lado, sob as movimentações de natureza térmica, que são bastante lentas, a baixa rigidez do asfalto produz um certo grau de desacoplamento entre as camadas, inibindo a reflexão de trincas e juntas, que seria produzida caso as duas camadas estivessem perfeitamente aderidas. Esse sistema não é eficaz para atrasar a reflexão de trincas quando o trincamento por reflexão é controlado por grandes movimentações verticais entre os dois lados da trinca, como é o caso de pavimentos rígidos onde há placas que se movimentam significativamente sob a passagem das cargas de roda (para esses casos, as geogrelhas devem ser utilizadas). Na melhor das hipóteses, contudo, não se tem o bloqueio do processo de trincamento por reflexão, mas apenas seu atraso, devido a um mecanismo em que a dissipação da energia aplicada pelas cargas de roda ao pavimento é feita produzindo temporariamente um desligamento localizado entre a face inferior do geotêxtil e a plataforma subjacente.

A trinca que se reflete, contudo, é menos severa que aquela que se formaria caso o geotêxtil não estivesse presente, devido a uma ação de reforço do geotêxtil sob as deformações de tração maiores associadas à abertura de uma trinca. Essa severidade menor faz com que a possibilidade de erosão subseqüente do topo do pavimento, nos bordos da trinca refletida, seja menor, ao mesmo tempo em que a extensão gradual do comprimento da trinca refletida na direção horizontal seja mais lenta, devido ao entrosamento de agregados que é mantido nas paredes da trinca.

O desempenho global do pavimento é, portanto, melhorado através de uma combinação de efeitos: atraso do trincamento por reflexão, trincas refletidas de severidade atenuada e manutenção da estanqueidade do revestimento, protegendo as camadas subjacentes da ação das águas pluviais e, dessa forma, mantendo a resistência da estrutura contra deformações plásticas sob cargas repetidas e evitando o bombeamento de finos da camada de base através das trincas refletidas.

Conversão de trincas em microfissuras

Esse é o caso das geogrelhas. Sua presença faz com que seja impossível a monopolização da energia dissipada para a progressão de apenas uma única trinca dominante, sendo que, ao contrário, formam-se inúmeras microfissuras de baixa severidade e trajetória aleatória, a maior parte delas de progressão muito lenta e que pode ser interrompida quando adquirem uma orientação que impossibilite a continuidade do processo de dissipação de energia em sua extremidade.

O grau de transferência de tensões ao longo das paredes de cada uma dessas microfissuras é elevado, o que auxilia na redução de sua velocidade de crescimento por atenuar a concentração de tensões em sua extremidade. O resultado é uma camada que mantém elevada rigidez, integridade e estanqueidade, em vista de não ser prejudicada a transmissão de esforços por entrosamento entre os agregados mais graúdos da mistura asfáltica. As seguintes conseqüências advêm desse mecanismo:

- O pavimento permanece com elevado grau de impermeabilização, mesmo após as trincas terem atingido a superfície, por serem mais fechadas e não-interligadas.
- Um futuro recapeamento poderá ser feito diretamente sobre a camada asfáltica do recapeamento antigo, sem maiores preocupações quanto a trincamentos por reflexão, uma vez que as microfissuras subjacentes terão atividade baixa.
- O desempenho global do pavimento restaurado melhora. Isso ocorre tanto devido ao atraso na reflexão das trincas subjacentes à camada asfáltica de recapeamento quanto pela eliminação ou menor incidência de trincas severas na superfície, na medida em que trincas de baixa severidade se espalham mais lentamente pela superfície do pavimento e não sofrem erosão de bordos ou desagregação. Além disso, os afundamentos em trilha de roda e

a irregularidade longitudinal serão menos severos, na medida em que a contribuição da camada asfáltica nas deformações plásticas da estrutura é reduzida, ao mesmo tempo em que a manutenção da rigidez da camada mantém sua capacidade de aliviar as tensões atuantes nas camadas subjacentes.

11.2.2 Redução de deformações plásticas

No caso dos geotêxteis impregnados por asfalto, sua ação de impermeabilização evita perda de capacidade de suporte dos solos e dos materiais granulares sob o umedecimento que a infiltração de águas pluviais através das trincas do revestimento produziria. No caso das geogrelhas, o padrão de trincamento das camadas asfálticas será o de um microfissuramento difuso, apresentando-se as fissuras com baixa severidade e bastante ramificadas, permitindo que o entrosamento de agregados permaneça elevado. Isso induz a pequenas deformações plásticas nas camadas asfálticas, mantendo elevada rigidez, bem como a capacidade de aliviar as tensões causadas pelas cargas de roda nas camadas subjacentes.

11.2.3 Bloqueio de bombeamento de finos

A ação erosiva da água infiltrada nas trincas do revestimento, em camadas de base contendo finos, pode ser evitada pela presença de um geotêxtil impregnado de asfalto nas camadas de revestimento.

11.3 PROPRIEDADES RELEVANTES

São propriedades relevantes para os geotêxteis:

- resistência à tração > 7 kN/m (NBR 12824);
- capacidade de retenção de ligante betuminoso > 0,9 L/m^2 (Texas DOT-3099);
- ponto de amolecimento > 180°C.

Já as geogrelhas poliméricas têm como propriedades relevantes:

- Resistência à tração $\geq$ 50 kN/m para deformação $\leq$ 12% (NBR 12824);
- Resistência à fadiga $\geq$ 90% de resistência retida após 100.000 ciclos carga/descarga;
- abertura da malha (d) de modo tal que $2 \leq d/\phi_{max} \leq 10$, sendo ϕ_{max} o diâmetro máximo de agregados da mistura asfáltica aplicada sobre a geogrelha;
- ponto de amolecimento > 180°C.

11.4 PRODUTOS UTILIZADOS

Na classe dos geotêxteis, são recomendáveis os nãotecidos de poliéster ou polipropileno com gramatura maior ou igual a 150 g/m^2, espessura maior ou igual a 1,50 mm, resistência à tração maior ou igual a 7 kN/m e ponto de amolecimento maior ou igual a 180°C. Em termos de desempenho, pouca diferença tem sido observada entre os geotêxteis de diferentes gramaturas que atendem a esses critérios, com um ligeiro benefício adicional acrescentado pelas maiores gramaturas.

Na classe das geogrelhas poliméricas são necessários materiais com resistência à tração e à fadiga, pois estarão submetidos a ciclos carga/descarga durante toda a vida útil da obra. Além disso, a manifestação de seus benefícios requer que a relação entre a abertura da malha (d) e o diâmetro máximo dos agregados da mistura asfáltica (ϕ_{max}) obedeça a um limite, a fim de que o entrosamento entre os agregados mais graúdos da mistura asfáltica possa ser incrementado pela ação de reforço da malha, quando as tensões e deformações de tração ou de cisalhamento forem aplicadas à camada asfáltica.

Ao mesmo tempo, a malha deve ter abertura suficiente para permitir a acomodação dos agregados mais graúdos em seu interior, sendo aconselhável atender à relação d/ϕ_{max} entre 2 e 10. A aderência entre a geogrelha e as camadas de concreto asfáltico é outro fator a ser considerado para escolha do produto. Em qualquer caso, o efeito da inserção de uma determinada geogrelha deve ser quantificado através de ensaios de laboratório, preferencialmente verificado através do desempenho de trechos experimentais, antes de seu uso em projetos de restauração.

11.5 DIMENSIONAMENTO

O dimensionamento deve ser feito através de previsão do desempenho futuro do pavimento restaurado, envolvendo as técnicas convencionais de restauração aplicáveis e aquela concebida com o uso do geossintético cuja aplicação se está investigando. Para tanto, aplicam-se modelos de previsão de desempenho apropriados e confiáveis, com preferência para aqueles estruturados dentro da concepção dos modelos mecanístico-empíricos (ou seja, modelos fundamentados em bases teóricas consistentes e cuja validação e calibração experimental tenha sido feita a partir de pavimentos reais em serviço).

As previsões envolvem: trincamento por reflexão da camada asfáltica de recapeamento, geração de afundamentos em trilha de roda sob a ação das cargas repetidas do tráfego e progressão da irregularidade longitudinal. Serão consideradas equivalentes as soluções que conduzirem à mesma vida de serviço (V_S), e a comparação entre elas poderá ser feita a partir do custo de instalação (CI). Alternativamente, podem ser geradas soluções com vidas de serviço diferentes mas que atendam a um período de projeto (*PP*) desejado. A solução ideal será aquela que levar ao menor valor para o parâmetro custo anual uniforme equivalente de manutenção (*CAUEM*), definido por:

$$CAUEM = \frac{CI}{V_S} \qquad [11\text{-}1]$$

Em termos de previsão da vida de reflexão de trincas da camada asfáltica de recapeamento, é preciso considerar que, à passagem de uma carga de roda, três condições críticas de solicitação são geradas, como ilustrado na Fig.11-1: um pulso de tração na flexão (quando o centro da área carregada está alinhado com a trinca) e dois pulsos de cisalhamento ao longo do plano da trinca (quando o bordo da área carregada se alinha com a trinca, posição em que as máximas tensões de cisalhamento são aplicadas no plano da trinca).

O consumo por fadiga produzido pela passagem de uma carga de roda é dado por:

$$cf_1 = \frac{1}{N_f} + \frac{2}{N_c} \qquad [11\text{-}2]$$

em que N_f e N_c são, respectivamente, os números de ciclos de carga capazes de, isoladamente, produzir a formação da trinca de reflexão, nos modos flexão e cisalhante de solicitação. Em se tratando de um sistema com geossintético, deve-se escrever:

$$cf_1 = \frac{1}{F_f N_f} + \frac{2}{F_c N_c} \qquad [11\text{-}3\}$$

sendo F_f e F_c os fatores de incremento da resistência a fadiga propiciados pela inserção do geossintético na camada asfáltica e que devem ser obtidos experimentalmente. A título de ilustração e com base em ensaios de fadiga realizados em vigotas ou placas apoiadas sobre uma plataforma trincada ou sob flexão, a Tab. 11-1 mostra valores possíveis para esses parâmetros. Conhecendo-se cf_1, o número de passagens da carga de roda capaz de levar a camada asfáltica ao final de sua vida de reflexão de trincas será dado por:

$$N_0 = \frac{1}{cf_1} \qquad [11\text{-}4]$$

de acordo com a lei de Miner, cuja aplicação é válida para misturas asfálticas.

TABELA 11-1 Fatores de incremento da resistência à reflexão de trincas		
Geossintético	F_f	F_c
Geotêxtil	1,7 a 7,0	1,3 – 1,5
Geogrelha polimérica	3,0 – 8,0	3,0 – 3,6

No caso dos geotêxteis (Montestruque, 2002 e congressos do RILEM de 1993 e 1996), os limites inferiores de F_f parecem estar associados ao ligante utilizado na impregnação, com as emulsões asfálticas comuns levando aos extremos inferiores, o CAP - cimento asfáltico de petróleo puro levando aos valores intermediários, e os asfaltos modificados por elastômeros ou polímeros levando aos extremos superiores. Existe também evidência de que maiores valores para F_f são obtidos a temperaturas mais baixas. Majidzadeh *et al.* (1984), por exemplo, obtiveram F_f por volta de 4,2 sob 22,2°C e $F_f = 100$ a 4,4°C, para geotêxteis impregnados por emulsão asfáltica.

O fato de ter-se valores de $F_c > 1$ em todos os casos, mesmo no dos geotêxteis, que não possuem qualquer capacidade de transmitir esforços entre os lados carregado e não-carregado da trinca na posição cisalhante, está associado ao efeito de redução da severidade da trinca de reflexão, de modo que o entrosamento de agregados nas paredes da trinca refletida é incrementado pela presença do geossintético.

A estimativa de N_f e de N_c deve ser feita a partir de um modelo de previsão de desempenho mecanístico-empírico para o caso de recapeamento simples (sem a presença do geossintético). Um modelo desse tipo foi aplicado às condições de projeto descritas a seguir.

- Concreto asfáltico da camada de recapeamento:
  - volume de vazios de ar, $V_V = 4\%$;
  - teor de asfalto em volume, $V_B = 12\%$;
  - asfalto, CAP 20;
  - diâmetro máximo de agregados, $\phi_{max} = ¾$ pol;
  - teor de finos, % < #200 = 4%;
  - resistência à tração sob compressão diametral a 25°C, $R_t = 8{,}3$ kgf/cm^2;
  - módulo de resiliência sob compressão diametral a 25°C, $M_R = 35.600$ kgf/cm^2.
- Temperatura média do ar, 23°C.
- Velocidade média dos veículos de carga, $v = 80$ km/h.
- Camada de base em brita graduada com CBR = 100 e espessura $h_2 = 28$ cm.
- Solo de subleito com CBR = 7.

Assim, foram obtidas as previsões de vida de reflexão de trincas mostradas nas Tabs. 11-2 e 11-3. Trata-se do programa Pavesys9 (Rodrigues, 2001), desenvolvido com base em modelos mecanísticos cuja validade foi aferida a partir de estudos especiais (AASHO Road Test, experimentos do USACE que levaram aos métodos baseados no CBR, Pista Circular de Nantes, pesquisa SHRP-LTPP, entre outros estudos) e que recebeu calibração experimental com base no desempenho de pavimentos em serviço no Brasil.

Deve-se ressaltar que os resultados das Tabs. 11-2 e 11-3 referem-se exclusivamente às condições de projeto anteriormente referidas, às quais se deve acrescentar o fato de estar o revestimento asfáltico existente, de espessura h_1, severamente trincado, com módulo de elasticidade efetivo igual a E_1 = 10.000 kgf/cm^2. Esse valor correspondente ao que se obtém através de provas de carga com *falling weight deflectometer*, quando a camada se encontra com sua integridade bastante comprometida por trincas severas que atravessam toda a espessura. Para a camada de base granular, foi adotado um valor típico para o módulo de elasticidade observado no caso de brita graduada E_2 = 1.700 kgf/cm^2, enquanto que o solo de subleito foi caracterizado por E_3 = 700 kgf/cm^2.

Os resultados anotados na Tab. 11-2 referem-se ao número acumulado de repetições do eixo padrão rodoviário de 80 kN (com equivalência de cargas dada pelos fatores da AASHTO) requerido para que as primeiras trincas de fadiga se tornem visíveis na superfície do pavimento. Já a Tab. 11-3 se refere ao momento em que a camada asfáltica de recapeamento atinge uma porcentagem de área trincada TR = 20%, situação que pode ser considerada como aquela em que o pavimento precisa ser restaurado, por estarem as duas trilhas de roda praticamente tomadas por trincamento no padrão tipo couro de crocodilo.

As Tabs. 11-4 a 11-6 apresentam os fatores de incremento que devem ser aplicados aos valores de N_f da Tab. 11-3, caso se reforce a camada asfáltica de recapeamento com um geossintético que apresente

TABELA 11-2
Vida de reflexão de trincas em recapeamento simples
(10^6 repetições do eixo de 80 kN para início do trincamento)

H_R (cm)	N_0 para h_1 = 5 cm	N_0 para h_1 = 10 cm	N_0 para h_1 = 15 cm
4	0,449	0,529	0,665
6	0,666	0,866	1,140
8	0,956	1,530	2,320
10	2,010	3,080	4,420

TABELA 11-3
Vida de reflexão de trincas em recapeamento simples
(10^6 repetições do eixo de 80 kN para TR = 20%)

H_R (cm)	N_f para h_1 = 5 cm	N_f para h_1 = 10 cm	N_f para h_1 = 15 cm
4	0,910	0,989	1,130
6	1,260	1,460	1,750
8	1,670	2,260	3,050
10	2,860	3,920	5,250

os F_f e F_c lá indicados. As vidas de reflexão de trincas da Tab. 11-3 devem ser encaradas apenas como uma indicação de ordem de grandeza, na medida em que se baseiam em condições estruturais e climáticas específicas. Já os fatores de incremento das Tabs. 11-4 e 11-5 podem ser utilizados de maneira mais geral, de modo que a vida de reflexão de trincas do pavimento reforçado por geossintético é dada por:

$$N_f^{ref} = \text{Fator} \times N_f \qquad [11\text{-}5]$$

em que N_f se refere ao recapeamento simples.

A progressão da área trincada de um pavimento restaurado por recapeamento simples pode ser prevista por (Rodrigues, 2001):

$$TR = a_0(t - T_0)^{a_1} \qquad [11\text{-}6]$$

$$a_0 = 5{,}3748 \cdot \left[\frac{N_{ano}/10^5}{H_R} \right]^{1{,}2923} \qquad [11\text{-}7]$$

$$a_1 = 2 \qquad [11\text{-}8]$$

para TR $\leq$ 50%. E:

$$TR = -100 + 4a_0 \cdot \left(\frac{50}{a_0}\right)^{0,5} \cdot (t - t_0) - a_0(t - t_0)^2 \qquad [11\text{-}9]$$

para 50 < TR $\leq$ 100%, sendo:

TR a percentagem de área trincada;
t a idade da camada de recapeamento (anos);
t_0 a idade correspondente ao momento em que as primeiras trincas de reflexão se tornam visíveis na superfície do pavimento [$= N_0/N_{ano} \leq 5{,}4 \exp(0{,}103H_R)$];
N_{ano} o tráfego anual, expresso em repetições do eixo padrão de 80 kN (AASHTO); e
H_R a espessura da camada asfáltica de recapeamento, em CBUQ (cm).

TABELA 11-4
Fatores de aumento da vida de reflexão de trincas para h_1 = 5 cm

H_R (cm)	F_f	F_c	Fator	H_R (cm)	F_f	F_c	Fator
4	1	1	1,00	8	1	1	1,00
		2	1,01			2	1,02
		5	1,02			5	1,02
		10	1,02			10	1,02
	2	1	1,09		2	1	1,51
		2	1,11			2	1,54
		5	1,11			5	1,57
		10	1,13			10	1,59
	5	1	1,37		5	1	2,87
		2	1,43			2	3,08
		5	1,46			5	3,23
		10	1,46			10	3,28
	10	1	1,84		10	1	4,63
		2	1,98			2	5,30
		5	2,05			5	5,83
		10	2,10			10	5,99
6	1	1	1,00	10	1	1	1,00
		2	1,02			2	1,02
		5	1,02			5	1,02
		10	1,03			10	1,03
	2	1	1,17		2	1	1,63
		2	1,20			2	1,70
		5	1,21			5	1,74
		10	1,21			10	1,76
	5	1	1,87		5	1	3,23
		2	1,96			2	3,57
		5	2,02			5	3,81
		10	2,04			10	3,88
	10	1	2,95		10	1	5,17
		2	3,25			2	6,15
		5	3,48			5	6,99
		10	3,56			10	7,34

Tabela 11-5
Fatores de aumento da vida de reflexão de trincas para h_1 = 10 cm

H_R (cm)	F_f	F_c	Fator	H_R (cm)	F_f	F_c	Fator
4	1	1	1,00	8	1	1	1,00
		2	1,02			2	1,02
		5	1,02			5	1,03
		10	1,02			10	1,03
	2	1	1,21		2	1	1,61
		2	1,24			2	1,68
		5	1,27			5	1,73
		10	1,27			10	1,74
	5	1	1,84		5	1	3,12
		2	1,95			2	3,47
		5	2,04			5	3,72
		10	2,08			10	3,81
	10	1	2,80		10	1	4,87
		2	3,21			2	5,89
		5	3,51			5	6,77
		10	3,63			10	7,12
6	1	1	1,00	10	1	1	1,00
		2	1,01			2	1,03
		5	1,03			5	1,05
		10	1,03			10	1,05
	2	1	1,35		2	1	1,68
		2	1,38			2	1,79
		5	1,42			5	1,85
		10	1,42			10	1,88
	5	1	2,49		5	1	3,29
		2	2,71			2	3,78
		5	2,86			5	4,13
		10	2,91			10	4,29
	10	1	3,93		10	1	5,08
		2	4,58			2	6,38
		5	5,10			5	5,00
		10	5,30			10	8,06

Essa análise leva em conta o desempenho relativo ao trincamento da camada asfáltica. Outros aspectos que devem ser considerados incluem a geração de afundamentos em trilha de roda e a evolução da irregularidade longitudinal do pavimento. Diversos modelos estão disponíveis, abrangendo desde os mecanístico-empíricos até os modelos empíricos mais simples. Desta última categoria, sugere-se o uso dos modelos do HDM-III (Paterson, 1987). No caso da previsão de afundamentos em trilha de roda, o modelo é expresso por:

$$RDM = 1{,}0 AGER^{0,166} SNC^{-0,502} COMP^{-2,30} NE_4^{ERM} \quad [11\text{-}10]$$

$$ERM = 0{,}0902 + 0{,}0384 DEF - 0{,}009 RH + 0{,}00158 MMP \times CRX \quad [11\text{-}11]$$

onde:

RDM é o afundamento em trilha de roda – média das trilhas externa e interna (mm);

COMP o índice de compacidade do pavimento, em relação a um padrão;

AGER a idade do pavimento, desde a construção ou último recapeamento (anos);

NE_4 o número equivalente acumulado de passagens do eixo padrão de 80 kN (AASHTO);

DEF a deflexão da viga Benkelman (mm), sob o eixo de 80 kN;

RH o estado quanto à restauração (=1 para pavimentos recapeados e 0 para pavimentos originais);

MMP a precipitação pluviométrica média mensal (m/mês);

CRX a porcentagem da área trincada.

TABELA 11-6
Fatores de aumento da vida de reflexão de trincas para h_1 = 15 cm

H_R (cm)	F_f	F_c	Fator	H_R (cm)	F_f	F_c	Fator
4	1	1	1,00	8	1	1	1,00
		2	1,02			2	1,03
		5	1,03			5	1,04
		10	1,03			10	1,05
	2	1	1,29		2	1	1,66
		2	1,34			2	1,76
		5	1,37			5	1,83
		10	1,38			10	1,85
	5	1	2,28		5	1	3,18
		2	2,54			2	3,64
		5	2,73			5	4,03
		10	2,81			10	4,16
	10	1	3,47		10	1	4,79
		2	4,18			2	6,10
		5	4,80			5	7,31
		10	5,04			10	7,84
6	1	1	1,00	10	1	1	1,00
		2	1,01			2	1,04
		5	1,03			5	1,07
		10	1,04			10	1,08
	2	1	1,58		2	1	1,71
		2	1,65			2	1,85
		5	1,70			5	1,92
		10	1,72			10	1,96
	5	1	2,97		5	1	3,26
		2	3,34			2	3,87
		5	3,61			5	0,55
		10	3,71			10	4,57
	10	1	4,54		10	1	4,82
		2	5,59			2	6,34
		5	6,46			5	7,89
		10	6,86			10	8,57

Em média, cada camada asfáltica de recapeamento aplicada reduz os afundamentos em trilha de roda existentes em 85%. O número estrutural corrigido SNC, é dado por:

$$SNC = SN + 3{,}51\log_{10}CBR - 0{,}85(\log_{10}CBR)^2 \qquad [11\text{-}12]$$

$$SN = (a_1h_1 + a_2h_2m_2 + a_3h_3m_3) \qquad [11\text{-}13]$$

sendo:

SN o número estrutural do pavimento (AASHTO);
a_i o coeficiente de equivalência estrutural da camada i;
h_i a espessura da camada i (pol);
m_i o coeficiente de drenagem da camada i;
CBR = índice suporte Califórnia do solo de subleito.

No que diz respeito à evolução da irregularidade longitudinal:

$$IRI(t) = [IRI_0 + 725(1 + SNC)^{-4{,}99}NE_4(t)]e^{0{,}0153t} \qquad [11\text{-}14]$$

em que:

NE_4 é o tráfego acumulado do eixo padrão 8,2 tf (milhões por faixa);
t a idade do pavimento desde a construção ou restauração (anos).

O valor inicial da irregularidade (IRI_0) deve ser estimado a partir de Coelho e Queiroz (1985):

$$QI_d = 19 + \frac{QI_a - 19}{0{,}602H_R + 1} \qquad [11\text{-}15]$$

sendo:

QI_a a irregularidade do pavimento existente (contagens/km); e

QI_d a irregularidade imediatamente após aplicação da camada asfáltica de recapeamento, de espessura H_R (cm).

Essa fórmula pode ser aplicada também para previsão da irregularidade do pavimento após fresagem. Basta substituir o parâmetro H_R pela espessura de corte (h_c). A relação entre a irregularidade expressa em contagens/km e em m/km é:

$$QI = 13 \times IRI. \qquad [11\text{-}16]$$

O efeito da inserção de um geossintético pode ser avaliado nesses modelos considerando-se possíveis benefícios relativos à manutenção da impermeabilização do revestimento e também com relação a uma maior integridade estrutural da camada asfáltica (devido à menor severidade das trincas de reflexão). No primeiro caso, os coeficientes de drenagem m_i das camadas granulares e de solos podem ser definidos utilizando-se os critérios do "Guia da AASHTO", reproduzidos na Tab. 11-7. A Tab. 11-8 mostra a definição utilizada no Guia para o parâmetro "qualidade da drenagem" utilizado na Tab. 11-7.

TABELA 11-7 Coeficiente de drenagem (m_i)				
Qualidade da drenagem	Tempo que a estrutura do pavimento é exposta a níveis de umidade próximos da saturação (%)			
	< 1%	1 – 5%	5 – 25%	> 25%
Excelente	1,40 – 1,35	1,35 – 1,30	1,30 – 1,20	1,20
Boa	1,35 – 1,25	1,25 – 1,15	1,15 – 1,00	1,00
Regular	1,25 – 1,15	1,15 – 1,05	1,00 – 0,80	0,80
Ruim	1,15 – 1,05	1,05 – 0,80	0,80 – 0,60	0,60
Muito ruim	1,05 – 0,95	0,95 – 0,75	0,75 – 0,40	0,40

Tabela 11-8 Definição de qualidade da drenagem	
Qualidade da drenagem	Remoção da água infiltrada
Excelente	Em 2 horas
Boa	Em 1 dia
Regular	Em 1 semana
Ruim	Em 1 mês
Muito ruim	Não há drenagem

Assim, por exemplo, as camadas de base e subleito receberiam $m_2 = m_3 = 1{,}30$ para considerar a impermeabilização introduzida pelo geossintético, e teríamos $m_2 = m_3 = 1{,}00$ para a estrutura sem o geossintético. O *CBR* do solo de subleito poderia refletir condições de umidade de equilíbrio próximas à umidade ótima da compactação, no caso do pavimento com geossintético, e um *CBR* mais baixo seria razoável para descrever o caso da estrutura sem geossintético, sujeita a infiltração de águas pluviais. Uma consideração desse tipo só não seria necessária caso o solo de subleito fosse granular e de alta permeabilidade, uma vez que a água eventualmente infiltrada sofreria drenagem rápida por gravidade, sem afetar as condições de projeto de forma significativa.

Com relação ao segundo efeito, a manutenção da integridade estrutural da camada asfáltica de recapeamento permitiria considerar $a_1 = 0{,}44$ (valor máximo permitido no "Guia da AASHTO" e associado a revestimentos em *CBUQ* de alta estabilidade), ao passo que a não-utilização do geossintético levaria a valores a_1 de 0,30 a 0,40, a fim de considerar o efeito das trincas severas de reflexão. Nos dois casos, teríamos um valor de *SNC* maior para o pavimento ao longo do período de projeto com o uso do geossintético, propiciando geração menos intensa de afundamentos em trilha de roda e de irregularidade longitudinal.

11.6 RECOMENDAÇÕES DE INSTALAÇÃO

Algumas geogrelhas poliméricas são termofixadas, por conterem impregnação betuminosa que, ao se aquecer em contato com a camada asfáltica de recapeamento recém-aplicada, permite uma fácil aderência com a plataforma subjacente e com a própria camada de recapeamento.

No caso dos geotêxteis, quando aplicados à superfície do pavimento, devem ser desenrolados sob tensão sobre uma película de asfalto com cerca de 1 mm de espessura, resultante de uma primeira pintura ligante lançada sobre o pavimento existente. Um percentual do asfalto dessa película pode ser absorvido pela superfície do pavimento subjacente, ou escorrer para dentro de trincas. Deve-se aplicar sobre o geotêxtil uma demão de ligante asfáltico que, somando-se à primeira demão inferior, irá completar sua saturação, por ocasião do lançamento e compactação da camada de recapeamento. A pintura inferior e a superior também têm por função garantir a efetiva ligação entre o pavimento existente, o geotêxtil e o recapeamento. Após a aplicação da camada asfáltica de recapeamento a quente sobre o geotêxtil, o ligante que já havia sido espalhado é reaquecido, levando à saturação do geotêxtil e sua efetiva ligação com o pavimento existente e a camada de recapeamento.

Com relação às restrições de temperatura e às características físicas e mecânicas necessárias para o uso de fibras em pavimentos, pode-se dizer que um geotêxtil nãotecido a ser utilizado como camada intermediária deve apresentar propriedades que contribuam para as seguintes funções importantes:

- absorver facilmente o ligante asfáltico, de maneira a se tornar uma membrana resistente e impermeável, que impeça a penetração de água nas camadas subjacentes;
- ser durável e resiliente sob a ação das cargas do tráfego;
- deve ser capaz, durante a instalação, de resistir à temperatura de aplicação do concreto asfáltico (150°C) e às solicitações mecânicas da instalação (sobrevivência).

O *Swiss Geotextile Manual* apresenta em detalhe os aspectos construtivos a serem observados na instalação do geotêxtil no campo. Algumas observações devem ser feitas, conforme segue.

- Uma aderência deficiente entre o geotêxtil e o pavimento subjacente pode decorrer de: excesso de ligante, cura incompleta da emulsão, falta de ligante (por se ter uma superfície muito porosa) ou umidade excessiva da manta (em função de condições climáticas adversas).
- Uma superfície muito irregular requer a aplicação prévia de uma camada de regularização, antes da colocação do geotêxtil.
- Devem ser efetuados reparos em áreas localizadas onde a deterioração estrutural (trincamento por fadiga, deformações plásticas) se mostra muito acentuada, devendo ser preenchidas as panelas e as trincas com abertura superior a 5 mm.
- As ondulações na manta, já colocada, são praticamente inevitáveis e podem servir de origem a trincas na camada asfáltica de recapeamento. Todos os cuidados devem ser dispensados, portanto, no sentido de se limitar a formação dessas ondulações, por meio da aplicação de uma tensão apropriada enquanto se desenrola a manta.
- A fim de obter os referidos efeitos de absorção de tensões e uma aderência adequada da camada asfáltica de recapeamento, deve-se conseguir uma taxa de impregnação suficientemente elevada da manta.
- É preciso muita precaução quando se usam emulsões asfálticas para a pintura de ligação, a fim de se assegurar a cura adequada antes da colocação do geotêxtil, o que depende da temperatura e da umidade do meio ambiente. É recomendável a utilização de caminhão espargidor, provido de tacômetro e munido de barra distribuidora calibrada e aferida, a fim de garantir uma perfeita taxa da aplicação de emulsão asfáltica catiônica RR-1C. Esse primeiro banho sobre a superfície promove a condição de semi-saturação e aderência do geotêxtil. O banho recomendado para um geotêxtil de 200 g/m^2, por exemplo, é de 1,1 L/m^2 de RR-1C, que, após ruptura e cura, gera 0,64 L/m^2 de resíduo asfáltico, por se tratar de emulsão com 63% de resíduo betuminoso ativo.
- A superfície onde a manta será aplicada deve estar o mais limpa possível, pois a poeira pode reduzir a aderência. A limpeza por meio de vassoura mecânica seguida de jato de ar comprimido é, portanto, recomendável, sendo imprescindível no caso de superfícies fresadas ou com grau de desagregação superficial elevado.
- Quando o recapeamento é sobre pavimentos rígidos, a movimentação vertical excessiva das juntas deve ser eliminada por meio de uma estabilização da sub-base.
- No caso de aplicação sobre superfícies fresadas, considerar que a emulsão asfáltica utilizada para ligação da manta com o pavimento

existente tenderá a se concentrar na parte mais baixa das corrugações, reduzindo a aderência da manta se não for aplicada uma taxa de emulsão suficiente. A emulsão deverá estar curada antes que a manta seja aplicada.

- A colocação do geotêxtil, imediatamente após a primeira imprimação de ligação, pode ser efetuada manualmente ou com ajuda de um pendural, instalado em uma pá carregadeira com a concha levantada, desenrolando-se sob tensão, então, a manta de geotêxtil sobre a pista. Exige-se um cuidado especial para evitar a formação de "rugas", que poderiam originar trincas na camada asfáltica de recapeamento. Todas as precauções devem ser tomadas, portanto, no sentido de se limitar a formação dessas ondulações, por meio da aplicação de uma tensão apropriada enquanto se desenrola a manta.
- A manta deve ser compactada por um rolo pneumático (com pressão de 50 psi) antes de se aplicar a segunda imprimação, sendo suficientes duas a três passadas, que servem para provocar a aderência completa entre o geotêxtil e o pavimento subjacente.
- Sobre a manta é realizada uma segunda imprimação. Essa película betuminosa serve para impregnar o geotêxtil e provocar sua ligação com a camada de recapeamento. A quantidade de material a ser aplicada é maior que a da primeira imprimação de ligação.
- Após a cura ou ruptura da emulsão aplicada, espalha-se um pouco do próprio concreto asfáltico a ser utilizado na camada de recapeamento ao longo da trajetória das trilhas da vibro-acabadora e dos seus caminhões de abastecimento (operação de "salgamento"), a fim de que o trânsito desses equipamentos não danifique a manta.
- O espalhamento e a compactação da camada asfáltica de recapeamento são executados da forma usual.

Para garantir um perfeito funcionamento do sistema formado pelo pavimento existente, o geotêxtil e o recapeamento, a taxa de imprimação deve ser adequada à capacidade de absorção de asfalto pelo geotêxtil. A experiência norte-americana (que desde o início da década de 1980 utiliza geossintéticos, a uma razão de 16.000 km/ano, envolvendo geotêxteis nãotecidos com gramaturas entre 120 e 135 g/m^2) mostra que se deve aplicar uma taxa de imprimação da ordem de 1,1 L/m^2 de asfalto residual, a fim de que o geotêxtil absorva cerca de 0,9 L/m^2 e deixe 0,2 L/m^2 para a ligação entre o geotêxtil, o pavimento existente e a camada asfáltica de recapeamento. De fato, o efeito de impermeabilização no geotêxtil é desprezível até que este absorva, pelo menos, 0,7 L/m^2 de asfalto residual. O calor da camada asfáltica de recapeamento e a pressão aplicada durante a compactação forçam a imprimação para dentro do geotêxtil. É por essa razão que não se deve usar geotêxtil com camadas de recapeamento muito delgadas (espessuras inferiores a 2,5 cm), uma vez que essas camadas esfriam rapidamente, especialmente nos dias frios ou sem insolação.

11.7 EXEMPLO DE DIMENSIONAMENTO

A fim de ilustrar o procedimento aqui proposto para projeto, supõe-se a restauração de um pavimento flexível com revestimento em *CBUQ*, de h_1 = 10 cm de espessura e severamente trincado, submetido a um tráfego com *VDM* = 1.770 veículos/dia, sendo 35% de veículos comerciais (caminhões e ônibus).

Trata-se de restaurar o pavimento de modo que venha a apresentar um desempenho adequado durante um período de projeto de 10 anos. A camada de base é em brita graduada (h_2 = 25 cm) e o solo de subleito é uma argila siltosa com *CBR* = 9. O pavimento apresenta afundamento médio em trilha de roda *RDM* = 7 mm e irregularidade longitudinal *QI* = 45 cont./km. A deflexão média do pavimento, medida com a viga Benkelman em prova de carga com o eixo padrão de 80 kN, é igual a $D_0 = 56 \times 10^{-2}$ mm. A pluviometria da região é dada por 0,123 m/mês.

Pede-se verificar a viabilidade técnico-econômica da restauração do pavimento com uso de um geossintético que tenha $F_f = 3$ e $F_c = 2$.

Solução

O tráfego anual pode ser estimado como $N_{ano} = 365 \times 0{,}35 \times 1770 \times F_V = 2{,}26 \times 10^5$ repetições do eixo padrão rodoviário, de acordo com os fatores de equivalência de cargas da AASHTO, que tendem a apontar para um fator de veículo em torno de 1,0 para esse nível de tráfego. Para a fase pós-trincamento, admitem-se as seguintes condições para a seção que não contará com a inserção do geossintético:

- o coeficiente de drenagem passará de $m_2 = 1{,}00$ para $m_2 = 0{,}70$, a fim de se considerar a entrada de água através das trincas e que poderá levar a camada de base a trabalhar uma parte do tempo sob condições de saturação;
- o CBR do solo de subleito passará de *CBR* = 9 para *CBR* = 7, devido à possibilidade de aumento do seu teor de umidade na estação chuvosa;
- o coeficiente estrutural da camada asfáltica de recapeamento passará de $a_1 = 0{,}44$ para $a_1 = 0{,}30$ em vista da redução da capacidade estrutural do revestimento, associada ao trincamento.

De acordo com a Tab. 11-3, o recapeamento simples para esse caso deveria contar com H_R = 8 cm para um período de projeto de 10 anos. De acordo com a Tab. 11-2, para H_R = 8 cm, as primeiras trincas de reflexão surgiriam na superfície do pavimento após $N_0 = 1{,}53 \times 10^6$ repetições de carga, ou t_0 = 6,8 anos. Após a aplicação da camada de recapeamento, a deflexão média do pavimento passará para $D_0 = 43 \times 10^{-2}$ mm (valor previsto através da teoria de camadas elásticas, no caso, com o programa Flaps). Um desempenho equivalente em termos de trincamento requer H_R = 5,3 cm em *CBUQ* com o uso do geossintético que foi prescrito. A deflexão média do pavimento após essa restauração foi prevista como $D_0 = 45 \times 10^{-2}$ mm. Essa espessura foi determinada como segue.

Da Tab. 11-5, obtém-se a variação do fator de reforço com a espessura do recapeamento, que pode ser expressa, usando os pontos daquela tabela para F_c = 2, por:

$$F_f = 2 \Longrightarrow \text{fator} = 0{,}9017 \exp(0{,}0759 H_R);$$

$$F_f = 5 \Longrightarrow \text{fator} = 1{,}1109 \exp(0{,}1441 H_R).$$

Para F_f = 3, por interpolação linear dos coeficientes do modelo acima:

$$\text{Fator} = 0{,}97143 \exp(0{,}09863 H_R).$$

Da Tab. 11-3 e para h_1 = 10 cm, a vida de fadiga da camada de recapeamento sem o reforço pode ser dada por:

$$N_f^{SR} = 0{,}1193 \times 10^6\, H_R^{1,4621}.$$

Como se quer determinar a espessura de recapeamento com o reforço que leve à mesma vida de fadiga do recapeamento sem reforço, as fórmulas acima requerem que:

$$N_f = 2{,}26 \times 10^6 = \text{fator} \times N_f^{SR}$$
$$= 0{,}97143 \exp(0{,}09863 H_R) \times 0{,}1193 \times 10^6 H_R^{1,4621},$$

o que leva a H_R = 5,3 cm.

A Tab. 11-9 mostra o desempenho previsto através dos modelos aqui recomendados, para a restauração feita através de recapeamento simples em *CBUQ* e para a restauração com uso de um geossintético que tenha: F_f = 3 e F_c = 2. Admitiu-se que, a partir de *TR* = 10%, os efeitos da entrada de água através das trincas, no caso do recapeamento simples, começam a se manifestar. Para a análise econômica, as equivalências podem ser feitas apenas em termos da vida de reflexão de trincas ou considerando também o desenvolvimento dos afundamentos em trilha de roda e da irregularidade longitudinal.

Tabela 11-9 Exemplo de análise de alternativas para restauração de pavimento												
Recapeamento simples em CBUQ								Recapeamento com geossintético				
Ano	TR (%)	SNC	CBR	a_1	Nacum (10^6)	RDM (mm)	QI (cont/ km)	SNC	CBR	a_1	RDM (mm)	QI (cont/ km)
0	0,0	5,29	9	0,44	0,226	1,05	23,5	4,68	9	0,44	1,05	26,0
1	0,0	5,29	9	0,44	0,452	2,60	24,3	4,68	9	0,44	2,71	27,1
2	0,0	5,29	9	0,44	0,678	2,86	24,9	4,68	9	0,44	2,99	27,9
3	0,0	5,29	9	0,44	0,904	3,04	25,5	4,68	9	0,44	3,18	28,8
4	0,0	5,29	9	0,44	1,130	3,18	26,2	4,68	9	0,44	3,34	29,6
5	0,0	5,29	9	0,44	1,356	3,30	26,8	4,68	9	0,44	3,47	30,4
6	0,0	5,29	9	0,44	1,582	3,40	27,5	4,68	9	0,44	3,58	31,3
7	0,0	5,29	9	0,44	1,808	3,50	28,1	4,68	9	0,44	3,68	32,2
8	1,5	5,29	9	0,44	2,034	3,59	28,8	4,68	9	0,44	3,77	33,1
9	5,1	5,29	9	0,44	2,260	3,70	29,5	4,68	9	0,44	3,85	34,0
10	10,7	4,63	7	0,30	2,486	4,00	32,3	4,68	9	0,44	3,93	35,0
11	18,5	4,63	7	0,30	2,712	4,14	33,2	4,68	9	0,44	4,00	36,0
12	28,4	4,63	7	0,30	2,938	4,31	34,2	4,68	9	0,44	4,07	37,0
13	40,3	4,63	7	0,30	3,164	4,49	35,2	4,68	9	0,44	4,13	38,0
14	54,2	4,63	7	0,30	3,390	4,71	36,2	4,68	9	0,44	4,19	39,0
15	67,0	4,63	7	0,30	3,616	4,92	37,3	4,68	9	0,44	4,25	40,1
16	77,7	4,63	7	0,30	3,842	5,11	38,3	4,68	9	0,44	4,30	41,2
17	86,4	4,63	7	0,30	4,068	5,29	39,4	4,68	9	0,44	4,35	42,3
18	92,9	4,63	7	0,30	4,294	5,44	40,5	4,68	9	0,44	4,40	43,4
19	97,3	4,63	7	0,30	4,520	5,56	41,7	4,68	9	0,44	4,45	44,6
20	99,6	4,63	7	0,30	4,746	5,66	42,8	4,68	9	0,44	4,49	45,8

Os resultados da Tab. 11-9 mostram uma equivalência também com relação a esses parâmetros nas duas soluções analisadas, de modo que o custo inicial de implantação das soluções pode ser utilizado para se decidir acerca da alternativa mais eficaz. De fato, enquanto o recapeamento simples, com H_R = 8,0 cm, leva a RDM = 5,7 mm e a QI = 42,8 cont./km no ano 20, o recapeamento com H_R = 5,3 cm e com o geossintético adotado leva a RDM = 4,5 mm e a QI = 45,8 cont/km, valores cuja diferença é insignificante do ponto de vista de desempenho global do pavimento e em termos de funcionalidade para os usuários.

11.8 CONCLUSÕES

Diversos geossintéticos disponíveis no mercado têm potencial como retardadores de reflexão de trincas, redutores de deformações plásticas e/ou elementos impermeabilizantes em estruturas de pavimentos. Para se obter o melhor proveito das características do geossintético, é importante o conhecimento e entendimento dos fenômenos que ocorrem no pavimento para serem concebidas as correções necessárias.

Para tanto, é fundamental a correta modelagem desses fenômenos, bem como a previsão de desempenho do geossintético na utilização pretendida. Presentemente, no início do século XXI, com o conhecimento adquirido nos últimos anos sobre as características mecânicas desses materiais e seu desempenho em estruturas de pavimentos, é possível desenvolver soluções onde, através de sua utilização, obtêm-se resultados otimizados técnica e economicamente.

Os geossintéticos se apresentam, portanto, como uma excelente alternativa técnico-econômica para situações enfrentadas correntemente pelo projetista ao definir soluções para restauração de pavimentos.

REFERÊNCIAS BIBLIOGRÁFICAS

AASHTO, The AASHTO Guide for Design of Pavement Structures. The American Association of State Highway and Transportation Officials [Washington, DC, EUA, 1986].

BÜHLER, A. V., "Estudo do Efeito de Geogrelha Metálica de Reforço em Revestimentos Asfálticos". Dissertação de Mestrado, Instituto Tecnológico de Aeronáutica – ITA [São José dos Campos, SP, Brasil, 2001].

COELHO, P. S. M. e QUEIROZ, C. A. V., "Modelos Experimentais para Previsão do Desempenho de Recapeamentos de Pavimentos Asfálticos". Anais da 20ª Reunião Anual de Pavimentação da ABPv, vol. 1, pp. 25-43 [Fortaleza, CE, Brasil, 1985].

FRANCKEN, L., BEUVING, E. and MOLENAAR, A.A.A. (Eds.), "Proceedings of the Third International RILEM Conference on Reflective Cracking in Pavements (Design and Performance of Overlay Systems)". 2-4 [Holanda, 1996].

MAJIDZADEH, K., ILVES, G., SKLYUT, H. and KUMAR, V. R., "Mechanistic Methodology for Airport Pavement Design with Engineering Fabrics". Vol. I, Theoretical and Experimental Bases. Final Report DOT/FAA/PM-84/9, agosto, Federal Aviation Administration [Washington DC, EUA, 1984].

MONTESTRUQUE, G. E., RODRIGUES, R. M., MONTEZ, F. T. e ELSING, A. "Experimental Evaluation of a Polyester Geogrid as an Anti-reflective Cracking Interlayer on Overlays". Eurogeo 2000, Proceedings of the Second European Geosynthetics Conference, vol. I, pp.427-430, 15-18 [Bologna, Itália, outubro de 2000].

MONTESTRUQUE, G. E. V. e RODRIGUES, R. M., "Evaluación del Comportamiento en Laboratorio del Geotextil como Capa Anti-propagación de Fisuras". Carreteras, Revista Técnica de la Asociación Española de la Carretera, 4ª Época, Núm. 113, pp. 76-82 [Madri, Espanha, 2001].

MONTESTRUQUE, G. E. V., "Elaboração de Método de Projeto para Restauração de Pavimentos Asfálticos com Sistemas Anti-Reflexão de Trincas". Tese de Doutorado, Instituto Tecnológico de Aeronáutica – ITA [São José dos Campos, SP, Brasil 2002].

PATERSON, W. D. O., Road Deterioration and Maintenance Effects (models for planning and management), The Highway Design and Maintenance Standards Series. The World Bank, Johns Hopkins University Press [Washington, DC, EUA, 1987].

RIGO, J. M., DEGEIMBRE, R. e FRANCKEN, L. (eds.), "Proceedings of the Second International RILEM Conference on Reflective Cracking in Pavements (State of the Art and Design Recommendations). 10-12 de março [Liège, Bélgica, 1993].

RODRIGUES, R. M., "Performance Prediction Model for Asphalt Overlays with Geotextile Interlayers on Cracked Pavements". Sixth International Conference on Geosynthetics, 25-29 de março, International Geotextile Society - IGS, vol. 2, pp. 973-976 [Atlanta, Geórgia, EUA, 1998].

RODRIGUES, R. M., "Aperfeiçoamento e Consolidação de Modelos de Previsão de Desempenho para Pavimentos Rodoviários e Aeroportuários com Base na Pesquisa LTPP-FHWA". Relatório Final da Pesquisa CNPq Nº 301314/96-9 [São José dos Campos, SP, Brasil, 2001.]

Capítulo 12

Aplicações em Controle de Erosão Superficial

Afonso Celso Moruzzi Marques

12.1 INTRODUÇÃO

O processo de erosão superficial de solos, tanto em áreas urbanas quanto rurais, tem afetado com freqüência e severidade diversas regiões do país. Tal processo é motivado sobremaneira pela ocupação desordenada do espaço físico, concentração e intensidade de chuvas, características geológico-geotécnicas dos solos, presença de formações arenosas ou silto-arenosas extremamente susceptíveis à erosão, entre outros fatores.

Os processos naturais de erosão podem ser acelerados pela interferência do homem, advindo daí danosas conseqüências ao meio ambiente, tais como a perda de áreas cultiváveis, a degradação e contaminação de cursos de água e a destruição de bens públicos, como estradas, ruas, canais, edificações e outros.

A prevenção dos processos erosivos superficiais é sempre recomendada, tendo-se em vista as dificuldades e os custos normalmente envolvidos para o combate e correção dos problemas deles resultantes. As medidas de prevenção estão normalmente associadas à implantação de sistema de drenagem superficial e à regularização e proteção superficial das áreas de taludes e de terrenos com declividades mais acentuadas sujeitas a erosão.

Em muitos casos, o plantio de espécies vegetais proporciona uma proteção temporária ou mesmo de longo prazo contra as erosões. A utilização de geossintéticos nesse campo de aplicação, no entanto, tem experimentado um avanço significativo desde a década de 1990, visto proporcionar uma proteção adequada dos solos, mesmo nas situações em que as condições locais (declividade, tipo de solo, regime pluviométrico, uso e ocupação dos terrenos, etc.) se mostram adversas e potencialmente deflagradoras de processos erosivos.

No Brasil, a utilização da técnica de grama armada foi uma das aplicações pioneiras de geossintéticos no controle de erosões superficiais, fornecendo as condições propícias para o crescimento e desenvolvimento das espécies vegetais. Tal solução, à semelhança de outros materiais que serão abordados no decorrer do capítulo, tem como campo de aplicação os taludes rodoviários e ferroviários, margens de canais, lagos e reservatórios, intervenções paisagísticas em terrenos de elevada inclinação, entre outros.

12.2 DEFINIÇÃO

O primeiro grande grupo de aplicação dos geossintéticos no controle de erosões está associado à sua atuação em barreiras de proteção superficial. Os geossintéticos são colocados sobre terrenos e materiais potencialmente erodíveis, garantindo a integridade das áreas protegidas quanto à dinâmica do processo erosivo, qual seja: o destacamento de partículas do solo pelas gotas de chuva, pelo fluxo superficial e o transporte dos sedimentos pelo fluxo das águas. Assim, a utilização de geossintéticos em taludes íngremes de cortes e aterros, em margens de canais e de cursos de água, representa a maioria das aplicações em controle de erosões.

Outro grande grupo de aplicação dos geossintéticos são as barreiras de contenção e controle de sedimentos, também chamadas de *silt fences*, nas quais os geossintéticos são dispostos verticalmente com o auxílio de pontaletes (mourões), conformando verdadeiras paliçadas que têm por objetivo reter os sedimentos carreados por processos erosivos superficiais. A Fig. 12-1 ilustra esquematicamente as aplicações mencionadas.

12.3 PROPRIEDADES RELEVANTES

Os geossintéticos selecionados para desempenhar a função de controle de erosões devem atender, basicamente, a um ou mais dos seguintes requisitos:

- reter os finos provenientes dos solos subjacentes ou dos materiais erodíveis transportados;
- resistir às velocidades de escoamento e aos esforços tangenciais provocados pelo fluxo de águas superficiais;

Outros aspectos e solicitações que deverão ser igualmente verificados, em função das condições de implantação do sistema de proteção e das particularidades locais da obra, são: resistência à tração, permissividade, perfuração e impacto.

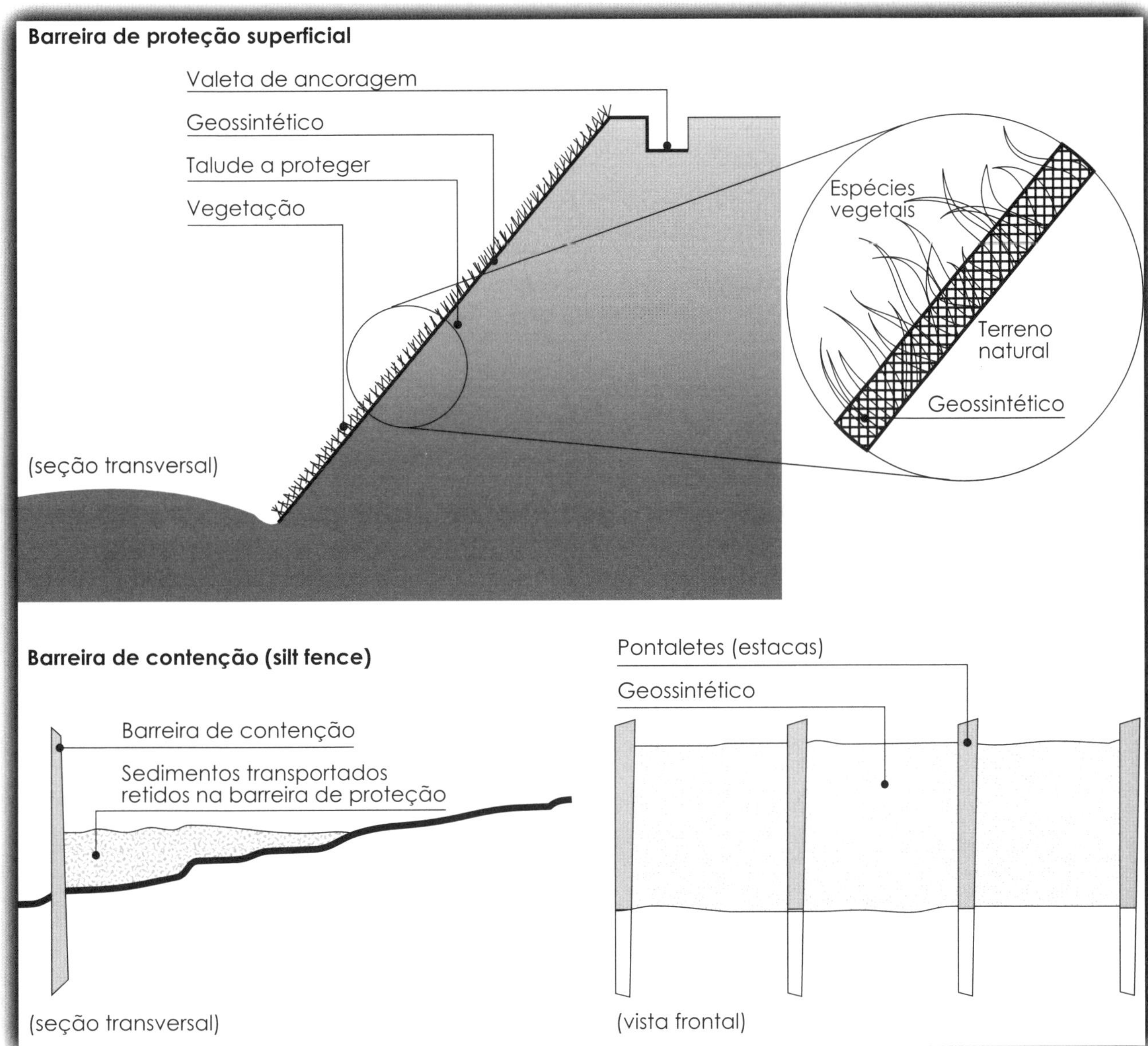

FIGURA 12-1
Geossintético na função de barreira de proteção e de contenção.

12.4 PRODUTOS UTILIZADOS

Além dos geotêxteis com elevada porosidade, usualmente empregados nessas aplicações, uma grande quantidade de geossintéticos tem sido desenvolvida e utilizada com sucesso no controle de erosões. Esses produtos podem, basicamente, ser classificados em dois grandes grupos de materiais: os temporários e os permanentes (Theisen, 1992). A Fig. 12-2 ilustra a distribuição e classificação dos geossintéticos para controle de erosão.

Os materiais temporários (TERMs, *temporary erosion and revegetation materials)* correspondem a produtos total ou parcialmente degradáveis que proporcionam o controle de erosões e facilitam o

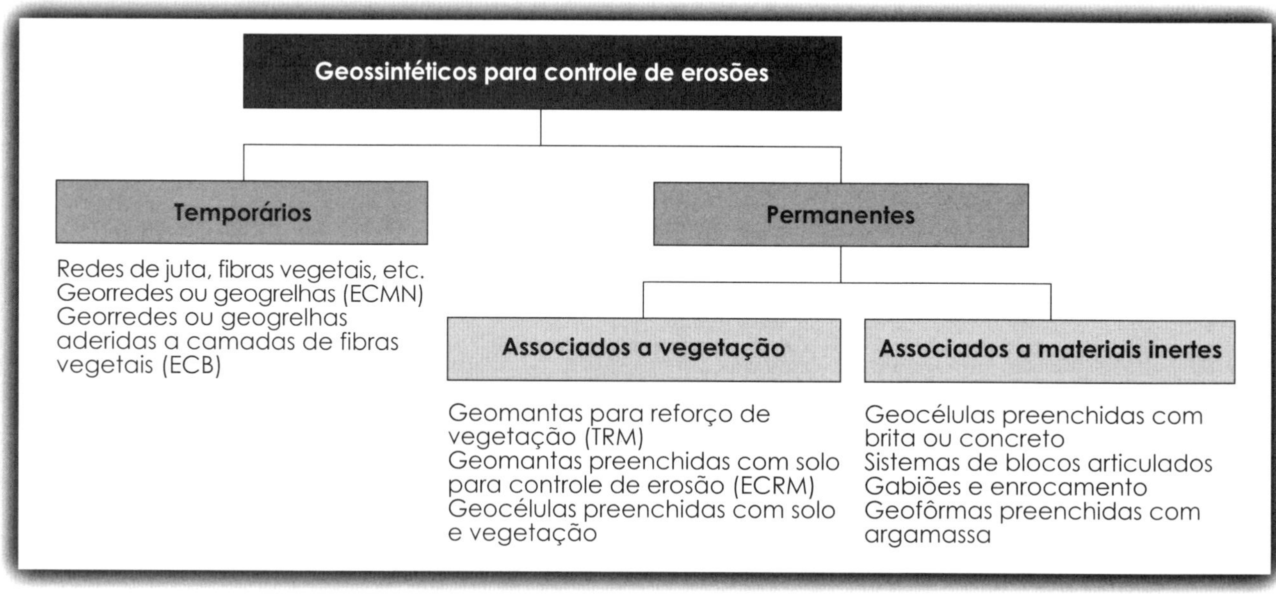

FIGURA 12-2
Geossintéticos para controle de erosões.

desenvolvimento da vegetação. Tais materiais são utilizados em locais onde a vegetação, após a degradação do produto, poderá prover, por si só, suficiente proteção contra a erosão. Fazem parte desse grupo, entre outros, as georredes ou geogrelhas (ECMNs, *erosion control meshes and nets*) e os geocompostos, igualmente constituídos por georredes ou geogrelhas aderidas a mantas e camadas de fibras vegetais (ECBs, *erosion control blankets*). No primeiro caso, incluem-se as soluções tipo grama armada, em que geogrelhas são dispostas sobre os taludes ou as superfícies a proteger, reforçando e garantindo o desenvolvimento e consolidação da vegetação.

Os materiais permanentes (PERMs, *permanent erosion and revegetation materials*), por sua vez, podem ser subdivididos em geocompostos constituídos por materiais não-degradáveis, que atuam como reforço da vegetação e em sistemas semiflexíveis articulados ou armados. Tais materiais são utilizados em locais onde se necessita de imediata e elevada proteção contra a erosão. No primeiro grupo podem ser citadas as geomantas para reforço da vegetação (TRM, *turf reinforcement matrix*), os geocompostos constituídos de geomantas preenchidas com solo para controle de erosão e revegetação (ECRM, *erosion control and revegetation matrix*) e as geocélulas preenchidas com solo e vegetação. No segundo grupo incluem-se as geofôrmas, tipo colchões ou sacos, preenchidas com argamassa, os geocompostos constituídos por blocos de concreto aderidos a geotêxteis de alta resistência e as geocélulas preenchidas com pedras ou concreto.

As geogrelhas e georredes utilizadas no sistema de proteção superficial denominado "grama armada" ajudam a dissipar a energia dos pingos de chuva, reduzindo seu impacto na superfície dos taludes e prevenindo o surgimento do ravinamento, quando a vegetação ainda se encontra na fase de germinação. Simultaneamente, permitem a livre troca de umidade, promovem o sombreamento parcial das raízes, impedem a ocorrência de escorregamentos superficiais localizados, bem como a queda de fragmentos de rocha, quando utilizadas em solos saprolíticos, uma vez que apresentam resistência à tração adequada a essas solicitações.

As geomantas para reforço de vegetação são tridimensionais, flexíveis e altamente porosas. Foram concebidas para reter o solo e se solidarizar com o sistema radicular da vegetação, conforme o desenvolvimento desta se processa. Uma vez consolidado, o sistema proporciona resistência ao fluxo e retenção do solo. As diferenças entre esses produtos e as geomantas preenchidas com solo para controle de erosão são muito pequenas. Estas mostram-se mais densas e menos espessas, e são dispostas no terreno já associadas com solo de preenchimento. Já as geomantas para reforço da vegetação são dispostas sobre o terreno e depois preenchidas (semeadas) e cobertas com solo vegetal.

Quanto à aplicação em barreiras de contenção e controle de sedimentos, os produtos normalmente utilizados são os geotêxteis tecidos de laminetes, visto possuírem alta resistência a tração e alta eficiência na contenção das partículas de solo.

12.5 PRINCIPAIS UTILIZAÇÕES E RECOMENDAÇÕES DE INSTALAÇÃO

As principais utilizações e recomendações de instalação de geossintéticos como elemento de controle de erosões são descritas a seguir.

12.5.1 Geossintéticos sob enrocamentos, sistemas articulados ou estruturas semiflexíveis

Nessas aplicações, os geossintéticos atuam conjuntamente na prevenção e controle da erosão causada pela percolação interna nos maciços a proteger, precipitação e escoamento superficial, bem como do efeito de ondas no caso de obras marítimas ou fluviais. Geotêxteis são normalmente empregados como elementos filtrantes, visando reter as partículas finas do solo e, ao mesmo tempo, garantir a drenagem adequada dos maciços; isso evita que subpressões elevadas atuem sobre revestimentos e sistemas de cobertura. O Cap. 5 descreve em maior detalhe as particularidades e cuidados relacionados a essa aplicação.

Em tais situações, a grande preocupação quanto à instalação dos geossintéticos reside nas condições da superfície dos taludes a proteger, a qual deve estar isenta de materiais cortantes ou pontiagudos que podem puncionar ou rasgar o material. Na seqüência, a disposição do revestimento final deve ser realizada com cuidado e de forma apropriada para evitar danos de instalação ao material, principalmente no caso de enrocamentos ou colchões de gabião.

12.5.2 Geossintéticos sobre taludes, margens de rios, lagos, canais e superfícies erodíveis

Geossintéticos empregados nessas situações atuam como barreiras de proteção do solo contra a ação erosiva provocada pelo vento ou pela água. Com relação à instalação, destaca-se o cuidado no tocante à ancoragem das mantas junto à crista dos taludes a proteger (valas preenchidas com solo ou argamassa/concreto, grampos ou ancoragens, etc.) e às emendas longitudinais e transversais dos materiais (sobreposição mínima, união por soldagem mecânica ou térmica, etc.).

Em situações específicas, também a ancoragem junto à base dos taludes deve ser adequadamente realizada para evitar o levantamento do geossintético nessa região e a conseqüente erosão do talude. À semelhança da aplicação anterior, o preparo prévio da superfície dos taludes a proteger pede especial cuidado e atenção, a fim de obter-se elevado grau de adesão e contato íntimo entre o geossintético e o maciço, ao longo de toda a superfície protegida. Fluxos tangenciais sob o material tem sido geralmente a causa de rupturas e de mau funcionamento dos sistemas de proteção.

12.5.3 Geossintéticos como barreiras de contenção de sedimentos

Os geossintéticos atuam aqui como elementos de retenção e barreiras aos sedimentos transportados por erosão superficial de terrenos. Tratam-se de cercas formadas por pontaletes (estacas), associadas a geossintéticos, posicionadas em um ou mais níveis, dependendo da área a proteger e da quantidade de sedimentos a reter. Quanto às recomendações de instalação, destaca-se a necessidade de estacas e geossintéticos resistentes e dimensionados para as solicitações previstas, além da execução de trincheira de ancoragem das mantas junto ao pé da cerca/barreira de proteção para evitar o carreamento de material por sob a barreira.

Associada às recomendações mencionadas, o plano de instalação do geossintético deverá também levar em consideração questões específicas relacionadas ao tipo de material empregado (condições de manuseio e estocagem, fixações temporárias, etc.) e ao tipo de obra (esforços solicitantes, interface com outros materiais, etc.).

12.6 DIMENSIONAMENTO E ESPECIFICAÇÃO

Por se tratar de um campo de aplicação extremamente amplo, em termos de tipos de geossintético e de tipos de estruturas de proteção e contenção, neste capítulo é apresentado um método de dimensionamento para as barreiras de contenção de sedimentos. Para as barreiras de proteção superficial, são apresentados critérios básicos para a especificação de geomantas.

O dimensionamento e a especificação de geossintéticos para o controle de erosões na interface enrocamento-solo, sistemas articulados e estruturas semiflexíveis devem levar em conta a capacidade de retenção de finos e a permeabilidade à água, com vistas à adequada drenagem do maciço e alívio de subpressões atuantes. Para essa aplicação, por sua vez, cabem as considerações e métodos apresentados e discutidos nos Caps. 5 e 6.

12.6.1 Barreiras de proteção superficial

A seleção do geossintético para aplicação como barreira de proteção superficial de taludes e margens de rios e canais deve levar em conta uma série de requisitos e solicitações, incluindo a capacidade de retenção de finos, a estabilidade do material às velocidades de escoamento e forças de cisalhamento provocadas pelo fluxo e a resistência a degradação, entre outros. A disposição de geossintéticos em taludes demanda igualmente ancoragem junto à crista, de forma a evitar seu deslizamento. Essa ancoragem deve ser dimensionada levando-se em conta a geometria dos taludes, as propriedades dos solos e os esforços atuantes.

As Tabs. 12-1 e 12-2 apresentam os critérios básicos para a seleção de geomantas utilizadas como barreiras de proteção (Carroll *et al.*, 1992), tendo por base a avaliação de desempenho desses materiais in situ e em ensaios de laboratório. As tabelas indicam valores-limite para propriedades e características relevantes à função de controle de erosão, respectivamente, para as geomantas para reforço de vegetação (TRM, *turf reinforcement matrix*) e para as geomantas para controle de erosão e revegetação preenchidas com solo (ECRM, *erosion control and revegetation matrix*).

A resistência ao fluxo constitui o parâmetro crítico na seleção dos geossintéticos utilizados no controle de erosões, principalmente daqueles que têm a função de fixar e desenvolver a vegetação nos maciços. A Fig. 12-3 apresenta, a título indicativo, curvas de velocidade-limite em função da duração do fluxo para distintas categorias de geossintéticos e sistemas de proteção, assim como para superfícies plantadas e não-plantadas. Trata-se de recomendação de referência para a especificação de geossintéticos utilizados na proteção de margens de rios, canais ou mesmo valas de drenagem (Theisen, 1992).

TABELA 12-1
Critério de seleção de geomantas para reforço de vegetação (TRM)

Propriedade	Normas de referência	Valor-limite
Espessura	ASTM D-1777	13 mm (mín.)
Porosidade (1)	—	95% (mín.)
Cobertura de solo (2)	—	30% (mín.); 60% (máx.)
Rigidez	ASTM D-1388	40.000 mg. cm (máx.)
Resiliência (3)	—	80% (mín.)
Resistência a tração	ASTM D-1682	1,9 kN/m (mín.)
Deformação	ASTM D-1682	70% (máx.)
Estabilidade ao ultravioleta	ASTM D-4355	80% (mín.)
Durabilidade (4)	—	90% (mín.)

(1) Cálculo baseado no peso específico, na espessura e na densidade.
(2) Porcentagem de sombreamento à projeção da luz.
(3) Definida como a porcentagem da espessura original após três ciclos de carregamento (689 kPa durante 60 s, seguidos por 60 s sem carga); espessura medida 30 min após a remoção da carga.
(4) Durabilidade química a reagentes tipicamente esperados no local das obras.
Fonte: Carrol *et al.*, 1992

TABELA 12-2
Critério de seleção de geomantas para controle de erosão e revegetação (ECRM)

Propriedade	Normas de referência	Valor limite
Espessura	ASTM D-1777	6 mm (min.)
Porosidade (1)	—	95% (min.)
Cobertura de solo (2)	—	50% (min.); 80% (máx.)
Rigidez	ASTM D-1388	40.000 mg.cm (máx.)
Resiliência (3)	—	80% (min.)
Resistência à tração	ASTM D-1682	1,4 kN/m (min.)
Deformação	ASTM D-1682	70% (máx.)
Estabilidade ao ultravioleta	ASTM E-4355	80% (min.)
Durabilidade (4)	—	60% (min.)

(1) Cálculo baseado no peso específico, na espessura e na densidade.
(2) Porcentagem de sombreamento à projeção da luz.
(3) Definida como a porcentagem da espessura original após três ciclos de carregamento (689 kPa durante 60 s, seguidos por 60 s sem carga); espessura medida 30 min após a remoção da carga.
(4) Durabilidade química a reagentes tipicamente esperados no local das obras.
Fonte: Carrol *et al.*, 1992

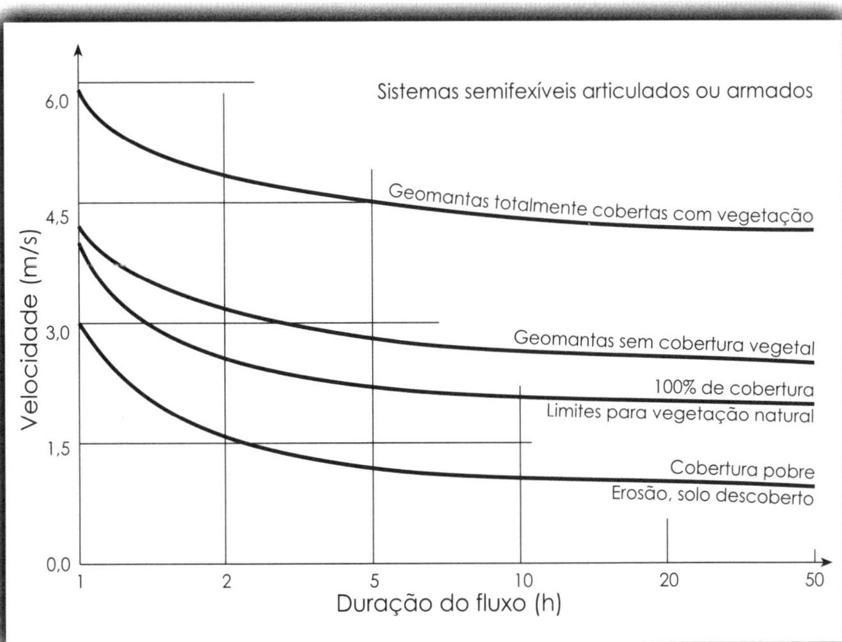

FIGURA 12-3
Curvas velocidade-limite *versus* duração do escoamento para distintos geossintéticos e sistemas de controle de erosão (Theisen, 1992).

12.6.2 Barreiras de contenção

O método de dimensionamento ora apresentado foi proposto por Richardson e Middlebrooks (1991), tendo por premissa básica a quantidade de material a ser retido pela barreira de contenção. O método se aplica a terrenos lisos e isentos de vegetação, sendo a erosão superficial o principal mecanismo envolvido. O processo de cálculo — igualmente apresentado por Koerner (1999) — envolve as etapas descritas a seguir.

a) Cálculo do comprimento (desenvolvimento) máximo do talude ($L_{máx}$), cujos sedimentos podem ser contidos por uma única barreira de proteção

   Para grandes extensões de talude, um conjunto de barreiras em cascata deve ser concebido, dimensionando-se cada uma individualmente:

$$L_{máx} = 36{,}2e^{-11{,}1\alpha} \qquad [12\text{-}1]$$

   sendo:

   $L_{máx}$ o comprimento (desenvolvimento) do talude (m);

   α a inclinação do talude, medida em termos da razão altura vertical versus comprimento horizontal.

b) Cálculo da vazão de escoamento superficial para a área estudada. Toma-se por base valores de precipitação local, com períodos de retorno entre 5 e 10 anos, os quais podem ser alterados em função da dimensão e características da região de proteção:

$$Q = CIA\ 10^{-3} \tag{12-2}$$

onde:
Q é a vazão de escoamento superficial (m^3/h);
C o coeficiente de escoamento superficial;
I a precipitação (mm/h); e
A é a área de contribuição (m^2).

c) Cálculo da altura da barreira de contenção para um único evento de precipitação

Um fator representando o número de eventos de precipitação a ser retido pela barreira deve aqui ser aplicado. Ressalte-se que a barreira, após a ocorrência dos eventos para a qual ela foi dimensionada — ou sempre que necessário — deverá ser limpa, isto é, os sedimentos retidos deverão ser removidos para o adequado funcionamento da estrutura de controle de erosão:

$$V = Qt = \frac{H}{2}\left(\frac{H}{\alpha}\right), \tag{12-3}$$

$$H = \sqrt{2\alpha Qt}, \tag{12-4}$$

sendo:
V o volume total escoado (m^3);
t a duração do evento de precipitação (h); e
H a altura da barreira de contenção (m).

d) Definição do espaçamento das estacas

No procedimento apresentado, o espaçamento é arbitrado, sendo utilizado na seqüência para a definição da resistência do geotêxtil e da estaca. Os espaçamentos normalmente utilizados entre estacas situam-se entre 1,8 e 2,5 m (Shea, 1994), dependendo da altura da barreira.

e) Especificação do geotêxtil

Define-se o material tendo-se por base a resistência última a tração do geotêxtil na direção de menor resistência (ensaio de banda larga), a partir do gráfico da Fig. 12-4. Sobre o valor encontrado, recomenda-se a adoção de um fator de redução (f_{mr}) para ter em conta danos de instalação. Esse valor pode ser definido entre 1,1 e 1,3.

f) Definição do tipo/material da estaca

A Fig. 12-5 permite estabelecer os momentos máximos atuantes em função da altura da barreira de contenção e daí obter subsídios

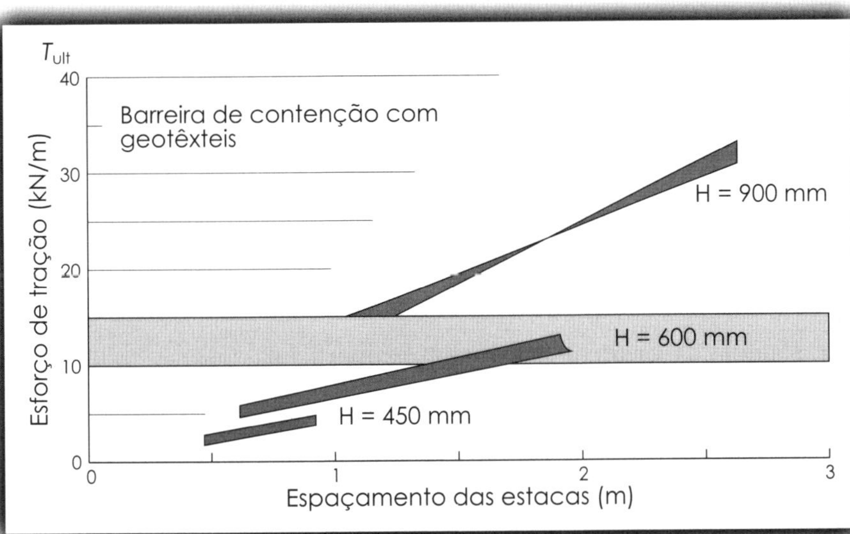

FIGURA 12-4
Resistência à tração do geotêxtil *versus* espaçamento das estacas *versus* altura da barreira de contenção [RICHARDSON e MIDDLEBROOKS (1991)].

para a definição do material e tipo de estaca. A figura apresenta, a título ilustrativo, alguns materiais, conforme indicado na referência citada.

12.7 EXEMPLO DE DIMENSIONAMENTO

Dimensionar uma barreira de contenção para um terreno liso e pouco plantado, com coeficiente de escoamento superficial 0,4, sujeito a erosão superficial, que apresenta inclinação média de 6% e extensão total de 90 m. A precipitação pluviométrica na região, para um período de retorno de 5 anos, é de 110 mm/h. O dimensionamento deverá ser realizado para três eventos de precipitação antes da manutenção/limpeza do sistema, utilizando-se um geotêxtil tecido e um coeficiente de redução para danos de instalação $f_{mr} = 1{,}10$

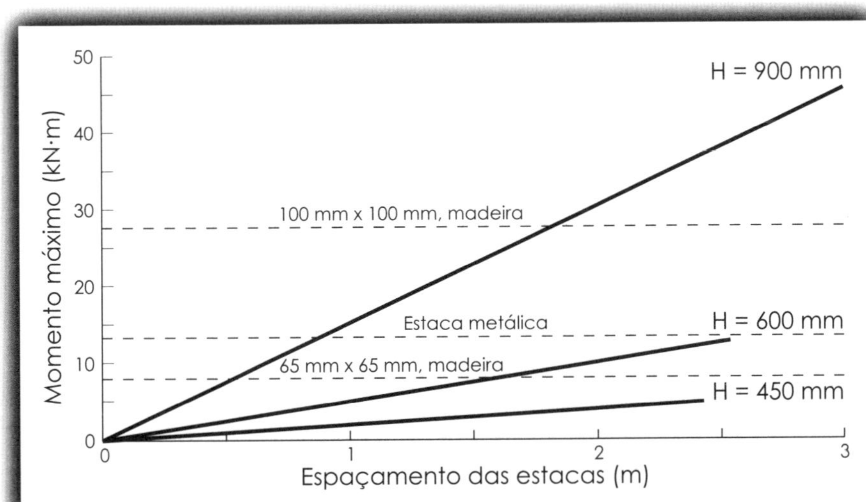

FIGURA 12-5
Momento máximo *versus* espaçamento das estacas *versus* altura da barreira de contenção (RICHARDSON e MIDDLEBROOKS, 1991).

Solução

a) Cálculo do comprimento máximo do talude (L_{max}) por barreira de proteção

$L_{máx} = 36{,}2e^{11{,}1x0{,}06}$
$L_{máx} = 18{,}5$ m (adotado 18 m).

Nesse caso, portanto, um conjunto de cinco barreiras de contenção em cascata se faz necessário.

b) Cálculo da vazão de escoamento superficial

$Q = 0{,}4 \times 110 \times (18 \times 1) \times 10^{-3}$
$Q = 0{,}79$ m^3/h.

c) Cálculo da altura da barreira de contenção

$$H = \sqrt{2 \times 0{,}06 \times 0{,}79 \times 1{,}0}$$

H = 0,305 m.
Para três eventos de precipitação semelhantes: H = 3 X 0,305 m = 0,915 m.

d) Escolha do espaçamento das estacas

Admite-se, no presente exemplo, um espaçamento igual a 2,0 m.

e) Especificação do tipo/material da estaca

O momento máximo atuante ($M_{máx}$) na estaca pode ser obtido a partir da Fig. 12-5, admitindo-se o espaçamento de 2,0 m e a altura da barreira de 0,90 m. Temos, portanto:

$M_{máx} = 30{,}0$ kN·m.

Pela recomendação da Fig. 12-5, pontaletes de madeira com dimensão 100 × 100 mm são adequados ao sistema.

f) Especificação do geotêxtil

A resistência a tração requerida para o geotêxtil (T_{req}) é obtida do gráfico da Fig. 12-4, admitindo-se em 0,90 m a altura da barreira. Temos, portanto:

$T_{req} = 25{,}0$ kN/m.

Assim, considerando-se o fator de redução para danos de instalação, podemos calcular a resistência à tração nominal do geotêxtil a ser empregado no sistema:

$$T_{req} = \frac{T_{ult}}{f_{mr}} \quad \text{ou} \quad T_{ult} = f_{mr} \times T_{req} = 1{,}1 \times 25{,}0 = 27{,}5 \text{ kN / m}$$

Propriedade	Requisito
Resistência à tração de banda larga	$T_{ult} \geq 27{,}5$ kN/m

12.8 CONCLUSÕES

A aplicação de geossintéticos no controle de erosões vem experimentando grande desenvolvimento tecnológico, aliando novos produtos a técnicas construtivas que conduzem a soluções seguras, duráveis e econômicas. Uma elevada gama de produtos possibilita a escolha de diferentes materiais e soluções para diversas situações de obra.

O adequado desempenho das aplicações, no entanto, está intimamente relacionado com o correto dimensionamento e especificação dos materiais, assim como um controle de qualidade dos produtos, que envolve desde as fases de recebimento e estocagem, até a completa disposição e aplicação *in situ*. No presente capítulo, algumas das aplicações potenciais no controle de erosões com geossintéticos foram descritas. Para um maior aprofundamento do tema, recomenda-se a leitura das referências a seguir apresentadas.

REFERÊNCIAS BIBLIOGRÁFICAS

ASTM, "Standard Test Method for Thickness of Textile Materials", ASTM D-1777. American Society for Testing and Materials [Pensilvânia, EUA, 2002].

ASTM, "Standard Test Method for Stiffness of Fabrics", ASTM D-1388. American Society for Testing and Materials [Pensilvânia, EUA, 2002].

ASTM, "Standard Methods of Test for Breaking Load and Elongation of Textile Fabrics", ASTM D-1682. American Society for Testing and Materials [Pensilvânia, EUA, 1975].

ASTM "Standard Test Method for Deterioration of Geotextiles by Exposure to Light, Moisture and Heat in a Xenon Arc Type Apparatus", ASTM D-4355-02. American Society for Testing and Materials [Pensilvânia, EUA, 2002].

Carroll, R. G.; Rodencal, J.; Collin, J. G., "Geosynthetics in erosion control – the principles". Geotextiles and Geomembranes, 11, p.523-534 [Grã-Bretanha, 1992].

Christopher, B. R.; Holtz, R. D.; Berg, R. R., "Geosynthetic design and construction guidelines". Relatório FHWA-HI-95-038, Federal Highway Administration, 460 p. [Washington, DC, EUA, 1998].

Frobel, K. R., Werner, G.; Wewerka, M. "Geotextiles as Filters in Erosion Control". Geotextile Testing and the Design Engineer. ASTM, Special Technical Publication, 952, p. 45-56 [Pensilvânia, EUA, 1985].

Goldstein, U., "Geossintéticos em Controle de Erosões". Curso sobre aplicações de geossintéticos e geotecnia e meio ambiente. IGS Brasil, Instituto de Engenharia [São Paulo, Brasil, 1998].

Koerner, R. M., Designing with Geosynthetics. Prentice-Hall, 4.ª ed. [New Jersey, EUA, 1998].

KOERNER, G. R. E CARSON, D. A., "Geosynthetic Erosion Control Materials: a Landfill Cover Field Study". Geosynthetics in Foundation Reinforcement and Erosion Control Systems, Geotechnical Special Publication, 76, ASCE. [Virginia, EUA, 1998].

RICHARDSON, G. R. e MIDDLEBROOKS, P., "Simplified Design Method for Silt Fences". Geosynthetics '91 Conf., St. Paul, MN : IFAI, p.879-885 [EUA, 1991].

RUSTOM, R. N., "Overall Performance Index to Characterize Geosynthetic Erosion Control Systems". V International Conference on Geotextiles, Geomembranes, and Related Products, p.739-742 [Cingapura, 1994].

SHEA, B. M., "Silt Fence Design Considerations". Geotechnical Fabrics Report, February, p.12-14. [Minnesota, EUA, 1994].

SPRAGUE, J. C., "Silt Fence Installation Efficacy". Geotechnical Fabrics Report, May p.22-29. [Minnesota, EUA, 2001].

THEISEN, M. S., "The Role of Geosynthetics in Erosion and Sediment Control: an Overview". Geotextiles and Geomembranes, 11, p. 535-550 [Grã-Bretanha, 1992].

VILAR, O. M. E PRANDI, E. C., "Erosão dos Solos". Solos do Interior de São Paulo, ABMS, p.177-205 [São Paulo, Brasil, 1995].

WU, K. J. E AUSTIN, D. N., "Three-dimensional Polyethylene Geocells for Erosion Control and Channel Linings". Geotextiles and Geomembranes, 11, p 611-620 [Grã-Bretanha, 1992].

Capítulo 13

Aplicações em Barreiras Impermeabilizantes

Benedito de Souza Bueno
Clóvis Benvenuto
Orencio Monje Vilar

13.1 INTRODUÇÃO

Barreiras impermeabilizantes são utilizadas na engenharia para as mais variadas finalidades, como por exemplo, impedir a migração de umidade e de vapores, reservar água e diferentes efluentes, e conter rejeitos das mais variadas origens, como o lixo urbano e os resíduos industriais.

Tradicionalmente, essas barreiras têm sido construídas com os mais diferentes materiais, como solo compactado, concreto, asfalto e mantas impregnadas com diferentes substâncias. O advento dos geossintéticos introduziu novos materiais para a composição de barreiras impermeáveis, como as geomembranas (GM) e os geocompostos argilosos para barreiras (GCL). Cada uma dessas opções apresenta vantagens e desvantagens, em função de uma série de requisitos exigidos em determinada aplicação: resistência e durabilidade frente às solicitações de natureza química, física e mecânica; disponibilidade do material; facilidade de construção e custo. Por exemplo, na possibilidade de recalques, solos compactados, relativamente rígidos, camadas de asfalto e placas de concreto podem trincar, facilitando o vazamento das substâncias contidas. Além disso, essas camadas possuem espessuras apreciáveis, ocupando volumes importantes que poderiam ser mais bem aproveitados. As geomembranas e os geocompostos argilosos por apresentar reduzida espessura e elevada flexibilidade, constituem uma alternativa apropriada nessas situações.

No decorrer deste capítulo, são apresentadas as características gerais das geomembranas e dos geocompostos argilosos, suas aplicações típicas, propriedades e solicitações a que estão sujeitas em barreiras impermeáveis, bem como aspectos construtivos de sua aplicação em campo.

13.2 DEFINIÇÃO

A função impermeabilizante ou de barreira exercida por um geossintético pode ser definida como a capacidade de prevenir ou bloquear a migração de fluidos, sejam eles líquidos ou gases, para fora ou para dentro de um determinado sistema ou obra.

13.3 PRODUTOS UTILIZADOS

13.3.1 Geomembranas

As geomembranas (GM) consistem em mantas poliméricas flexíveis que apresentam permeabilidades extremamente baixas (da ordem de 10^{-12} cm/s) e que são utilizadas como barreiras para líquidos e vapores. São produzidas industrialmente, em geral na forma de bobinas, que são levadas ao local da obra, onde se procede ao lançamento da manta e se executam suas emendas. Alguns tipos de geomembranas podem ser soldadas na fábrica, formando grandes painéis, assim reduzindo ou eliminando os trabalhos de emenda em campo.

As propriedades e o comportamento das geomembranas apresentam variações, em função da resina e dos aditivos que eventualmente as compõem. A Tab. 13-1 mostra os principais tipos de geomembranas atualmente utilizados. Conforme comentado no Cap. 1, as geomembranas podem ser termoplásticas ou termofixas. No primeiro caso, elas podem ser retrabalhadas várias vezes por aquecimento e resfriamento, preservando suas propriedades. Isso é de interesse nas operações de emenda por solda a quente e nos casos em que as GM possam estar expostas a grandes variações de temperatura. As termofixas só podem ser processadas uma vez, já que reprocessamentos subseqüentes degradarão o material.

TABELA 13-1
Principais geomembranas hoje utilizadas
[Koerner, 1998]

Mais utilizadas	Menos utilizadas
Polietileno de alta densidade (PEAD) Polietileno bastante flexível (PBF); inclui polietileno de diferentes densidades, desde muito baixa a baixa Polietileno linear de baixa densidade (PELBD) Polivinil clorado (PVC)	Polipropileno flexível (fPP) Polipropileno flexível reforçado (fPP-R) Polietileno clorossulfonado reforçado (PECS-R) Interpolímero de etileno alloy reforçado (EIA-R)

Assim, dispõe-se de membranas compostas a partir de diferentes matérias-primas, destacando-se, também, que é possível produzir mantas para impermeabilização de outras maneiras (por exemplo, através da impregnação de um geotêxtil com asfalto). Serão aqui abordadas somente as GM termoplásticas, com ênfase para as de PEAD (polietileno de alta densidade), as de PELBD (polietileno linear de baixa densidade) e as de PVC (polivinil clorado), que são os tipos mais utilizados em barreiras impermeáveis.

As membranas de polietileno de alta e de baixa densidades são fornecidas em bobinas, com larguras entre 5 e 10 m, comprimentos da ordem de 200 m e espessuras entre 1,0 e 2,5 mm. Por sua vez, as geomembranas de PVC são fabricadas também em bobinas, mas comumente fornecidas em painéis de variadas dimensões, compostos a partir de emendas feitas em fábrica; as espessuras variam de 0,4 a 2,0 mm.

Como qualquer material, as geomembranas estão sujeitas a uma série de solicitações desde sua fabricação, estocagem e transporte até a instalação e vida útil da obra. A Tab. 13-2 apresenta uma síntese preliminar das vantagens e desvantagens associadas aos diferentes tipos de geomembrana.

TABELA 13-2
Vantagens e desvantagens dos principais tipos de geomembrana

Tipo de geomembrana	Vantagens e desvantagens
PEAD e PEBD Polietileno de alta e de baixa densidade	Boa resistência contra diversos agentes químicos Boas características de resistência e solda Boas características de resistência mecânica Bom desempenho a baixas temperaturas Baixo atrito de interface, se for de superfície lisa PEAD é relativamente rígido PEBD e mais flexível Formação de rugas; difícil conformação ao subleito Sujeita a *stress cracking*
PVC Polivinil clorado	Boa trabalhabilidade (flexível) Facilidade de soldagem Bom atrito de interface, mesmo com superfície lisa Boas características de resistência mecânica Baixa resistência a ultravioleta, ozônio, sulfetos e intempéries Fraco desempenho a altas e baixas temperaturas Baixa resistência química a algumas substâncias

13.3.2 Geocompostos argilosos para barreiras impermeabilizantes

Nos geocompostos argilosos (GCL) para barreiras impermeabilizantes — ou *geosynthetic clay liners* (EUA) e *geosynthetic clay barriers* (comunidade européia), na literatura de língua inglesa —, uma camada de argila em pó, usualmente bentonita sódica, é ligada por meios mecânicos ou químicos a um geotêxtil ou a uma geomembrana. Como em sua fabricação se emprega a bentonita, são também chamados de "geocompostos bentoníticos". São fabricados com dimensões da ordem de 5 m por 50 m e espessuras de 1 cm, sendo o conteúdo de argila, com umidade entre 10 e 20%, da ordem de 5 kg/m^2.

Uma classificação geral dos diferentes tipos de geocompostos argilosos separa-os em reforçados e não-reforçados. No caso dos reforçados, as camadas externas de geossintéticos são unidas mecanicamente por costura ou agulhamento; os não reforçados são fabricados com o uso de adesivos. A Fig 13-1 ilustra as diferentes classes de geocompostos argilosos.

Os geocompostos argilosos têm sido utilizados em substituição ou em adição a solos em sistemas impermeabilizantes. Suas principais qualidades residem na flexibilidade, com propriedades de autocicatrização, em caso de perfuração, e relativa facilidade de instalação e de emenda. Além das considerações anteriores, há ainda a possibilidade de suas propriedades serem controladas durante o processo de fabricação, o que permite reduzir os custos associados à garantia de construção nos trabalhos de instalação em campo. A Tab. 13-3 faz uma comparação das características e principais diferenças entre barreiras de solos compactados e os geocompostos argilosos.

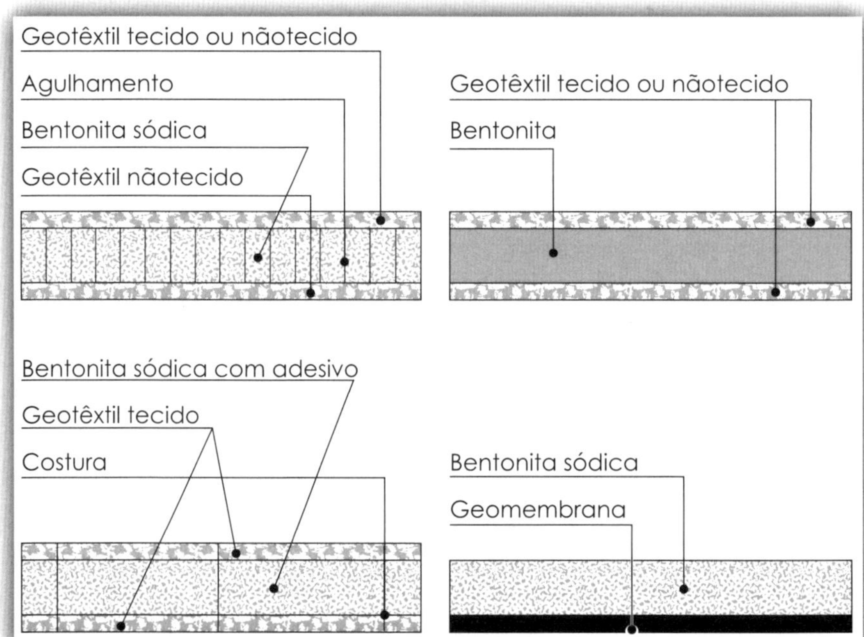

FIGURA 13-1
Geocompostos argilosos reforçados e não-reforçados.

TABELA 13-3
Comparação solos compactados *versus* geocompostos argilosos, quando utilizados como barreiras impermeáveis [Daniel, 1995]

Característica	Geocomposto argiloso	Solo compactado
Material	Bentonita, adesivos, geotêxteis e geomembranas	Solos locais ou misturas de solo e bentonita
Espessura	Aproximadamente 12 mm; ocupa pouco volume do aterro	Comumente entre 30 e 60 cm; ocupa maior volume do aterro
Condutividade hidráulica	10^{-11} m/s $\leq k \leq 5 \cdot 10^{-11}$ m/s	$k \leq 10^{-9}$ m/s
Velocidade e facilidade de construção	Rápida, instalação simples	Lenta; construção complicada
Facilidade de garantia de qualidade	Relativamente simples e direta; procedimentos baseados no bom senso	Procedimentos de garantia de qualidade complicados; requer pessoal habilitado e com bom conhecimento
Vulnerabilidade a danos durante a construção devido a ressecamento e congelamento	Essencialmente secos; não podem ressecar durante a construção; pouco vulnerável a congelamento-degelo	Próximo da saturação; pode ressecar durante a construção; vulnerável a congelamento-degelo
Vulnerabilidade a puncionamento	Vulnerável se de pequena espessura	Barreiras espessas não podem ser puncionadas acidentalmente
Vulnerabilidade a danos por recalques diferenciais	Resiste a recalques diferenciais muito maiores que os suportados por solos compactados	Não resiste muito a recalques sem fissurar
Disponibilidade de materiais	Facilmente transportados a qualquer local	Materiais apropriados não-disponíveis em qualquer local
Custo	Relativamente baixo; bastante previsíveis que não variam muito de projeto para projeto	Muito variável – depende das características dos solos disponíveis no local
Facilidade de reparo	Fácil, com a colocação de remendo sobre a área danificada	Difícil – pode exigir o deslocamento de equipamento pesado se a área a reparar for grande
Experiência	Pequena	Utilizado há muitos anos
Aprovação por organismos reguladores	Não explicitamente permitido; em muitas normas e especificações – o proprietário deve obter aprovação de equivalência para atingir as especificações de performance	Solos compactados são usualmente requeridos pelas agências reguladoras para compor barreiras.

13.4 PRINCIPAIS APLICAÇÕES

Os geossintéticos para impermeabilização são utilizados em várias situações e na impermeabilização de diversos tipos de obras e estruturas, tais como:

- aterros de resíduos domésticos e industriais;
- lagoas de contenção e de tratamento de resíduos industriais;
- revestimento de túneis;
- bases encapsuladas de estradas;
- tanques e silos subterrâneos de armazenamento;
- lagoas para piscicultura, esporte e lazer;
- coberturas e subsolos de edificações;
- caixas d'água elevadas ou enterradas;
- canais de adução e irrigação;
- piscinas e praia artificiais;
- confinamentos de áreas contaminadas.

A Fig. 13-2 ilustra algumas dessas aplicações.

Por sua baixa permeabilidade, boas características de resistência química e mecânica, controle de fabricação e facilidade de instalação, os geossintéticos constituem uma imprescindível opção em obras de proteção ambiental, como na disposição de resíduos das mais variadas naturezas.

Neste capítulo, é dado um destaque especial às aplicações de geossintéticos em obras de controle ambiental, com ênfase nos geossintéticos que desempenham funções de impermeabilização. Essas aplicações são de extrema responsabilidade social e econômica e exigem desses produtos a solicitação de todas as suas propriedades e características.

Dispõe-se de diversas alternativas para lidar com a problemática dos resíduos, como, por exemplo, políticas que tratam de reduzi-los, reaproveitá-los ou reciclá-los. Do ponto de vista técnico, há opções como incineração e compostagem, entre outras aplicáveis a alguns tipos de resíduo sólido, como os urbanos. Contudo, qualquer que seja a opção, sempre restam resíduos que necessitam ser dispostos, de alguma forma, no meio físico e, principalmente, no solo. Para esse propósito, conta-se com dispositivos como os aterros de resíduos e as lagoas de efluentes, que são estruturas projetadas com base em princípios de engenharia e de forma a não trazer danos ou riscos para saúde pública, além de minimizar os impactos provocados no meio ambiente.

Os geossintéticos, de uma forma geral, encontram ampla aplicação nos sistemas de disposição, desempenhando funções de drenagem, de separação e de reforço, entre outras. Além disso, os geossintéticos desempenham importante função na composição de barreiras imper-

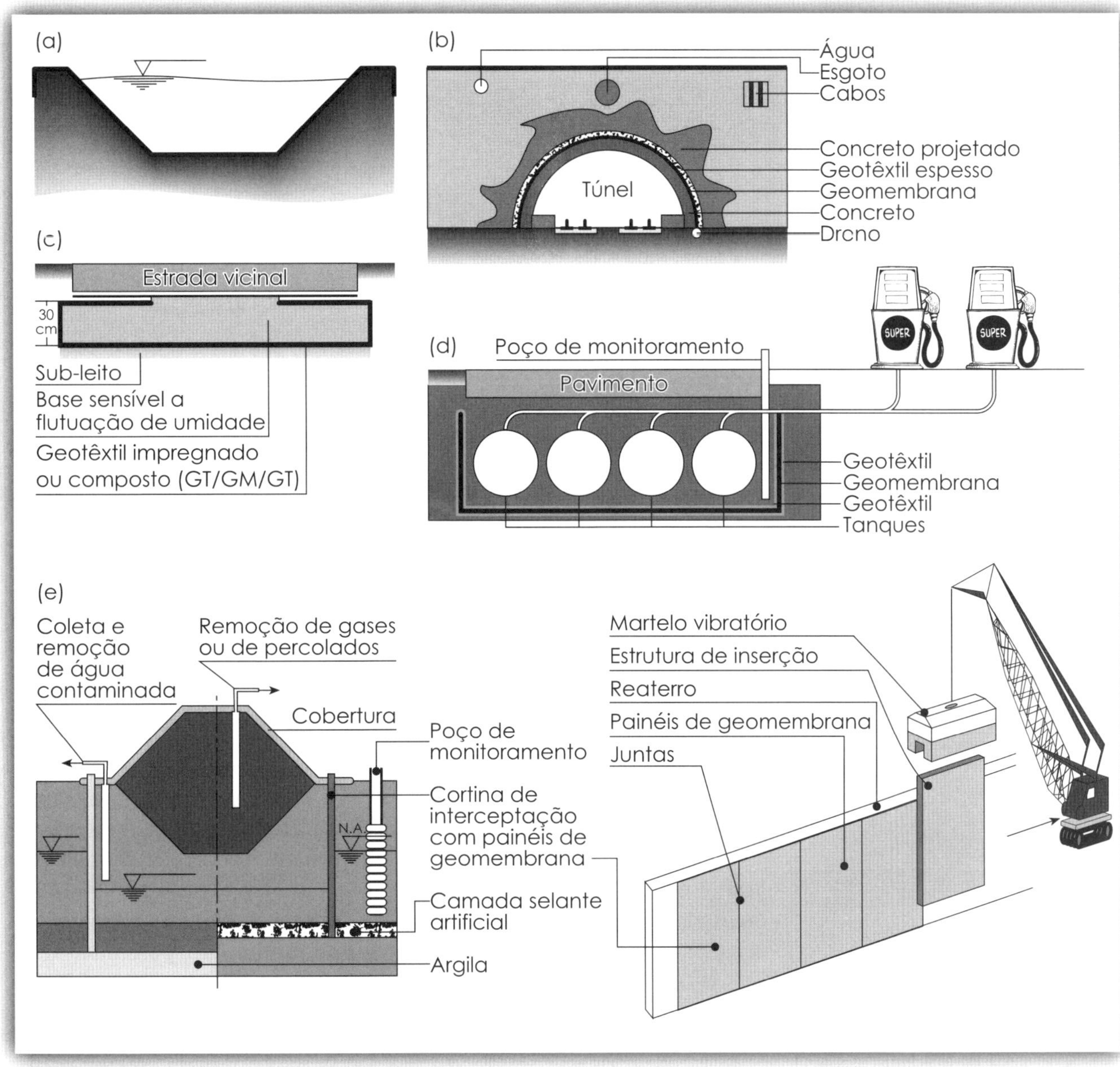

FIGURA 13-2
Algumas utilizações de sistemas impermeabilizantes compostos com geossintéticos.
(a) Canais de irrigação, adução e tanques de efluentes;
(b) revestimento de túneis;
(c) bases encapsuladas de estradas em solos sensíveis a flutuações de umidade;
(d) tanques subterrâneos de armazenamento;
(e) confinamento de áreas contaminadas com painéis de geomembrana. (adaptado de Brandl & Adam, 2000).

meabilizantes desses sistemas. A Fig. 13-3 ilustra aspectos gerais de um aterro de resíduos, com ênfase para as diferentes possibilidades de aplicação de geossintéticos.

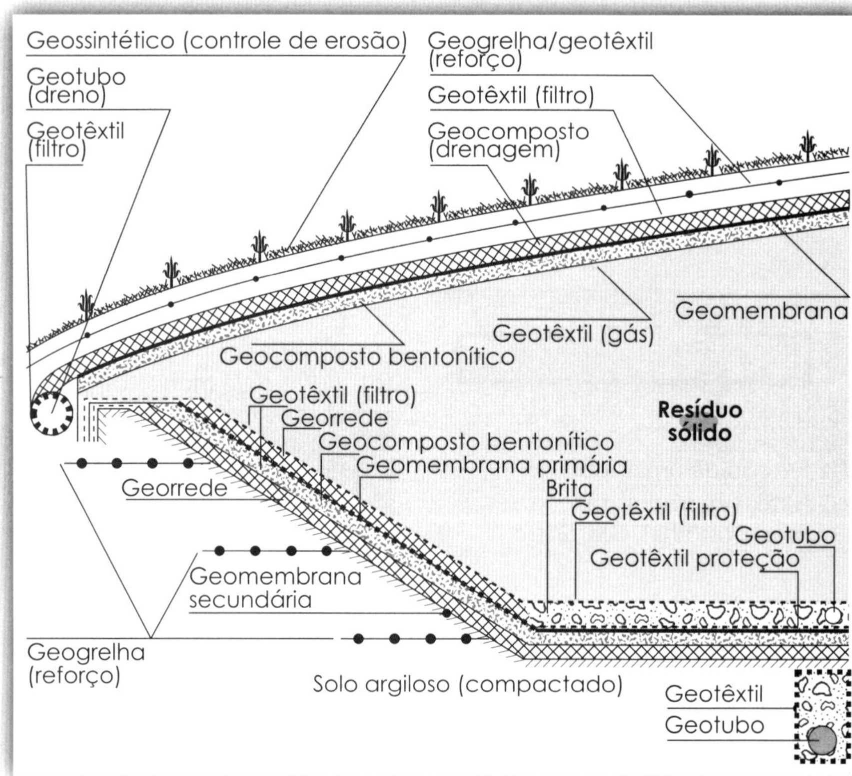

FIGURA 13-3
Aplicações típicas de geossintéticos em aterros de resíduos (adaptado de Koerner, 1998).

Nota-se, por exemplo, na Fig. 13-3, na base e nas laterais da cava do aterro, a presença de georredes para drenagem dos líquidos percolados através do aterro, geotêxteis cumprindo o papel de elemento de separação entre o resíduo e o meio drenante (georrede ou material granular) e geomembranas (primária e secundária) protegendo o solo de fundação e cumprindo a função de evitar que os líquidos percolados, gerados por degradação do resíduo ou por infiltração, possam atingir o solo de fundação e os lençóis de água superficial e subsuperficial. Subjacente à geomembrana primária, encontra-se outra camada impermeabilizante, construída com geocomposto argiloso, seguida por outra camada drenante, destinada a servir de camada de detecção de possíveis vazamentos do corpo do aterro e, finalmente, a geomembrana secundária assentada diretamente sobre o solo de fundação, no caso, um solo argiloso compactado. Essa configuração compõe uma barreira impermeabilizante dupla, com sistema de detecção de vazamentos e é comumente utilizada para a contenção de resíduos perigosos.

Anteriormente à construção dos elementos citados, pode existir a necessidade de se drenarem fontes e nascentes situadas na base do futuro aterro, o que se pode realizar com a construção de drenos empregando geotubos e geotêxteis com a função de filtro.

Tem-se, ainda, na Fig. 13-3, a presença de geossintéticos compondo a cobertura do aterro e com funções semelhantes à que desempenham na proteção de base. Destaca-se a presença da geomembrana e do geocomposto argiloso. Sua função consiste em impedir a entrada de água de infiltração no interior do maciço de resíduos e evitar o aumento da geração de líquidos percolados. Adicionalmente, a barreira impermeabilizante de cobertura pode conter e disciplinar o movimento de gases eventualmente gerados no resíduo, impedindo-os de se propagar descontroladamente na atmosfera. Para essa função, pode-se incorporar um geotêxtil ou um geocomposto drenante, capaz de coletar esses gases e de conduzi-los a um sistema de captação e de tratamento, para posterior uso.

Assim, é importante realçar que, com muita freqüência, são construídos drenos na forma de colchões ou trincheiras sobre e sob barreiras impermeáveis. Em síntese, os sistemas drenantes com geossintéticos concebidos para obras ambientais podem cumprir as seguintes funções:

a) Quando internos aos efluentes ou resíduos, visam captar os gases e percolados gerados para evacuá-los e prevenir o desenvolvimento de subpressões que iriam instabilizar a obra.

b) Quanto instalados sob o sistema de impermeabilização podem ser destinados a controlar o lençol freático ou a proteger o meio ambiente contra eventuais falhas e fugas de efluentes contaminantes.

c) Quando instalados sobre os efluentes ou resíduos, em suas coberturas, visam captar as águas pluviais, impedi-las de penetrar nos resíduos e aliviar o peso da própria cobertura.

Evidentemente, para cada uma dessas utilizações deve-se conceber um sistema específico de forma a não haver superposição de funções e o comprometimento de todo o sistema de impermeabilização.

As aplicações de geossintéticos com função de filtração e drenagem são tratadas especificamente nos Caps. 5 e 7.

Na massa de resíduo, propriamente dito, podem-se adotar alternativas de colocação de geossintéticos (não-indicadas na figura), como geocompostos drenantes, tanto para líquidos como para gases, e geomembranas de uso temporário, em substituição às camadas de solos de cobertura intermediárias. Essas geomembranas podem ser dispostas ao final de uma etapa de serviço e retiradas na retomada do lançamento, evitando o espalhamento de material pelo vento e a presença de animais, com evidente ganho de espaço no aterro. Geogrelhas podem ser úteis, também, durante a operação do aterro como reforço de subleito ou de base para o tráfego de veículos pelo maciço de resíduos, durante as operações de lançamento, espalhamento e compactação.

Na ilustração da Fig. 13-3, temos a presença de barreiras de base e de cobertura compostas com a utilização de grande quantidade de geossintéticos. Nem todos esses elementos estarão necessariamente presentes em qualquer aterro, porém constata-se a importância dos geossintéticos destinados à impermeabilização — na atualidade uma presença constante em sistemas de disposição de resíduos. Aspectos adicionais acerca de barreiras impermeabilizantes, das propriedades de geomembranas e de geocompostos argilosos, bem como as solicitações típicas por que passam em obra são apresentadas a seguir.

As primeiras aplicações de barreiras empregavam apenas solos de baixa permeabilidade, em geral compactados. O advento das geomembranas e, mais recentemente, dos geocompostos argilosos, modificou as configurações das barreiras, graças a uma série de vantagens, entre as quais se incluem o controle de qualidade de um produto manufaturado, a facilidade de instalação, a sua reduzida permeabilidade e o ganho de espaço no aterro. Assim, os diferentes materiais são utilizados às vezes isoladamente, mas muito comumente são combinados em diferentes configurações e arranjos, os quais dependem, em primeira aproximação, do tipo de resíduo a ser estocado. Nesse sentido, os resíduos são classificados em perigosos, não-inertes e inertes. A Fig. 13-4 ilustra algumas alternativas de barreiras.

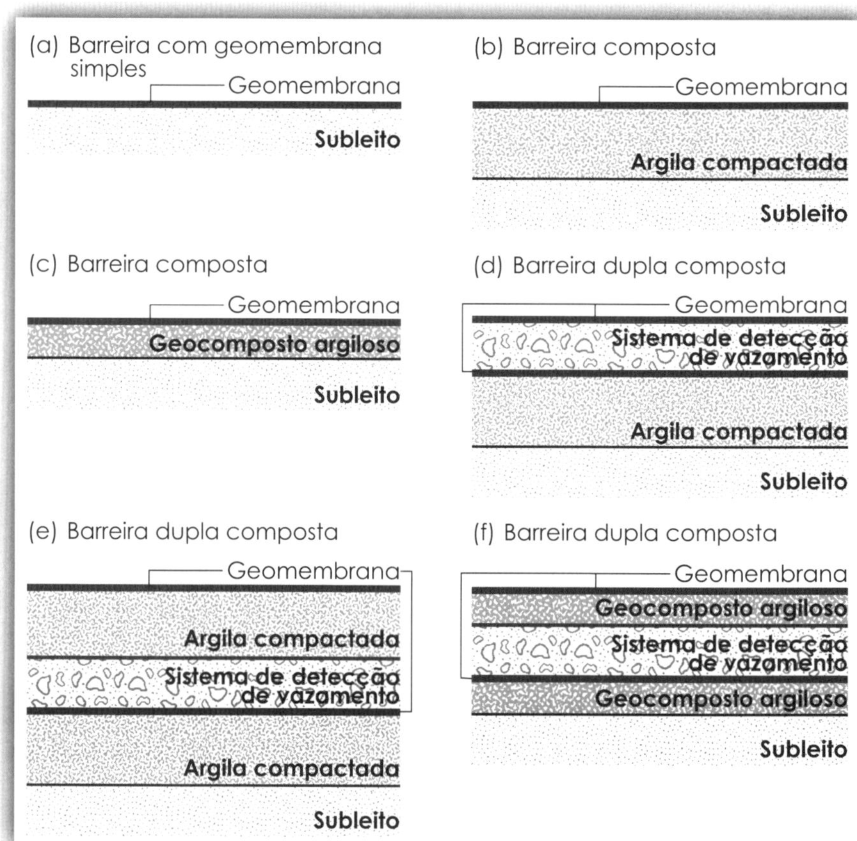

FIGURA 13-4
Exemplos de arranjos de barreiras impermeáveis de base.
(a) Barreira impermeável do tipo simples, em que a geomembrana repousa diretamente sobre o solo de fundação;
(b) barreira composta, em que se conciliam uma geomembrana e solo compactado de baixa permeabilidade;
(c) arranjo análogo a (b), apenas substituindo-se o solo compactado por um geocomposto argiloso;
(d) sistema de barreiras duplas em que se conciliam duas geomembranas, entremeadas por um meio drenante (material granular, georrede, etc.) e argila compactada. O meio drenante tem por função principal servir de camada de detecção e de coleta de líquidos que eventualmente vazem;
(e) arranjo de barreiras duplas compostas;
(f) arranjo análogo a (e), empregando geocomposto argiloso.
[Adaptado de Sharma & Lewis, 1994.]

Embora as geomembranas sejam consideradas impermeáveis, elas estão sujeitas a vazamentos seja por imperfeições de fabricação, de instalação e/ou de operação do sistema. Assim, a opção da Fig. 13-4(a) deve ser evitada, pois, na ocorrência de vazamentos, estes não poderão ser contidos ou atenuados. Nas outras opções, eventuais vazamentos poderão ser contidos pelas outras camadas da barreira como, por exemplo, a argila compactada na opção 13-4(b). Ressalte-se ainda que, nas seções apresentadas, estão omitidas as camadas drenantes no topo da barreira, eventuais camadas de proteção e de separação.

Assim, o interesse na adoção de sistemas compostos e de barreiras duplas visa prevenir que imperfeições de fabricação, danos de instalação e de operação das geomembranas causem a fuga descontrolada de percolado, o qual será contido pela camada inferior. No caso de barreiras duplas, o percolado poderá ser detectado e removido pelo dreno intermediário.

As camadas de cobertura têm função semelhante às camadas de base, no entanto estão sujeitas a outros tipos de solicitação. Por exemplo, quando o líquido, cuja infiltração para o interior do aterro se deseja controlar, é a água, a resistência química da geomembrana passa a ser uma questão secundária. Não obstante, há uma série de solicitações adicionais não-presentes na proteção de base, como ciclos de umedecimento e secagem, pressões de gás resultantes da decomposição do resíduo, erosões por ação da chuva e do vento, a ação de animais roedores, recalques por vezes elevados como em aterros de lixo urbano, a ação de raízes e deslizamentos do solo de cobertura. Essas questões tornam, muitas vezes, mais complexo o projeto de um sistema de cobertura do que o de uma impermeabilização de base.

Na prática brasileira, tem-se relegado a segundo plano a adoção de sistemas de cobertura, por razões econômicas, principalmente. No entanto, é fácil entender que a presença desse elemento é tão importante quanto as barreiras de fundo, por diversas razões. A mais imediata delas é que, impedindo-se a infiltração, serão reduzidas as quantidades de percolado a controlar no interior do maciço de resíduos, embora, em certos casos, seja conveniente uma cobertura permeável para acelerar a degradação dos resíduos, como através da técnica de recirculação de percolados, às vezes aplicada em aterros sanitários. A Fig. 13-5 mostra a composição típica de um sistema de cobertura.

Evidentemente, nem todas as camadas esquematizadas estarão presentes em qualquer projeto. Além disso, algumas camadas podem ser combinadas, como a camada superficial e a camada de proteção, escolhendo-se solos que ofereçam boa resistência mecânica e que propiciem um meio de crescimento para a vegetação. Camadas de controle e de captação de gás, por exemplo, só serão necessárias em resíduos capazes de gerar gases.

FIGURA 13-5
Exemplo de configuração de camada de cobertura de sistemas de disposição de resíduos.

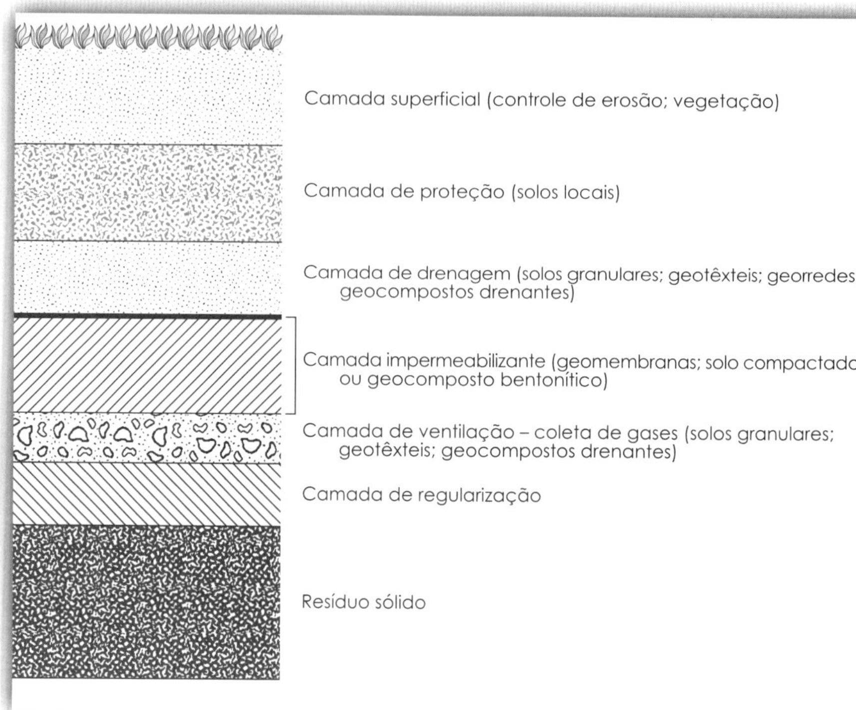

Como na base, a camada impermeável constitui o elemento crucial do sistema. Geossintéticos podem desempenhar essa função com muitas vantagens, já que solos compactados — a opção clássica — apresentam algumas desvantagens, como a pouca tolerância a recalques, ressecamento e expansão por ciclos de secagem/umedecimento e dificuldade de compactação sobre resíduos fofos e/ou moles.

A Tab. 13-4 mostra as principais características dos componentes de sistemas de cobertura de aterros de resíduos.

13.5 PROPRIEDADES RELEVANTES

13.5.1 Geomembranas

Matéria-prima

Propriedades associadas à matéria-prima são importantes no processo de composição e de fabricação da manta e incluem, entre outras, a densidade da resina e seu ponto de fusão.

Em certos casos, é necessário conhecer a composição molecular da membrana, seja para identificar os seus componentes, seja para superar problemas advindos da utilização de membranas de diferentes origens, como pode ocorrer ao se soldar uma membrana de polietileno antiga com uma mais nova, por exemplo. Nesse caso, o ensaio DSC-calorimetria diferencial, por exemplo, ajuda a determinar a melhor temperatura de soldagem para essas geomembranas.

TABELA 13-4
Características dos componentes básicos de sistemas de cobertura [Daniel, 1995]

Camada	Função primária	Materiais usuais	Observações
Superficial	Promover o crescimento da vegetação; evapotranspiração; prevenir erosão	Solo com húmus; pedregulhos (regiões áridas); geossintéticos para controle de erosão	Camada superficial para controle de erosão por água e/ou vento sempre é necessária
Proteção	Acumular água; proteger camadas inferiores contra raízes, animais e ação antrópica; proteger camada impermeável contra ressecamento e congelamento; manter estabilidade	Mistura de solos; pedregulhos	Alguma forma de proteção sempre é necessária; camadas superficiais e de proteção podem ser combinadas em uma única camada de cobertura
Drenagem	Drenar água de infiltração para minimizar seu contato com a barreira impermeável; minimizar forças de percolação	Areias; pedregulhos; geotêxteis; georredes e geocompostos	Opcional. Necessária quando quantidades excessivas de água atravessam a camada de proteção ou as forças de percolação são elevadas
Impermeável	Minimizar infiltração de água para o resíduo e o escape de gás para a atmosfera	Solos argilosos compactados; geomembranas; geocompostos argilosos	Normalmente é necessária; dispensável em regiões áridas
Coleta de gases	Coletar e transferir gás para pontos de remoção e/ou de geração	Areia; geotêxteis e georredes	Necessária se o resíduo produz quantidades excessivas de gás

Um aspecto importante e diretamente relacionado com o polímero que compõe a geomembrana é o seu grau de cristalinidade: as porções da cadeia molecular dos polímeros que se alinham em pequenas regiões são chamadas de "cristalinas", enquanto as regiões não-alinhadas são chamadas de "amorfas". Os dois polímeros termoplásticos mais utilizados na fabricação de geomembranas são os amorfos e os semicristalinos, os quais possuem parte de sua estrutura amorfa e parte cristalina. A porcentagem de cristalinidade varia de cerca de 30% no PVC até 70% no PEAD. Informações adicionais sobre matérias-primas são fornecidas no Cap. 2.

A Tab. 13-5 ilustra as principais características dos métodos de identificação química correntemente empregados em geomembranas.

Propriedades físicas e mecânicas da manta

Propriedades físicas, mecânicas e relacionadas ao meio ambiente, como a resistência aos raios ultravioleta ou ao ozônio, bem como a resistência química a diferentes substâncias, são medidas na geomembrana já manufaturada. Existe um grande número de normas e especificações de ensaios para geomembranas. Uma mesma propriedade é medida, às vezes, segundo métodos diferentes, causando confusão na escolha de um ou outro método, bem como na interpretação dos resultados. Os métodos mais citados na literatura são os da ASTM, do GRI e, mais recentemente, da ISO. A esses métodos somam-se os propostos em diversos países, como os da norma alemã, por exemplo. Nesse texto, a menos de citações específicas, listam-se as normas da ASTM pela ampla divulgação que elas já têm em nosso meio técnico e, sempre que disponível, a correspondente norma brasileira.

Entre as propriedades físicas destacam-se a espessura (que pode ser determinada através de vários procedimentos normalizados), a altura de asperezas, no caso de membranas texturizadas, e a massa por unidade de área. Há, também, métodos de ensaios para a determinação da transmissividade de vapor d'água e de vapor de diferentes solventes.

O ensaio mecânico mais correntemente efetuado é o de resistência a tração. Há várias configurações de corpos de prova e de ensaios para medir essa propriedade, sendo os ensaios unidirecionais os mais comuns. Nestes, corpos de prova são continuamente tracionados em máquinas universais de ensaio, registrando-se as deformações produzidas e as forças associadas. Esses ensaios empregam corpos de prova de dimensões relativamente pequenas, na forma de halteres, para que a ruptura possa produzir-se junto à seção estreitada e para que as deformações estejam contidas na capacidade de curso da máquina de ensaio. A norma ASTM D638 especifica as condições desses ensaios, que devem ser considerados como índice, pois servem mais para propósitos classificatórios do que propriamente para quantificação.

Ensaios de tração de banda larga representam com mais fidelidade diversas solicitações de tração. Nessa opção, empregam-se corpos de prova retangulares com 20 cm de largura e 10 cm de comprimento, como recomendam as normas NBR 12824 e ASTM D4885. Em geral, as resistências obtidas nos ensaios de banda larga são inferiores às obtidas nos ensaios com corpos de prova em forma de halteres.

Há ainda situações em que a membrana pode estar sujeita a solicitações multiaxiais, como as que ocorrem devido a recalques do material sobre o qual se apóia a membrana, e existem diversos arranjos de ensaio capazes de reproduzir esses casos em laboratório. Assim, ocorrem diferenças entre valores de resistência a tração, as quais dependem do tipo de ensaio utilizado, da forma e das dimensões do corpo de prova

TABELA 13-5
Principais características de métodos químicos de identificação de geomembranas [Halse *et al.*, 1991]

Método	Informação obtida	Vantagens[a]	Desvantagens
TGA (Termogravimétrico)	Tipo de polímero; aditivos; teor de cinzas; porcentagem de negro-de-fumo; temperaturas de decomposição	Medida direta; alta precisão; usado para todos os polímeros	Resultados qualitativos; custo elevado
DSC (calorimetria diferencial)	Ponto de fusão, cristalinidade; tempo de oxidação; transição vítrea	Medida direta, alta precisão, usado para todos os polímeros	Resultados qualitativos; limitado para polímeros clorados; custo elevado
TMA (termomecânico)	Coeficiente de expansão térmica linear; ponto de amolecimento; transição vítrea	Medida direta; alta precisão, usado para todos os polímeros	Custo elevado
IR (infravermelho)	Identifica aditivos, cargas e plastificantes; taxa de reação oxidativa	Usado para todos os polímeros	Preparação da amostra sem informação da resina; custo elevado
GC e HPLC (cromatografia)	Identifica aditivos e plastificantes	Medida direta	Preparação da amostra sem informação da resina, custo elevado
Densidade (ρ)	Densidade e cristalinidade	Medida direta, valores precisos, baixo custo	Somente polímeros selecionados; sem informação da resina
Índice de derretimento (MI)	Ponto de fusão e taxa de fluxo	Refere-se ao peso molecular; medida precisa; baixo custo	Limitado para polímeros clorados; valores empíricos
GPC (cromatografia por permeação de gel)	Distribuição de peso molecular	Valores precisos; técnica válida somente para peso molecular; usado para todos os polímeros	Não é de utilização comum; preparação da amostra; custo muito elevado

Observação: uma vantagem comum a todos os métodos é o tamanho extremamente reduzido das amostras para os ensaios, em comparação aos tamanhos típicos dos ensaios de propriedades físicas e mecânicas.

e da taxa de deformação aplicada durante o ensaio. A Fig. 13-6 ilustra curvas tensão-deformação de diversas geomembranas, onde se podem destacar diversos aspectos qualitativos e quantitativos referentes à tração desses materiais.

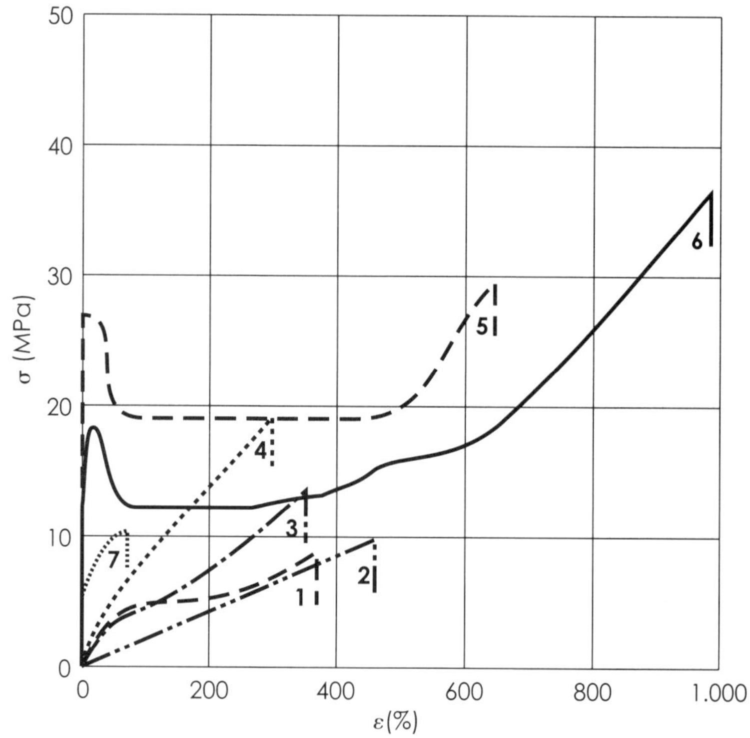

FIGURA 13-6
Curvas típicas tensão-deformação para diferentes tipos de geomembrana. 1, PECS; 2,butil; 3, PEC; 4, PVC; 5, PP; 6, PEAD; 7 membrana impregnada, reforçada com trama de PE [Rigo e Cazzuffi, 1991].

Considerando apenas as geomembranas de maior uso, pode-se destacar:

a) As geomembranas de PEAD são relativamente rígidas, pois atingem uma tensão de escoamento para cerca de 17% de deformação. À medida que aumentam as deformações, cai a tensão, que principia novamente a aumentar para cerca de 400% de deformação até a ruptura, que ocorre em cerca de 1.000% de deformação.

b) As geomembranas de PVC são mais flexíveis e apresentam uma curva tensão/deformação diferente da observada para PEAD, com as tensões crescentes com as deformações até a ruptura, que se processa para deformações superiores a 300%.

c) Considerando a tensão de escoamento do PEAD como representativa da tensão de ruptura, observa-se que o PEAD e o PVC apresentam resistências a tração de magnitudes muito próximas.

d) As demais geomembranas têm características tensão/deformação que se aproximam ou das membranas de PEAD ou de PVC; ou seja, dependendo do material, tendem a ser mais rígidas ou mais flexíveis.

Os resultados dos ensaios de resistência a tração são úteis para o controle de qualidade durante a fabricação, para a comparação entre variações nos processos de produção, para a comparação entre diferentes produtos, para identificação, para verificar a variação mecânica provocada após a incubação em diferentes substâncias e para verificar a variação provocada após envelhecimento.

Outros ensaios mecânicos que traduzem solicitações comuns em geomembranas são o de resistência a puncionamento e a rasgos. Muitas vezes as geomembranas são colocadas sobre ou sob material pontiagudo ou com cantos-vivos, como pode ocorrer quando estão em contato com materiais granulares de camadas drenantes. À medida que crescem os carregamentos, esses materiais tendem a puncionar a geomembrana e abrir uma passagem para os líquidos e vapores contidos. Como no ensaio de resistência a tração, há diversas alternativas para se medir essa propriedade, com diferentes arranjos e técnicas de ensaio que, além disso, incluem ensaios estáticos e dinâmicos. As normas NBR 13359 e ASTM D4833 especificam as condições de um ensaio de puncionamento estático correntemente utilizado. De qualquer maneira, as opções disponíveis devem ser entendidas como ensaios-índices ou qualitativos, considerando-se a pequena quantidade de amostra utilizada e a dificuldade de associar os resultados das diferentes alternativas com o desempenho em campo. Para a aplicação prática, a tendência é buscar-se um ensaio que consiga reproduzir mais adequadamente as solicitações de campo, inclusive reproduzindo as condições do material de base da membrana e do material a ser estocado.

A resistência a puncionamentos das geomembranas pode ser melhorada com a utilização conjunta de um geotêxtil atuando como reforço. O aumento da resistência estará condicionado pelas características desse geotêxtil, como o seu tipo, resistência a tração, gramatura e espessura sob carga. Os benefícios da utilização conjunta de um geotêxtil necessitam ser cotejados com uma possível redução de resistência de interface, considerando-se as baixas resistências que usualmente se desenvolvem entre diferentes geossintéticos.

Alguns fabricantes fornecem geomembranas solidarizadas com geotêxtil, constituindo geocompostos impermeabilizantes, o que minimiza o problema, pois a resistência da interface solidarizada tende a ser maior do que a resistência entre a geomembrana e o geotêxtil apenas superpostos. As combinações de geomembranas com geotêxteis substituem geomembranas mais espessas e, portanto, são geocompostos mais leves e mais fáceis de manusear. Maiores informações sobre esse tema são fornecidas no Cap. 9.

Principalmente durante a instalação, uma geomembrana está sujeita a rasgar-se por ação do vento ou por manuseio inadequado. Uma alternativa de ensaio para se conhecer a resistência ao rasgo é a oferecida pela norma ASTM D 1004. O corpo de prova apresenta, em sua região central, uma reentrância que forma um ângulo de 90°, por onde o rasgo se propagará ao se tracionar a geomembrana. A máxima tensão aplicada constitui a resistência ao rasgo, valor que deve ser tomado como índice, já que não existe uma relação entre o valor de laboratório e o desempenho em campo.

As geomembranas, dependendo das condições de carga e de sua composição, podem estar sujeitas a ruptura por fissuras de tração (*stress cracking*). Esta é definida como a ruptura ou quebra de uma geomembrana de polietileno devida a uma tensão de tração inferior à resistência a tração da membrana. As rupturas por fissuras de tração parecem ser condicionadas por questões ambientais, como a exposição da membrana a variações de temperatura, o que pode induzir o surgimento de tensões de tração. Além disso, a presença de ranhuras e arranhões, deformações concentradas, bem como a superposição de soldas por extrusão, podem desencadear a ruptura.

De acordo com o ensaio ASTM D 5397 para verificação de fissurações sob tensão, submetem-se vários corpos de prova, imersos em solução específica (Igepal), a 50°C, a distintos carregamentos. Mede-se o tempo de ruptura para cada nível de carregamento, obtendo-se uma curva em que se distinguem um trecho de comportamento dúctil e outro de ruptura frágil. Uma geomembrana de PEAD apresentará boa resistência a ruptura por fissuras de tração se o tempo para transição entre o comportamento dúctil e frágil for superior a, pelo menos, 200 horas. Um procedimento alternativo consiste em utilizar um único corpo de prova e submetê-lo a 30% da tensão de tração de ruptura observada nos ensaios em halteres. Nesse caso, o corpo de prova deve resistir à tensão por pelo menos 100 horas. Como não é possível obter uma correlação entre o resultado do ensaio e o comportamento de campo, os resultados são válidos para o controle de qualidade de fabricação.

Do ponto de vista prático, a prevenção de ruptura por fissuras de tração, em geomembranas susceptíveis a esse fenômeno, pode ser conseguida atentando-se para os seguintes pontos:

- instalar a geomembrana com folga suficiente para compensar eventuais retrações térmicas;
- executar emendas uniformes para prevenir a concentração de esforços em pontos falhos e a conseqüente propagação de fissuras de tração;
- adotar uma adequada composição da manta, em termos de polímero e aditivos, para balancear as principais características, como a cristalinidade, a densidade, o peso molecular e a orientação das moléculas.

A Tab. 13-6 sintetiza resultados de resistência a tração, resistência a rasgos e resistência a puncionamentos de algumas geomembranas fabricadas no Brasil.

Resistências de interfaces entre geomembranas e diferentes materiais

Na análise de sistemas de contenção de resíduos ou de efluentes, é necessário conhecer as resistências que podem se desenvolver entre a geomembrana e o solo subjacente, entre a geomembrana e outros geossintéticos, entre diferentes geossintéticos, e entre estes e o resíduo a ser estocado. Tal necessidade se prende ao fato de que, por vezes, as barreiras impermeáveis são compostas por diferentes geossintéticos ou repousam sobre solos de baixa resistência, de forma que as interfaces podem se constituir em planos preferenciais de ruptura e condicionar a estabilidade do resíduo, de coberturas e da barreira como um todo.

TABELA 13-6
Valores médios de algumas propriedades de geomembranas fabricadas no Brasil*

Produto	Resistência a tração – CP em forma de haltere[a] (MPa)		Punção[b] (*N*)	Resistência a rasgos[c] (*N*)	
	Longit.	Transv.		Longit.	Transv.
PEAD 0,8 mm	19	19	389	126	129
PEAD 2,5 mm	18	20	911	338	344
PVC 1,0 mm	18	16	266	52	49
PVC 2,0 mm	17	15	504	92	95

(a) ASTM D638; (b) ASTM D4833; (c) ASTM D1004. *Propriedades medidas pelo Laboratório de Geossintéticos da EESC-USP, nos anos de 2000-2001, em amostras enviadas pelos fabricantes

Há inúmeras informações acerca das resistências de interfaces produzidas em diferentes épocas e seguindo diferentes técnicas. Assim, muito da informação presente na literatura deve ter o seu universo de abrangência limitado aos materiais e condições a partir dos quais foram obtidas. Os ensaios que fornecem essas resistências são o ensaio clássico de cisalhamento direto, preparado segundo diferentes configurações, o ensaio de plano inclinado e o ensaio de arrancamento. O ensaio de cisalhamento direto de grandes dimensões segue o preconizado pela ASTM D5321 e emprega corpos de prova quadrados, com 30 cm de lado.

Os resultados são interpretados de acordo com o critério de resistência de Mohr-Coulomb, que admite envoltória de resistência linear e que pode ser expressa como

$$s = c_a + \sigma \operatorname{tg} \delta, \qquad [13\text{-}1]$$

sendo:

c_a a adesão entre o geossintético e o solo;
c o intercepto de coesão do solo;
δ o ângulo de atrito entre solo e geossintético.

Quando a geomembrana está em contato com o solo, pode-se esperar que diversos fatores tendam a afetar a resistência da interface. Por exemplo, o umedecimento da interface de geomembrana apoiada sobre argila, provocado por condensação de água ou por água advinda de processos de adensamento, pode reduzir consideravelmente a resistência que haveria caso essa umidade não estivesse presente. Acrescente-se a isso que as condições de cisalhamento do solo, se drenado ou não-drenado, desempenharão importante influência na resistência disponível. Tem-se verificado, também, que a resistência de interface entre argila e geomembrana varia com a tensão normal (envoltória de resistência curvilínea), diferentemente do pressuposto no critério de resistência de Mohr-Coulomb: para baixos valores de tensão normal, as resistências são crescentes com a tensão normal, para em seguida tornarem-se aproximadamente constantes.

Outro aspecto condicionante da resistência a se utilizar em projeto, refere-se ao fato de que a resistência de pico é atingida para valores muito baixos de deslocamentos, havendo significativas reduções póspico, quando a resistência encaminha-se para a resistência residual.

Os resultados de ensaio com solo costumam também ser apresentados através da eficiência, que nada mais é do que a relação entre a resistência de interface e a resistência do solo:

$$E_a = \frac{c_a}{c} \quad \text{e} \quad E_\phi = \frac{\operatorname{tg}\delta}{\operatorname{tg}\phi} \qquad [13\text{-}2]$$

em que

E_a é a eficiência com relação à adesão;
E_ϕ a eficiência com relação ao atrito; e
ϕ o ângulo de atrito do solo.

A Tab. 13-7 sintetiza faixas de variações da resistência de interface entre solos e geomembranas, entre solos e outros geossintéticos, e entre diferentes geossintéticos. Constatam-se, de imediato, variações de grande magnitude, o que pode ser creditado aos diferentes tipos de ensaio utilizados e seus condicionamentos, à forma de interpretação dos resultados, à consideração da resistência de pico ou residual, à variabilidade das composições e dos processos de fabricação dos diferentes geossintéticos. De fato, conforme citado anteriormente, são muitas as interferências possíveis, que incluem as condições de drenagem dos solos em contato com as geomembranas e outros geossintéticos, a faixa de tensões considerada, a possibilidade de umedecimento das interfaces e o fato de que, comumente, a resistência de pico é mobilizada para pequenos deslocamentos, com significativas reduções à medida que aumentam os deslocamentos, até atingir-se a resistência residual. Assim, os valores da Tab. 13-7 são apenas ilustrativos, evidenciando-se a necessidade de ensaios específicos que procurem retratar, o mais fielmente possível, as condições de solicitação de obra, com vistas à definição dos parâmetros de projeto.

Resistência química e durabilidade

A resistência que as geomembranas podem oferecer a diferentes substâncias constitui uma propriedade fundamental, uma vez que, se ela for de alguma forma afetada pelas substâncias presentes, a sua função de impedir a passagem de contaminantes poderá ser comprometida.

A resistência química das geomembranas tem sido determinada pelos fabricantes e por institutos de pesquisa para diferentes substâncias, como se pode comprovar pela Tab. 13-8. Esta pode ser utilizada como um guia geral, no entanto há uma série de situações em que é necessário conhecer como uma geomembrana se comporta frente a uma certa substância. Isso pode ocorrer, por exemplo, quando: a geomembrana estiver em contato com líquidos compostos por diferentes substâncias, onde efeitos sinergéticos poderão comprometer o desempenho da manta; a geomembrana for composta de uma mistura de materiais; o percolado variar sua composição química ao longo do

TABELA 13-7
Faixas de variação de ângulos de atrito de interface (em graus) entre solos e geomembranas [simplificada de Sharma e Lewis, 1994]

Material	Areias	Argilas	PVC	PEAD lisa	PEAD texturizada	Georrede
Geomembrana PVC	20 – 30	6 – 15	—	—	—	—
Geomembrana lisa PEAD	17 – 25	5 – 10	—	—	—	—
Geomembrana texturizada PEAD	30 – 40	9 – 15	—	—	—	—
Geotêxtil tecido	23 – 42	16 – 26	10 — 28	7 – 11	9 –17	9 – 18
Geotêxtil nãotecido agulhado	25 – 44	15 – 28	16 – 26	8 – 12	15 – 33	10 – 27
Georrede	—	—	11 — 24	5 – 19	7 – 25	—

tempo; ocorrerem condições extremas não-contempladas pelos testes divulgados pelo fabricante ou presentes na literatura, como, por exemplo, um efluente lançado a elevadas temperaturas.

Nota importante:
a definição de desempenho adequado, empregada na Tab. 13-8, pode variar significativamente para cada aplicação e em função da expectativa de vida desejada. Aparentemente, materiais similares podem apresentar grande variação de desempenho para a mesma exposição, dependendo de sua formulação. Dessa forma, os dados acima são meramente indicativos e não devem ser utilizados como fonte para escolha e/ou especificação de geomembranas.

TABELA 13-8
Resistência química de geomembranas [*apud* Sharma e Lewis, 1994]

Geomembrana	Borracha butil		PEC		PECS		Poliolefina elasticizada		Borracha epicloroidina		PEMD		Neoprene		PEAD		PVC	
Agente químico	Temperatura																	
	A	B	A	B	A	B	A	B	A	B	A	B	A	B	A	B	A	B
Hidrocarbonos asfálticos	O	O	X	X	O	O	X	O	X	X	O	O	X	X	X	X	O	O
Hidrocarbonos aromáticos	O	O	O	O	O	O	X	O	X	X	O	O	X	X	X	X	O	O
Solventes clorados	X	X	O	O	O	O	X	O	X	X	X	O	X	O	X	X	O	O
Solventes oxigenados	X	X	O	O	O	O	X	O	X	O	X	X	X	X	X	X	O	O
Solventes de petróleo bruto	O	O	X	X	O	O	X	O	X	X	O	O	X	X	X	X	O	O
Álcoois	X	X	X	X	O	O	X	O	X	X	X	X	X	X	X	X	X	X
Ácidos orgânicos	X	X	X	X	X	O	X	O	X	O	X	X	X	X	X	X	X	X
Ácidos inorgânicos	X	X	X	X	X	O	X	O	X	O	X	X	X	X	X	X	X	X
Bases orgânicas	X	X	X	X	X	O	X	O	X	X	X	X	X	X	X	X	X	X
Bases inorgânicas	X	X	X	X	O	X	O	X	X	X	X	X	X	X	X	X	X	X
Metais pesados	X	X	X	X	X	O	X	X	X	X	X	X	X	X	X	X	X	X
Sais	X	X	X	X	X	O	X	X	X	X	X	X	X	X	X	X	X	X

A = 38°C; B = 70 °C; X = desempenho adequado, em geral; O = resistência fraca, em geral.

Em casos de situações específicas, tem-se recorrido ao método 9090 da EPA, a despeito das muitas críticas que se possam fazer ao seu procedimento. Nesse método, determinam-se uma ou mais propriedades mecânicas ou químicas da geomembrana virgem e, após sua imersão na substância de interesse, durante determinados períodos de tempo e a diferentes temperaturas (23°C e 50°C são as temperaturas de referência), executam-se novos ensaios comparativos. O período máximo recomendado é de 120 dias, e o ensaio deve ser visto como um indicador da possibilidade de degradação da geomembrana frente a uma determinada substância e não como um quantificador, já que não há um critério apropriado para definir perdas aceitáveis e nem é esse o objetivo do método. Outras críticas à eficiência do método dizem respeito à inexistência de correlação entre as variações observadas em campo e em laboratório, ao tempo de ensaio relativamente curto, frente à vida útil da obra, ao fato de as amostras não estarem sujeitas a qualquer carregamento e à possibilidade de o ensaio empregado na avaliação da degradação não ser sensível o suficiente para detectar possíveis variações estruturais.

Além do efeito das substâncias químicas, qualquer ação que afete a cadeia polimérica tende a alterar o desempenho da geomembrana a longo prazo. Comumente, esses efeitos se manifestam pelo enrijecimento da manta, traduzido por um aumento da resistência à ruptura e redução da deformação correspondente mas podem também se manifestar por modificações em suas características de permeabilidade e transmissividade. Entre esses efeitos, citam-se a oxidação e a ação de raios ultravioleta, da temperatura e de agentes biológicos.

Para combater a ação dos raios ultravioleta e da oxidação, recorre-se a vários aditivos na composição da geomembrana, como negro-de-fumo, antioxidantes e outros agentes estabilizadores. A presença e a dispersão de negro-de-fumo pode ser avaliada pelos métodos ASTM D1603 e ASTM D3015. A resistência a raios ultravioleta é determinada segundo procedimento similar ao utilizado na determinação da resistência química, expondo-se a manta, em laboratório, a condições controladas de raios ultravioleta, ou em ambiente externo, diretamente sob a luz solar. Ensaios de referência são comparados na amostra virgem e efetuados após exposição da membrana a raios ultravioleta, relatando-se a porcentagem de resistência retida pela membrana após certo tempo de exposição. Métodos aplicáveis são o ASTM D4355 e ASTM D1435.

Os processos de oxidação ocorrem pela interação entre radicais livres e o oxigênio, e afetam a cadeia polimérica da resina, num processo que tende a aumentar gradativamente, uma vez deflagrado. A avaliação da quantidade e da depleção de antioxidantes em membranas pode ser obtida em ensaios térmicos, como o de DSC, descrito na Tab. 13-5, em que se satura de ar o recipiente contendo a geomembrana e mede-se o OIT - tempo de indução da oxidação.

A deterioração de geomembranas por agentes biológicos compreende a ação de animais (roedores e insetos), raízes e microorganismos, com efeitos de difícil quantificação. Em primeira aproximação pode-se esperar que geomembranas mais resistentes possam também suportar a ação de animais e raízes, a menos que em suas composições entrem substâncias que atraiam roedores. A ação de microorganismos parece não afetar as cadeias poliméricas, no entanto podem afetar geossintéticos em contato com as geomembranas, como geotêxteis destinados à filtração e separação que podem se colmatar.

Frise-se, também, que variações de temperatura podem afetar o desempenho de geomembranas. O efeito parece ser mais marcante para altas do que para baixas temperaturas. O método ASTM D794 fornece recomendações de ensaio para avaliação das mudanças provocadas pela elevação de temperatura.

13.5.2 Geocompostos argilosos

Condutividade hidráulica

De uma forma geral, a condutividade hidráulica de geocompostos argilosos (GCL) varia entre 10^{-10} e 10^{-8} cm/s, em relação inversa à intensidade da tensão normal atuante. Dados experimentais indicam não haver diferenças significativas de condutividade entre os diferentes geocompostos argilosos, com exceção, evidentemente, dos que utilizam geomembranas. No que se refere às emendas por superposição, também há comprovação de que funcionam adequadamente, não comprometendo a baixa condutividade da manta.

Resistência ao cisalhamento

A resistência de geocompostos argilosos pode ser separada considerando duas possibilidades de ruptura: uma passando pelo próprio corpo da bentonita (resistência interna) e outra pela interface entre o geotêxtil (ou geomembrana) e o material adjacente (resistência de interface).

Um problema associado aos geocompostos argilosos reside nas baixas resistências das bentonitas, quando hidratadas. Bentonitas secas apresentam ângulos de atrito por vezes superiores a 30°; contudo, quando hidratadas, esses ângulos caem até a valores inferiores a 10°. Isso pode gerar situações de instabilidade, quando rupturas podem ocorrer através da bentonita. As técnicas de reforço introduzidas na produção de diversas classes de geocompostos argilosos têm permitido superar essa deficiência, contudo as condições de uso devem garantir a permanência desse benefício. Por exemplo, em camadas de cobertura, a ação das intempéries pode expor e solicitar o geocomposto, comprometendo esse benefício a longo prazo.

Da mesma forma que os demais geossintéticos, as informações disponíveis acerca da resistência de geocompostos argilosos apresentam grande dispersão, pelas características dos ensaios empregados, condições de hidratação, tipo de geossintético, forma de união, condições de dissipação de pressões neutras e influência das características químicas do fluido de hidratação. Assim, sugerem-se ensaios específicos para a definição de parâmetros de projeto, onde se possam levar em conta as características de solicitação do material em obra.

A resistência de interface fica condicionada, entre outros fatores, pelo material em contato com o geocomposto e pela possibilidade de a bentonita escapar do invólucro de geotêxteis e lubrificar a interface. Em função da grande variedade de situações que podem ocorrer, o mais indicado para cada situação específica é realizar ensaios em que as condições de campo possam ser reproduzidas a contento, principalmente em relação às condições de umidade e de dissipação de pressões neutras.

Autocicatrização

Danos de instalação e de operação podem provocar furos em geocompostos argilosos. No entanto a elevada capacidade de expansão da bentonita componente dos geocompostos argilosos faz com que a autocicatrização ocorra com facilidade, dependendo do tamanho do furo. Experimentos de laboratório com geocomposto do tipo colado, seco e com abertura controlada de furos revelaram que furos com diâmetro inferior a 25 mm pouco afetam a condutividade hidráulica após hidratar a bentonita, estando esta confinada.

Outra situação em que a autocicatrização se faz presente ocorre em processos decorrentes de ciclos de umedecimento e secagem. Os geocompostos, depois de hidratados, expandem e, quando ressecados, contraem e trincam, com aumento da permeabilidade. Experimentos laboratoriais revelam que, também nesses casos, a capacidade de autocicatrização recupera as propriedades hidráulicas do geocomposto, quando novamente hidratado, praticamente sem alteração da condutividade. Um aspecto ainda não-esclarecido suficientemente é a presença de cátions capazes de substituir o Na^+ da bentonita. Dependendo do cátion, é possível haver interferências na permeabilidade da manta e na capacidade de expansão da bentonita. Um expediente utilizado para prevenir problemas dessa natureza consiste em saturar o GCL com água, anteriormente ao seu contato com o percolado que possa conter cátions trocáveis. Tem-se também, nesses casos, substituído a bentonita sódica por bentonita cálcica. Esta apresenta menor capacidade de troca, no entanto tem maior condutividade hidráulica e menor expansão.

13.6 ESFORÇOS SOLICITANTES EM GEOMEMBRANAS

Além das solicitações de natureza física e química, também atuam sobre as geomembranas esforços mecânicos decorrentes de várias ações, como o peso próprio, o peso do resíduo a estocar, a dilatação térmica, recalques, arraste provocado por deslizamento do resíduo ou da cobertura, e vento, entre outras. Essas solicitações servirão para estabelecer uma espessura mínima que, no entanto, poderá ser modificada por imposições construtivas e características de sobrevivência à instalação, ou, ainda, por especificações de agências reguladoras. Apresentam-se, a seguir, modelos para cálculo de algumas dessas ações.

13.6.1 Tensões devidas ao próprio peso

As geomembranas têm como função primária a estanqueidade e por isso os esforços sobre ela devem ser minimizados. Não obstante, certas ações sempre estarão presentes, como o peso próprio da membrana disposta sobre um talude (Fig. 13-7).

O peso da geomembrana (W), por metro de comprimento do talude, será:

$$W = \gamma_{GM} t \frac{H}{\operatorname{sen} \beta} \qquad [13\text{-}3]$$

Assim, a tensão atuante na geomembrana fica expressa por:

$$\sigma_{t_A} = \frac{W \operatorname{sen} \beta - W \cos \beta \operatorname{tg} \delta}{t} \qquad [13\text{-}4]$$

sendo:
γ_{GM} o peso específico da geomembrana;
t a espessura da geomembrana;
H a altura do talude;
β o ângulo de inclinação do talude;
σ_{tA} a tensão de tração atuante na geomembrana;
W o peso da geomembrana; e
δ o ângulo de atrito entre a geomembrana e o material de fundação.

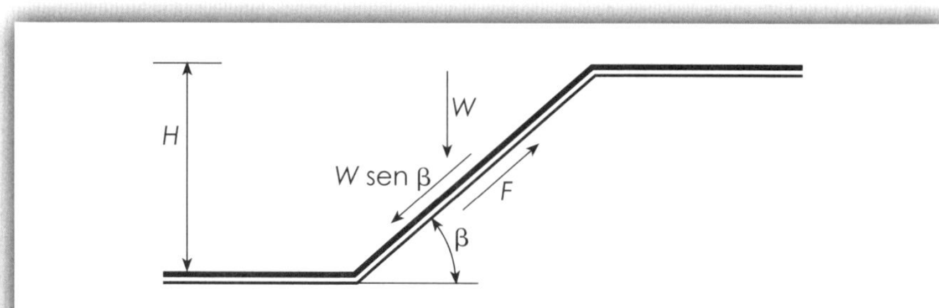

FIGURA 13-7
Ação do próprio peso da geomembrana.

13.6.2 Tensões causadas por recalques

Outras ações mais difíceis de quantificar referem-se à possibilidade de recalques do solo de fundação e a arraste da geomembrana, promovida pela movimentação do resíduo estocado, da camada de proteção ou do solo de cobertura. Destaque-se que, além dos recalques do solo, recalques do resíduo estocado afetam rotineiramente as membranas posicionadas nos sistemas de cobertura.

No caso de ocorrência de um recalque ΔH , como assinalado na Fig. 13-8, verifica-se que a membrana passa a ser tracionada. No modelo proposto por Koerner (1998), para se calcular a espessura da geomembrana capaz de suportar as tensões despertadas, é necessário conhecer o comprimento de mobilização, a mínima distância necessária para mobilizar toda a resistência da geomembrana, quando confinada sob uma certa tensão normal. A Fig. 13-9 mostra o comprimento de mobilização para membranas de PEAD e de PVC.

Considerando o equilíbrio de forças na direção horizontal (Fig. 13-8), pode-se escrever:

$$T \cos\alpha = F_{U\sigma} + F_{L\sigma} + F_{LT}, \qquad [13\text{-}5]$$

resultando para a força de tração na geomembrana:

$$T = \frac{\sigma_n x(\text{tg } \delta_U + \text{tg } \delta_L)}{\cos\alpha - \text{sen } \alpha \text{ tg } \delta_L} \qquad [13\text{-}6]$$

Conhecendo-se a tensão de ruptura da geomembrana (σ_r) e o fator de segurança (FS) que se deseja no dimensionamento, pode-se determinar a mínima espessura (t) para resistir ao esforço calculado (T):

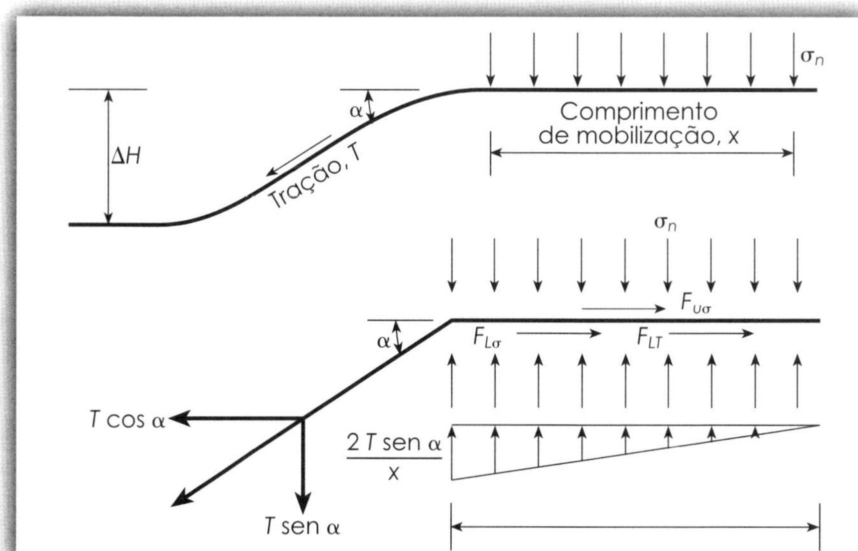

FIGURA13-8
Geomembrana tracionada por recalque da fundação e modelo de cálculo [Koerner, 1998].

$$t = \frac{\sigma_n x(\text{tg}\ \delta_U + \text{tg}\ \delta_L)}{(\sigma_r / FS)(\cos\alpha - \text{sen}\ \alpha\ \text{tg}\ \delta_L)} \qquad [13\text{-}7]$$

Os símbolos adicionais da Eqs. [13-5], [13-6] e [13-7] são:

$F_{U\sigma}$ a força de atrito sobre a geomembrana, devido ao peso de material estocado (se for um líquido, como num canal ou lagoa, essa força será nula);
$F_{L\sigma}$ a força de atrito sob a geomembrana, devido ao peso de material estocado;
F_{LT} a força de atrito sob a geomembrana, devido à componente vertical da força de tração T;
α o ângulo de subsidência;
σ_n a tensão normal, devido ao peso de material estocado;
δ o ângulo de atrito entre a geomembrana e o material adjacente;
x o comprimento de mobilização (Fig. 13.9)

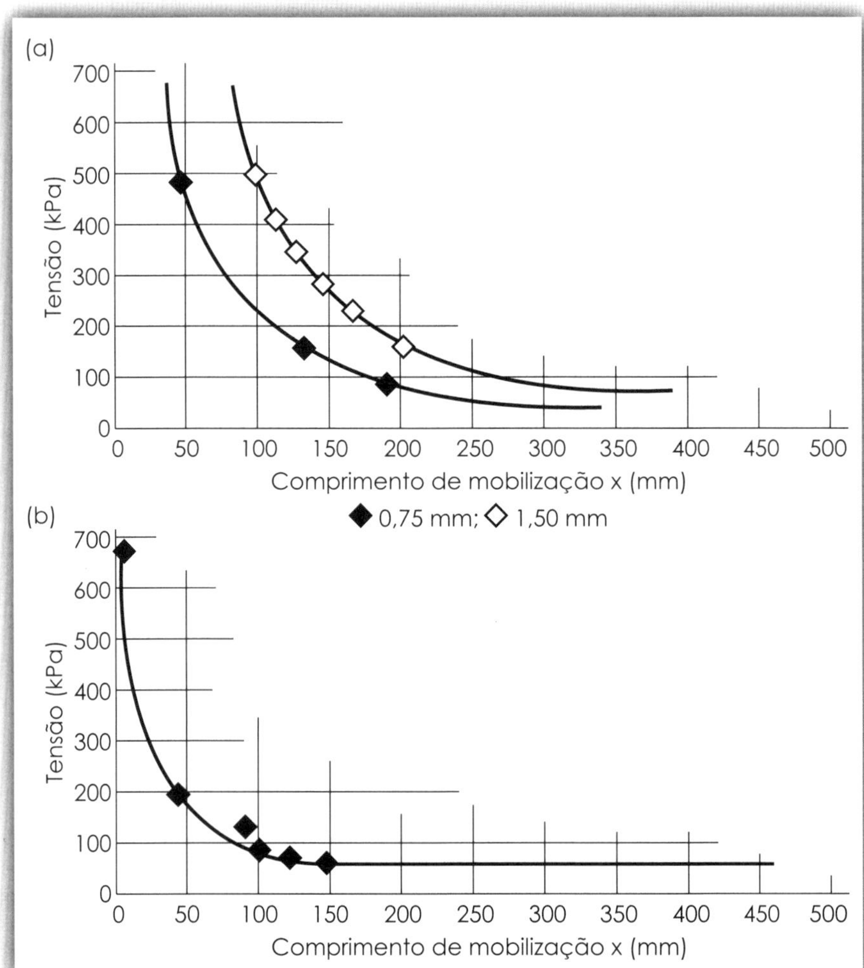

FIGURA 13-9
Comprimentos típicos de mobilização e tensões normais associadas para geomembranas de (a) PEAD e de (b) PVC. [KOERNER, 1998].

13.6.3 Tracionamento devido a arraste

Outra solicitação importante refere-se à possibilidade de arraste da geomembrana provocado pelas solicitações de atrito que possam se desenvolver entre a geomembrana e o material imediatamente sobrejacente. Sendo F_U a força de atrito sobre a geomembrana (devida, por exemplo, ao resíduo estocado, à camada de proteção mecânica, à camada de drenagem) e F_L a correspondente força entre a geomembrana e o material subjacente, se F_U for maior que F_L, a membrana passa a ser tracionada e pode romper. Cumpre, assim, verificar a resistência a tração da geomembrana (e de qualquer geossintético componente da barreira e sujeito ao mesmo tipo de solicitação).

Sharma & Lewis (1994) sugerem como alternativa de abordagem dessa questão que se apele para uma solução de natureza física, como, por exemplo, conciliar os materiais em contato. Assim, reduzir o coeficiente de atrito entre a geomembrana e o material sobrejacente (F_u) e fazer com que esse atrito seja inferior ao atrito que se desenvolve entre a geomembrana e o material subjacente (F_L) minimiza os efeitos de arraste. A adoção de um geotêxtil sobre a geomembrana pode facilitar essa tarefa, contudo em todas essas situações é indispensável verificar a estabilidade do corpo do aterro, que pode ter uma ruptura condicionada por esses planos de menor resistência.

13.6.4 Tensões causadas por dilatação térmica

Variações de temperatura ocasionam expansão e contração das membranas. Isso pode despertar tensões de tração e é um importante tópico construtivo, visto ser necessário preverem-se folgas de instalação capazes de compensar as deformações geradas. A elongação da manta por variação térmica (ΔL) pode ser expressa por:

$$\Delta L = \mu L \Delta T \tag{13-8}$$

onde:
μ é o coeficiente linear de expansão térmica;
L o comprimento da manta;
ΔT a variação de temperatura.

A título de ilustração, membranas de PEAD apresentam μ variando entre 11 e $13 \cdot 10^{-5}$ °C^{-1} e de PVC, com 35% de plastificante, entre 7 e $25 \cdot 10^{-5}$ °C^{-1}. Nos cálculos que envolvem efeitos devido à temperatura, é importante considerar a temperatura da geomembrana e não a temperatura ambiente, visto que nas geomembranas a temperatura atinge valores superiores à do ambiente.

A Tab. 13-9 sintetiza uma série de solicitações sobre geomembranas, os modelos de cálculo sugeridos na literatura e os parâmetros necessários.

TABELA 13-9
Solicitações mecânicas em geomembranas [Koerner, 1998]

Problema	Tensões na *gm*	Diagrama de corpo livre	Propriedades necessárias		FS típico
			Geomembrana	Aterro	
Peso próprio	Tração	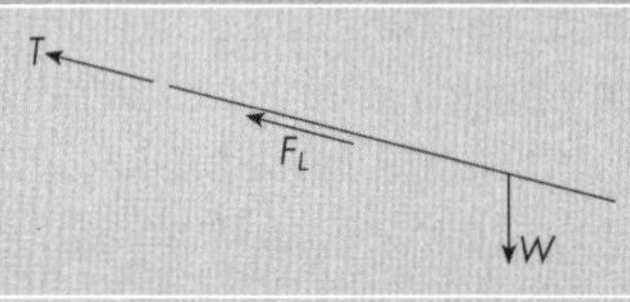	γ_{GM}, t, σ_{adm}, δ_L	β, H	≥ 10
Peso do solo de cobertura	Tração	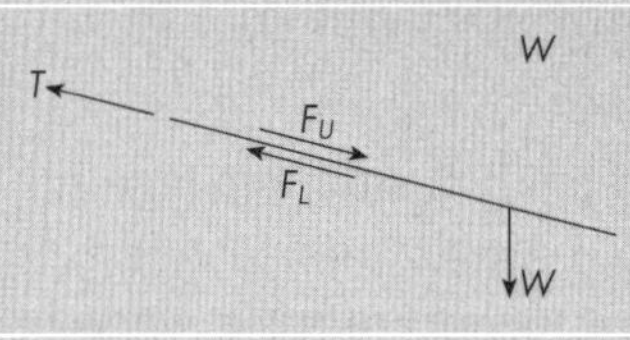	t, σ_{adm}, δ_U, δ_L	β, h, γ, H	0,5 a 2
Impacto durante a construção	Impacto	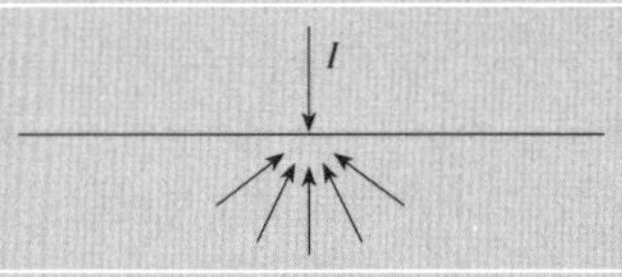	I	d, W	0,1 a 5
Peso do aterro	Compressão	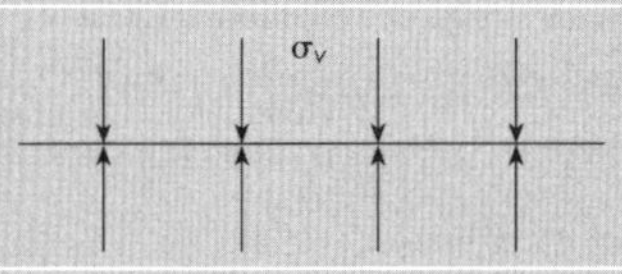	σ_{adm}	γ, H	≥ 10
Punção	Punciona-mento	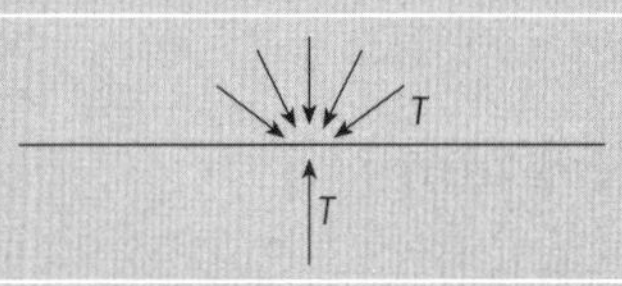	σ_p	γ, H P, A_p	0,5 a 3
Ancoragem	Tração	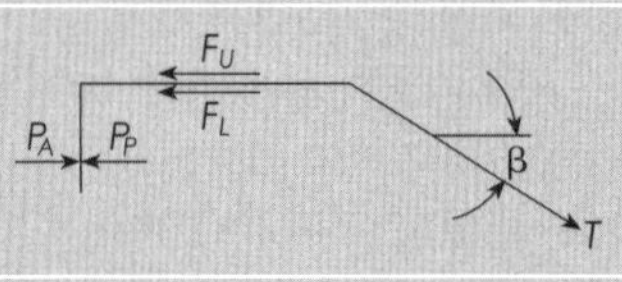	t, σ_{adm}, δ_U, δ_L	β, γ, ϕH	0,7 a 5
Recalque Do aterro	Cisalha-mento	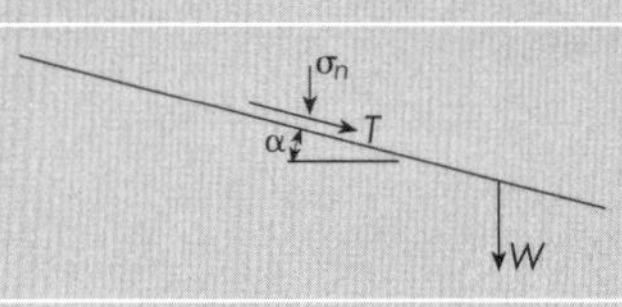	τ, δ_U	α, γ, H	≥ 10
Recalque sob o aterro	Tração	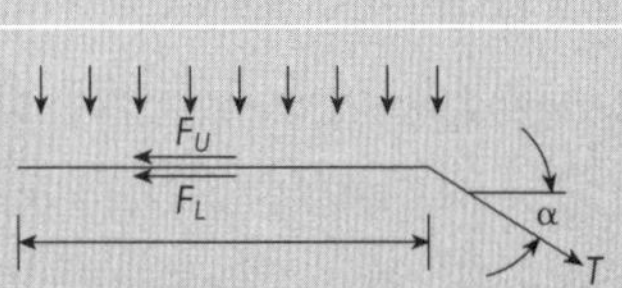	τ, σ_{adm}, δ_U, δ_L, X	α, γ, H	0,3 a 10

Geomembrana
γ_{GM} = peso específico da geomembrana
t = espessura da geomembrana
σ_{adm} = tensão admissível (cedência, ruptura)
τ = tensão cisalhante
I = resistência a impacto
σ_p = resistência a puncionamento
δ_U = ângulo de atrito com material sobrejacente
δ_L = ângulo de atrito com material subjacente
X = comprimento de mobilização
T = força de tração na geomembrana

Aterro
H = altura do talude
β = ângulo do talude
γ = peso específico
h = altura da camada
α = ângulo de subsidência
ϕ = ângulo de atrito
d = altura de queda
W = peso da geomembrana
p = força de puncionamento
A_p = área de puncionamento

13.6.5 Comprimento de ancoragem

Geomembranas lançadas em superfícies inclinadas como, por exemplo, na proteção dos taludes de um canal, devem ser ancoradas para não deslizar, sob ação dos esforços que sobre ela atuam. A ancoragem pode ser proporcionada pelo simples espalhamento de um comprimento adicional de geomembrana, ou pela sua inserção em uma trincheira, como esquematizado nas Figs. 13-10 e 13-11.

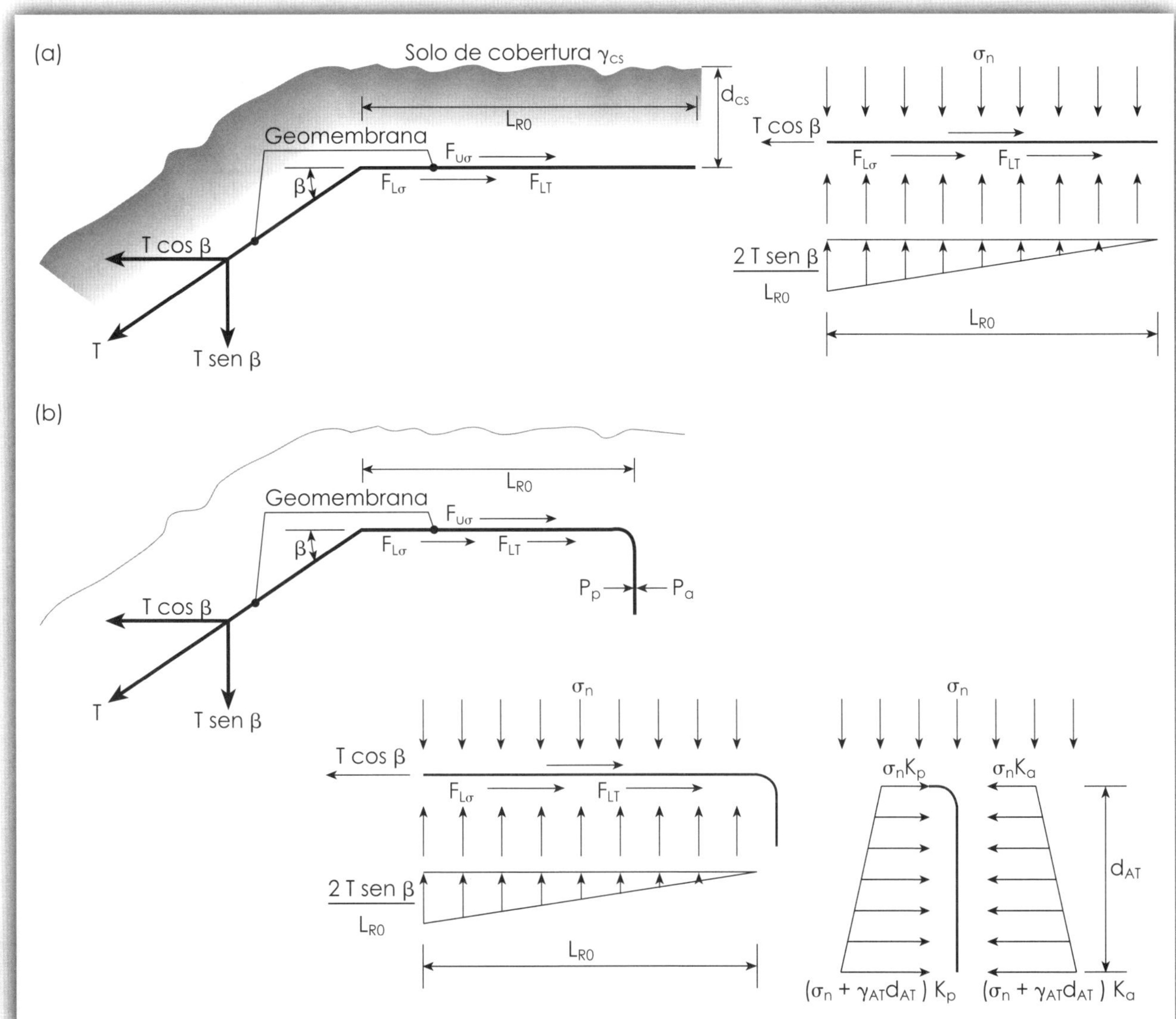

FIGURA 13-10
Modelos de cálculo de ancoragem de geomembranas.
(a) Ancoragem simples;
(b) ancoragem em trincheira.

FIGURA 13-11
Esquema típico de ancoragem de geomembrana em trincheira.

No caso sem trincheira, a condição de equilíbrio na direção horizontal fornece:

$$\Sigma F_x = 0 \quad \text{ou} \quad T_{\text{adm}} \cos\beta = F_{U\sigma} + F_{L\sigma} + F_{LT} =$$
$$= \sigma_n \tan\delta_U (L_{RO}) + \sigma_n \tan\delta_L (L_{RO}) + 0{,}5 \left(\frac{2T_{\text{adm}} \operatorname{sen}\beta}{L_{RO}}\right)(L_{RO}) \tan\delta_L$$

Resulta, assim, para o comprimento de ancoragem da geomembrana:

$$L_{RO} = \frac{T_{\text{adm}}(\cos\beta - \operatorname{sen}\beta \tan\delta_L)}{\sigma_n(\tan\delta_U + \tan\delta_L)} \qquad [13\text{-}9]$$

em que:

T_{adm} é a força de tração admissível na geomembrana ($T_{\text{adm}} = \sigma_{\text{adm}} \cdot t$)
σ_{adm} a tensão de tração admissível na geomembrana;
t a espessura;
β o ângulo de inclinação do talude;
$F_{U\sigma}$ a força de atrito sobre a geomembrana, devido ao peso do solo sobrejacente (pequenas espessuras de solo, trincamentos e movimentações em conjunto com a geomembrana tornam esse valor desprezível);
$F_{L\sigma}$ a força de atrito, sob a geomembrana, devido ao peso do solo sobrejacente;
F_{LT} a força de atrito, sob a geomembrana, devido à componente vertical da força de tração, T;
σ_n a tensão normal, devido ao peso do material sobrejacente;
δ o ângulo de atrito entre a geomembrana e o material adjacente; e
L_{RO} o comprimento de ancoragem.

No caso de uma trincheira, surgem esforços adicionais causados pelos empuxos ativo (P_A) e passivo (P_P) sobre a membrana na trincheira. Da condição de equilíbrio na direção horizontal, tem-se:

$$\Sigma F_x = 0 \quad \text{e} \quad T_{\text{adm}} \cos\beta = F_{U\sigma} + F_{L\sigma} + F_{LT} - P_A + P_P \qquad [13\text{-}10]$$

onde

$$P_A = \frac{1}{2}(\gamma_{AT} d_{AT}) K_A d_{AT} + (\sigma_n) K_A d_{AT}$$

$$\text{ou} \quad P_A = (0{,}5\gamma_{AT} d_{AT} + \sigma_n) K_A d_{AT} \qquad [13\text{-}11]$$

Analogamente,

$$P_P = (0{,}5\gamma_{AT} d_{AT} + \sigma_n) K_P d_{AT}, \qquad [13\text{-}12]$$

sendo:

γ_{AT} o peso específico do solo na trincheira;
d_{AT} a profundidade da trincheira de ancoragem;
K_A o coeficiente de empuxo ativo;
K_P o coeficiente de empuxo passivo; e

Dessa opção resulta uma equação e duas incógnitas, d_{AT} e L_{RO}, sendo necessário adotar valores para uma delas para se obter a outra.

Na determinação dos esforços para calcular a força de ancoragem necessária, devem-se considerar todos os esforços que venham a solicitar a geomembrana, como o peso próprio; o efeito da temperatura e de ventos, se importantes no local; e o efeito de arraste proporcionado pelo resíduo ou por uma camada de cobertura.

Embora as geomembranas devam ser instaladas para se evitar a ocorrência de arrancamento e de rasgo pelos esforços atuantes, tem-se assumido que a possibilidade de arrancamento ocorra antes de um eventual rasgo, por ser menos prejudicial ao sistema e pela maior facilidade de correção. Com esse objetivo, dimensiona-se a força de arrancamento na ancoragem ligeiramente inferior à força resultante da resistência à tração da geomembrana.

13.7 ASPECTOS DE INSTALAÇÃO DE BARREIRAS IMPERMEÁVEIS

Na definição de uma barreira impermeável, diversos requisitos devem ser verificados e atendidos. Estes incluem desde a concepção do sistema em si, com a escolha da geomembrana e dos elementos apropriados para a finalidade desejada, até requisitos construtivos, de controle de instalação e de monitoramento em serviço que deverão ser obedecidos para que a barreira cumpra a sua função. Foge do objetivo deste manual entrar em detalhes acerca da concepção do sistema, os quais podem ser encontrados em textos específicos, como Sharma & Lewis (1994) e Koerner (1994), e em normas de diferentes organismos, como a Usepa e a Cetesb, em São Paulo.

São apresentadas, a seguir, algumas informações sobre a instalação de geomembranas. Ressalte-se, porém, que dado o caráter de síntese deste texto, maiores detalhes podem ser obtidos nas recomendações para projeto do IGS Brasil (IGSBR GM 01/03, 2003).

13.7.1 Aspectos gerais

No que se refere à escolha do tipo e espessura da geomembrana, é necessário lidar com questões tais como vida útil do empreendimento, se temporário ou definitivo, a natureza do resíduo a ser estocado, sua periculosidade e sua agressividade aos tipos de geomembrana em consideração. Outros aspectos que possam afetar a durabilidade da membrana devem ser avaliados, como a possibilidade de exposição a intempéries (raios ultravioleta; grandes variações de temperatura) durante longos períodos e a ação de agentes biológicos (animais, microorganismos, raízes). Em geral, as geomembranas são compostas com aditivos que permitem resistir à ação de raios ultravioleta durante a instalação, mas, em caso de paralisação da instalação por longos períodos ou de construção em etapas, será recomendável prever alguma forma de proteção. O mesmo se aplica em camadas de fechamento, onde o solo de cobertura possa ser erodido e expor a geomembrana. Situações como essa devem ser reparadas imediatamente à sua constatação.

Durante a vida útil do empreendimento, as ações em serviço precisam ser consideradas. Estas incluem o efeito de agentes que possam afetar a durabilidade da geomembrana, como as solicitações de origem mecânica: recalques, objetos que puncionem a geomembrana ou por arraste do material sobrejacente (o próprio resíduo, camadas de proteção ou de cobertura, etc.).

Os esforços atuantes nas geomembranas, em conjunto com as considerações acerca da durabilidade e sobrevivência do sistema, servirão para definir uma espessura mínima, bem como os detalhes de ancoragem. No entanto, essas espessuras mínimas podem ser sobrepujadas por especificações restritivas dos organismos reguladores ou por requisitos de sobrevivência à instalação, conforme se discutirá mais adiante. Contudo não há prescrições para todos os tipos de aplicações e nem em todos os países, cabendo ao engenheiro um papel fundamental na proposição de determinada alternativa para um problema que se mostre equivalente às especificações das agências reguladoras.

As operações de construção e de instalação da geomembrana constituem um ponto crucial para o sucesso do empreendimento. Nesse particular, pode ser necessário conhecer aspectos ambientais locais, como o regime de chuvas, as variações de temperatura, a umidade relativa e o regime de ventos. Certas geomembranas são mais sensíveis a variações de temperatura do que outras; assim, a variação de temperatura, a umidade e o vento podem dificultar a sua instalação e as operações de emenda.

As variações de temperatura obrigam a adoção de folgas nas dimensões das geomembranas para se evitarem os problemas decorrentes da contração, como tensões indesejáveis. A formação de rugas ou "bocas de peixe" deve ser evitada procurando-se alternativas de construção, como lançamento de quantidades de membrana que possam ser emendadas rapidamente ou trabalhar nas partes do dia em que as temperaturas são mais amenas. Na ocorrência de rugas, estas devem ser cortadas, a fim de se manter plana a região de emenda e facilitar a passagem da máquina de solda. Nessas operações, as dimensões de traspasse podem ficar inadequadas, caso em se deve recobrir a área com um "manchão" do mesmo material da geomembrana, soldado a ela por extrusão, estendendo-se até cerca de 15 cm além da área afetada.

Antes do lançamento da geomembrana, é necessário que o subleito esteja devidamente preparado e conformado para recebê-la. Isso inclui observar, como mínimas, as características de compactação e a presença de materiais cortantes ou pontiagudos, como pedras com dimensões acima de um mínimo especificado e, caso previsto, a correta instalação de alguma forma de proteção mecânica, como geotêxteis destinados à proteção contra puncionamento.

Camadas de proteção mecânica sobre a geomembrana são necessárias por diversas razões, como evitar o puncionamento pelo resíduo, possibilitar o tráfego de veículos e prevenir danos por vandalismo. Em geral, elas podem ser compostas com solo local, com resíduos selecionados, com geotêxteis combinados ou não com solo, com argamassa ou concreto, entre outros.

No lançamento das camadas de proteção, de camadas drenantes e das primeiras camadas de resíduos, deve-se cuidar para que os equipamentos necessários ao espalhamento tenham peso e características compatíveis com a proteção, evitando-se assim danos desnecessários à membrana. Dessa forma, o trânsito de qualquer equipamento sobre a geomembrana desprotegida deve ser proibido. O mesmo se aplica ao movimento da equipe de instalação, que deve ser minimizado e realizado com cuidado e com calçados adequados, evitando-se também a queda de ferramentas que possam ferir a manta por impacto.

Dessa breve exposição, constata-se que as geomembranas devem sobreviver aos rigores da instalação para que possam ter um desempenho compatível com o desejado em projeto. Assim, as condições de subleito, a forma de lançamento da manta e das camadas de proteção afetarão a sua sobrevivência. Koerner (1998) sugere valores mínimos de propriedades para garantir a sobrevivência de geomembranas, frente a distintas condições de instalação, os quais são reproduzidos na Tab. 13-10.

O plano de instalação da geomembrana, a posição das emendas e a proteção ao levantamento pelo vento precisam ser considerados a priori para evitar imprevistos durante a instalação. Como já comentado, a ação do vento pode levantar a membrana e rasgá-la. Dessa forma é preciso promover ancoragem provisória para a membrana recém-espalhada, até que se execute a emenda e a ancoragem definitivas. Isso normalmente é realizado com o auxílio de sacos de areia, espaçados convenientemente e com peso tal que possam resistir ao esforço de levantamento provocado pelo vento. O lançamento de quantidades que possam ser instaladas ao longo de um dia de trabalho constitui-se num expediente recomendável para evitar a exposição desnecessária da membrana ao vento e aos demais agentes, como variações de temperatura.

Os detalhes de acabamento de toda a instalação devem ser criteriosamente considerados. Estes incluem a ancoragem e a forma como a geomembrana interagirá com interferências que necessitem atravessá-la, como condutos que transportem efluente para uma lagoa ou sistemas de drenagem de gases de camadas de cobertura. Os detalhes de como a geomembrana deve envolver o dispositivo e como ocorrerá a vedação dessa interação devem ser apresentados em projeto. A Fig. 13-12 mostra um detalhe típico de envolvimento de tubo traspassante.

Quanto à trincheira de ancoragem, sua seção deve ser cuidadosamente especificada para que já desde os trabalhos de conformação se procure dar a forma apropriada no subleito. Nesse particular, deve-se conciliar a seção da trincheira com as características da geomembrana, visto que geomembranas muito rígidas dificilmente poderão ser dobradas ou convenientemente soldadas, a fim de atender a conformação de uma trincheira de seção retangular. Mudar a seção da trincheira (por exemplo, adotar seção em V), sempre se verificando as cargas sobre os condutos que eventualmente componham a trincheira, pode ser uma alternativa ao problema citado.

TABELA 13-10
Propriedades mínimas recomendadas para a sobrevivência de geomembranas às operações de instalação [Koerner, 1998]

Propriedade e método de ensaio	Grau requerido de sobrevivência à instalação*			
	Baixo	Médio	Alto	Muito alto
Espessura (ASTM D 5193) (mm)	0,63	0,75	0,88	1,00
Tração ASTM D 882 (tira de 25 mm) (kN/m)	7,00	9,00	11,00	13,00
Rasgo (D1004 – molde C) (N)	33,00	45,00	67,00	90,00
Punção (ASTM D 4833) (N)	110,00	140,00	170,00	200,00
Impacto (ASTM D 3998 modificada) (J)	10,00	12,00	15,00	20,00

"Baixo" refere-se à colocação manual, cuidadosa, em subleito bem graduado, muito uniforme, com cargas leves de natureza estática, típicas de barreiras de vapor abaixo de lajes de piso. "Médio" refere-se à colocação manual ou mecânica em subleitos com cargas médias, típicas de revestimento de canais. "Alto" refere-se à colocação manual ou mecânica, em subleitos de textura pobre, com cargas altas, típicas de barreiras e coberturas de aterros. "Muito alto" refere-se à colocação manual ou mecânica em subleitos de textura muito pobre, com cargas muito altas, típicas de barreiras para pilhas de lixívia e coberturas de reservatórios.

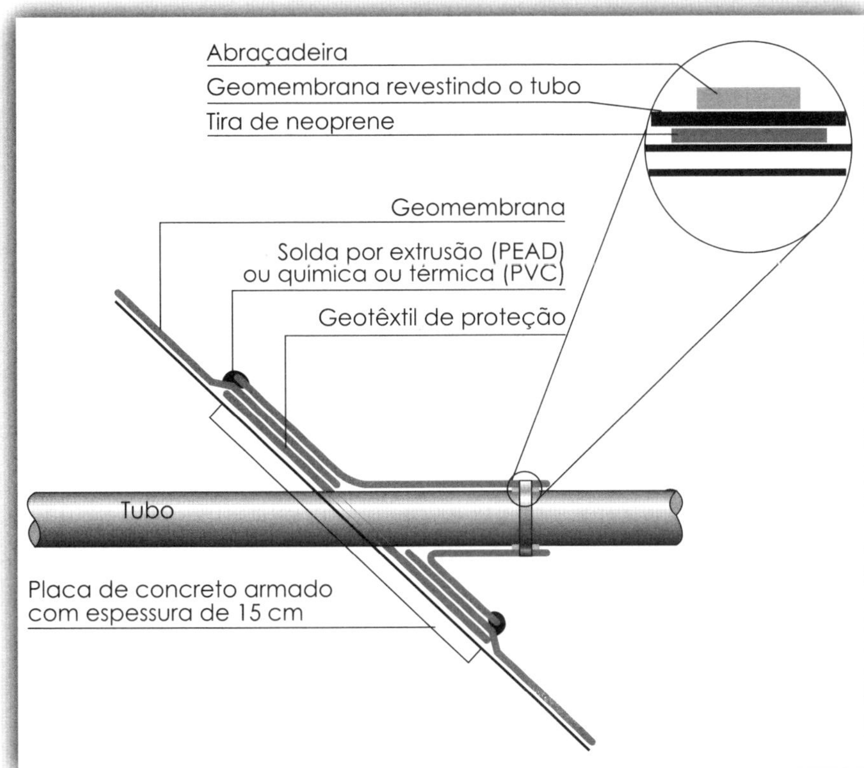

FIGURA 13-12 Exemplo de conexão tubo/geomembrana, dis-postos em talude.

Além desses aspectos, é necessário verificar a ocorrência de planos preferenciais de ruptura nas diversas interfaces que possam levar o sistema à instabilidade. Quando se pensa no sistema como um todo, há a necessidade de se levar em consideração aspectos como os dispositivos de drenagem, a capacidade de carga e recalques da fundação, a estabilidade dos taludes e a estabilidade dos solos de cobertura. Questões de cunho geotécnico podem ser resolvidas consultando-se a literatura específica sobre o assunto. Koerner (1998) e Sharma & Lewis (1994) apresentam diversas considerações acerca de problemas geotécnicos associados a sistemas de disposição de resíduos.

13.7.2 Execução de emendas

Emendas em geomembranas

Um aspecto comum na instalação de geomembranas é a necessidade de emendas em campo, mesmo daquelas fornecidas em painéis. Trata-se de uma operação delicada e fundamental para um bom desempenho da geomembrana em qualquer sistema de impermeabilização. Na verdade, em função da reduzida permeabilidade desses materiais, os aspectos determinantes de seu comportamento serão as fugas e os vazamentos e não a permeabilidade. Vazamentos podem ocorrer através de emendas malfeitas, tanto em campo quanto em fábrica, orifícios resultantes da fabricação, perfurações por manuseio e instalação inadequada ou devidas a solicitações em serviço. A emenda de geomembranas configura o processo mais crítico de toda a instalação e do qual dependerá o desempenho da barreira como um todo.

No caso de membranas flexíveis, como as de PVC, sempre que possível, devem-se utilizar painéis pré-fabricados, em que várias larguras de geomembranas são emendadas na própria fábrica, diminuindo a probabilidade de falhas e imperfeições. De qualquer maneira, o projetista deve levar em conta os equipamentos de movimentação e acessos disponíveis na obra para dimensionar os painéis ou bobinas de geomembrana a serem fornecidos.

Alguns métodos de emenda são aplicáveis somente a certos tipos de geomembranas. Em geral eles se baseiam em processos térmicos ou processos químicos, que por amolecimento ou derretimento, seguidos da aplicação de pressão sobre as superfícies a serem coladas, permitem a união de membranas contíguas.

Quando se opta por geomembranas de polietileno, deve-se prever que praticamente todas as emendas serão realizadas em campo, pois, embora elas possam ser soldadas na fábrica, deve-se evitar o seu dobramento, o que inviabiliza a produção de painéis. As geomembranas de polietileno são unidas comumente por processos térmicos, sendo o de solda por cunha quente e o da extrusão de material fundido, de mesma composição que a membrana, os mais comuns.

O primeiro processo utiliza equipamento específico e consiste em fundir as geomembranas na região da emenda por meio da passagem de uma cunha metálica aquecida por resistência elétrica e, em seguida, um mecanismo de pressão na forma de rolos complementa o processo de solda das duas mantas. Nesse processo, pode-se ter uma única emenda uniforme ou duas emendas, separadas por um espaço vazio, utilizado para verificar a estanqueidade da solda. No procedimento de solda, devem ser controladas a temperatura, a pressão aplicada às mantas e a velocidade de execução.

Outro processo de fusão emprega ar aquecido através de uma resistência: o ar é impelido ao longo da junção entre as membranas, promovendo sua fusão. Em seguida, a área é pressionada para completar o processo de solda. Tal como no processo de cunha quente, uma ou duas linhas de solda podem ser executadas.

No processo de extrusão, uma porção derretida do polímero é extrudada e colocada em contato com a extremidade da manta (filete de extrusão) que está superposta e com a manta subjacente ou entre as duas mantas (extrusão plana). O polímero derretido aquece e derrete as mantas na região da emenda, ocorrendo a ligação após o resfriamento. Esse é, praticamente, o único processo possível de ser aplicado em mantas de polietileno em locais de difícil acesso, geometrias complicadas, soldas de pequenos comprimentos e reparos ou reforços na forma de "manchão".

Os processos de fusão (cunha quente e ar quente) também são aplicados a mantas de PVC. Estas comumente já saem de fábrica soldadas em painéis que podem ou não cobrir a área desejada, em função de sua dimensão. Os painéis confeccionados em fábrica geralmente têm as emendas executadas por solda com aparelho de alta freqüência: a ressonância molecular provoca o aquecimento e a fusão das geomembranas. Para grandes áreas, porém, é necessário emendar diferentes painéis em campo.

Uma outra opção, comum para PVC, é a utilização de solvente (solda química) passado sobre as superfícies a serem unidas, as quais, em seguida, devem ser pressionadas para que se complete a união. Alternativamente, pode-se dissolver uma certa quantidade do polímero (entre 1 e 20%), para tornar o solvente mais viscoso ou para ajustar sua taxa de evaporação. Por fim, podem-se utilizar nessas mantas, adesivos, colas químicas ou de contato. A Tab. 13-11 sintetiza os possíveis tipos de emenda aplicáveis a diferentes geomembranas, enquanto a Fig. 13-13 ilustra esquemas de diversos tipos de emenda.

A execução das emendas é complementada com testes de resistência e de estanqueidade. As emendas devem oferecer resistência compatível com a da geomembrana. O método ASTM D4437 especifica as condições de ensaio de resistência de geomembranas, que compreendem a tração da emenda e o seu descolamento.

TABELA 13-11
Possíveis métodos para emendas de diferentes tipos de geomembrana [Koerner, 1998]

Método de emenda	Tipo de geomembrana						
	PEAD	PEMF	PP	PP-R*	PVC	PECS-R*	EIA-R*
Extrusão (filete e plano)	A	A	A	A	A**	NA	NA
Fusão térmica (cunha quente e ar quente)	A	A	A	A	A	A	A
Fusão química (química e química encorpada)	NA	NA	NA	NA	A	A	A
Adesiva (química e contato)	NA	NA	NA	NA	A	A	A

*Reforçadas. **Aplicável apenas para acabamentos. A, método aplicável; NA, método não-aplicável; PEMF, polietileno muito flexível (inclui geomembranas de PE de densidades muito baixa e linear de baixa densidade).

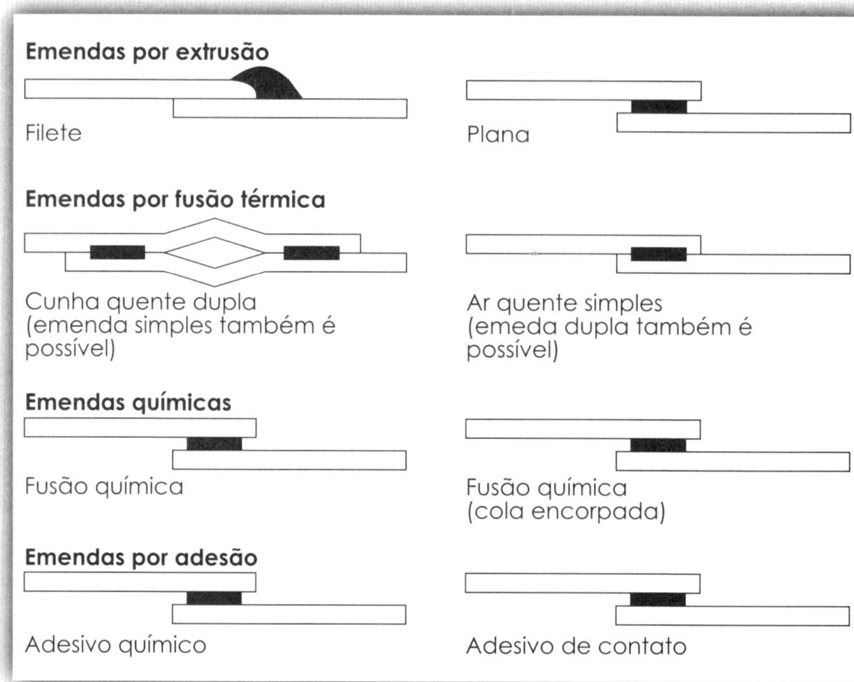

FIGURA 13-13
Esquemas de diversos tipos de emenda.

Usualmente são executadas emendas de teste em retalhos de manta, a fim de se verificar a adequação de determinado método de emenda e treinamento e aclimatação da equipe de instalação às condições locais. Corpos de prova dessas emendas são testados para verificar a qualidade da emenda e, eventualmente, definir procedimentos de ajuste no processo para obter produtos com a especificação desejada. As emendas de teste são também executadas durante o transcurso da obra, quando ocorrerem mudanças climáticas, troca de equipe de instalação ou alteração em qualquer fator que possa afetar a qualidade da emenda.

Após execução de uma certa quantidade de emendas, é necessário testá-las para verificação do produto acabado. Para esse propósito, realizam-se ensaios nas emendas (ensaios não-destrutivos) e em porções retiradas de campo (ensaios destrutivos). Evidentemente, a quantidade de ensaios destrutivos deve ser a menor possível, em função das interferências que causam, como a necessidade de remendos nas partes amostradas. Algumas recomendações sugerem uma freqüência de seis amostras obtidas aleatoriamente a cada quilômetro de emenda ou, de forma regular, uma amostra a cada 150 m de emenda.

Os ensaios destrutivos são pontuais e revelam aspectos da resistência da emenda. No entanto nada dizem da continuidade da emenda e sua estanqueidade. Ensaios não-destrutivos se prestam para avaliar as emendas em sua totalidade e podem ser efetuados das mais variadas maneiras. O ensaio de pressurização da emenda consiste em aplicar, nas emendas duplas, uma certa pressão e verificar a sua permanência.

Em caso de queda de pressão, há pontos de vazamento ao longo do trecho ensaiado. Esses pontos podem ser encontrados reduzindo-se os trechos gradativamente.

O ensaio de faísca (*spark test*) é utilizado para verificar os painéis quanto à possibilidade de haver furo ocasionado por queda de objetos durante a instalação, ocorridos durante o transporte ou oriundos de defeitos de fabricação. O ensaio é constituído por uma fonte de baixa amperagem e alta tensão ligada a um fio terra e uma haste dotada de uma escova que, ao ser passada lentamente sobre o painel provoca uma faísca, acompanhada de um aviso sonoro, se encontra qualquer descontinuidade na geomembrana. No caso de teste de emendas através desse método, insere-se um fio condutor na emenda e, com um aparelho elétrico dotado de um sensor, aplica-se uma tensão elevada numa das extremidades, percorrendo-se a emenda com o sensor. Defeitos são detectados por um alarme sonoro no equipamento.

A tecnologia de emendas vem sendo constantemente aprimorada e novos métodos têm surgido e começam a ser gradativamente utilizados na prática, como os métodos ultra-sônicos. Foge do objetivo deste manual fornecer detalhes acerca de todos os métodos de solda, podendo os interessados recorrer a Koerner (1998) para informações adicionais. Evidentemente, a introdução de um novo método não deve prescindir de todas as verificações necessárias para que eles tenham sua eficiência e aplicabilidade claramente definidas.

Emendas em geocompostos argilosos

Nos GCLs, a maioria das emendas é efetuada por simples superposição, em comprimentos que variam entre 10 e 30 cm. A Fig. 13-14 ilustra diversas opções de emendas.

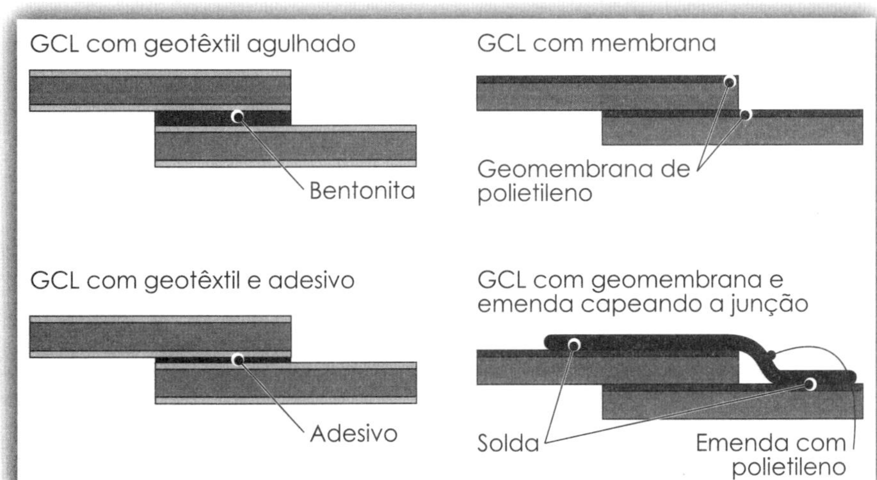

FIGURA 13-14
Opções de emendas em geocompostos argilosos.

No caso de geocompostos argilosos (GCLs) produzidos com geotêxteis agulhados, coloca-se a bentonita numa proporção de cerca de 0,8 kg/m, na região de superposição, que deve penetrar nos poros do geotêxtil e, quando hidratada, promover a autoligação entre os painéis; para geotêxteis colados, prescinde-se da colocação de bentonita adicional. No caso de geocompostos argilosos com geomembranas, adota-se só a superposição como emenda. No entanto, em certas situações, uma garantia adicional pode ser proporcionada, colocando-se uma capa de geomembrana soldada.

Disposição geométrica das emendas

No tocante à disposição das emendas, estas devem se posicionar de forma a minimizar os esforços sobre elas. Algumas recomendações gerais sugeridas por Sharma & Lewis (1994) são:

- orientar as emendas no sentido do máximo gradiente;
- emendas paralelas ao pé do talude devem ser locadas a uma distância mínima de 1,5 m do pé, para evitar que sejam afetadas por contrações ou levantamentos junto ao pé;
- emendas paralelas à crista devem ser localizadas no mínimo a 60 cm desta, a fim de minimizar os esforços sobre a emenda;
- as membranas a montante devem sobrepor-se às membranas a jusante; isso evita o acúmulo de percolado na emenda e minimiza as condições de pelagem da emenda em caso de recalque, espalhamento ou instabilidade do resíduo;
- o número de emendas deve ser minimizado, especialmente nos cantos e em posições em que a geometria é diferenciada;
- as emendas devem se estender até os limites do painel que será ancorado; isso evitará o rasgamento da geomembrana na eventualidade de ela ser exposta;
- emendas em cantos para onde convergem três ou quatro mantas devem ser completadas com uma cobertura (manchão) que recubra o local com várias emendas.

13.7.3 Documentação e acompanhamento técnico da instalação

Durante a instalação da geomembrana, deve-se registrar, em forma de relatórios, toda a seqüência executiva da instalação: número, localização e data de colocação de cada painel ou bobina, ensaios de verificação e de controle de qualidade das soldas e o as *built* de toda a geomembrana instalada. O instalador deve comprovar a qualidade dos serviços de instalação da geomembrana, através da apresentação de planilhas do registro dos trabalhos e dos ensaios de estanqueidade e verificação da qualidade das soldas.

Paralelamente, deve ser feito o acompanhamento técnico de obra (ATO), através do monitoramento da instalação da geomembrana, que compreende a verificação de todas as etapas dos serviços. Assim, recomenda-se que sejam verificados e documentados (relatórios e fotos) os seguintes itens:

- condições da superfície de apoio;
- colocação e modulação dos painéis;
- ancoragem temporária e ancoragem definitiva;
- equipamentos necessários para as soldas;
- equipamentos necessários para os ensaios de verificação das soldas;
- verificação da execução das soldas e eventuais reparos;
- verificação dos acabamentos em interferências, tais como tubos, paredes, extravasores, etc.;
- verificação do cruzamento das soldas;
- elaboração do as built (esquema da modulação, interferências e reparos);
- verificação do correto preenchimento das planilhas de controle, de acordo com o serviço executado e na seqüência de execução;
- verificação do preenchimento do diário de obras, que é um relato de tudo o que aconteceu no dia, como, por exemplo, as interrupções e as respectivas justificativas.

13.8 CONCLUSÕES

As baixas permeabilidades, as boas características de resistência química e mecânica, o controle de fabricação de um produto manufaturado e a facilidade de instalação são razões que justificam o crescente uso de geomembranas e de geocompostos argilosos em obras de proteção ambiental. Assim, o uso dessa classe de geossintético se constitui num item praticamente obrigatório na construção de barreiras impermeabilizantes, em obras que exigem proteção contra a migração de fluidos como nos sistemas de contenção de resíduos e de efluentes. Há um expressivo acervo de utilizações bem-sucedidas no Brasil e em todo o mundo, e os fabricantes brasileiros podem proporcionar materiais e tecnologia de qualidade para enfrentar os problemas em que barreiras impermeabilizantes se façam necessárias.

REFERÊNCIAS BIBLIOGRÁFICAS

ABNT NBR 12824, Geotêxteis: *Determinação da Resistência à Tração Não-confinada* — Ensaio de Tração de Faixa Larga. [São Paulo, Brasil, 1994].

ABNT NBR 13359. Geotêxteis: *Determinação da Resistência ao puncionamento Estático* — Ensaio com Pistão CBR. [São Paulo, Brasil, 1995].

ASTM D 638-02a, *Standard Test Method for Tensile Properties of Plastics*, 14 p. [Pensilvânia, EUA, 2002].

ASTM D794-93, *Practice for Determining Permanent Effect of Heat on Plastics.* Withdrawn. [Pensilvânia, EUA, 1998].

ASTM D 1004-03, *Standard Test Method for Initial Tear Resistance of Plastic Film and Sheeting*, 4p, [Pensilvânia, EUA, 2003].

ASTM D 1435-99, *Standard Practice for Outdoor Weathering of Plastics*, 5p. [Pensilvânia, EUA, 1999].

ASTM D 1603-01, *Standard Test Method for Carbon Black In Olefin Plastics*, 3p. [Pensilvânia, EUA, 2001].

ASTM D 1693-01, *Standard Test Method for Environmental Stress-Cracking of Ethylene Plastics*, 12 p. [Pensilvânia, EUA, 2001].

ASTM D3015–78, *Standard Recommended Practice for Microsocopical Examination of Pigment Dispersion in Plastic Compounds* [Pensilvânia, EUA, 1978].

ASTM D3083-89, *Specification for Flexible Poly (Vinyl Chloride) Plastic Sheeting for POND, Canal, and Reservoir Lining.* Withdrawn [Pensilvânia, EUA, 1998].

ASTM D4437-99, *Standard Practice for Determining the Integrity of Field Seams Used in Joining Flexible Polymeric Sheet Geomembranes.* [Pensilvânia, EUA, 1999].

ASTM D 4355-02, *Standard Test Method for Deterioration of Geotextiles by Exposure to Light, Moisture and Heat in a Xenon Arc Type Apparatus*, 5p. [Pensilvânia, EUA, 2002].

ASTM D 4833-01, *Standard Test Method for Index Puncture Resistance of Geotextiles, Geomembranes, and Related Products*, 4p. [Pensilvânia, EUA, 2001].

ASTM D4885-01, *Standard Test Method for Determining Performance Strength of Geomembranes by the Wide Strip Tensile Method.* [Pensilvânia, EUA, 2001].

ASTM D 5321-02, *Standard Test Method for Determining the Coefficient of Soil and Geosynthetic or Geosynthetic and Geosynthetic Friction by the Direct Shear Method*, 7p. [Pensilvânia, EUA, 2002].

ASTM D5397-99e1, *Standard Test Method for Evaluation of Stress Crack Resistance of Polyolefin Geomembranes Using Notched Constant Tensile Load Test.* [Pensilvânia, EUA, 1999].

Bouazza, A.; Zornberg, J. G e Adam, D., "Geosynthetics in Waste Containment Facilities: Recent Advances. Proc. VII Int. Conf. on Geosynthetics, vol. 2, p.445-507 [Nice, França, 2002].

Brandl, H. & Adam, D., "Special Applications of Geosynthetics in Geotechnical Engineering". Proceedings II European Geosynthetics Conference [Bologna, Itália, 2000].

DANIEL, D. E., "Pollution Prevention in Landfills Using Engineered Final Covers. Proc. of the Symposium Green '93", p. 73-92 [Bolton, Grã-Bretanha, julho de 1993], A. A. Balkema [Rotterdam, Hoanda, 1995].

EPA METHOD 9090, "Compatibility Tests for Wastes and Membrane Liners in EPA SW-846; Test Methods for Evaluating Solid Waste. U. S. Environmental Protection Agency [Washington, DC, EUA 1992].

IFAI - Industrial Fabric Association International Geotextile Division, "A Design Primer: Geotextiles and Related Materials", 1th. ed., [EUA, 1990].

IGSBR GM 01/03, *Instalação de Geomembranas Termoplásticas em Obras Geotécnicas e de Saneamento Ambiental* – IGS [São Paulo, Brasil, 2003].

HALSE, Y., WIERTZ, J. RIGO, J. M. e CAZZUFFI, D. A., "Chemical Identification Methods used to Characterize Polymeric Geomembranes". Geomembranes – Identification and Performance Testing – Repor of Technical Committee 103 MGH – Mechanical and Hydraulic Testing of Geomembrane – RILEM. Chapman an Hall, p. 316-336 [Londres, Grã-Bretanha, 1991].

KOERNER, R. M., *Designing With Geosynthetics*, 4a. ed. Prentice Hall Inc., 761 pgs [Upper Saddle River, New Jersey, EUA, 1998].

REDDY, D. V.; BUTUL, B., *A Conprehensive Literature Review of Liner Failures and Longevity*. Florida Center for Solid and Hazardous Waste Management, Universidade da Flórida [Flórida, EUA, 1999].

RIGO, J. M. e CAZZUFFI, D. A., "Test Standards and Their Classification". Geomembranes – Identification and Performance Testing – Report of Technical Committee 103_MGH – Mechanical and Hydraulic Testing of Geomembrane – RILEM. Chapman an Hall, p. 22-58 [Londres, Grã-Bretanha, 1991].

SHARMA, H. D. e LEWIS, S. P., *Waste Containment Systems, Waste Stabilization and Landfills: Design and Evaluation*. John Wiley & Sons, 588 p. [1994].

Capítulo 14

Recomendações Básicas para Estocagem, Manuseio e Instalação de Geossintéticos

José Carlos Vertematti

Os geossintéticos, como qualquer outro produto de engenharia, requerem cuidados mínimos de estocagem, manuseio e instalação para que preservem suas características originais e possam atender plenamente os requisitos de projeto.

São apresentados, neste capítulo algumas considerações básicas para auxiliar no transporte, no manuseio e na instalação dos geossintéticos nas obras. Como a variedade de aplicações, tipos e matérias-primas dos geossintéticos é muito grande, as recomendações aqui apresentadas têm caráter indicativo, devendo ser complementadas ou substituídas pelas especificações do projetista e/ou do fabricante do geossintético indicado, caso necessário.

Com relação às barreiras impermeáveis, mais especificamente as geomembranas e os geocompostos argilosos, as recomendações de instalação são apresentadas na seção 13.7.

As recomendações apresentadas neste Capítulo são indicativas e não substituem aquelas indicadas nos planos de instalação dos geossintéticos, detalhados em projeto.

14.1 ESTOCAGEM

A estabilidade dos geossintéticos às intempéries e às ações de produtos/materiais adjacentes, enquanto estocados, varia de um produto para outro em função de seu processo de fabricação e de sua matéria-prima: enquanto alguns podem sofrer aumento de peso ao absorver água, outros são sensíveis a solventes orgânicos. As observações e considerações aqui apresentadas são de caráter geral, válidas para todos os tipos de geossintético.

Deve-se manter a embalagem original intacta, sempre que possível, até o momento e local de sua utilização. Se o geossintético for estocado ao ar livre, será necessário cobri-lo com lona preta de polietileno, para protegê-lo da ação dos raios ultravioleta e de eventual absorção de água.

Em qualquer situação, o plano de apoio das bobinas de geossintético deve estar seco, livre de terra, óleo, solventes e enxurradas. Para tanto, podem-se utilizar pranchas de madeira ou estrados.

Se, porventura, o geossintético for estocado de maneira imprópria, com exposição ao sol, enxurradas, solventes, etc., recomenda-se sacrificar as primeiras voltas externas da bobina, aproveitando-se somente o material intacto.

14.2 TRANSPORTE E DESLOCAMENTOS

O transporte das bobinas de geossintéticos em caminhões e também nas cargas e descargas deve ser feito de forma a preservar a embalagem original, sem rasgá-la, mantendo-se intacto o suporte central de papelão ou plástico.

Deslocamentos por pequenas distâncias podem ser feitos por empilhadeiras, pás carregadeiras, minitratores e rolamento manual, sempre com o devido cuidado para não rasgar nem perfurar tanto a embalagem como o geossintético.

14.3 CORTES

As bobinas podem ser desenroladas por rolamento no solo, desde que este esteja seco e firme; se necessário, pode-se utilizar um cavalete. Para cortar o geossintético, utilizam-se tesouras, estiletes ou facas.

14.4 REPAROS

Quando o geossintético apresenta danos por perfuração ou rasgo, é preciso cobrir a área afetada com um manchão do próprio material. O traspasse mínimo, em todas as direções, deverá ser igual ao comprimento da sobreposição indicado no plano de instalação. A título indicativo, recomenda-se um traspasse mínimo de 30 cm além da área afetada, em todas as direções. Por exemplo, um rasgo em linha reta com 40 cm de comprimento exigiria um manchão de 60 cm × 100 cm.

Se o manchão for posicionado em planos inclinados ou verticais, recomenda-se costurá-lo manualmente ao geossintético, evitando seu deslocamento.

14.5 DIREÇÃO DA UNIÃO

A união de duas mantas de geossintético, por mais bem-feita que seja, sempre representa uma descontinuidade. Assim, devem-se minimizar as solicitações nessas regiões, sejam elas mecânicas ou hidráulicas, sempre que possível. Por exemplo, se um geossintético está exercendo função de reforço, recomenda-se que as linhas de união das mantas sejam posicionadas paralelamente à direção de maior tracionamento.

14.6 UNIÃO POR SIMPLES SOBREPOSIÇÃO

A forma mais simples de se garantir a continuidade do geossintético consiste em uni-lo por sobreposição. O comprimento da sobreposição depende do tipo de geossintético: flexibilidade, matéria-prima, rugosidade superficial, malha superficial, etc. A sobreposição deve garantir a transmissão dos esforços de tração solicitantes.

14.7 SENTIDO DA SOBREPOSIÇÃO

A disposição das mantas sobre o solo-suporte deve ser feita em função das solicitações construtivas ou em vida útil, exercidas sobre o geossintético. O sentido da sobreposição deve levar em conta o lançamento dos materiais sobre a manta, as ações do vento ou o fluxo de água.

14.8 UNIÃO POR GRAMPEAMENTO

Quando o solo-base permite e as condições construtivas e/ou de solicitação exigem, pode-se completar a união por sobreposição através de grampeamento. As situações mais comuns são:

- locais de ventos intensos, durante a construção;
- obras onde o lançamento de aterro e/ou material drenante

sobre o geossintético poderiam provocar dobramento ou desunião, durante a construção;

- locais onde usuários ou a presença de pessoas estranhas possam desfazer a sobreposição.

14.9 UNIÃO POR COSTURA

A união por costura pode ser utilizada em substituição à sobreposição e ao grampeamento, quando estes se mostrarem insuficientes ou onerosos. Vários tipos de costura podem ser empregados, mas basicamente se utilizam costura mecânica em geotêxteis e costura manual em geogrelhas. Na costura mecânica, a resistência a tração é menor que a do próprio geossintético (perdas em função da seqüente perfuração do geossintético pela agulha), sendo necessário levar em conta tal perda, quantificando-a através de ensaios de tração de faixa larga.

14.10 LIMPEZA DO SOLO-BASE

Durante a instalação do geossintético, deve-se evitar qualquer tipo de contaminação, tais como lama, óleo, solventes, etc., sob risco de perda da eficiência e/ou resistência mecânica.

14.11 INSTALAÇÃO DIRETA NO SOLO-BASE

Se o geossintético for instalado diretamente no solo, sem terraplanagem prévia, alguns cuidados são necessários:

- raízes, galhos, vegetação nativa que não sejam prejudiciais, podem permanecer na superfície do solo atuando como uma estiva natural.
- objetos perfurantes como grandes galhos, raízes de árvores, pedras de grande porte, arames, ferragens, etc., devem ser eliminados para evitar perfurações e rasgos.

14.12 PRESENÇA DE ÁGUA

Quando se instala o geossintético sobre o solo-base na presença de água — parada ou em movimento —, deve-se fazer um planejamento prévio pois:

- o geossintético poderá saturar-se com a água, sofrer um aumento sensível de peso e ter sua instalação dificultada, dependendo de sua natureza e matéria-prima;
- o geossintético poderá boiar e ter sua instalação sobre o solo base dificultada;

- o geossintético poderá sofrer esforços de arrasto, o que irá dificultar sua instalação sobre o solo-base.

14.13 PROTEÇÃO SUPERFICIAL

Em todas obras em que o geossintético ficar exposto, sua superfície deverá ser protegida contra insolação (raios ultravioleta), objetos contundentes, incêndios e vandalismo. Tal proteção pode ser feita com vegetação, empedramento, argamassa, muros, concreto projetado, etc.

14.14 LANÇAMENTO DE ATERRO

O lançamento do aterro sobre o geossintético, merece algumas recomendações:

- os equipamentos não deverão andar diretamente sobre o geossintético;
- se o solo-base for firme, os equipamentos de terraplanagem poderão andar sobre uma camada de aterro de 30 cm espalhada sobre o geossintético;
- se o solo-base for mole, recomenda-se uma camada mínima inicial de 50 cm de aterro para o tráfego de trator e caminhões;
- em obras sobre solos muito moles, recomenda-se o avanço do aterro em forma de cunha, para que eventuais ondas de expulsão de solo mole sejam liberadas lateralmente;
- a largura total do geossintético deve ultrapassar em, pelo menos, 50 cm o pé do aterro, a fim de garantir total separação e eventual drenagem das águas de consolidação.

14.15 LANÇAMENTO DE AGREGADOS

Quando o lançamento e/ou espalhamento de agregados sobre o geossintético for feito com grãos maiores que 10 cm e/ou de alturas maiores que 2,00 m, certos cuidados devem ser tomados para prevenir perfurações e rasgos:

- forrar o geossintético com camada granular amortecedora, com grãos menores lançados de menor altura;
- em obras de grande responsabilidade, como barragens, realizar ensaios simulados de campo ou laboratório.

14.16 AGREGADOS SOB O GEOSSINTÉTICO

Sempre que se instala o geossintético sobre pedras grandes (diâmetros superiores a 10 cm), sem prévia regularização com agregados menores, recomenda-se deixá-lo folgado, para que se conforme à superfície sem se danificar ao receber as camadas superiores.

14.17 PLANO DE INSTALAÇÃO DO GEOSSINTÉTICO

Todo projeto deverá conter um plano de instalação específico para o geossintético, definindo e descrevendo os seguintes itens:

a) Número de equipes de instalação, número de funcionários por equipe e rendimento diário médio por equipe;

b) Disposição das mantas, com indicação da direção, sentido e ordem de instalação;

c) Tipo de união das mantas adotado.

Ao ser indicada a sobreposição, deverão ser fornecidos os seguintes detalhes:

- comprimento da sobreposição;
- direção e sentido da sobreposição;
- fixação da sobreposição (peso, grampos, etc.);
- perda percentual de geossintético na sobreposição.

Ao ser indicada a costura, deverão ser fornecidos os seguintes detalhes:

- número de equipes de costura;
- número de funcionários por equipe;
- tipo de costura, tipo de máquina e tipo de linha;
- borda livre da costura;
- consumo unitário de linha;
- perda percentual de geossintético na costura;
- resistência mínima da costura.

d) Procedimentos e detalhes construtivos de preparo do solo-base, sobrelarguras, engastes, lançamento de materiais, cuidados com o transporte, estocagem e manuseio.

Se o projeto não incluir um plano de instalação com os itens aqui abordados, sugerimos que o engenheiro de obra o elabore, com base nos dados deste manual, mais aqueles fornecidos pelo fabricante do geossintético.

14.18 ACOMPANHAMENTO TÉCNICO DE OBRA (ATO)

Para garantir o bom desempenho do geossintético, atendendo às prescrições e especificações de projeto e ao cumprimento do plano de instalação, é necessário um acompanhamento e controle de execução que observe os seguintes pontos:

- conformidade do geossintético — verificação da qualidade, quantidade e apresentação do produto, de acordo com as especificações técnicas de projeto (valores aceitáveis para cada característica relevante do produto);
- verificação das condições de preparo do solo-base, de acordo com as especificações;
- correta orientação e disposição das mantas;
- boa execução das uniões — sentido, comprimento, bordas, costura, rendimento;
- posicionamento das mantas: ação do vento, água, veículos, comprimento de ancoragem;
- integridade das mantas — vandalismo, roubo, circulação de veículos e equipamentos, ataques químicos e físicos, furos, rasgos, etc.;
- lançamento de materiais — características, natureza, granulometria, altura de queda, equipamento, sentido, direção, espessura da primeira camada, grau de compactação.

REFERÊNCIAS BIBLIOGRÁFICAS

IFAI - Industrial Fabrics Association Institute, A Disign Primer:Geotextiles and Related Materials [Saint Paul, EUA, 1990].

Giroud, J. P., "From Geotextiles to Geosynthetics: A Revolution in Geotechnical Engeneering", Anais do III Congresso Internacional de Geotêxteis, [Viena, Áustria, 1986].

Vertematti, J. C., "Curso Básico de Geotêxteis", ABINT - Associação Brasileira das Indústrias de Nãotecidos e Tecidos Técnicos [São Paulo, Brasil, 2001].

Vertematti, J. C., "Geossintéticos: Modismo ou Modernismo?", Revista Engenharia n° 526 [São Paulo, Brasil, 1998].

Apêndice

Unidades e Notações

José Carlos Vertematti

Unidades

São apresentados, a seguir, as unidades e prefixos matemáticos básicos, dos quais derivam os demais utilizados neste manual.

Unidades:

UNIDADE	NOTAÇÃO	GRANDEZA	UNIDADES CORRELATAS OU ORIGINÁRIAS
Grama	g	Massa	—
Grama-fôrça	gf	Força	$9{,}807 \cdot 10^{-3}$ N
Grau	°	Ângulo plano	$1{,}745 \cdot 10^{-2}$ Rad
Grau Celsius	°C	Temperatura	—
Joule	J	Energia	N · m
Litro	L	Volume	10^{-6} m^3
Metro	m	Comprimento	—
Métro cúbico	m^3	Volume	10^6 l
Metro quadrado	m^2	Área	—
Newton	N	Fôrça	102,0 gf
Pascal	Pa	Pressão	N/m^2
Radiano	Rad	Ângulo plano	57,30°
Segundo	s	Tempo	—
Tonelada	t	Massa	10^6 g

Prefixos para múltiplos e submúltiplos das unidades:

G	giga = 10^9
M	mega = 10^6
k	quilo = 10^3
h	hecto = 10^2
da	deca = 10^1
d	deci = 10^{-1}
c	centi = 10^{-2}
m	mili = 10^{-3}
μ	micro = 10^{-6}
n	nano = 10^{-9}

Notações

As notações utilizadas pelos autores do MBG nos textos, figuras, tabelas, ábacos e fórmulas baseiam-se, preferencialmente, na NBR 12553 – Geossintéticos / Terminologia e na apostila *Recommended Descriptions of Geosynthetics Functions, Geosynthetics Terminology, Mathematical and Graphical Symbols*, oficialmente adotada e publicada pela *IGS - International Geosynthetic Society* em Agosto de 2000. No entanto, devido à abrangência dos temas, à diversidade de teorias e organismos oficiais consultados, são utilizadas notações adicionais ou repetições de notações com diferentes significados.

Todas as notações são sumariamente descritas e indicada a localização de sua primeira aparição. Caso uma mesma notação possua diferentes significados, ela é repetida em outra linha com uma nova descrição sumária.

Na listagem de notações, são apresentados os símbolos representativos de propriedades, geometrias, relações, fatores e, também, siglas relativas a matérias primas, produtos e entidades oficiais.

Para facilitar a procura, a listagem original foi subdividida em duas, ambas apresentadas em ordem alfabética: listagem de caracteres arábicos e listagem de caracteres gregos.

Listagem das notações

Notação	Descrição sumária	Localização
a	dimensão do capitel	pg. 135
A	área da seção transversal normal ao fluxo	pg. 179
A	fator da densidade relativa, Giroud	pg. 180
A	área de contribuição	pg. 330
a_1	coeficiente estrutural da camada de concreto asfáltico	pg. 166
a_2	coeficiente estrutural da camada de base	pg. 167
a_3	coeficiente estrutural da camada de sub-base	pg. 167
A_b	área onde se distribui o acréscimo de pressão vertical na interface aterro/geotêxtil	pg. 248
A_c	área de contato pneu-aterro	pg. 248
AGER	idade do pavimento, desde a construção, ou último recapeamento	pg. 308
a_i	coeficiente de equivalência estrutural da camada i	pg. 163 e 310
AOS	abertura de filtração aparente	pg. 180
A_r	área da seção transversal do reforço	pg. 93
a_{sr}	adesão solo reforço / reforço geossintético	pg. 67
ASCE	American Society of Civil Engineers	pg. 223
ASTM	American Society for Testing and Materials	pg. 4
a_v	módulo de compressibilidade vertical	pg. 279
B	largura da placa	pg. 95
b	largura da sapata	pg. 128
b	largura da cavidade de comprimento infinito	pg. 149
B	fator da densidade relativa, Giroud	pg. 180
B	fator de segurança aplicado ao D_{85} do solo, FHWA	pg. 180
B	coeficiente adimensional no critério de retenção de finos	pg. 245
B	largura da área de contato do pneu-aterro	pg. 248
b	largura do vazio entre blocos	pg. 249
B'	largura do carregamento espraiado	pg. 248
B	função bloqueio ou desvio de fluxo, dos geosintéticos	pg. 7
c	coesão do material de aterro ou do solo de fundação	pg. 75
C	fator global, CFGG	pg. 180
C	comprimento total do sistema drenante captado pelo geotubo	pg. 234
C	coeficiente de escoamento superficial	pg. 330
c'	coesão efetiva do solo, genérica	pg. 90

C_1	fator granulométrico, CFGG	pg. 180
C_2	fator de adensamento, CFGG	pg. 180
C_3	fator hidráulico, CFGG	pg. 180
C_4	fator de função, CFGG	pg. 180
C_a	adesão de interface geossintético/solo	pg. 45
CAUEM	custo anual uniforme equivalente de manutenção	pg. 302
CBR	índice suporte Califórnia do subleito	pg. 37
CBUQ	concreto betuminoso usinado a quente	pg. 305
C_c	coeficiente de arqueamento	pg. 135
C_d	coeficiente de deslizamento direto entre solo e reforço	pg. 68
CEN	Comitê Europeu de Normalização	pg. 4
cf_1	consumo, por fadiga, pela passagem de uma roda	pg. 302
CFGG	Comitê Francês de Geotêxteis e Geomembranas	pg. 180
c_h	coeficiente de adensamento radial	pg. 279
C_i	coeficiente de interação entre solo e reforço	pg. 68
CI	custo de instalação	pg. 302
COMP	índice de compacidade do pavimento	pg. 308
CR	eficiência do acoplamento	pg. 106
CRX	percentagem de área trincada no pavimento	pg. 308
C_U	coeficiente de não-uniformidade do solo	pg. 245
c_v	coeficiente de adensamento vertical	pg. 278
D	função drenagem de um geossintético, genérico	pg. 7
d	espessura da camada de reatero	pg. 128
d	abertura da malha da geogrelha	pg. 300
d_0	diâmetro do objeto impactante	pg. 252
D_{15s}	15% das partículas de solo, em peso, possuem diâmetros menores que esse valor	pg. 179
D_{35s}	35% das partículas de solo, em peso, possuem diâmetros menores que esse valor	pg. 179
d_{50}	diâmetro médio dos grãos ou objetos contundentes	pg. 251
D_{50s}	50% das partículas de solo, em peso, possuem diâmetros menores que esse valor	pg. 179
d_{85}	85% das partículas de solo, em peso, possuem diâmetros menores que esse valor	pg. 245
D_{85s}	85 % das partículas de solo, em peso, possuem diâmetros menores que este valor	pg. 179
d_{AT}	profundidade da trincheira de ancoragem	pg. 367
d_e	diâmetro de influência de um dreno	pg. 281
DEF	deflexão da viga Benkelman, sob o eixo padrão	pg. 308
d_{ensaio}	diâmetro usado no ensaio	pg. 247

D_i	espessura da camada *i*do pavimento	pg. 163
DR	densidade relativa	pg. 180
d_s	diâmetro da área afetada pelo amalgamento	pg. 283
DSC	ensaio de calorimetria diferencial de varredura	pg.19
d_T	braço de alavanca do reforço geossintético, em camada única	pg. 77
$d_{T'}$	braço de alavanca da resultante das camadas de reforço geossintético	pg. 77
d_v	diâmetro do vazio, no ensaio de estouro	pg. 247
d_w	diâmetro equivalente de um dreno sintético com seção retangular	pg. 281
E	função controle de erosão superficial, genérico	pg. 7
E	módulo de deformabilidade sob tração de um polímero	pg. 21
E	empuxo ativo	pg. 88
E	energia transferida ao geotêxtil, pelo objeto cadente	pg. 252
e	índice de vazios	pg. 279
E_a	eficiência com relação à adesão	pg. 354
E_{adm}	energia de impacto admissível	pg. 253
E_{ensaio}	resistência ao impacto, obtida em laboratório	pg. 253
E_{ϕ}	eficiência com relação ao atrito	pg. 354
e_g	espessura do geotêxtil	pg. 181
EIA-R	interpolímero de etileno alloy reforçado	pg. 336
EPS	poliestireno expandido	pg. 12
E_r	módulo de elasticidade do reforço	pg. 93
E_{req}	energia de impacto adquirida	pg. 252
F	função filtração de um geossintético, genérico	pg. 7
f	fator de arrancamento de interface	pg. 45
$f(\varepsilon)$	função deformação do geotêxtil deformado	pg. 249
F*	fator de resistência ao arrancamento	pg. 104
f_a	fator de redução parcial para degradação ambiental químico-biológica	pg. 69
f_a	coeficiente de aderência solo/reforço	pg. 105
F_{adm}	resistência a perfurações admissível	pg. 251
$F_{Ai,d}$	resistência a arrancamento de camada de reforço i	pg. 128
F_{anc}	fator de segurança contra a ruptura por deficiência de ancoragem	pg. 78
Fator	fator de incremento da vida de reflexão de trincas, devido ao geossintético	pg. 305

f_b	coeficiente de interação solo/reforço	pg. 99
f_c	fator de segurança parcial para a coesão	pg. 137
f_c	fator igual a 30 kPa	pg. 162
F_c	fator de incremento de resistência a fadiga devido ao geossintético, por cisalhamento	pg. 302
f_{cr}	fator de redução parcial devido à fluência, em tração	pg. 69
F_e	fator de segurança contra a expulsão do solo mole	pg. 83
F_{ensaio}	resistência a perfuração localizada, obtida em laboratório	pg. 251
f_{ϕ}	fator de redução no valor do ângulo de atrito do solo	pg. 98
F_f	fator de incremento de resistência a fadiga devido ao geossintético, por flexão	pg. 302
f_{fs}	fator de segurança parcial aplicado ao peso prórprio do aterro	pg. 135
F_i	força individual em em elemento de geogrelha	pg. 34
$F_{i,d}$	força fornecida por cada uma das camadas i do reforço geossintético	pg. 127
f_{imp}	fator de minoração da energia de impacto	pg. 252
$F_{L\sigma}$	força de atrito sob a geomembrana, devido ao peso do material estocado	pg. 362
F_{LT}	força de atrito sob a geomembrana, devido à componente vertical da força de tração T	pg. 362
f_m	fator de redução parcial para incertezas estatisticas na determinação da resistência do geossintético	pg. 69
f_{mr}	fator de redução para danos de instalação do geossintético	pg. 69
f_{ms}	fator de segurança parcial aplicado ao φ'_{cv}	pg. 137
f_n	coeficiente de segurança parcial, associado a fatores econômicos	pg. 134
F_o	fator de segurança mínimo para todas as superfícies tangentes à horizontal na profundidade z, em aterro sem reforço	pg. 74
f_p	fator de segurança parcial, associado à resistência ao arrancamento	pg. 137
fPP	polipropileno flexível	pg. 336
fPP-R	polipropileno flexível reforçado	pg. 336
F_q	fator de capacidade de carga para o embutimento (ou carregamento)	pg. 105
f_q	fator de segurança parcial, associado à sobrecarga aplicada ao aterro	pg. 135
FR	fator de redução global	pg. 69
F_r	fator de segurança mínimo para todas as superfícies tangentes à horizontal na profundidade z em aterro reforçado	pg. 74

FR_{cb}	fator de redução devido à colmatação biológica do núcleo drenante	pg. 232
FR_{co}	fator de redução devido à perda de resistência nas costuras	pg. 216
FR_{cpq}	fator de redução devido à colmatação química e/ou precipitação química no interior do núcleo drenante	pg. 232
FR_{di}	fator de redução devido a danos de instalação geralmente por aumento da pressão de bombeamento	pg. 216
F_{req}	força de perfuração a que o geotêxtil deve resistir	pg. 251
FR_{es}	fator de redução devido ao escoamento molecular do polímero constituinte do geossintético	pg. 216
FR_{fl}	fator de redução devido à deformação por fluência do núcleo drenante ou do geotêxtil filtrante	pg. 232
FR_G	fator de redução global a ser aplicado na resistência a tração do geotêxtil	pg. 247
FR_{imp}	fator de redução para o valor da resistência ao impacto, obtida em ensaio	pg. 253
FR_{in}	fator de redução devido à intrusão do filtro de geotêxtil no núcleo drenante	pg. 232
FR_{perf}	fator de redução para o valor de resistência a perfuração, obtida em ensaio	pg. 251
FR_{qb}	fator de redução devido a agentes químicos, físicos ou biológicos, atuantes na geofôrma	pg. 215
FR_T	fator de redução total	pg. 216
FR_{tl}	fator de redução para o valor de tração localizada, obtido em ensaio	pg. 250
f_s	fator igual a 75 mm	pg. 162
FS	fator de segurança, genérico	pg. 231
FS_d	fator de segurança contra deslizamento ao longo da base	pg. 88
FS_e	fator de segurança contra estouro	pg. 247
FS_f	fator de segurança contra a ruptura do solo de fundação	pg. 90
FS_G	fator ou coeficiente de segurança global	pg. 91
$f_{sg,d}$	coeficiente de atrito de interface geossintético/solo	pg. 128
FS_{imp}	fator de segurança contra ruptura por impacto	pg. 253
FS_{perf}	fator de segurança contra ruptura por tração localizada do geotêxtil	pg. 251
FS_t	fator de segurança ao tombamento	pg. 89
FS_{tl}	fator de segurança contra ruptura por tração localizada do geotêxtil	pg. 250
F_t	força por unidade de largura em geogrelhas, com elementos ensaiados individualmete	pg. 34

$F_{U\sigma}$	Força de atrito sobre a geomembrana, devido ao peso próprio do material estocado; é nula para líquidos	pg. 362
G	geossintético, genérico	pg. 7
GA	geomanta, genérico	pg. 9
GBA	geobarra, genérico	pg. 7
GC	geocomposto, genérico	pg. 8
GCD	geocomposto para drenagem	pg. 8
GCL	geocomposto argiloso para barreira impermeabilizante	pg. 8
GCR	geocomposto para reforço, genérico	pg. 8
GG	geogrelha, genérico	pg. 9
GL	geocélula, genérico	pg. 7
GM	geomembrana, genérico	pg. 9
GN	georrede, genérico	pg. 9
GR	razão de gradientes hidráulicos	pg. 47
GRI	Geosynthetic Research Institute	pg. 4
GSP	geoespaçador, genérico	pg. 8
GT	geotêxtil, genérico	pg. 10
H	altura do aterro ou maçico reforçado	pg. 74
H	altura real do talude	pg. 98
H	altura de solo acima do geosssintético	pg. 149
h	espessura de base granular requerida	pg. 162
H	altura inicial da geoforma	pg. 220
h	altura do aterro	pg. 248
h	altura de queda do objeto	pg. 252
H	altura da protuberância	pg. 266
H	altura da barreira de contenção	pg. 330
h	altura da camada de material sobre a geomembrana	pg. 366
h_0	umidade inicial do material de preenchimento da geoforma	pg. 220
H_d	componente horizontal da carga atuante na sapata	pg. 128
H_d	comprimento máximo de drenagem	pg. 278
H_{eq}	altura equivalente do talude, levando-se em conta a sobrecarga na superfície	pg. 98
h_f	umidade final do material de preenchimento da geoforma	pg. 220
h_i	espessura da camada i do pavimento	pg. 310
h_o	espessura equivalente de solo para a sobrecarga aplicada na superfície do terrapleno	pg. 98
H_R	altura da camada de recapeamento, em CBUQ	pg. 305

i	índice de numeração das camadas de geossintético, de cima para baixo	pg/ 127
i	gradiente hidráulico	pg. 179
I	resistência a impacto	pg. 366
I	precipitação pluviométrica	pg. 330
i_{23}	gradiente hidráulico entre os pontos 2 e 3	pg. 47
i_{36}	grdiente hidráulico entre os pontos 3 e 6	pg. 47
IF	índice de fluidez	pg. 49
$l_{in,\,i}$	comprimento do geossintético sob a atuação da sapata	pg. 128
IIR	borracha butílica	pg. 19
I_R	coeficiente geométrico, método de Low	pg. 74
IRI_t	irregularidade longitudinal, no tempo t	pg. 310
ISO	International Standardization Organization	pg. 4
i_{solo}	coeficiente de segurança para a permeabilidade, Giroud	pg. 181
ISSMFE	International Society for Soil Mechanics and Foundation Engineering	pg. 4
$l_{u,b}$	comprimento do geossintético fora da área de projeção da sapata	pg. 128
J	módulo de rigidez sob tração do geossintético, genérico	pg. 64
J	módulo de estabilidade de abertura da geogrelha	pg. 162
J_ε	módulo de rigidez sob tração do reforço, à deformação ε	pg. 65
k	parâmetro de módulo tangente inicial do solo	pg. 93
K	coeficiente de empuxo	pg. 149
K_a	coeficiente de empuxo ativo (Rankine)	pg. 95
k_d	coeficiente de empuxo, Jewell	pg. 99
k_G	coeficiente de permeabilidade do geotêxtil	pg. 246
k_h	permeabilidade horizontal do solo	pg. 279
k'_h	permeabilidade horizontal do solo afetado pelo amolgamento	pg. 283
K_n	permeabilidade normal ao plano do geotêxtil	pg. 40
K_o	coeficiente de empuxo no repouso	pg. 95
k_p	permeabilidade planar do geossintético	pg. 41
K_P	coeficiente de empuxo passivo	pg. 367
K_S	permeabilidade do solo, normal ao fluxo	pg. 181
k_{solo}	coeficiente de permeabilidade do solo	pg. 246
k_v	permeabilidade vertical	pg. 283
L	comprimento da placa ou tambor do rolo compressor	pg. 95
L	comprimento da área de contato pneu-aterro	pg. 248
L	comprimento característico do dreno	pg. 284

l	espaçamento entre drenos	pg. 282
L	comprimento da geomembrana	pg. 363
L'	comprimento do carregamento espraiado	pg. 248
L	perímetro da geoforma	pg. 218
L_a	comprimento de ancoragem	pg. 68
l_{anc}	comprimento mínimo de ancoragem	pg. 78
L_B	comprimento de ancoragem requerido para o reforço na base da estrutura	pg. 99
l_b	largura total do reforço geossintético	pg. 128
L_b	comprimento mínimo do reforço, além da linha externa dos capitéis	pg. 137
L_e	comprimento de reforço na zona resistente, além da superfície potencial de ruptura	pg. 104
L_e	comprimento mínimo do reforço	pg. 137
L_{max}	comprimento de desenvolvimento do talude	pg. 329
L_o	comprimento de ancoragem do envelopamento	pg. 106
L_p	distância entre a face externa do último capitel e o pé do ater-ro	pg. 134
L_r	comprimento dos reforços geossintéticos	pg. 89
L_{RO}	comprimento de ancoragem da geomembrana	pg. 364
M	gramatura do geotêxtil	pg. 266
MF_A	fator de carga das protuberâncias	pg. 266
MF_{PD}	fator de espaçamento das protuberâncias	pg. 266
MF_S	fator de forma das protuberâncias	pg. 266
m_i	coeficiente de drenagem do material da camada i	pg. 167
m_i	coeficiente de drenagem da camada i do pavimento	pg. 310
M_{max}	momento máximo atuante nas estacas	pg. 331
MMP	precipitação pluviométrica media mensal	pg. 308
M_R	módulo de resiliência do subleito	pg. 162
M_R	momentos dos esforços resistentes em relação ao centro de rotação	pg. 91
M_{So}	momentos dos esforços solicitantes em relação ao centro de rotação	pg. 91
n	número de elementos por metro de largura de geogrelha	pg. 34
n	módulo expoente da curva tensão-deformação do solo	pg. 101
n	inclinação do talude lateral do aterro (1V:nH)	pg. 76
n	potência de 10 a ser aplicada na correlação de permeabilida-de, CFGG	pg. 181

N	número de repetições do eixo padrão	pg. 154
N_0	número de ciclos de carga que leva a capa asfáltica ao final de sua vida de reflexão de trincas	pg. 302
N_1	número de estabilidade, método de Low	pg. 75
N_2	número de estabilidade, método de Low	pg. 75
N_{ano}	tráfego anual, expresso em repetições do eixo padrão	pg. 305
n_B	número de camadas de reforço geossintético	pg. 128
N_c	número de ciclos de carga que produz trinca de reflexão, por cisalhamento	pg. 302
N_c, N_q e N_γ	fatores de capacidade de carga obtidos a partir das expressões de Terzaghi e Peck, 1967	pg. 90
NE_4	número equivalente acumulado de passagens do eixo padrão	pg. 308
N_f	número de ciclos de carga que produz trinca de reflexão, por flexão	pg. 302
N_f^{ref}	número de ciclos de carga que produz trinca de reflexão, com reforço geossintético	pg. 305
N_γ	coeficiente de capacidade de carga do solo	pg. 95
N_{geo}	número de repetições do eixo padrão que produz determinado afundamento em trilha de roda, no pavimento com o geossintético	pg. 154
n_{GT}	porosidade do geotêxtil	pg. 30
O_{90}	abertura de filtração do geotêxtil, Schober e Teindl, Herteen	pg. 180
O_{95}	abertura de filtração do geotêxtil, Loudière e Fayoux	pg. 42
$O_{95,d}$	abertura aparente do geossintético	pg. 43
O_{max}	diâmetro de filtração máximo do geotêxtil, Giroud	pg. 180
P	função proteção do geossintético, genérico	pg. 7
p	tensão normal aplicada sobre o geossintético	pg. 147
P	força total aplicada nos planos verticais extremos da geoforma	pg. 217
P	carga máxima por eixo do caminhão	pg. 248
p'	tensão normal vertical, ao nível do geotêxtil	pg. 247
P	carga de roda	pg. 162
p'_c	tensão atuante nos capitéis	pg. 135
p_0	pressão de bombeamento	pg. 217
PA	Poliamida ou Nylon	pg. 12
P_A	esforço ativo atuante sobre o bloco de solo mole	pg. 73
P_a	pressão atmosférica	pg. 93
P_A	empuxo ativo na trincheira, sobre a geomembrana	pg. 367
P_{adm}	tensão admissível de puncionamento da geomembrana	pg. 266

P_{base}	tensão normal atuante sobre a geomembrana	pg. 266
PBF	polietileno bastante flexível	pg. 336
p_c	pressão de contato pneu-aterro	pg. 248
PE	polietileno	pg. 12
PEAD	polietileno de alta densidade	pg. 12
PEBD	polietileno de baixa densidade	pg. 14
PEC	polietileno clorado	pg. 19
PECS-R	polietileno clorossulfonado reforçado	pg. 336
PELBD	polietileno linear de baixa densidade	pg. 18
PEMD	polietileno de média densidade	pg. 356
PEMF	polietileno muito flexível	pg. 384
p_{ensaio}	pressão de ruptura por estouro, em laboratório	pg. 247
PET	poliéster	pg. 12
PE	polietileno	pg. 12
PECS	polietileno clorossulfonado	pg. 19
P_f	índice de serventia final	pg. 166
PP	polipropileno	pg. 12
P_p	reação passiva contra o deslizamento do bloco de solo mole	pg. 83
pp	período de projeto	pg. 302
P_P	empuxo passivo na trincheira, sobre a geomembrana	pg. 367
P_r	resistência do reforço ao arrancamento	pg. 91
$P_{r,o}$	resistência admissível das conexões	pg. 92
PS	poliestireno	pg. 17
PSI	índice de serventia presente	pg. 166
PVC	policloreto de vinila ou polivinil clorado	pg. 12
q	sobrecarga uniformemente distribuída sobre o terrapleno	pg. 88
Q	carga estática equivalente do compactador	pg. 95
q	sobrecarga uniformemente distribuída na superfície do terra-pleno	pg. 98
Q	fluxo normal ao plano	pg. 179
Q	vazão de escoamento superficial	pg. 329
q_{adm}	capacidade de vazão planar admissível do geossintético	pg. 232
q_{calc}	vazão unitária calculada	pg. 231
q_d	vazão unitária de contribuição de projeto	pg. 231
Q_{GP}	capacidade de vazão longitudinal do geotubo	pg. 234
QI_a	irregularidade do pavimento existente	pg. 310
QI_d	irregularidade imediatamente após a aplicação da camada de recapeamento asfáltico	pg. 310

q_{max}	capacidade de carga do solo de fundação	pg. 90
$Q_{p,d}$	capacidade de carga de sapata apoiada em camada de solo de reforço, sem geossintético	pg. 128
$Q'_{p,d}$	capacidade de carga de sapata apoiada em camada de solo, reforçada com geossintético	pg. 128
$q_{p,i}$	capacidade de vazão planar inicial do geossintético, obtida em laboratório	pg. 231
q_s	sobrecarga no nível da base da estrutura, caso esta esteja parcialmente enterrada	pg. 90
q_w	vazão do dreno vertical pré-fabricado	pg. 284
R	função reforço do geossintético, genérico	pg. 7
r	raio da cavidade circular	pg. 149
r	raio da área de contato da roda equivalente	pg. 162
r	distância radial medida do centro de drenagem até o ponto considerado	pg. 279
R_B	força de aderência na base do bloco de solo mole	pg. 73
RDM	afundamento em trilha de roda	pg. 308
RF_{CBD}	fator de redução por degradação química e biológoca do geotêxtil	pg. 266
RF_{CR}	fator de redução por fluência do geotêxtil	pg. 266
RH	estado de restauração	pg. 308
R_o	raio do círculo crítico tangente à horizontal na profundidade z, método de Low	pg. 76
R_r	índice do circulo crítico, tangente à horizontal, na profundidade z, para o aterro reforçado, método de Low	pg. 76
R_T	força de aderência no topo do bloco de solo mole	pg. 73
r_u	parâmetro de poropressão	pg. 97
S	função separação do geossintético, genérico	pg. 7
s	espaçamento entre estacas adjacentes	pg. 135
s	profundidade máxima permitida de trilha de roda	pg. 162
s	arco A_1OA_2 da geofôrma, na Fig. 6-14	06-10
S_1	fator de penetração para o elemento perfurante	pg. 251
S_2	fator de escala para equivalência geométrica laboratório/obra	pg. 251
S_3	fator que ajusta a forma plana da ponta do elemento perfurante usado em enaios de laboratório	pg. 251
Sh	espaçamento horizontal entre reforços	pg. 93
S_i	índice de rigidez relativa solo-reforço	pg. 93
SN	número estrutural do pavimento	pg. 163

SN_{BR}	número estrutural do pavimento, considerando-se a contribuição da geogrelha	pg. 163
SNC	número estrutural do pavimento, corrigido	pg. 310
S_o	desvio padrão que leva em conta as incertezas das variáveis medidas e do processo construtivo	pg. 163
S_u	resistência não-drenada do solo mole	pg. 75
S_{ueq}	resistência não-drenada equivalente do solo mole	pg. 75
Sv	espaçamento vertical entre reforços	pg. 93
T	temperatura	pg. 21
T	esforço de tração no geossintético, genérico	pg. 64
t	tempo	pg. 66
t	idade do pavimento original ou da restauração	pg. 305
t	tempo de duração do evento de precipitação	pg. 330
t_0	idade correspondente ao aparecimento visível das primeiras trincas de reflexão	pg. 305
T_α	carga de arrancamento atuante no geossintético	pg. 68
T_{adm}	resistência a tração localizada admissível do geossintético	pg. 250
T_{axial}	resistência axial a tração de projeto atuante no geossintético	pg. 218
TBR	taxa de benefício de tráfego	pg. 154
T_{circ}	a força de tração circunferencial atuante no geossintético	pg. 216
T_{cor}	esforço de tração corrigido, atuante no reforço, pela diferença de alavanca	pg. 77
T_d	resistência a tração do reforço de dimensionamento	pg. 91
T_{ds}	esforço lateral do aterro, transferido ao geossintético	pg. 133
T_{ensaio}	resistência a tração localizada do geossintético, em laboratório	pg. 250
T_f	temperatura de fusão	pg. 22
T_g	temperatura de transição vítrea	pg. 22
TGA	ensaio de análise termogravimétrica	pg. 19
t_{GT}	espessura nominal do geotêxtil	pg. 30
T_h	fator tempo para drenagem horizontal, na consilidação de solos compressíveis	pg. 281
T_{max}	resistência de pico do geossintético, em ensaio de faixa larga	pg. 65
T_{max}	tensão máxima de tração solicitante, nos reforços	pg. 91
T_o	tensão de tração no reforço, junto à face do muro ou talude reforçado	pg. 92
t_p	espessura total da camada de solo reforçado	pg. 128
T_r	ressistência de pivo do geossintético, em ensaio de faixa larga	pg. 65

TR	porcentagem de área de recapeamento trincada	pg. 305
T_{ref}	resistência de referêcia do geossintético, para o tempo de vida útil esperado para a obra	pg. 66
T_{req}	resistência a tração do geossintético, requerida pelo projeto	pg. 69
T_{rp}	força de tração, atuante no reforço, que transfere a carga vertical do aterro às estacas	pg. 133
T_{ult}	resistência a tração de pico do geossintético, determinada em ensaio rápido	pg. 216
T_v	fator tempo, em consolidação de solos compressíveis	pg. 278
U	coeficiente de uniformidde do solo	pg. 180
u	poro-pressão	pg. 279
U	grau de adensamento global	pg. 281
U_h	grau de adensamento para drenagem horizontal ou radial	pg. 280
UV	radiação ultravioleta	pg. 17
$\bar{U}_v$	grau de adensamento vertical médio da camada	pg. 278
V	velocidade media de percoloção	pg. 179
V	volume total escoado	pg. 330
V_d	componente vertical da carga atuante na sapata	pg. 128
V_S	vida de serviço do pavimento	pg. 302
W	peso da geoforma preenchida, por unidade de comprimento	pg. 218
W	peso da geomembrana, por unidade de comprimento	pg. 360
W_{18}	número de solicitações equivalentes ao eixo padrão	pg. 163
W_G	largura da geofôrma	pg. 217
W_q	resistência hidráulica dos drenos verticais pré-fabricados	pg. 284
W_T	carga vertical distribuída, aplicada pelo aterro, suportada pelo refôrço	pg. 136
x	comprimento de mobilização da força de tração *T*	pg. 362
y	penetração do geotêxtil no vazio, entre blocos	pg. 249
y_E	braço de alavanca do empuxo ativo, em relação ao pé da estrutura	pg. 89
z	profundidade considerada no solo mole	pg. 76
z	profundidade do elemento de solo considerado, no aterro	pg. 98
Z_c	profundidade de influência da compactação	pg. 96
Z_p	penetração da ponta do elemento contundente	pg. 251
Z_R	desvio padrão da probabilidade de êxito, definida para a estrutura dimensionada	pg. 163

Listagem das notações em caracteres gregos

Notação	Descrição da Notação	Localização
α	fator de correção do efeito de escala	pg. 104
α	ângulo de espraiamento do carregamento ao longo da espessura do aterro	pg. 248
α	declividade do talude igual à tangente do ângulo com o plano horizontal	pg. 329
α	ângulo de inclinação gerado pela subsidência	pg. 362
α'_1	coeficiente de interação da face 1 solo/geossintético	pg. 137
α'_2	coeficiente de interação da face 2 solo/geossintético	pg. 137
α_β	fator geométrico estrutural para resistência passiva	pg. 105
α_f	fator geométrico estrutural para resistência friccional	pg. 105
β	deformabilidade do reforço	pg. 101
β	ângulo de inclinação do talude	pg. 361
δ	ângulo de atrito de interface geossintético/solo ou material adjacente	pg. 45
δ	inclinação da carga Q atuante na sapata	pg. 127
δ	peso específico dos grãos constituintes do material de preenchimento da geofôrma	pg. 220
Δh	espaçamento vertical entre camadas de reforço geossintético	pg. 128
ΔH	perda de altura da geofôrma, por consolidação do preenchimento	pg. 220
ΔL	elongação da geomembrana por variação témica	pg. 363
ΔPSI	perda de serventia esperada durante o período de projeto	pg. 163
ΔQ	acréscimo de capacidade de carga devido ao reforço geossintético	pg. 127
δ_{sr}	ângulo de atrito entre o solo e o reforço	pg. 67
ΔT	intervalo de variação térmica	pg. 363
ε	deformação específica do geossintético	pg. 64
ε'	taxa de deformação do geossintético, em função do tempo decorrido	pg. 64
ε_{adm}	deformação específica admissível no reforço geossintético	pg. 78
ε_{max}	elongação na ruptura, genérica	pg. 65
ϕ	ângulo de atrito interno do solo ou do material de aterro	pg. 68
ϕ'	ângulo de atrito interno do solo	pg. 88
ϕ'_p	ângulo de atrito efetivo do solo obtido em condições de pico de resistência	pg. 98
ϕ'_{cv}	ângulo de atrito efetivo do solo em condições de volume constante	pg. 98
ϕ_{max}	diâmetro máximo dos agregados da mistura asfáltica	pg. 301

γ	peso específico do material de aterro, do solo-base ou do solo de refôrço	pg. 75
γ	peso específico do solo acima do geossintético	pg. 149
γ	densidade do material de preenchimento da geofôrma	pg. 217
γ_{AT}	peso específico do solo na trincheira de ancoragem	pg. 367
γ_f	peso específico do solo de fundação	pg. 90
γ_{GM}	peso específico da geomembrana	pg. 360
γ_u	densidade de camada de solo de reatero	pg. 128
γ_w	peso espcífico da água	pg. 279
φ'_{cv}	ângulo de atrito efetivo do material do aterro, sob grandes deformações	pg. 134
$\varphi'_{F,k}$	ângulo de atrito efetivo do solo das camadas reforçadas	pg. 127
λ	número de estabilidade, método de Low	pg. 75
μ	coeficiante linear de expansão térmica da geomembrana	pg. 363
μ^*	coeficiente de atrito aparente da interface solo/reforço	pg. 105
μ_A	massa por unidade de área de um geossintético	pg. 29
ν_o	coeficiente de Poison, no repouso	pg. 95
θ	transmissividade do geossintético	pg. 41
θ_p	ângulo com a vertical entre a face externa do último capitel e a borda do aterro	pg. 134
Θ	temperatura do geossintético	pg. 65
ρ_f	massa específica da fíbra ou do filamento que constitui o geotêxtil	pg. 30
ρ_w	massa específica da água	pg. 30
σ	tensão normal de confinamento do geossintético	pg. 45
σ'_v	tensão efetiva vertical na interface solo/reforço	pg. 104
σ'_v	tensão vertical média na base do aterro	pg. 135
σ'_{zc}	tensão vertical máxima após a compactação	pg. 94
σ_{adm}	tensão de tração admissível na geomembrana	pg. 364
σ_h	tensão normal horizontal	pg. 146
σ_n	tensão normal de confinamento do geossintético	pg. 362
σ_p	resistência ao puncionamento	pg. 366
σ_r	tensão de tração de ruptura da geomembrana	pg. 362
σ_{tA}	tensão de tração atuante na geomembrana	pg. 361
σ_v	tensão normal vertical	pg. 45
$\sigma_{v,i}$	tensão vertical atuante no geossintético, fora da área de projeção da sapata	pg. 128
τ	resitência ao cisalhamento de interface	pg. 45

τ_a	tensão cisalhante de arrancamento em uma das faces do geossintético	pg. 68
τ_{ai}	tensão de aderência na face inferior do reforço	pg. 78
τ_{as}	tensão de aderência na face superior do reforço	pg. 78
τ_s	resistência ao cisalhamento do solo	pg. 68
τ_{sr}	tensão de aderência o solo / reforço	pg. 67
$\upsilon_{a,d}$	ângulo que define a cunha de ruptura sob a sapata	pg/ 127
ω	ângulo de inclinação do maciço reforçado em relação ao plano horizontal, Jewell	pg. 97
ω_s	sobrecarga atuante sobre o aterro	pg. 135
Ψ	permissividade do geossintético	pg. 40

Currículo dos Autores

AFONSO CELSO MORUZZI MARQUES [Cap. 12]
Engenheiro civil pela Escola de Engenharia de São Carlos — EESC-USP (1986); mestre em Mecânica dos Solos pela Universidade Nova de Lisboa e Laboratório Nacional de Engenharia Civil — LNEC, Portugal (1991); doutor em Geotecnia pela EESC/USP e pela Virginia Tech, EUA (2001). Atua nas áreas de mecânica dos solos, barragens, aterros sanitários, geotecnia ambiental e obras de infra-estrutura. É coordenador e gerente técnico de projetos da Engecorps — Corpo de Engenheiros Consultores S/C Ltda.
e-mail: afonso@engecorps.com

ALBERTO ORTIGÃO [Sec. 4.4]
Engenheiro civil e professor da Universidade Federal do Rio de Janeiro, onde também obteve grau de MSc e de DSc. Em 1982 trabalhou na Grã-Bretanha, no Building Research Establishment (BRE) e na Fugro Ltd. Em 1991-92 foi professor-visitante na University of British Columbia (UBC), no Canadá, e, em 1996-97, na City University of Hong Kong. Atuou em fundações, aterros, túneis, barragens, encostas no Brasil, Argentina, Inglaterra, Espanha, Venezuela, Equador, Hong Kong e Malásia. Em 1993, publicou o livro Introdução à Mecânica dos Solos dos Estados Críticos, pela LTC, e, em 1995, Soil Mechanics in the Light of Critical State Theories (Balkema, Holanda). Em 1998 coordenou o Manual de Encostas, da GeoRio, obra em quatro volumes.
e-mail: ortigao@terratek.com.br

ALBERTO S. F. J. SAYÃO [Sec. 4.5]
Engenheiro civil pela Pontifícia Universidade Católica do Rio de Janeiro — PUC-Rio (1976); MSc em geotecnia também pela PUC-Rio (1980) e PhD em Engenharia Geotécnica pela Universidade da Colúmbia Britânica, Canadá (1989). Na mesma universidade canadense obteve seu pós-doutorado (2000), como professor-visitante. Professor-associado do Departamento de Engenharia Civil da PUC-Rio, responde por disciplinas em geotecnia, na graduação e na pós-graduação. Atuou como consultor nas áreas de encostas, portos, aterros sobre solos moles e maciços de enrocamento. Participou de pesquisas sobre solos reforçados, encostas, barragens e Geotecnia Experimental. É autor de cerca de setenta artigos técnicos em revistas e congressos, e convidado em mais de sessenta palestras e cursos no Brasil e no exterior. Prêmio José Machado, da ABMS, no biênio 1996-98.
e-mail: sayao@civ.puc-rio.br

BENEDITO DE SOUZA BUENO [Caps. 2, 3 e 13]
Engenheiro civil (1975) e mestre em Geotecnia pela Escola de Engenharia de São Carlos — EESC-USP (1979); PhD em Engenharia Civil (1987) pela University of Leeds (Inglaterra, GB). Livre-docente pela EESC (1996), fez pesquisas na área de Melhoria de Solos. Professor-associado junto ao Departamento de Geotecnia da EESC, responde pelas disciplinas Mecânica dos Solos, Melhoria e Reforço de Solos. Também é responsável pela construção e montagem do Laboratório de Geossintéticos da EESC. É autor de cerca de uma centena de trabalhos apresentados em congressos, em periódicos e vários textos básicos para o ensino de graduação na área de Geotecnia.
e-mail: bsbueno@sc.usp.br

CLÓVIS BENVENUTO [Cap. 13]
Engenheiro civil pela Escola Politécnica da Universidade de São Paulo — EPUSP (1974) e mestre em Engenharia de Solos também pela EPUSP (1983). Atua nas áreas de Obras de Terra e Fundações, Estabilidade de Taludes e Contenções, Geotecnia Ambiental, Resíduos Sólidos e Geossintéticos. É diretor da Geotech - Geotecnia Ambiental Consultoria e Projetos Ltda., que presta consultoria, elabora projetos, licenciamentos ambientais de aterros sanitários e industriais e planos de recuperação ambiental de áreas degradadas (PRAD).
e-mail: geotech@terra.com.br

EDUARDO AZAMBUJA [Sec. 4.5]
Engenheiro civil pela Universidade Federal do Rio Grande do Sul (1985) e Mestre em Geotecnia pelo PPGEC (UFRGS). Atua na área de contenções, Geotecnia Ambiental, projetos viários, industriais e de recuperação estrutural. Soma duas décadas de experiência em projetos e gerenciamento de obras de construção pesada e industrial. Professor da Faculdade de Arquitetura e Urbanismo e da Faculdade de Engenharia Civil da Pontifícia Universidade Católica do Rio Grande do Sul (PUC-RS) e diretor da Azambuja Engenharia e Geotecnia Ltda. (2003).
e-mail: eduardo@azambuja.com.br

ENNIO MARQUES PALMEIRA [Sec. 4.4 e Cap. 8]
Engenheiro civil pela Universidade Federal do Rio de Janeiro — UFRJ (1977), MSc pela Coppe/UFRJ (1981), PhD pela Universidade de Oxford, Grã-Bretanha (1987), e pós-doutorado pela Universidade da Colúmbia Britânica, Canadá (1995). Pesquisa geossintéticos há mais de duas décadas, publicou cerca de 150 trabalhos sobre o tema, no país e no exterior. Recebeu os prêmios IGS-Award 1996, da International Geosynthetics Society, e "Excelência Acadêmica", da Associação de Docentes da Universidade de Brasília (1999). É professor da Universidade de Brasília desde 1987.
e-mail: palmeira@unb.br

EVANGELISTA CARDOSO FONSECA [Cap. 8]
Engenheiro civil pela Escola Politécnica da Universidade da Bahia — UFBA, mestre em Geotecnia pela Pontifícia Universidade Católica do Rio de Janeiro — PUC-Rio, doutor pela Universidade de Brasília — UnB. Professor da Escola Politécnica na área de Geotecnia, fez pesquisas voltadas à caracterização e comportamento de solos de Salvador, desenvolveu equipamentos para estudo de solos residuais não-saturados. Faz pesquisa sobre o comportamento de muros em solo reforçado com geossintéticos. Como consultor, prestou vários serviços relacionados com encostas, taludes, aterros, investigações de campo e laboratório, instrumentação, fundações e contenções.
e-mail: evan@geotec.eng.ufba.br

GERSON RODRIGUES DE CASTRO [Cap. 6]
Engenheiro civil pela Escola Politécnica da Universidade de São Paulo —EPUSP (1970). É professor de Mecânica dos Solos, Obras de Terras e Fundações da EPUSP desde 1972; atua na área de Geotecnia em geral aplicada a obras rodoviárias, metroviárias, barragens, fundações de edifícios, de pontes e de obras portuárias, e de escavações subterrâneas a céu aberto e túneis. Coordenador técnico de projetos geotécnicos e de túneis do Rodoanel Mário Covas, de São Paulo, pela Desenvolvimento Rodoviário S.A. — Dersa.
e-mail: grcastro@usp.br

GLICÉRIO TRICHÊS [Seção 4.9]
Engenheiro civil pela UFSC (1981); mestre em Geotecnia pela Coppe - UFRJ (1985); doutor em Infra-Estrutura Aeroportuária pelo Centro Tecnológico de Aeronáutica — CTA, do Instituto Tecnológico de Aeronáutica – ITA (1993). É professor de Engenharia Civil da Universidade Santa Catarina - UFSC desde 1984 e de pós-graduação do mesmo curso. Atua com pesquisa de materiais de pavimentação rodoviária desde 1993, tendo publicado mais de quarenta artigos em eventos nacionais e internacionais enfocando o assunto. É consultor nas áreas de avaliação de pavimentos, projetos de dimensionamento e de restauração de rodovias e controle tecnológico de execução de pavimentos. Participou na elaboração de projetos em mais de 500 km de rodovias de Santa Catarina.
e-mail: ecv1gtri@ecv.ufsc.br

HENRIQUE MAGNANI DE OLIVEIRA [Cap. 10]
Engenheiro civil pela Universidade Federal de Santa Catarina - UFSC (1986); mestre em Geotecnia pela Coppe — UFRJ (1991); especialização em Geotecnia nas Universidades de Tóquio e Nagóia (Japão); doutorado em Geotecnia pela Coppe — UFRJ. É professor de Engenharia Civil desde 1996 e de Pós-Graduação de Engenharia Civil da UFSC. Desenvolve pesquisas sobre comportamento de aterros reforçados sobre solos moles tratados com drenos verticais pré-fabricados. Consultor em Geotecnia, com ênfase em aterros sobre solos moles; aterros estaqueados; fundações de pontes e de edifícios; contenção, estabilização e proteção de margens de rios, escavações e contenção de encostas.
e-mail: ecv1hmo@ecv.ufsc.br

JORGE AUGUSTO PEREIRA CERATTI [Cap. 11]
Engenheiro civil formado pela Universidade Federal do Rio Grande do Sul – UFRGS (1976); MSc. pelo CPGEC (Centro de Pós-Graduação de Engenharia Civil/UFRGS) (1979; DSc. pela Coppe — UFRJ (1991). Trabalha há mais de duas décadas com pesquisas e consultoria na área de Geotecnia Aplicada a Pavimentos. Coordenador do Laboratório de Pavimentação — Lapav, da UFRGS, tem cerca de cem trabalhos publicados, no Brasil e no exterior, sobre Mecânica de Pavimentos.
e-mail:ceratti@adufrgs.ufrgs.br

JOSÉ CARLOS VERTEMATTI
[Caps. 1, 5, 6, 7, 14, Secs. 4.1, 4.2, 4.3, 4.10 e Apêndice]
Engenheiro civil pela Escola Politécnica da Universidade de São Paulo — EPUSP (1974). Atua nas áreas de Geotecnia e Hidráulica, acumulando experiência em mercados e aplicações de geossintéticos desde 1975. Desenvolveu várias invenções: dique contínuo de contenção (Geofôrma), dreno vertical composto e geodreno extensível (geocompostos drenantes). É diretor da empresa JCV Técnicas e Soluções de Engenharia S/C Ltda., que atua nas áreas de consultoria e projetos.
e-mail: vertematti@jcv.srv.br

LIEDI BARIANI BERNUCCI [Seção 4.9]
Engenheira civil pela Escola Politécnica — USP (1981). Trabalha em pavimentação, é docente da Escola Politécnica, no Departamento de Engenharia de Transportes desde 1986, onde exerce a função de professora associada. É mestre em Engenharia de Solos, doutora em Engenharia de Transportes e livre-docente em Engenharia de Transportes.
e-mail: liedi@usp.br

LUIZ GUILHERME F. S. DE MELLO [Secs. 4-6 e 4-7]
Engenheiro civil pela Escola Politécnica — USP (1974). Atua na área de geotecnia, acumulando mais de 27 anos de experiência. É diretor da Vecttor Projetos S/C Ltda., que presta consultoria e elabora projetos na área de geomecânica aplicada. Professor-assistente da Escola Politécnica, tem participação intensa na ABMS, ISSMGE, ITA, DFI e IGS.
e-mail: lgmello@vecttor.com.br

MÁRCIO DE SOUZA SOARES DE ALMEIDA [Cap. 10]
Engenheiro civil pela Universidade do Rio de Janeiro — UFRJ (1977). Recebeu grau de Ms. (1977) pela Coppe-UFRJ, e de DSc pela Universidade de Cambridge, UK, (1984) e pós-doutorado pelo Ismes, Itália (1991) e NGI (Norweagian Geotechnical Institute), Noruega (1992). É professor da Coppe, orientador de mais de 37 teses de mestrado e doutorado, pesquisador do CNPq (Conselho Nacional de Desenvolvimento Científico e Tecnológico), cientista do estado — Faperj (Fundação de Amparo à Pesquisa do Estado do Rio de Janeiro), membro do Technical Committee TC 5 Environmental Geotechnics — ISSMGE e membro consultor da Revista Latino-Americana de Geotecnia. Atua também como consultor, com participação em mais de 150 projetos para as mais importantes empresas do país.
e-mail: almeida@geotec.coppe.ufrj.br

MAURÍCIO ABRAMENTO [Cap. 9]
Engenheiro civil pela Escola Politécnica da Universidade de São Paulo — EPUSP (1984). Mestre em engenharia de solos pela EPUSP (1988), Ph. D. em engenharia civil e ambiental pelo Massachusetts Institute of Technology – MIT (1993), engenheiro pesquisador do Instituto de Pesquisas Tecnológicas — IPT, professor de mecânica dos solos e obras de terra na Fundação Armando Álvares Penteado — FAAP e de Fundações na Universidade São Judas Tadeu, consultor em geotecnia, com ênfase em geossintéticos, geotecnia ambiental, fundações, estabilidade de taludes e estruturas de contenção.
e-mail: abramento@terra.com.br

MAURÍCIO EHRLICH [Sec. 4.5]
Engenheiro civil pela Universidade do Rio de Janeiro — UFRJ (1974). Obteve os graus de MS (1978) e DSc (1987) também pela UFRJ. Fez pós-doutorado em Berkeley, EUA (1990). É professor da Coppe/UFRJ e EE/UFRJ, orientador de teses de mestrado e doutorado em pesquisas de Solos Reforçados, Sistemas de Contenção e Geotecnia Ambiental. Participou e escreveu capítulos de livros e assinou mais de setenta artigos em revistas e congressos nacionais e internacionais. É consultor de empresas privadas e públicas (2003), tendo desenvolvido e patenteado um medidor de deslocamentos verticais de alta precisão. É o único profissional atuante do hemisfério sul que já recebeu a Norman Medal (1995), principal comenda conferida pela ASCE (American Society of Civil Engineers).
e-mail: me@geotec.coppe.ufrj.br

NEY AUGUSTO NASCIMENTO [Sec. 4.8]
Engenheiro civil pela Universidade Federal do Paraná — UFPR (1972). Atua na área geotécnica, na qual é mestre e doutor pela Universidade do Novo México (Albuquerque, EUA), como consultor autônomo. É professor titular de solos e fundações da UFPR.
e-mail: neyan@ufpr.br

ORENCIO MONJE VILAR [Caps. 3 e 13]
Engenheiro civil pela Escola de Engenharia de São Carlos – EESC, USP (1975), fez seu doutorado na Universidade de São Paulo — USP (1987) e pós-doutorado no Cedex, em Madri (1991). Atua no ensino e na pesquisa, na área de Mecânica dos Solos. Também desenvolveu pesquisas acerca propriedades mecânicas de resíduos sólidos e comportamento de geomembranas. Professor titular da EESC, já publicou cerca de uma centena de trabalhos, no Brasil e no exterior.
e-mail: orencio@sc.usp.br

PAULO ROBERTO AGUIAR [Caps. 1, 5 e 7]
Engenheiro civil pela Escola Politécnica da Universidade de São Paulo - USP (1974]; atua nas áreas de geotecnia, hidráulica e meio ambiente. Acumula efetiva experiência com geossintéticos desde 1975, tendo participado de inúmeros projetos e consultorias para sua aplicação. Tem trabalhos publicados em congressos nacionais e internacionais. Foi gerente geral da Polyfelt Geosynthetics Brasil Ltda. até abril/2001 e atualmente é diretor da Multigeo Engenheiros Associados S/C Ltda., empresa de assessoria, consultoria e projetos.
e-mail: multigeo@ajato.com.br

RÉGIS MARTINS RODRIGUES [Cap. 11]
Engenheiro de infra-estrutura aeronáutica pelo Instituto Tecnológico de Aeronáutica — ITA (1985); MSc. pela Coppe/UFRJ (1987); DSc. pela COPPE/UFRJ (1991); pós-doutorado na Texas A&M University (2000). Atua na engenharia de pavimentos (projeto, gerência, restauração, avaliação, materiais, softwares para projeto), incluindo pavimentos rodoviários, aeroportuários, urbanos e ferroviários. Tem cerca de sessenta artigos publicados, no Brasil e no exterior, e participação em cerca de oitenta projetos. É professor do ITA desde 1994.
e-mail: regis@ita.br

ROGÉRIO FRANCISCO KÜSTER PUPPI [Sec. 4.8]
Engenheiro civil pela Universidade Federal do Paraná — UFPR (1978). Dedica-se à área geotécnica, na qual é mestre pela PUC-RJ, como consultor autônomo e também como professor do Cefet-PR.
e-mail: rfkpuppi@terra.com.br

ROMERO CÉSAR GOMES [Sec. 4.5]
Engenheiro civil e geólogo pela UFOP (1981); mestre e doutor em Geotecnia pela Coppe/UFRJ (1986) e pela USP-São Carlos (1993). Atua nas áreas de Geologia Aplicada, Geotecnia de Contenções e Geotecnia Aplicada à Mineração. Professor adjunto de Engenharia Civil da UFOP. Atua na área de geossintéticos, em projetos de pesquisa de muros reforçados, aterros sobre solos moles e utilização de geossintéticos em rodovias e ferrovias junto ao DER de Minas gerais e empresas de mineração.
e-mail: romero@em.ufop.br

VIRGÍNIA CLEMÊNCIA PEZZOLO [Cap. 9]
Engenharia civil formada pela Escola de Engenharia Mauá, SP (1986), atuou como vice-coordenadora da Divisão de Impermeabilização do Instituto de Engenharia de São Paulo (1991-2000). Possui grande experiência na área de consultoria e projetos de impermeabilização. É sócia-diretora da Proassp Assessoria e Projetos S/C Ltda.
e-mail: vi@uol.com.br

WERNER BILFINGER [Secs. 4-6 e 4-7]
Engenheiro civil pela Escola Politécnica — USP (1991); mestre em Engenharia de Solos pela Escola Politécnica (1997); doutor em Engenharia de Solos pela Escola Politécnica (2002). Atua na área de geotecnia e mecânica das rochas aplicada em diversos campos como, por exemplo: aterros sobre solos moles, contenções, obras portuárias, obras rodoviárias, metroviárias e ferroviárias em geral, túneis e barragens. É sócio da Vecttor Projetos S/C Ltda.
e-mail: werner@vecttor.com.br

Impressão e acabamento:

Orgrafic
Gráfica e Editora
tel.: 25226368